高职高专教育"十三五"规划教材·公共基础课系列

应用数学

任佳丽 司 维 主 编
赵丽姝 刘春洁 副主编
赵 萍 主 审

U0316477

中国铁道出版社有限公司
CHINA RAILWAY PUBLISHING HOUSE CO., LTD.

内 容 简 介

本书是编者根据多年教学经验及工程类应用数学教学的实际情况,按照高职高专人才培养目标的要求,本着"基础理论知识必需、够用"的原则,在教学讲义的基础上经过修改、补充而成的。全书叙述精练,由浅入深,并适度注意了数学在工程领域中的应用。

全书共分五章,主要介绍了微积分、线性代数和概率统计的基本知识,主要内容包括函数、极限与连续,微分学,积分学,线性代数初步,概率统计初步。每章各节后配有一定数量的习题,书后附有习题参考答案。

本书适合作为高职高专院校理工类专业的数学基础课教材。

图书在版编目(CIP)数据

应用数学/任佳丽,司维主编.—北京:中国铁道出版社
有限公司,2019.8(2020.9重印)
高职高专教育"十三五"规划教材. 公共基础课系列
ISBN 978-7-113-26087-3

Ⅰ.①应… Ⅱ.①任… ②司… Ⅲ.①应用数学-高等
职业教育-教材 Ⅳ.①O29

中国版本图书馆 CIP 数据核字(2019)第 161226 号

书　　名:应用数学
作　　者:任佳丽　司　维

策　　划:王文欢　　　　　　　　　　编辑部电话:(010) 83529867
责任编辑:许　璐
封面设计:刘　颖
责任校对:张玉华
责任印制:樊启鹏

出版发行:中国铁道出版社有限公司(100054,北京市西城区右安门西街 8 号)
网　　址:http://www.tdpress.com/51eds/
印　　刷:北京铭成印刷有限公司
版　　次:2019 年 8 月第 1 版　2020 年 9 月第 2 次印刷
开　　本:787 mm×1 092 mm　1/16　印张:16　字数:361 千
书　　号:ISBN 978-7-113-26087-3
定　　价:39.00 元

前　　言

近年来,随着高职教育改革的不断推进,高职数学课程标准趋于清晰。为了进一步适应高等职业教育总体培养目标的需要,我们根据近几年高等数学课程教学改革实践,整理讲义、总结经验、吸收意见与建议,摒弃一些"一元微积分"中陈旧的内容及复杂的运算过程,代之引入部分"线性代数"和"概率统计"。经过改进和调整,本教材具有如下特点:

本书采用模块的形式,共分预备知识模块、基础模块和专业模块三个部分。其中预备知识模块包括第一章,基础模块包括第二、三章,专业模块包括第四、五章。

本书在编写时力求突出三个特点:

(1)从高职高专人才培养的目标出发,以应用为目的,以"理论必需、够用"为原则,以介绍基本概念和基本方法为基础,重点强调数学思想和方法的应用,淡化理论体系和理论证明。

(2)以专业案例为切入点,引入概念,强化应用,突出数学与专业的联系,提高学生的学习兴趣。

(3)语言叙述深入浅出、通俗易懂,使学生能够在没有他人指导的情况下也能读懂教材,增强学习数学的信心。

本书可作为高等职业院校、成人高校等类院校理工类专业的数学基础课程教材,其中专业模块内容及带＊号的内容可根据专业不同酌情选讲。本书需要的教学时数为84学时左右。

本书由哈尔滨铁道职业技术学院任佳丽、司维任主编,由哈尔滨铁道职业技术学院赵丽姝和黑龙江建筑职业技术学院刘春洁任副主编,全书由赵萍主审。其中第二章和第三章由任佳丽编写,第一章和第四章由司维编写,第五章由赵丽姝、刘春洁编写,最终定稿由任佳丽完成。

本书主审赵萍认真细致地审阅了本书内容,提出了修改意见,在此深表感谢。

本书在编写过程中得到了哈尔滨铁道职业技术学院各级领导及中国铁道出版社有限公司有关领导的重视、支持和帮助,在此一并致以诚挚的谢意。

由于编者水平有限,书中难免有疏漏和不当之处,恳请各位读者在使用本教材的过程将您的宝贵意见和建议及时反馈给我们,以便及时修订。

编　者

2019 年 6 月

目　　录

预备知识模块

第一章　函数、极限与连续 ……………………………………………………… 2

§1.1　函数的概念 ……………………………………………………………… 2
一、邻域(2)　　　　　　　　二、函数的概念(2)
三、函数的常用表示法(3)　　四、函数关系的建立(4)
五、反函数(4)　　　　　　　六、函数特性(5)

习题 1-1 ……………………………………………………………………… 7

§1.2　初等函数 ………………………………………………………………… 7
一、基本初等函数(7)　　　　二、复合函数(10)
三、初等函数的定义(11)　　 *四、双曲函数与反双曲函数(11)
五、二元函数(13)

习题 1-2 ……………………………………………………………………… 16

§1.3　极限的概念 ……………………………………………………………… 17
一、数列极限的定义(17)　　二、函数极限的定义(18)
三、无穷小与无穷大(19)

习题 1-3 ……………………………………………………………………… 22

§1.4　极限的运算 ……………………………………………………………… 22
一、极限的四则运算法则(23)　二、无穷小的性质(26)
三、两个重要极限(26)　　　　四、无穷小的比较(28)

习题 1-4 ……………………………………………………………………… 32

§1.5　函数的连续性与间断点 ………………………………………………… 33
一、连续函数的概念(33)　　　二、左、右连续(34)
三、函数的间断点(34)　　　　四、连续函数在区间的连续性(35)
五、连续函数的性质(35)　　　六、闭区间上连续函数的性质(36)

习题 1-5 ……………………………………………………………………… 38

基 础 模 块

第二章　微分学 ………………………………………………………………… 40

§2.1　导数的概念 ……………………………………………………………… 40
一、导数的定义(40)　　　　二、函数的可导性与连续性的关系(43)
三、导数的几何意义(44)　　 *四、导数的物理意义(45)

习题 2-1 ……………………………………………………………………… 46

§2.2　函数的求导法则 ………………………………………………………… 46
一、函数的和、差、积、商的求导法则(47)　二、复合函数的求导法则(48)
三、导数基本公式和基本求导法则(49)　　　四、高阶导数的求导法则(51)

五、隐函数的求导法(52)

习题 2-2 ………………………………………………………………………… 56

*§2.3　偏导数 ……………………………………………………………… 57

一、偏导数的定义及其计算法(57)　　　二、二元函数偏导数的几何意义(59)

三、高阶偏导数(60)

习题 2-3 ………………………………………………………………………… 62

§2.4　函数的微分 …………………………………………………………… 62

一、微分的定义(63)　　　　　　　　二、函数可微的条件(63)

三、微分基本公式与微分运算法则(64)

习题 2-4 ………………………………………………………………………… 68

§2.5　导数的应用 …………………………………………………………… 68

一、洛必达(L'Hospital)法则(68)　　二、函数的单调性与极值(70)

三、函数的凹凸性与拐点(72)　　　　四、函数的最值(74)

习题 2-5 ………………………………………………………………………… 75

第三章　积分学 ……………………………………………………………… 77

§3.1　不定积分的概念与性质 ……………………………………………… 77

一、原函数与不定积分的概念(77)　　二、不定积分的性质(78)

三、基本积分表(79)　　　　　　　　四、直接积分法(79)

习题 3-1 ………………………………………………………………………… 81

§3.2　积分方法 ……………………………………………………………… 82

一、第一换元积分法(凑微分法)(82)　二、第二换元积分法(87)

三、分部积分法(91)　　　　　　　　*四、积分表的使用(94)

习题 3-2 ………………………………………………………………………… 98

§3.3　定积分的概念与性质 ………………………………………………… 98

一、引例(99)　　　　　　　　　　　二、定积分的定义(100)

三、定积分的几何意义(101)　　　　　四、定积分的性质(102)

习题 3-3 ………………………………………………………………………… 106

§3.4　牛顿-莱布尼茨公式 ………………………………………………… 106

一、积分上限的函数及其导数(106)

二、牛顿-莱布尼茨(Newton-Leibniz)公式(微积分基本公式)(107)

习题 3-4 ………………………………………………………………………… 110

§3.5　定积分的换元积分法和分部积分法 ………………………………… 110

一、定积分换元积分法(110)　　　　　二、定积分的分部积分法(113)

习题 3-5 ………………………………………………………………………… 116

*§3.6　广义积分 …………………………………………………………… 116

一、无穷区间的广义积分(116)　　　　二、无界函数的广义积分(118)

习题 3-6 ………………………………………………………………………… 122

§3.7　积分的应用 …………………………………………………………… 122

一、定积分的元素法(122)　　　　　　二、平面图形的面积(123)

*三、极坐标系下平面图形的面积(125)　四、旋转体的体积(126)

　*五、定积分的物理应用(128)

　习题 3-7 ·· 131

　*§3.8　二重积分 ··· 131

　　一、曲顶柱体的体积(131)　　　　　二、二重积分的定义(132)

　　三、二重积分的几何意义(132)　　　四、直角坐标系中二重积分的计算(133)

　习题 3-8 ·· 137

　§3.9　微分方程初步 ··· 137

　　一、微分方程的概念(137)　　　　　二、微分方程的解(138)

　　三、一阶微分方程的解(139)　　　　*四、可降阶的高阶微分方程(144)

　习题 3-9 ·· 148

专 业 模 块

第四章　线性代数初步 ·· 152

　§4.1　行列式的概念与运算 ··· 152

　　一、行列式的概念(152)　　　　　　二、行列式的性质(154)

　　三、行列式的计算(156)

　习题 4-1 ·· 160

　§4.2　克莱姆法则 ·· 160

　　一、n 元线性方程组的概念(160)　　二、克莱姆法则(161)

　　三、运用克莱姆法则讨论齐次线性方程组的解(162)

　习题 4-2 ·· 163

　§4.3　矩阵的概念与运算 ··· 164

　　一、矩阵的概念(164)　　　　　　　二、矩阵的运算(166)

　习题 4-3 ·· 171

　§4.4　逆矩阵 ··· 172

　　一、逆矩阵的概念(172)　　　　　　二、可逆矩阵的判定(173)

　　三、用初等变换求逆矩阵(174)　　　四、用求逆矩阵的方法求解矩阵方程(175)

　习题 4-4 ·· 176

　§4.5　矩阵的秩 ··· 177

　　一、行阶梯形矩阵与行简化阶梯形矩阵(177)　二、矩阵的秩(178)

　　三、用初等变换求矩阵的秩(179)

　习题 4-5 ·· 181

　§4.6　线性方程组的解 ·· 181

　　一、高斯消元法(182)　　　　　　　二、线性方程组解的讨论(185)

　习题 4-6 ·· 189

第五章　概率统计初步 ·· 190

　§5.1　随机试验与随机事件 ··· 190

　　一、随机试验(190)　　　　　　　　二、随机事件(191)

　　三、随机事件的关系与运算(191)

　习题 5-1 ·· 194

§5.2 概率的定义及性质 ……………………………………………………………… 194

一、古典概型(194)　　　　　二、几何概型(196)

三、概率的公理化定义(197)

习题5-2 …………………………………………………………………………………… 198

§5.3 条件概率 ……………………………………………………………………………… 199

一、条件概率与乘法公式(199)　　　　　二、事件的独立性(201)

三、全概率公式与贝叶斯公式(202)

习题5-3 …………………………………………………………………………………… 205

§5.4 随机变量及其分布 ………………………………………………………………… 206

一、随机变量(206)　　　　　二、离散型随机变量及其分布(206)

三、连续型随机变量及其概率密度(209)

习题5-4 …………………………………………………………………………………… 214

§5.5 随机变量的数字特征 ……………………………………………………………… 214

一、数学期望及其性质(215)　　　　　二、方差及其性质(218)

习题5-5 …………………………………………………………………………………… 220

§5.6 统计初步 ……………………………………………………………………………… 221

一、统计量(221)　　　　　二、参数估计(222)

习题5-6 …………………………………………………………………………………… 225

§5.7 应用与提高 ………………………………………………………………………… 225

习题5-7 …………………………………………………………………………………… 227

附录 ……………………………………………………………………………………………… 228

附录A 常用初等代数公式和基本三角公式 …………………………………………… 228

附录B 积分表 …………………………………………………………………………… 230

附录C 常用曲线函数的图形 …………………………………………………………… 239

习题参考答案 ………………………………………………………………………………… 242

预备知识模块

>>> 第一章　函数、极限与连续

第一章 函数、极限与连续

函数是现代数学的基本概念之一,是高等数学的主要研究对象.极限概念是微积分的理论基础,极限方法是微积分的基本分析方法.因此,掌握、运用好极限方法是学好微积分的关键.连续是函数的一个重要性态.本章将介绍函数、极限与连续的基本知识和有关的基本方法.

§1.1 函数的概念

在现实世界中,一切事物都在一定的空间中运动着.17世纪初,数学首先从对运动(如天文、航海问题等)的研究中引出了函数这个基本概念.在那以后的两百多年里,这个概念在几乎所有的科学研究工作中占据了中心位置.本节将介绍函数的概念、函数关系的构建与函数的特性.

一、邻域

定义 1 设 a 与 δ 是两个实数,且 $\delta > 0$,数集 $\{x \mid a-\delta < x < a+\delta\}$ 称为点 a 的 δ **邻域**,记为
$$U(a,\delta) = \{x \mid a-\delta < x < a+\delta\}.$$
其中,点 a 称为该**邻域的中心**,δ 称为该**邻域的半径**(见图 1-1-1).

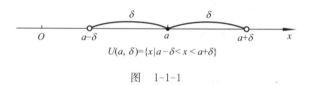

$$U(a,\delta) = \{x \mid a-\delta < x < a+\delta\}$$

图 1-1-1

由于 $a-\delta < x < a+\delta$ 相当于 $|x-a| < \delta$,因此
$$U(a,\delta) = \{x \mid |x-a| < \delta\}.$$
若把邻域 $U(a,\delta)$ 的中心去掉,所得到的邻域称为点 a 的**去心 δ 邻域**,记为 $\mathring{U}(a,\delta)$,即
$$\mathring{U}(a,\delta) = \{x \mid 0 < |x-a| < \delta\}.$$

更一般地,以 a 为中心的任何开区间均是点 a 的邻域.当不需要特别辨明邻域的半径时,可简记为 $U(a)$.

例如,$U(2,0.8) = \{x \mid |x-2| < 0.8\}$ 表示点 2 的 0.8 邻域,也可以表示为开区间 $(1.2, 2.8)$;再如,$\mathring{U}(1,0.2) = \{x \mid 0 < |x-1| < 0.2\}$ 表示点 1 的 0.2 的去心邻域,也可以用开区间 $(0.8,1) \bigcup (1,1.2)$ 表示.

注:$0 < |x-a|$ 表示 $x \neq a$,即邻域内不包含点 a.

二、函数的概念

1. 函数的定义

定义 2 设 D 为一个非空实数集合,若存在确定的对应法则 f,使得对于数集 D 中的

任意一个数 x，按照 f 都有唯一确定的实数 y 与之对应，则称 f 是定义在集合 D 上的**函数**，记作

$$y = f(x), \quad x \in D.$$

其中，x 称为**自变量**，y 称为**因变量**，数集 D 称为该函数的**定义域**.

如果对于自变量 x 的某个确定的值 x_0，按照对应法则 f，因变量 y 能够得到一个确定的值 y_0 或 $f(x_0)$ 与之对应，则称 y_0 或 $f(x_0)$ 为函数在 x_0 处的函数值.

当自变量取遍 D 的所有数值时，对应的函数值的全体构成的集合称为函数 f 的**值域**，记为 M，即

$$M = \{y \mid y = f(x), x \in D\}.$$

2. 函数的定义域

函数的定义域通常按以下两种情形来确定：一种是对有实际背景的函数，其定义域根据实际背景中变量的实际意义确定；另一种是对抽象地用算式表达的函数，通常约定这种函数的定义域是使得算式有意义的一切实数组成的集合，这种定义域称为函数的**自然定义域**.

例 1 确定函数 $f(x) = \sqrt{3 + 2x - x^2} + \ln(x-2)$ 的定义域.

解 该函数的定义域应为满足不等式组 $\begin{cases} 3 + 2x - x^2 \geqslant 0 \\ x - 2 > 0 \end{cases}$ 的 x 值的全体，解此不等式组，得其定义域为 $\{x \mid 2 < x \leqslant 3\}$，即 $(2, 3]$.

三、函数的常用表示法

(1) 表格法：自变量的值与对应的函数值列成表格的方法.

(2) 图像法：在坐标系中用图形来表示函数关系的方法.

(3) 公式法（解析法）：自变量和因变量之间的函数关系用数学表达式（又称解析式）来表示的方法.

根据函数的解析表达式的形式不同，函数也可分为显函数、隐函数、参数方程表示的函数和分段函数四种：

(1) **显函数**：函数 y 由 x 的解析表达式直接表示，例如 $y = (x+1)^2$.

(2) **隐函数**：函数的自变量 x 与因变量 y 的对应关系由方程 $F(x, y) = 0$ 来确定，例如 $e^{xy} = x + y$.

(3) **参数方程表示的函数**：函数的自变量 x 与因变量 y 的对应关系通过第三个变量联系起来，例如 $\begin{cases} x = g(t) \\ y = f(t) \end{cases}$，$t$ 为参变量.

(4) **分段函数**：函数在定义域的不同范围内，具有不同的解析表达式.

下面来看几个分段函数的例子：

① 绝对值函数

$$y = |x| = \begin{cases} x & \text{当 } x \geqslant 0 \\ -x & \text{当 } x < 0 \end{cases}$$

的定义域为 $D = (-\infty, +\infty)$，值域为 $R_f = [0, +\infty)$，其图像如图 1-1-2 所示.

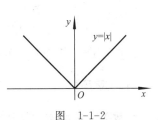

图 1-1-2

② 符号函数

$$y = \operatorname{sgn} x = \begin{cases} 1 & \text{当 } x > 0 \\ 0 & \text{当 } x = 0 \\ -1 & \text{当 } x < 0 \end{cases}$$

的定义域为 $D = (-\infty, +\infty)$,值域为 $R_f = \{-1, 0, 1\}$,其图像如图 1-1-3 所示.

③ **取整函数** $y = [x]$,其中,$[x]$ 表示不超过 x 的最大整数.

例如,$\left[\dfrac{2}{3}\right] = 0, [\sqrt{3}] = 1, [\pi] = 3, [-2] = -2, [-2.3] = -3$.

取整函数的定义域为 $D = (-\infty, +\infty)$,值域为 $R_f = \mathbf{Z}$,其图像如图 1-1-4 所示.

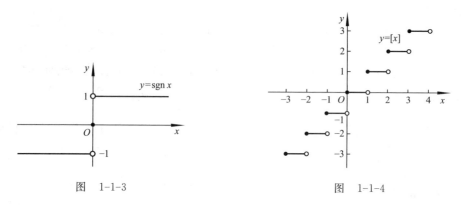

图　1-1-3　　　　　　　　　　　图　1-1-4

④ **狄利克雷函数**

$$y = D(x) = \begin{cases} 1 & \text{当 } x \text{ 是有理数} \\ 0 & \text{当 } x \text{ 是无理数} \end{cases}$$

的定义域为 $D = (-\infty, +\infty)$,值域为 $R_f = \{0, 1\}$.

四、函数关系的建立

为解决实际问题,首先应将该问题量化,从而建立起该问题的数学模型,即建立函数关系.要把实际问题中的函数关系正确地抽象出来,首先应分析哪个是常量,哪个是变量;然后确定选取哪个为自变量,哪个为因变量;最后根据题意建立它们之间的函数关系,同时给出函数的定义域.

例 2 某运输公司规定货物的吨千米运价为:在 a 千米以内,每千米 k 元,超过部分为每千米 $\dfrac{4}{5}k$ 元. 求运价 m 和里程 s 之间的函数关系.

解 根据题意,可列出函数关系如下:

$$m = \begin{cases} ks & \text{当 } 0 < s \leqslant a \\ ka + \dfrac{4}{5}k(s-a) & \text{当 } a < s \end{cases}.$$

这里运价 m 和里程 s 的函数关系是用分段函数来表示的,定义域为 $(0, +\infty)$.

五、反函数

函数关系的实质就是从定量分析的角度来描述运动过程中变量之间的相互依赖关系. 但

在研究过程中,哪个作为自变量,哪个作为因变量(函数),是由具体问题来决定的.

例如,设某物体做匀速直线运动,若已知速度为 v,时间为 t,则其位移 s 是时间 t 的函数 $s=vt$,这里 t 是自变量,s 是因变量;若已知位移 s,反过来求时间 t,则有 $t=\dfrac{s}{v}$,此处 s 是自变量,t 是因变量.

以上两式是同一个关系的两种写法,但从函数的观点看,由于对应法则不同,它们是两个不同的函数,常称它们互为反函数.

一般地,有如下定义:

定义 3　设 $y=f(x)$ 为定义在 D 上的函数,其值域为 M.若对于数集 M 中的每个数 y,数集 D 中都有唯一的一个数 x 使 $y=f(x)$,这就是说变量 x 是变量 y 的函数.这个函数称为函数 $y=f(x)$ 的**反函数**,记为 $x=f^{-1}(y)$.其定义域为 M,值域为 D.

相对于反函数,函数 $y=f(x)$ 称为**直接函数**.

例如,在 $\left(-\dfrac{\pi}{2},\dfrac{\pi}{2}\right)$ 内,函数 $y=\tan x$,其值域为 $(-\infty,+\infty)$,与其对应的反函数定义域为 $(-\infty,+\infty)$,值域为 $\left(-\dfrac{\pi}{2},\dfrac{\pi}{2}\right)$.

注:(1) 习惯上,常用 x 表示自变量,y 表示因变量,因此函数 $y=f(x)$ 的反函数 $x=f^{-1}(y)$ 常改写为 $y=f^{-1}(x)$.

(2) 在同一坐标平面内,$y=f(x)$ 与 $y=f^{-1}(x)$ 二者的图像关于直线 $y=x$ 对称.

(3) 按此定义,只有单调函数才存在反函数.对于在定义域内不单调的函数,应限定在某一单调区间内才可求反函数.

例 3　求函数 $y=\dfrac{\mathrm{e}^x-\mathrm{e}^{-x}}{2}$ 的反函数.

解　由 $y=\dfrac{\mathrm{e}^x-\mathrm{e}^{-x}}{2}$,可得 $\mathrm{e}^x=y\pm\sqrt{y^2+1}$,显然 $\mathrm{e}^x>0$,故只有

$$\mathrm{e}^x=y+\sqrt{y^2+1},$$

从而

$$x=\ln(y+\sqrt{y^2+1}),$$

即所求的反函数为

$$y=\ln(x+\sqrt{x^2+1}).$$

六、函数特性

1. 函数的单调性

设函数 $y=f(x)$ 的定义域为 D,区间 $I\subset D$,对于区间 I 上的任意两点 x_1 及 x_2,当 $x_1<x_2$ 时,若恒有 $f(x_1)<f(x_2)$,则称函数 $f(x)$ 在区间 I 上是**单调增加函数**;若恒有 $f(x_1)>f(x_2)$,则称函数 $f(x)$ 在区间 I 上是**单调减少函数**.

例如,函数 $y=\sin x$ 在区间 $\left[-\dfrac{\pi}{2},\dfrac{\pi}{2}\right]$ 上是单调增加的,在区间 $\left[\dfrac{\pi}{2},\dfrac{3\pi}{2}\right]$ 上是单调减少的.

2. 函数的奇偶性

设函数 $y=f(x)$ 的定义域关于原点对称,如果对于定义域中的任何 x,都有 $f(-x)=f(x)$,则称 $y=f(x)$ 为**偶函数**;如果有 $f(-x)=-f(x)$,则称 $y=f(x)$ 为**奇函数**;不是偶函数也不是奇函数的函数,称为**非奇非偶函数**.

偶函数的图像是关于 y 轴对称的,如函数 $y=\cos x,y=x^2$;奇函数的图像是关于原点对称的,如 $y=\sin x,y=x^3$.

3. 函数的周期性

设函数 $y=f(x)$ 的定义域为 D,若存在正数 T,使得对于一切 $x\in D$,有 $(x\pm T)\in D$,且
$$f(x\pm T)=f(x),$$
则称 $f(x)$ 为**周期函数**,T 称为 $f(x)$ 的**周期**.通常所说的周期函数的周期是指其最小正周期.如函数 $y=\tan x,y=\cos x$ 的周期分别为 $\pi,2\pi$.

4. 函数的有界性

设函数 $y=f(x)$ 的定义域为 D,数集 $X\subset D$,若存在一个正数 M,使得
$$|f(x)|<M$$
对任一 $x\in X$ 均成立,则称函数 $f(x)$ 在 X 上**有界**;若这样的 M 不存在,则称函数 $f(x)$ 在 X 上**无界**.这就是说,若对于任何正数 M,总存在 $x_1\in X$,使 $|f(x_1)|>M$,则函数 $f(x)$ 在 X 上无界.

例如,因为当 $x\in(-\infty,+\infty)$ 时,恒有 $|\sin x|\leqslant 1$,所以函数在 $f(x)=\sin x$ 在 $(-\infty,+\infty)$ 是有界函数,这里 $M=1$.再如,当 $x\in\left(-\dfrac{\pi}{2},\dfrac{\pi}{2}\right)$ 时,$f(x)=\tan x$ 是无界函数.

【文化视角】

古巴比伦、古埃及和中国的数学

在公元前 3000 年左右古巴比伦和古埃及的数学出现以前,人类在数学上没有取得什么进展.由于原始人早在公元前一万年就开始定居在一个地区,建立家园,靠农牧业生活,可见最初的数学迈出头几步是多么费时.更由于许许多多古代文明社会竟然没有什么数学可言,足见能培育出这门科学的文明是多么稀少.

公元前三千年左右,古巴比伦人和古埃及人几乎是同时和独自地发展着数学,内容涉及正整数、分数、二次方程的根、简单几何图形的面积和直角三角形关系等.在这两个古代文明社会中,古巴比伦人是首先对数学主流作出贡献的.例如,古巴比伦人能求得一元一次方程和部分一元二次、三次方程的根,甚至能解出含五个未知量的五个方程这类个别问题,几何方面能计算一些简单平面图形面积和简单立体体积,但几何在古巴比伦人心中是不重要的,并不是他们的一门独立学科,他们常常把几何问题化为代数问题来解决.古巴比伦人生活在美索不达米亚,是现今伊拉克的一部分.当美索不达米亚地区的统治民族迭经更替从而接受新的文化影响之际,古埃及的文明却在不受外来势力的影响下独自地发展,古埃及文明源自何处至今未知,但它肯定在公元前 4000 年之前就已经存在.古埃及文化在公元前 2500 年左右达到最高点,当时的统治者建立了保存至今的金字塔.据希腊历史学家的考证,古埃及是因为尼罗河每年涨水后需要重新测定农民土地的边界才产生几何的.古埃及人能应用正确的公式来计算三角形、长方形、梯形的面积,立方体、棱柱、圆柱、棱锥体体积等.古埃及人用数学来管理国家的事务,确定付给劳役者报酬,征收按土地面积估出的地税等.同古巴比伦人一样,古埃及数学的一个主要用途是天文、占星术,他们把天文知识与几何知识结合起来用于建造神庙,使一年里某几天的阳光能以特定的方式照射到庙里,他们竭力使金字塔的底有正确的形状.底和高的尺寸之比意义重大,但我们不应把有关工程的复杂性或想法的深奥性过强调.总体来说,古埃及人的数学是简单粗浅的.

就数学而言,中国或许是世界上数学科学的发源地之一,在中国古代,代数和几何知识的产生可以追溯到公元前 3000 年前,其中如勾股定理的出现早于西方. 西汉时的数学专著《九章算术》,它标志中国初等数学理论体系的形成,它包含了方程、勾股、方田等算术、代数和几何问题解法,在东汉初期至五代末,是中国初等数学理论体系稳定发展时期,其代表性人物是赵爽、刘徽和祖冲之等. 到宋元时期,中国初等数学的发展达到了顶峰. 但由于各方面的原因,中国古代的数学研究总是卷入非常实际的问题,不知道抽象,不知道系统,明朝中叶以后,中国的科学技术就逐渐落后了.

习 题 1-1

1. 判断下列各组函数是否相同:

(1) $y=1$ 与 $y=\sin^2 x+\cos^2 x$; (2) $y=2x+1$ 与 $x=2y+1$;

(3) $f(x)=\lg x^2$ 与 $g(x)=2\lg x$; (4) $f(x)=x$ 与 $g(x)=\sqrt{x^2}$.

2. 判断题:

(1) 函数 $y=3$ 是有界函数; ( )

(2) 函数 $y=|\sin x|$ 与 $y=\sin|x|$ 是相同的函数; ( )

(3) $y=\sin x \cdot \cos x$ 是奇函数; ( )

(4) 函数 $f(x)=\log_a(x+\sqrt{x^2+1})$ 是非奇非偶函数; ( )

(5) 设 $f(x+1)=x^2+2x-3$,则 $f(2)=5$; ( )

(6) 若函数 $f(x)$ 在 (a,b) 内的图像介于两平行直线之间,则 $f(x)$ 在 (a,b) 上是有界函数. ( )

3. 填空题:

(1) 函数 $f(x)=\sqrt{\dfrac{1-x^2}{6-x-x^2}}$ 的定义域是_____.

(2) 设函数 $f(x)=\begin{cases}\sin x & 当 -2<x<0 \\ 1+x^2 & 当 0\leq x<2\end{cases}$,则 $f\left(\dfrac{\pi}{2}\right)=$_____.

(3) 设 $f(x+1)=x^2+2x+3$,则 $f(x)=$_____.

(4) 函数_____的图像与函数 $y=8^x$ 的图像关于直线 $y=x$ 对称.

4. 判断下列函数的奇偶性:

(1) $y=\ln(x+\sqrt{1+x^2})$; (2) $f(x)=\dfrac{2^x-1}{2^x+1}$.

5. 求下列函数的定义域:

(1) $y=\dfrac{1}{1-x^2}+\sqrt{x+2}$; (2) $f(x)=\dfrac{\lg(3-x)}{\sin x}+\sqrt{5+4x-x^2}$.

§1.2 初 等 函 数

一、基本初等函数

在中学数学中我们已深入讨论了幂函数、指数函数、对数函数和三角函数,再加上反三角函数,这五类函数统称基本初等函数,为以后学习方便,这里我们作简要复习.

1. 幂函数

幂函数 $y=x^\alpha$(α 是任意实数),其定义域要依 α 是什么数而定.当 $\alpha=-1,\frac{1}{2},1,2,3$ 时是最常用的幂函数(见图 1-2-1).

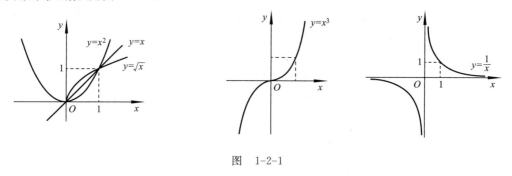

图 1-2-1

2. 指数函数

指数函数 $y=a^x$(a 为常数,且 $a>0,a\neq1$),其定义域为 $(-\infty,+\infty)$.

当 $a>1$ 时,指数函数 $y=a^x$ 单调增加;当 $0<a<1$ 时,指数函数 $y=a^x$ 单调减少.

函数 $y=a^{-x}$ 与 $y=a^x$ 的图形关于 y 轴对称(见图 1-2-2).

指数函数中最常用的是以无理数 $e=2.718\ 281\ 8\cdots$ 为底的函数 $y=e^x$.

3. 对数函数

对数函数 $y=\log_a x$(a 为常数,且 $a>0,a\neq1$),其定义域为 $(0,+\infty)$.

当 $a>1$ 时,对数函数 $y=\log_a x$ 单调增加;当 $0<a<1$ 时,对数函数 $y=\log_a x$ 单调减少(见图 1-2-3).

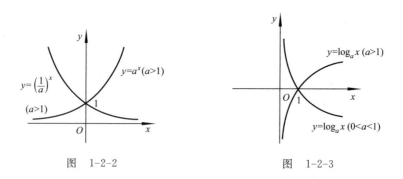

图 1-2-2   图 1-2-3

其中,以 e 为底的对数函数叫**自然对数函数**,记作 $y=\ln x$;以 10 为底的对数函数叫**常用对数函数**,记作 $y=\lg x$.

4. 三角函数

常用的三角函数有:

(1)正弦函数 $y=\sin x$,其定义域为 $(-\infty,+\infty)$,值域为 $[-1,1]$,是奇函数,是以 2π 为周期的周期函数,其图像如图 1-2-4 所示.

(2)余弦函数 $y=\cos x$,其定义域为 $(-\infty,+\infty)$,值域为 $[-1,1]$,是偶函数,是以 2π 为周期的周期函数,其图像如图 1-2-5 所示.

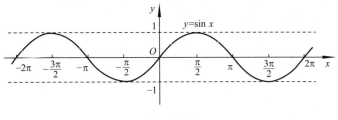

图　1-2-4

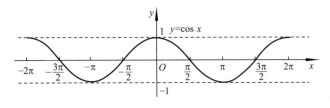

图　1-2-5

（3）正切函数 $y=\tan x$，其定义域为 $\{x\,|\,x\neq k\pi+\dfrac{\pi}{2},k\in\mathbf{Z}\}$，值域为 $(-\infty,+\infty)$，是奇函数，是以 π 为周期的周期函数，其图像如图 1-2-6 所示.

（4）余切函数 $y=\cot x$，其定义域为 $\{x\,|\,x\neq k\pi,k\in\mathbf{Z}\}$，值域为 $(-\infty,+\infty)$，是奇函数，是以 π 为周期的周期函数，其图像如图 1-2-7 所示.

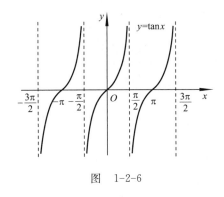

图　1-2-6

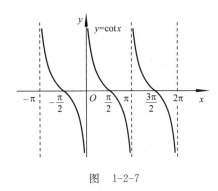

图　1-2-7

（5）正割函数 $y=\sec x$，正割指的是直角三角形，斜边与某个锐角的邻边的比，称为该锐角的**正割**，记作 $y=\sec x$. 正割是余弦函数的倒数，即 $\sec x\cdot\cos x=1$.

（6）余割函数 $y=\csc x$，余割指的是直角三角形，斜边与某个锐角的对边的比，称为该锐角的**余割**. 记作 $y=\csc x$. 余割是正弦函数的倒数，即 $\csc x\cdot\sin x=1$.

5. 反三角函数

反三角函数是三角函数的反函数. 由于三角函数均不是单调函数，故对它们均是限定在某一单调区间内来讨论其反函数，具体如下：

（1）反正弦函数 $y=\arcsin x$，是正弦函数在区间 $\left[-\dfrac{\pi}{2},\dfrac{\pi}{2}\right]$ 上的反函数，故其定义域为 $[-1,1]$，值域为 $\left[-\dfrac{\pi}{2},\dfrac{\pi}{2}\right]$，其图像如图 1-2-8 所示.

（2）反余弦函数 $y = \arccos x$，是余弦函数在区间 $[0,\pi]$ 上的反函数，故其定义域为 $[-1,1]$，值域为 $[0,\pi]$，图像如图 1-2-9 所示.

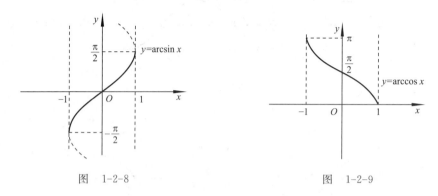

图　1-2-8　　　　　　　　　　　　图　1-2-9

（3）反正切函数 $y = \arctan x$，是正切函数在区间 $\left(-\dfrac{\pi}{2}, \dfrac{\pi}{2}\right)$ 上的反函数，故其定义域为 $(-\infty, +\infty)$，值域为 $\left(-\dfrac{\pi}{2}, \dfrac{\pi}{2}\right)$，其图像如图 1-2-10 所示.

（4）反余切函数 $y = \text{arccot}\, x$，是余切函数在区间 $(0,\pi)$ 上的反函数，故其定义域为 $(-\infty, +\infty)$，值域为 $(0,\pi)$，其图像如图 1-2-11 所示.

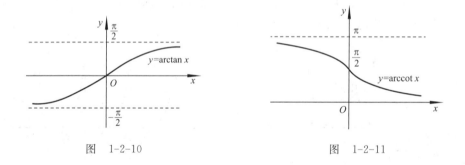

图　1-2-10　　　　　　　　　　　　图　1-2-11

二、复合函数

1. 定义

定义 1　设函数 $y = f(u)$ 的定义域为 D_f，函数 $u = \varphi(x)$ 的值域为 R_φ，若 $D_f \bigcap R_\varphi = M \neq \varnothing$，则在 M 内通过变量 u 确定了一个 y 是 x 的函数，记作

$$y = f(\varphi(x)).$$

该函数称为 x 的**复合函数**. 其中，x 称为**自变量**，y 称为**因变量**，u 称为**中间变量**.

注：（1）并非任意两个函数都可以复合成一个复合函数. 如 $y = \arcsin u$，$u = 2 + x^2$，因前者定义域为 $[-1,1]$，而后者的值域为 $[2, +\infty)$，故这两个函数不能构成复合函数.

（2）复合函数可由两个以上的函数经过复合构成.

例 1　设 $y = f(u) = \arctan u$，$u = \varphi(v) = \sqrt{v}$，$v = \psi(x) = x^2 - 1$. 求 $f(\varphi(\psi(x)))$.

解　$f(\varphi(\psi(x))) = \arctan u = \arctan \sqrt{v} = \arctan \sqrt{x^2 - 1}$.

例 2　设 $f(x) = \dfrac{1}{1+x}$，$\varphi(x) = \sqrt{\sin x}$，求 $f(\varphi(x))$，$\varphi(f(x))$.

解 求 $f(\varphi(x))$ 时, 应将 $f(x)$ 中的 x 视为 $\varphi(x)$, 因此

$$f(\varphi(x)) = \frac{1}{1+\varphi(x)} = \frac{1}{1+\sqrt{\sin x}}.$$

求 $\varphi(f(x))$ 时, 应将 $\varphi(x)$ 中的 x 视为 $f(x)$, 因此

$$\varphi(f(x)) = \sqrt{\sin f(x)} = \sqrt{\sin \frac{1}{1+x}}.$$

2. 复合函数的分解

定义 2 复合函数的分解是指把一个复合函数分解成基本初等函数或基本初等函数的四则运算.

例 3 分解下列复合函数:

(1) $y = \cos x^2$;   (2) $y = \sin^2 2x$;

(3) $y = \ln(\arctan \sqrt{1+x^2})$;   (4) $y = \lg(1+\sqrt{1+x^2})$.

解 (1) 所给函数可分解为

$$y = \cos u, \quad u = x^2.$$

(2) 所给函数可分解为

$$y = u^2, \quad u = \sin v, \quad v = 2x.$$

(3) 所给函数可分解为

$$y = \ln u, \quad u = \arctan v, \quad v = \sqrt{w}, \quad w = 1+x^2.$$

(4) 所给函数可分解为

$$y = \lg u, \quad u = 1+\sqrt{v}, \quad v = 1+x^2.$$

三、初等函数的定义

定义 3 由常数和基本初等函数经过有限次的四则运算和有限次的函数复合步骤所构成的, 并可用一个式子表示的函数, 称为**初等函数**. 例如

$$y = \lg(x+\sqrt{1+x^2}), \quad y = \sqrt[3]{\ln 3x + 3^x + \sin x^2}, \quad y = \frac{\sin 2x}{\sqrt{1+x^2}}$$

等都是初等函数. 本课程所讨论的函数绝大多数都是初等函数.

注: 分段函数绝大多数都不是初等函数. 绝对值函数 $y = |x| = \sqrt{x^2}$ 是既是分段函数又是初等函数的一个典型例子.

初等函数的基本特征: 在函数有定义的区间内, 初等函数的图形是不间断的.

*四、双曲函数与反双曲函数

应用上常用到以 e 为底的指数函数 $y = e^x$ 和 $y = e^{-x}$ 所产生的双曲函数以及它们的反函数——反双曲函数. 它们的定义如下:

双曲正弦函数 $y = \operatorname{sh} x = \dfrac{e^x - e^{-x}}{2}, \quad x \in (-\infty, +\infty)$;

双曲余弦函数 $y = \operatorname{ch} x = \dfrac{e^x + e^{-x}}{2}, \quad x \in (-\infty, +\infty)$;

双曲正切函数 $y = \text{th}\,x = \dfrac{e^x - e^{-x}}{e^x + e^{-x}}, \quad x \in (-\infty, +\infty);$

双曲余切函数 $y = \coth x = \dfrac{e^x + e^{-x}}{e^x - e^{-x}}, \quad x \in (-\infty, 0) \bigcup (0, +\infty).$

双曲函数的图像如图 1-2-12 所示.

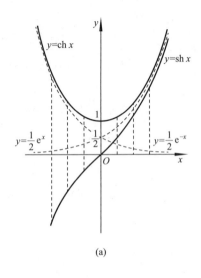
(a)

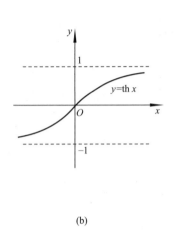
(b)

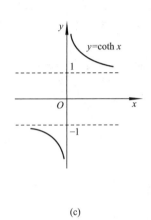
(c)

图 1-2-12

双曲函数有下述公式：

$$\text{sh}(x \pm y) = \text{sh}\,x\,\text{ch}\,y \pm \text{ch}\,x\,\text{sh}\,y,$$

$$\text{ch}(x \pm y) = \text{ch}\,x\,\text{ch}\,y \pm \text{sh}\,x\,\text{sh}\,y,$$

$$\text{sh}\,2x = 2\,\text{sh}\,x\,\text{ch}\,x,$$

$$\text{ch}\,2x = \text{ch}^2\,x + \text{sh}^2\,x,$$

$$\text{ch}^2\,x - \text{sh}^2\,x = 1.$$

这些公式读者不难自行证明,此处证明略.

此外,不难验证双曲函数中除双曲余弦函数 $y = \text{ch}\,x = \dfrac{e^x + e^{-x}}{2}$ 是偶函数外,其余均为奇函数.

双曲函数 $y = \text{sh}\,x, y = \text{ch}\,x, y = \text{th}\,x, y = \coth x$ 的反函数称为**反双曲函数**,依次记为: $y = \text{arsh}\,x, y = \text{arch}\,x, y = \text{arth}\,x, y = \text{arcoth}\,x.$ 反双曲函数有如下的表达式：

反双曲正弦函数 $y = \text{arsh}\,x = \ln(x + \sqrt{x^2 + 1});$

反双曲余弦函数 $y = \text{arch}\,x = \ln(x + \sqrt{x^2 - 1});$

反双曲正切函数 $y = \text{arth}\,x = \dfrac{1}{2}\ln\dfrac{1+x}{1-x};$

反双曲余切函数 $y = \text{arcoth}\,x = \dfrac{1}{2}\ln\dfrac{x+1}{x-1}.$

反双曲正弦函数的求法请参阅§1.1节反函数的内容.此处仅给出双曲余弦的反函数——反双曲余弦函数的求法.

由 $y=\mathrm{ch}\,x=\dfrac{\mathrm{e}^x+\mathrm{e}^{-x}}{2}(x\geqslant0)$，可得 $\mathrm{e}^x=y\pm\sqrt{y^2-1}$，故

$$x=\ln(y\pm\sqrt{y^2-1}),$$

上式中的 y 值必须满足 $y\geqslant1$，而其中平方根前的符号由于 $x\geqslant0$ 应取正，故

$$x=\ln(y+\sqrt{y^2-1}),$$

从而反双曲余弦的表达式为

$$y=\mathrm{arch}\,x=\ln(x+\sqrt{x^2-1}).$$

五、二元函数

1. 空间直角坐标

在平面直角坐标系中，任一点都可用一有序数对表示. 空间一个点的位置的确定，需要建立空间直角坐标系.

过空间一个点 O，作三条互相垂直的数轴，它们都以 O 为原点. 这三条数轴分别叫作 x 轴（横轴）、y 轴（纵轴）和 z 轴（竖轴），统称**坐标轴**. 通常把 x 轴和 y 轴配置在水平面上，而 z 轴则是铅垂线；坐标轴的正向通常按右手螺旋法则，即右手四指并拢，大拇指与四指的方向垂直，四指从指向 x 轴正方向旋转 $\dfrac{\pi}{2}$ 指向 y 轴正方向，此时，拇指的指向就是 z 轴的正方向. 这样建立了一个空间直角坐标系. 点 O 叫作**坐标原点**（见图 1-2-13）.

三条坐标轴中的任意两条可以确定一个平面，这样定出的三个平面统称坐标面. 其中，x 轴与 y 轴所确定的平面叫作 xOy 面；y 轴和 z 轴所确定的平面叫作 yOz 面；z 轴与 x 轴所确定的平面叫作 zOx 面. 三个坐标面把空间分成八个部分，每一部分叫作**卦限**. 含 x 轴、y 轴、z 轴正半轴的那个卦限叫作第 Ⅰ 卦限，其他第 Ⅱ、Ⅲ、Ⅳ 卦限在 xOy 坐标面的上方，按逆时针方向确定. 第 Ⅴ 到第 Ⅷ 卦限分别在第 Ⅰ 到第 Ⅳ 卦限的下方（见图 1-2-14）.

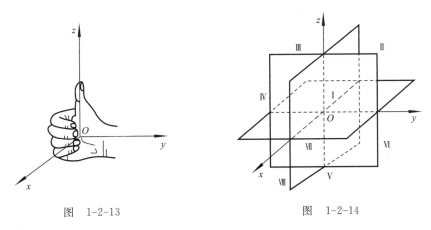

图 1-2-13　　　　　　　　　　图 1-2-14

设 P 为空间一点，过点 P 分别作垂直于 x 轴、y 轴、z 轴的平面，顺次与 x 轴、y 轴、z 轴交于 P_x，P_y，P_z，这三点在各自坐标轴上对应的实数值 x,y,z 称为点 P 在 x 轴、y 轴、z 轴上的坐标，由此唯一确定的有序数组 (x,y,z) 称为点 P 的坐标. 依次称 x,y 和 z 为点 P 的**横坐标**、**纵坐标和竖坐标**，通常记作 $P(x,y,z)$.

2. 二元函数的定义

在很多自然现象和工程实际中所涉及的往往是多个变量之间的依存关系. 例如, 矩形面积公式 $S=xy$, 描述了面积 S 依赖于长 x 和宽 y 两个变量的关系. 又如, 一定质量的理想气体的压强 p、体积 V 和绝对温度 T 之间具有关系: $p=\dfrac{RT}{V}$ (其中 R 为常数).

定义 4 如果在某个变化过程中有三个变量 x,y 和 z, 且当变量 x 和 y 在一定范围 D 内任取一对值 (x,y) 时, 按照一定的对应法则, 变量 z 都有唯一确定的值与其对应, 则称变量 z 是变量 x,y 的**二元函数**, 记作 $z=f(x,y)$. x,y 称为**自变量**, z 称为**因变量**. 自变量 x、y 的取值范围 D 称为函数 $f(x,y)$ 的**定义域**.

二元函数 $z=f(x,y)$ 在点 (x_0,y_0) 处的函数值记为 $f(x_0,y_0)$.

3. 二元函数的定义域

与一元函数类似, 讨论用解析式表示的二元函数时, 其定义域 D 是使该解析式有确定的 z 值的那些自变量 (x,y) 所构成的点集. 一元函数的定义域一般说来是一个或几个区间, 而二元函数的定义域通常则是由平面上一条或几条光滑曲线所围成的平面区域. 围成区域的曲线称为区域的**边界**, 边界上的点称为**边界点**, 包括边界在内的区域称为**闭区域**, 不包括边界在内的区域称为**开区域**.

常见的区域有矩形域

$$D=\{(x,y)\mid a<x<b,c<y<d\}$$

及圆域

$$D=\{(x,y)\mid (x-x_0)^2+(y-y_0)^2<\delta^2(\delta>0)\}.$$

圆域一般又称平面上点 $P_0(x_0,y_0)$ 的 δ **邻域**, 记作 $U(P_0,\delta)$, 而称不包含 P_0 点的邻域为空心邻域, 记作 $\mathring{U}(P_0,\delta)$.

如果区域 D 可以被包含在以原点为圆心的某一圆域内, 则称 D 为**有界区域**, 否则称为**无界区域**.

例 4 求二元函数 $z=\ln(x+y)$ 的定义域.

解 自变量 x,y 所取的值必须满足不等式

$$x+y>0,$$

即定义域为 $D=\{(x,y)\mid x+y>0\}$.

点集 D 在 xOy 面上表示一个在直线 $x+y=0$ 上方的半平面 (不包含边界 $x+y=0$), 如图 1-2-15 所示, 此时 D 是无界开区域.

例 5 求二元函数 $z=\ln(x^2+y^2-1)+\sqrt{9-x^2-y^2}$ 的定义域.

解 要使函数有意义, x,y 应同时满足

$$\begin{cases} x^2+y^2-1>0 \\ 9-x^2-y^2\geqslant 0 \end{cases},$$

即

$$1<x^2+y^2\leqslant 9,$$

所以函数定义域为

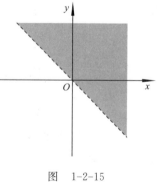

图 1-2-15

$$D=\{(x,y)\,|\,1<x^2+y^2\leqslant 9\}.$$

点集 D 表示 xOy 面上以原点为圆心,以 1 和 3 为半径的两个圆围成的圆环域,它包含边界曲线外圆 $x^2+y^2=9$,但不包含边界曲线内圆 $x^2+y^2=1$,如图 1-2-16 所示.

4. 二元函数的图像

设函数 $z=f(x,y)$ 在平面区域 D 内有定义,在 xOy 平面上的区域 D 内任取一点 $M(x,y)$,求出相应的函数值 z,于是得到空间直角坐标系中的一点 $P(x,y,z)$,如图 1-2-17 所示,当点 M 取遍定义域 D 时,对应的点 $P(x,y,z)$ 的轨迹一般来说就构成了空间的一张曲面. 这就是说,对于二元函数,它的图像是空间直角坐标系的一张曲面,而它的定义域恰好是这张曲面在 xOy 坐标面上的投影.

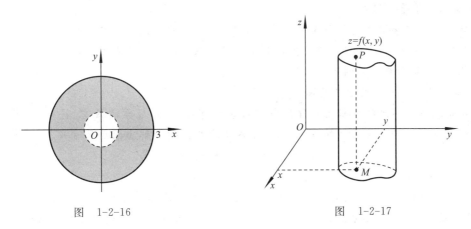

图 1-2-16   图 1-2-17

【文化视角】

如何认识高职数学课程

随着我国高等职业教育的迅猛发展,人们对高等职业教育的认识越来越深刻.职业教育作为一种教育类型,具有不同于普通教育而富含职业教育属性的类型特征,这些类型特征包括:基于多元智能的人才观、基于能力本位的教育观、基于全面发展的能力观、基于职业属性的专业观、基于生命发展的基础观、基于技术应用的层次观等.

高职数学课程是高职学生必修的一门重要基础理论课程,主要包含高等数学、线性代数等内容.它是培养学生数学能力、数学思维、数学素养的基本载体,是培养学生自主学习能力、创新能力和团队协作精神的基本载体,在培养高素质科学技术人才中具有不可替代的重要地位,对学生能力素质的培养和后继课程的学习起着重要的作用.同时,数学也是一门工具课、核心能力课,主要为学生提供分析和计算的工具,培养学生数学应用能力.

数学能力是高职人才培养的重要内容之一,是高职数学教学的核心目标和学生终身学习的基本要素.通过高职数学的学习,教会学生按规则做事,提高数学运算能力、数形结合能力、逻辑思维能力、空间想象能力和建模能力,进而提高学生运用数学方法分析问题和解决问题的能力.并且通过以职业过程为导向的"应用数学能力"的培训,形成职业核心能力.

在高职数学的学习实践中,要想提高高职数学学习的效率和质量,首先应该明确高职数学

"人文素质课、发展基础课、数学工具课、职业核心能力课"四位一体的课程定位.

1. 高职数学是一门人文素质课程

数学是人类文明史上智慧的精华,是人类文化的重要组成部分,是人类进步所必需的文化素质和修养,在形成人类理性思维、促进个人智力发展的过程中发挥着独特的、不可替代的作用.

职业教育绝不等同于一般的职业培训,高职数学必须承担起数学文化的传承和数学素养培养的责任.通过学习数学,让学生掌握必要的数学文化,开发学生的理性思维,促进学生智力发展,提高学生的数学文化素养,为学生解决生产实际问题提供分析和计算的工具,培养学生应用数学知识解决实际问题的能力.

2. 高职数学是一门发展基础课

数学知识已经渗透到自然科学及许多社会科学之中,它既是一门自然科学,又是技术学科的理论基础,为学生后续课程的学习提供必要的数学基础知识和基本技能,为学生职业生涯提供发展基础,使学生能够得到可持续发展.

3. 高职数学是一门数学工具课

数学是刻画自然规律和社会规律的科学语言和有效工具,数学的语言、符号、图像、计算、推理已经渗透到人们日常生活的各个方面,是人们分析问题和解决问题的有效工具.通过学习数学,可以使学生熟练地掌握应用数学知识解决实际问题的能力.

4. 高职数学是一门职业核心能力课

高职教育强调以人为本、全面发展的能力观,高职数学在培养学生职业核心能力上有其优势.通过学习数学,可以使学生的数字应用、信息处理、与人合作及自我学习等职业核心能力得到锻炼和提高.

习 题 1-2

1. 填空题:

(1) 设 $f(x)=2^x$,$\varphi(x)=x^2$,则 $f(\varphi(x))=$ _____ ,$\varphi(f(x))=$ _____ .

(2) 将函数 $y=\arcsin u$,$u=\mathrm{e}^v$,$v=-\sqrt{x}$ 表示成 x 的函数为 _____ .

(3) 指出函数 $y=\left(\arcsin\sqrt{1-x^2}\right)^2$ 的复合过程 _____ .

(4) 指出函数 $y=\sec^2\left(1-\dfrac{1}{x}\right)$ 的复合过程 _____ .

(5) 指出函数 $y=2^{\sqrt[3]{x^3+1}}$ 的复合过程 _____ .

2. 选择题:

(1) 下列各组函数能构成复合函数 $f(\varphi(x))$ 的是(   ).

A. $y=f(u)=\ln u$ 与 $u=\varphi(x)=\sin x-1$

B. $y=f(u)=\sqrt{u}$ 与 $u=\varphi(x)=-x$

C. $y=f(u)=\dfrac{1}{u-u^2}$ 与 $u=\varphi(x)=\sin^2 x+\cos^2 x-1$

D. $y=f(u)=\arccos u$ 与 $u=\varphi(x)=3+x^2$

(2) 函数 $f(x)=\ln^2\sin x$ 的复合过程是(   ).

A. $y=u^2, u=\ln v, v=\sin x$

B. $y=\ln^2 u, u=\sin x$

C. $y=u^2, u=\ln\sin x$

D. $y=\ln^2 u, u=\ln v, v=\sin x$

3. 求下列函数的定义域：

(1) $z=\ln(y^2-2x+1)$;

(2) $z=\dfrac{1}{\sqrt{x+y}}+\dfrac{1}{\sqrt{x-y}}$.

§1.3 极限的概念

极限的思想是由于求某些实际问题的精确解而产生的. 例如,我国古代数学家刘徽(公元前 3 世纪)利用圆内接多边形来推算圆面积的方法——割圆术,就是极限思想在几何学上的应用.

极限是研究变量的变化趋势的基本工具,高等数学中许多概念都是建立在极限基础上的,例如一元微积分中的连续、导数以及定积分等概念. 本节将给出数列极限及函数极限的定义,然后利用定义求一些简单变量的极限.

一、数列极限的定义

1. 定义

中学里我们已经学习过数列(整标函数)的概念,下面将考察当自变量 n 无限增大时,数列 $x_n=f(n)$ 的变化趋势.先观察下面三个数列：

(1) $2, \dfrac{3}{2}, \dfrac{4}{3}, \cdots, 1+\dfrac{1}{n}, \cdots$;

(2) $0, \dfrac{1}{2}, \dfrac{2}{3}, \dfrac{3}{4}, \cdots, 1-\dfrac{1}{n}, \cdots$;

(3) $2, \dfrac{1}{2}, \dfrac{4}{3}, \dfrac{3}{4}, \cdots, \dfrac{n+(-1)^{n-1}}{n}, \cdots$.

为清楚起见,我们把这三个数列的前几项分别在数轴上表示出来(见图 1-3-1～图 1-3-3).

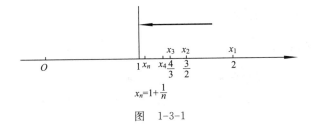

图 1-3-1

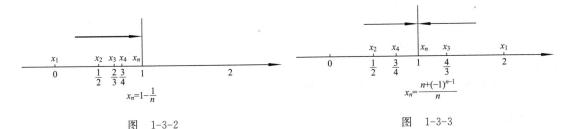

图 1-3-2

图 1-3-3

由图 1-3-1 可以看出,当 n 无限增大时,表示数列 $x_n = 1 + \dfrac{1}{n}$ 的点逐渐密集在 $x = 1$ 的右侧,即数列 x_n 无限接近于 1;

由图 1-3-2 可以看出,当 n 无限增大时,表示数列 $x_n = 1 - \dfrac{1}{n}$ 的点逐渐密集在 $x = 1$ 的左侧,即数列 x_n 无限接近于 1.

由图 1-3-3 可以看出,当 n 无限增大时,表示数列 $x_n = \dfrac{n + (-1)^{n-1}}{n}$ 的点逐渐密集在 $x = 1$ 的附近,即数列 x_n 无限接近于 1.

归纳这三个数列的变化趋势,可知当 n 无限增大时,x_n 都分别无限接近于一个确定的常数.一般地,有下述定义:

定义 1 若当 n 无限增大时,数列 x_n 无限接近于一个确定的常数 a,则 a 就叫作数列 x_n 的极限,记为

$$\lim_{n \to \infty} x_n = a \quad 或 \quad 当 n \to \infty 时, x_n \to a.$$

由此定义,数列(1)、(2)、(3)的极限可分别表示为 $\lim\limits_{n \to \infty} \left(1 + \dfrac{1}{n} \right) = 1$,$\lim\limits_{n \to \infty} \left(1 - \dfrac{1}{n} \right) = 1$,$\lim\limits_{n \to \infty} \dfrac{n + (-1)^{n-1}}{n} = 1.$

注:数列极限定义中"当 n 无限增大时,数列 x_n 无限接近一个确定的常数 a"是指 x_n 与 a 之间的距离可以无限小.

2. 数列的收敛与发散

定义 2 若一个数列存在极限,则称该数列是**收敛**的;否则,称该数列是**发散**的.例如,数列 $x_n = \dfrac{1 + (-1)^{n+1}}{2}$,因为该数列为 $1, 0, 1, 0, \cdots, \dfrac{1 + (-1)^{n+1}}{2}, \cdots$,可见该数列随着 n 的增大没有无限接近于一个确定的常数,所以该数列发散.

定理 1 收敛的数列必定有界.

注:有界数列不一定收敛,例如 $\{x_n\} : x_n = (-1)^n$.

推论 无界数列必定发散.

二、函数极限的定义

若将数列极限概念中自变量 n 和函数值 $f(n)$ 的特殊性撇开,可以由此引出函数极限的一般概念:"在自变量 x 的某个变化过程中,如果对应的函数值 $f(x)$ 无限接近于某个确定的常数 A,则常数 A 就称为函数 $f(x)$ 在自变量 x 的上述变化过程中的极限."

显然,极限 A 是与自变量 x 的变化过程紧密相关的,自变量的变化过程不同,函数的极限就有不同的表现形式.

下面将分两种情况来讨论:(1)自变量趋于有限值时函数的极限;(2)自变量趋于无穷大时函数的极限.

1. 自变量趋于有限值($x \to x_0$)时函数的极限

定义 3 设函数 $f(x)$ 在 $U(\overset{\circ}{x_0})$ 内有定义,若当 $x \to x_0$ 时,函数 $f(x)$ 无限接近于常数 A,则称常数 A 为函数 $f(x)$ 当 $x \to x_0$ 时的**极限**,记作

$$\lim_{x \to x_0} f(x) = A \quad \text{或} \quad \text{当 } x \to x_0 \text{ 时}, f(x) \to A.$$

注：定义中 $x \to x_0$ 时，表示 $x \neq x_0$.

定义 4　若自变量 x 从 x_0 的左侧趋于 x_0（记为 $x \to x_0^-$）时 $f(x) \to A$，则 A 称为函数 $f(x)$ 当 $x \to x_0$ 时的**左极限**，记作 $\lim\limits_{x \to x_0^-} f(x) = A$ 或 $f(x_0 - 0) = A$；

若自变量 x 从 x_0 的右侧趋于 x_0（记为 $x \to x_0^+$）时 $f(x) \to A$，则 A 称为函数 $f(x)$ 当 $x \to x_0$ 时的**右极限**，记作 $\lim\limits_{x \to x_0^+} f(x) = A$ 或 $f(x_0 + 0) = A$.

根据 $x \to x_0$ 时函数 $f(x)$ 的极限的定义，以及左极限与右极限的定义，容易得到：

定理 2　函数 $f(x)$ 当 $x \to x_0$ 时极限存在的充分必要条件是左极限与右极限各自存在并且相等，即 $\lim\limits_{x \to x_0} f(x) = A \Leftrightarrow f(x_0 - 0) = f(x_0 + 0) = A$.

因此，即使 $f(x_0 - 0)$ 和 $f(x_0 + 0)$ 都存在，但若不等，则 $\lim\limits_{x \to x_0} f(x)$ 不存在.

例 1　讨论符号函数 $y = \operatorname{sgn} x = \begin{cases} 1 & \text{当 } x > 0 \\ 0 & \text{当 } x = 0, \text{当 } x \to 0 \text{ 时的极限}. \\ -1 & \text{当 } x < 0 \end{cases}$

解　由于 $f(0-0) = -1, f(0+0) = 1$，故 $\lim\limits_{x \to 0} \operatorname{sgn} x$ 不存在.

例 2　设 $f(x) = 2^{1/x}$，求 $\lim\limits_{x \to 0} f(x)$.

解　令 $\dfrac{1}{x} = u$，由于 $x \to 0^+$ 时，$u \to +\infty, 2^u \to +\infty$，即 $\lim\limits_{x \to 0^+} f(x) = +\infty$. 而 $x \to 0^-$ 时，$u \to -\infty, 2^u \to 0$，即 $\lim\limits_{x \to 0^-} f(x) = 0$，故 $\lim\limits_{x \to 0} f(x)$ 不存在.

2. 自变量趋于无穷大（$x \to \infty$）时函数的极限

定义 5　如果当 x 的绝对值无限增大时，函数 $f(x)$ 无限接近于常数 A，则称 A 为**函数 $f(x)$ 当 $x \to \infty$ 时的极限**，记作

$$\lim_{x \to \infty} f(x) = A \quad \text{或} \quad \text{当 } x \to \infty \text{时}, f(x) \to A.$$

若 $x > 0$ 且无限增大（记作 $x \to +\infty$），则 $\lim\limits_{x \to +\infty} f(x) = A$；同样，若 $x < 0$ 而 $|x|$ 无限增大（记作 $x \to -\infty$），则 $\lim\limits_{x \to -\infty} f(x) = A$. 由此得到：

定理 3　$\lim\limits_{x \to \infty} f(x)$ 存在的充分必要条件是 $\lim\limits_{x \to +\infty} f(x)$ 和 $\lim\limits_{x \to -\infty} f(x)$ 均存在且相等，即

$$\lim_{x \to +\infty} f(x) = \lim_{x \to -\infty} f(x).$$

例如，从基本初等函数的图像上看，可得 $\lim\limits_{x \to \infty} \dfrac{1}{x} = 0, \lim\limits_{x \to +\infty} \arctan x = \dfrac{\pi}{2}, \lim\limits_{x \to -\infty} \arctan x = -\dfrac{\pi}{2}$ 等.

三、无穷小与无穷大

1. 无穷小

定义 6　若函数 $f(x)$ 当 $x \to$? 时的极限为零，则称 $f(x)$ 为当 $x \to$? 时的**无穷小量**，简称无穷小.

注：(1) $x \to$? 包括 $x \to x_0, x \to \infty$ 等各种情况.

(2) 无穷小是一个绝对值无限变小的变量，而非绝对值很小的数.

例如，当 $x \to \infty$ 时，$\dfrac{1}{x}$ 是无穷小，而当 $x \to 2$ 时，$\dfrac{1}{x}$ 不是无穷小.

特别地,以零为极限的数列$\{x_n\}$也为无穷小.

例如,(1)因为$\lim\limits_{x\to 1}(x-1)=0$,所以函数$x-1$为当$x\to 1$时的无穷小;

(2)因为$\lim\limits_{x\to -\infty}2^x=0$,所以函数$2^x$为当$x\to -\infty$时的无穷小.

注:(1)根据定义,无穷小本质上是这样一个变量(函数),在某变化过程中,它的绝对值能小于任意给定的正数ε。因此无穷小不能与很小的常数混为一谈。但零是可以作为无穷小的唯一常数。

(2)无穷小是相对于自变量的某一变化过程而言的,例如,当$x\to\infty$时,$\dfrac{1}{x}$是无穷小,而当$x\to 2$时,$\dfrac{1}{x}$不是无穷小。

2. 无穷小与函数极限的关系

定理4 在自变量的某一变化过程中,函数$f(x)$具有极限A的充分必要条件是$f(x)=A+\alpha(x)$,其中$\alpha(x)$是自变量同一变化过程中的无穷小. 即

$$\lim\limits_{x\to ?}f(x)=A \Leftrightarrow f(x)=A+\alpha(x),$$

其中$\alpha(x)$是$x\to ?$时的无穷小.

证明 以$x\to x_0$为例来证. 先证必要性:

设$\lim\limits_{x\to x_0}f(x)=A$,令$f(x)-A=\alpha(x)$,那么

$$\lim\limits_{x\to x_0}\alpha(x)=\lim\limits_{x\to x_0}[f(x)-A]=\lim\limits_{x\to x_0}f(x)-\lim\limits_{x\to x_0}A=A-A=0,$$

则$f(x)=A+\alpha(x)$.

再证充分性:

设$f(x)=A+\alpha(x)$,而$\lim\limits_{x\to x_0}\alpha(x)=0$,则

$$\lim\limits_{x\to x_0}f(x)=\lim\limits_{x\to x_0}[\alpha(x)+A]=\lim\limits_{x\to x_0}\alpha(x)+\lim\limits_{x\to x_0}A=A.$$

这就证明了$f(x)$等于它的极限A与一个无穷小$\alpha(x)$之和.

类似地,可以证明$x\to\infty$时的情形.

3. 无穷大

定义7 如果当$x\to x_0$(或$x\to\infty$)时,函数$f(x)$的绝对值无限增大,则称函数$f(x)$为当$x\to x_0$(或$x\to\infty$)时的**无穷大**,记作$\lim\limits_{\substack{x\to x_0\\(x\to\infty)}}f(x)=+\infty$(或$\lim\limits_{\substack{x\to x_0\\(x\to\infty)}}f(x)=-\infty$).

注:无穷大量与无界变量是有区别的.无穷大一定是无界变量,但无界变量不一定是无穷大. 例如,函数$y=x\sin x$,当$x\to\infty$时是一个无界变量,但不是无穷大.

例如,(1)因为$\lim\limits_{x\to 0}\dfrac{1}{x}=\infty$,故函数$\dfrac{1}{x}$是当$x\to 0$时的无穷大;

(2)因为$\lim\limits_{x\to -\infty}e^{-x}=+\infty$,故函数$e^{-x}$是当$x\to -\infty$时的正无穷大.

4. 无穷小与无穷大的关系

定理5 在自变量的同一变化过程中,若$f(x)$是无穷大,则$\dfrac{1}{f(x)}$是无穷小;反之,若$f(x)$是无穷小,且$f(x)\neq 0$,则$\dfrac{1}{f(x)}$是无穷大.

【文化视角】

极 限 思 想

数学思想,是现实世界的空间形式和数量关系反映到人们的意识之中,经过思维活动而产生的结果.它是对数学事实与理论经过概括后产生的本质认识.基本数学思想则是体现基础数学中的具有奠基性、总结性和最广泛的数学思想,它们含有传统数学思想的精华和现代数学思想的基本特征,并且是随着历史发展着的.掌握数学思想,就是掌握数学的精髓.

极限的思想是近代数学的一种重要思想,它是指用极限概念来分析问题和解决问题的一种数学思想.用极限思想解决问题的一般步骤可概括为:对于被考察的未知量,先设法构思一个与它有关的变量,确认此变量通过无限过程的结果就是所求的未知量,最后用极限计算来得到这个结果.极限思想是微积分的基本思想,数学分析中的一系列重要概念,如函数的连续性、导数以及定积分等都是借助于极限来定义的.

与一切科学的思想方法一样,极限思想也是社会实践的产物.极限的思想可以追溯到古代,刘徽的割圆术就是建立在直观基础上的一种原始的极限思想的应用;古希腊人的穷竭法也蕴含了极限思想,但由于希腊人"对无限的恐惧",他们避免明显地"取极限",而是借助于间接证法——归谬法来完成了有关的证明.

到了 16 世纪,荷兰数学家斯泰文在考察三角形重心的过程中改进了古希腊人的穷竭法,他借助几何的直观性,大胆地运用极限思想思考问题,放弃了归谬法的证明.如此,他就在无意中"指出了把极限方法发展成为一个实用概念的方向".

极限思想的进一步发展是与微积分的建立紧密相联系的.16 世纪的欧洲处于资本主义萌芽时期,生产力得到极大的发展,生产和技术中大量的问题,只用初等数学的方法已无法解决,要求数学突破只研究常量的传统范围,而提供能够用以描述和研究运动、变化过程的新工具,这是促进极限发展、建立微积分的社会背景.

起初牛顿和莱布尼茨以无穷小概念为基础建立了微积分,后来因遇到了逻辑困难,所以在他们的晚期都不同程度地接受了极限思想.牛顿用路程的改变量 Δs 与时间的改变量 Δt 之比 $\Delta s/\Delta t$ 表示运动物体的平均速度,让 Δt 无限趋近于零,得到物体的瞬时速度,并由此引出导数概念和微分学理论.他意识到极限概念的重要性,试图以极限概念作为微积分的基础,他说:"两个量和量之比,如果在有限时间内不断趋于相等,且在这一时间终止前互相靠近,使得其差小于任意给定的差,则最终就成为相等."但牛顿的极限观念也是建立在几何直观上的,因而他无法得出极限的严格表述.牛顿所运用的极限概念,只是接近于下列直观性的语言描述:"如果当 n 无限增大时,a_n 无限地接近于常数 A,那么就说 a_n 以 A 为极限."这种描述性语言,人们容易接受,现代一些初等的微积分读物中还经常采用这种定义.但是,这种定义没有定量地给出两个"无限过程"之间的联系,不能作为科学论证的逻辑基础.

极限思想揭示了变量与常量、无限与有限的对立统一关系,是唯物辩证法的对立统一规律在数学领域中的应用.借助极限思想,人们可以从有限认识无限,从"不变"认识"变",从直线形认识曲线形,从量变认识质变,从近似认识精确.无限与有限有本质的不同,但二者又有联系,无限是有限的发展,无限个数的和不是一般的代数和,把它定义为"部分和"的极限,就是借助于极限的思想方法,从有限来认识无限的.

习 题 1.3

1. 判断题：

(1) $\dfrac{1}{x}$ 是无穷小.

(2) 当 $x \to \infty$ 时，2^x 为无穷小.

(3) 在自变量的同一变化过程中，无穷小的倒数是无穷大.

(4) 非常小的数是无穷小.

2. 以下数列是否是无穷小量？

(1) $x_n = (-1)^{n+1} \dfrac{1}{2^n}$;   (2) $x_n = \dfrac{1+(-1)^n}{n}$.

3. 当 x 趋向何值时，下列函数为无穷大量？

(1) $y = \dfrac{1}{x-1}$;   (2) $y = \dfrac{1}{x^2-1}$;

(3) $y = \mathrm{e}^x$.

4. 填空题：

(1) $\lim\limits_{x \to 1^-} \arcsin x = \underline{\qquad}$, $\lim\limits_{x \to +\infty} \operatorname{arccot} x = \underline{\qquad}$, $\lim\limits_{x \to \infty} 2^{-\frac{1}{x}} = \underline{\qquad}$.

(2) 设 $f(x) = \dfrac{1}{1 + \mathrm{e}^{\frac{1}{x}}}$，则 $\lim\limits_{x \to 0^-} f(x) = \underline{\qquad}$, $\lim\limits_{x \to 0^+} f(x) = \underline{\qquad}$.

(3) $\lim\limits_{x \to 0^-} \dfrac{2^{\frac{1}{x}} - 1}{2^{\frac{1}{x}} + 1} = \underline{\qquad}$.

5. 选择题：

(1) 数列有界是数列收敛的（   ）.

A. 必要条件   B. 充分条件

C. 充要条件   D. 无关条件

(2) 设 $f(x) = \begin{cases} 3x + 2 & \text{当 } x \leqslant 0 \\ x^2 - 2 & \text{当 } x > 0 \end{cases}$，则 $\lim\limits_{x \to 0^+} f(x) = ($ $)$.

A. 2   B. 0   C. -1 D. -2

(3) 下列极限存在的是（   ）.

A. $\lim\limits_{x \to \infty} \dfrac{1}{x}$ B. $\lim\limits_{x \to 0} \sin \dfrac{1}{x}$

C. $\lim\limits_{x \to 0} \mathrm{e}^{\frac{1}{x}}$ D. $\lim\limits_{x \to 0} \dfrac{1}{2^x - 1}$

(4) $\lim\limits_{n \to \infty} \left(\dfrac{1-m}{10} \right)^n$ 的值是（   ）.

A. 0   B. 1   C. ∞ D. 由 m 的值决定

§1.4 极限的运算

前一节介绍了极限的概念，并用观察法求出了一些简单函数的极限. 但对于较复杂的函数的极限就很难用观察法求得,因此,还需研究极限的运算. 本节主要是建立极限的四则运算法则,并利用该法则求一些常见类型极限.

一、极限的四则运算法则

定理 1 设 $\lim\limits_{x\to?}f(x)=A,\lim\limits_{x\to?}g(x)=B,$ 则:

(1) $\lim\limits_{x\to?}[f(x)\pm g(x)]=\lim\limits_{x\to?}f(x)\pm\lim\limits_{x\to?}g(x)=A\pm B;$

(2) $\lim\limits_{x\to?}[f(x)\cdot g(x)]=\lim\limits_{x\to?}f(x)\cdot\lim\limits_{x\to?}g(x)=A\cdot B;$

(3) $\lim\limits_{x\to?}\dfrac{f(x)}{g(x)}=\dfrac{\lim\limits_{x\to?}f(x)}{\lim\limits_{x\to?}g(x)}=\dfrac{A}{B}$ $(B\neq 0).$

注:$x\to?$ 包括 $x\to x_0$,$x\to\infty$ 等各种情况.

推论 1 若 $\lim\limits_{x\to?}f(x)$ 存在,C 为常数,则 $\lim\limits_{x\to?}Cf(x)=C\lim\limits_{x\to?}f(x).$

推论 2 设函数 $f_1(x),f_2(x),\cdots,f_n(x)$ 当 $x\to?$ 时的极限均存在,则有

$$\lim\limits_{x\to?}[f_1(x)\pm f_2(x)\pm\cdots\pm f_n(x)]=\lim\limits_{x\to?}f_1(x)\pm\lim\limits_{x\to?}f_2(x)\pm\cdots\pm\lim\limits_{x\to?}f_n(x),$$

$$\lim\limits_{x\to?}[f_1(x)\cdot f_2(x)\cdot\cdots\cdot f_n(x)]=\lim\limits_{x\to?}f_1(x)\cdot\lim\limits_{x\to?}f_2(x)\cdot\cdots\cdot\lim\limits_{x\to?}f_n(x).$$

特殊地,当 $f_1(x)=f_2(x)=\cdots=f_n(x)=f(x)$ 时,

$$\lim\limits_{x\to?}\overbrace{[f(x)\cdot f(x)\cdot\cdots\cdot f(x)]}^{n\uparrow}=\overbrace{\lim\limits_{x\to?}f(x)\cdot\lim\limits_{x\to?}f(x)\cdot\cdots\cdot\lim\limits_{x\to?}f(x)}^{n\uparrow}$$

即

$$\lim\limits_{x\to?}[f(x)]^n=[\lim\limits_{x\to?}f(x)]^n$$

注:该定理及推论给求极限带来了极大方便,但应注意,运用该定理的前提是被运算的各个变量的极限必须存在,并且在除法运算中,还要求分母的极限不为零.

例 1 求下列极限:

(1) $\lim\limits_{x\to1}(x^2+8x-7)$;

(2) $\lim\limits_{x\to2}\dfrac{x^2-3x+2}{x^2-1}$;

(3) $\lim\limits_{x\to-1}\dfrac{x^2-3x+2}{x^2-1}$;

(4) $\lim\limits_{x\to-1}\dfrac{x^2-3x+2}{x^2-1}$;

(5) $\lim\limits_{x\to1}\dfrac{x^2-3x+2}{x^2-1}$.

解 (1) $\lim\limits_{x\to1}(x^2+8x-7)=\lim\limits_{x\to1}x^2+\lim\limits_{x\to1}8x-\lim\limits_{x\to1}7$

$$=(\lim\limits_{x\to1}x)^2+8\lim\limits_{x\to1}x-\lim\limits_{x\to1}7=1^2+8\cdot1-7=2.$$

(2) 因 $\lim\limits_{x\to0}(x^2-1)=-1\neq0$,所以

$$\lim\limits_{x\to0}\dfrac{x^2-3x+2}{x^2-1}=\dfrac{\lim\limits_{x\to0}(x^2-3x+2)}{\lim\limits_{x\to0}(x^2-1)}=\dfrac{2}{-1}=-2.$$

(3) 因 $\lim\limits_{x\to2}(x^2-1)=3\neq0$,所以

$$\lim\limits_{x\to2}\dfrac{x^2-3x+2}{x^2-1}=\dfrac{\lim\limits_{x\to2}(x^2-3x+2)}{\lim\limits_{x\to2}(x^2-1)}=\dfrac{0}{3}=0.$$

(4)因 $\lim\limits_{x\to-1}(x^2-1)=0$,又 $\lim\limits_{x\to-1}(x^2-3x+2)=6\neq0$,故

$$\lim\limits_{x\to-1}\frac{x^2-1}{x^2-3x+2}=\frac{0}{6}=0.$$

由无穷小与无穷大的关系,得

$$\lim\limits_{x\to-1}\frac{x^2-3x+2}{x^2-1}=\infty.$$

(5)当 $x\to1$ 时,分子、分母的极限均为零,此时应先约去不为零的无穷小因子 $(x-1)$ 后再求极限.

$$\lim\limits_{x\to1}\frac{x^2-3x+2}{x^2-1}=\lim\limits_{x\to1}\frac{(x-1)(x-2)}{(x-1)(x+1)}=\lim\limits_{x\to1}\frac{x-2}{x+1}=-\frac{1}{2}.$$

一般地,有理函数

$$\frac{P_n(x)}{Q_m(x)}=\frac{a_nx^n+a_{n-1}x^{n-1}+\cdots+a_1x+a_0}{b_mx^m+b_{m-1}x^{m-1}+\cdots+b_1x+b_0}.$$

当 $x\to x_0$ 时的极限有如下结论:

$$\lim\limits_{x\to x_0}\frac{P_n(x)}{Q_m(x)}=\begin{cases}\dfrac{A_1}{A_2}=C\neq0\\[2mm]\dfrac{0}{A}=0\\[2mm]\dfrac{A}{0}=\infty\\[2mm]\dfrac{0}{0}(\text{可化以上 3 种情形})\end{cases}.$$

例 2 求下列极限:

(1) $\lim\limits_{x\to\infty}\dfrac{x^2+3x-5}{2x^2+x+3}$;   (2) $\lim\limits_{x\to\infty}\dfrac{x^2+3x-5}{2x^3+x^2+3}$;   (3) $\lim\limits_{x\to\infty}\dfrac{2x^3+x^2+3}{x^2+3x-5}$.

解 (1) $\lim\limits_{x\to\infty}\dfrac{x^2+3x-5}{2x^2+x+3}=\lim\limits_{x\to\infty}\dfrac{1+\dfrac{3}{x}-\dfrac{5}{x^2}}{2+\dfrac{1}{x}+\dfrac{3}{x^2}}=\dfrac{1}{2}.$

(2) $\lim\limits_{x\to\infty}\dfrac{x^2+3x-5}{2x^3+x^2+3}=\lim\limits_{x\to\infty}\dfrac{\dfrac{1}{x}+\dfrac{3}{x^2}-\dfrac{5}{x^3}}{2+\dfrac{1}{x}+\dfrac{3}{x^3}}=\dfrac{0}{2}=0.$

(3)由无穷大与无穷小的关系并利用(2)的结果,即得

$$\lim\limits_{x\to\infty}\frac{2x^3+x^2+3}{x^2+3x-5}=\infty.$$

一般地,有理函数

$$\frac{P_n(x)}{Q_m(x)}=\frac{a_nx^n+a_{n-1}x^{n-1}+\cdots+a_1x+a_0}{b_mx^m+b_{m-1}x^{m-1}+\cdots+b_1x+b_0}.$$

当 $x\to\infty$ 时的极限有如下结论:

$$\lim\limits_{x\to\infty}\frac{P_n(x)}{Q_m(x)}=\begin{cases}\dfrac{a_n}{b_m} & m=n\\[2mm]0 & m>n\\[2mm]\infty & m<n\end{cases}.$$

例 3 求下列极限：

(1) $\lim\limits_{n\to\infty}\dfrac{2^{n+1}+3^{n+1}}{2^n+3^n}$；

(2) $\lim\limits_{x\to\infty}\left(\dfrac{x^3}{2x^2-1}-\dfrac{x^2}{2x+1}\right)$；

(3) $\lim\limits_{x\to+\infty}\left(\sqrt{x^2+x}-\sqrt{x^2+1}\right)$.

解 (1) $\lim\limits_{n\to\infty}\dfrac{2^{n+1}+3^{n+1}}{2^n+3^n}=\lim\limits_{n\to\infty}\dfrac{2\cdot\left(\frac{2}{3}\right)^n+3}{\left(\frac{2}{3}\right)^n+1}=3.$

(2) $\lim\limits_{x\to\infty}\left(\dfrac{x^3}{2x^2-1}-\dfrac{x^2}{2x+1}\right)=\lim\limits_{x\to\infty}\dfrac{x^3+x^2}{(2x^2-1)(2x+1)}=\lim\limits_{x\to\infty}\dfrac{1+\frac{1}{x}}{\left(2-\frac{1}{x^2}\right)\left(2+\frac{1}{x}\right)}=\dfrac{1}{4}.$

(3) $\lim\limits_{x\to+\infty}\left(\sqrt{x^2+x}-\sqrt{x^2+1}\right)=\lim\limits_{x\to+\infty}\dfrac{x-1}{\sqrt{x^2+x}+\sqrt{x^2+1}}.$

$$=\lim\limits_{x\to+\infty}\dfrac{1-\frac{1}{x}}{\sqrt{1+\frac{1}{x}}+\sqrt{1+\frac{1}{x^2}}}=\dfrac{1}{2}.$$

注：该例中由于括号内两项的极限都是无穷大，因此常称为"$\infty-\infty$"型极限，不能直接应用极限的四则运算法则."$\infty-\infty$"型极限包括两类：(1)分式-分式，处理方法是先通分再运用前面介绍过的求极限的方法；(2)根式-根式，处理方法是先分子有理化再运用前面介绍过的求极限的方法.

例 4 求下列极限：

(1) $\lim\limits_{n\to\infty}\left[\dfrac{1}{1\cdot3}+\dfrac{1}{3\cdot5}+\cdots+\dfrac{1}{(2n-1)\cdot(2n+1)}\right]$；

(2) $\lim\limits_{n\to\infty}\left(1+\dfrac{1}{2}+\dfrac{1}{4}+\cdots+\dfrac{1}{2^n}\right)$.

分析：该例中各求极限的变量，均是无穷多项之和，不能直接利用极限的四则运算法则，需对它们作适当变形.

解 (1) 由于

$$\dfrac{1}{1\cdot3}+\dfrac{1}{3\cdot5}+\cdots+\dfrac{1}{(2n-1)\cdot(2n+1)}=\dfrac{1}{2}\left(1-\dfrac{1}{3}+\dfrac{1}{3}-\dfrac{1}{5}+\cdots+\dfrac{1}{2n-1}-\dfrac{1}{2n+1}\right)$$

$$=\dfrac{1}{2}\left(1-\dfrac{1}{2n+1}\right),$$

故 $\lim\limits_{n\to\infty}\left[\dfrac{1}{1\cdot3}+\dfrac{1}{3\cdot5}+\cdots+\dfrac{1}{(2n-1)\cdot(2n+1)}\right]=\lim\limits_{n\to\infty}\dfrac{1}{2}\left(1-\dfrac{1}{2n+1}\right)$

$$=\dfrac{1}{2}\lim\limits_{n\to\infty}\left(1-\dfrac{1}{2n+1}\right)=\dfrac{1}{2}.$$

(2) $\lim\limits_{n\to\infty}\left(1+\dfrac{1}{2}+\dfrac{1}{4}\cdots+\dfrac{1}{2^n}\right)=\lim\limits_{n\to\infty}\dfrac{1-\left(\dfrac{1}{2}\right)^{n+1}}{1-\dfrac{1}{2}}=2.$

二、无穷小的性质

根据极限的四则运算法则,可得无穷小的如下性质:

性质 1 有限个无穷小的代数和仍然是无穷小.

注:无穷多个无穷小的代数和未必是无穷小. 例如:

(1) $\lim\limits_{n\to\infty}\left(\dfrac{1}{n^2}+\dfrac{2}{n^2}+\cdots+\dfrac{n}{n^2}\right)=\dfrac{1}{2}$;

(2) $\lim\limits_{n\to\infty}\left(\dfrac{1}{n^3}+\dfrac{2}{n^3}+\cdots+\dfrac{n}{n^3}\right)=0$;

(3) $\lim\limits_{n\to\infty}\left(\dfrac{1}{\sqrt{n^3}}+\dfrac{2}{\sqrt{n^3}}+\cdots+\dfrac{n}{\sqrt{n^3}}\right)=\infty$.

性质 2 有限个无穷小的乘积仍然是无穷小.

性质 3 常数与无穷小的乘积仍然是无穷小.

性质 4 有界函数与无穷小的乘积仍然是无穷小.

例 5 计算下列极限:

(1) $\lim\limits_{x\to\infty}\dfrac{\sin x}{x}$;

(2) $\lim\limits_{n\to\infty}\dfrac{n+\sin n}{n-\sin n}$;

(3) $\lim\limits_{x\to\infty}\dfrac{\sqrt[3]{x^2}\cdot\sin x}{x+1}$.

解 (1) 因为当 $x\to\infty$ 时,$\dfrac{1}{x}$ 是无穷小量,而 $\sin x$ 为有界函数,根据性质 4,则

$$\lim\limits_{x\to\infty}\dfrac{\sin x}{x}=\lim\limits_{x\to\infty}\dfrac{1}{x}\cdot\sin x=0.$$

(2) $\lim\limits_{n\to\infty}\dfrac{n+\sin n}{n-\sin n}=\lim\limits_{n\to\infty}\dfrac{1+\dfrac{\sin n}{n}}{1-\dfrac{\sin n}{n}}=1.$

(3) 因为 $\lim\limits_{x\to\infty}\dfrac{\sqrt[3]{x^2}}{x+1}=0$,而 $\sin x$ 为有界函数,根据性质 4,则

$$\lim\limits_{x\to\infty}\dfrac{\sqrt[3]{x^2}\cdot\sin x}{x+1}=0.$$

三、两个重要极限

1. 第一个重要极限

$$\lim\limits_{x\to 0}\dfrac{\sin x}{x}=1.$$

特征: (1) 是 $\dfrac{0}{0}$ 型极限;

(2) 无论 x 趋于何值,只要 $\alpha(x) \to 0$,就有 $\lim\limits_{\alpha(x) \to 0} \dfrac{\sin \alpha(x)}{\alpha(x)} = 1$.

例 6 求下列极限:

$(1) \lim\limits_{x \to 0} \dfrac{x}{\sin x}$; $\qquad\qquad (2) \lim\limits_{x \to 0} \dfrac{\tan x}{x}$; $\qquad\qquad (3) \lim\limits_{x \to 0} \dfrac{\arcsin x}{x}$;

$(4) \lim\limits_{x \to 0} \dfrac{\tan 3x}{\sin 5x}$; $\qquad\qquad (5) \lim\limits_{x \to 0} \dfrac{1 - \cos x}{x^2}$; $\qquad\qquad (6) \lim\limits_{x \to 0} \dfrac{x - \sin 2x}{x + \sin 2x}$.

解 $(1) \lim\limits_{x \to 0} \dfrac{x}{\sin x} = \lim\limits_{x \to 0} \dfrac{1}{\dfrac{\sin x}{x}} = \dfrac{1}{\lim\limits_{x \to 0} \dfrac{\sin x}{x}} = 1$.

$(2) \lim\limits_{x \to 0} \dfrac{\tan x}{x} = \lim\limits_{x \to 0} \dfrac{\sin x}{x} \cdot \dfrac{1}{\cos x} = \lim\limits_{x \to 0} \dfrac{\sin x}{x} \cdot \lim\limits_{x \to 0} \dfrac{1}{\cos x} = 1$.

(3) 令 $\arcsin x = t$,,则 $x = \sin t$,且 $x \to 0$ 时,$t \to 0$,于是

$$\lim_{x \to 0} \frac{\arcsin x}{x} = \lim_{t \to 0} \frac{t}{\sin t} = 1.$$

$(4) \lim\limits_{x \to 0} \dfrac{\tan 3x}{\sin 5x} = \lim\limits_{x \to 0} \dfrac{\tan 3x}{3x} \cdot \dfrac{3}{5} \cdot \dfrac{5x}{\sin 5x} = \dfrac{3}{5} \lim\limits_{x \to 0} \dfrac{\tan 3x}{3x} \cdot \lim\limits_{x \to 0} \dfrac{5x}{\sin 5x} = \dfrac{3}{5}$.

$(5) \lim\limits_{x \to 0} \dfrac{1 - \cos x}{x^2} = \lim\limits_{x \to 0} \dfrac{2 \sin^2 \dfrac{x}{2}}{x^2} = \lim\limits_{x \to 0} \dfrac{1}{2} \cdot \left(\dfrac{\sin \dfrac{x}{2}}{\dfrac{x}{2}} \right)^2 = \dfrac{1}{2} \lim\limits_{\frac{x}{2} \to 0} \left(\dfrac{\sin \dfrac{x}{2}}{\dfrac{x}{2}} \right)^2 = \dfrac{1}{2} \cdot 1 = \dfrac{1}{2}$.

$(6) \lim\limits_{x \to 0} \dfrac{x - \sin 2x}{x + \sin 2x} = \lim\limits_{x \to 0} \dfrac{1 - \dfrac{\sin 2x}{x}}{1 + \dfrac{\sin 2x}{x}} = \lim\limits_{x \to 0} \dfrac{1 - 2 \cdot \dfrac{\sin 2x}{2x}}{1 + 2 \cdot \dfrac{\sin 2x}{2x}} = \dfrac{1 - 2}{1 + 2} = -\dfrac{1}{3}$.

注: (1)、(2) 的结果可以作为公式使用,同样还有公式: $\lim\limits_{x \to 0} \dfrac{x}{\tan x} = 1$.

例 7 求下列极限:

$(1) \lim\limits_{x \to \infty} x \cdot \sin \dfrac{1}{x}$; $\qquad\qquad (2) \lim\limits_{n \to \infty} 2^n \sin \dfrac{x}{2^n}$.

解 $(1) \lim\limits_{x \to \infty} x \cdot \sin \dfrac{1}{x} = \lim\limits_{x \to \infty} \dfrac{\sin \dfrac{1}{x}}{\dfrac{1}{x}} = 1$.

$(2) \lim\limits_{n \to \infty} 2^n \sin \dfrac{x}{2^n} = \lim\limits_{n \to \infty} \dfrac{\sin \dfrac{x}{2^n}}{\dfrac{x}{2^n}} \cdot x = x$.

注：该例的三个极限均为 $0 \cdot \infty$ 型极限，在此需化为 $\dfrac{0}{0}$ 型.

2. 第二个重要极限

$$\lim_{x \to \infty}\left(1+\frac{1}{x}\right)^x = \mathrm{e}, \quad \lim_{x \to 0}(1+x)^{\frac{1}{x}} = \mathrm{e}, \quad \lim_{n \to \infty}\left(1+\frac{1}{n}\right)^n = \mathrm{e}.$$

特征：(1) 是 1^∞ 型极限；

(2) 无论 x 趋于何值，只要 $\alpha(x) \to 0$，就有 $\lim\limits_{\alpha(x) \to 0}[1+\alpha(x)]^{\frac{1}{\alpha(x)}} = \mathrm{e}.$

例 8　求极限：$\lim\limits_{x \to \infty}\left(1-\dfrac{1}{x}\right)^x.$

解　$\lim\limits_{x \to \infty}\left(1-\dfrac{1}{x}\right)^x = \lim\limits_{x \to \infty}\left(1+\dfrac{1}{-x}\right)^{-x \cdot (-1)} \xlongequal{\text{令} -x=t} \lim\limits_{t \to \infty}\dfrac{1}{\left(1+\frac{1}{t}\right)^t} = \dfrac{1}{\mathrm{e}}.$

注：该例的结果可以作为公式使用. 类似地还有

$$\lim_{x \to 0}(1-x)^{\frac{1}{x}} = \frac{1}{\mathrm{e}}, \quad \lim_{n \to \infty}\left(1-\frac{1}{n}\right)^n = \frac{1}{\mathrm{e}}.$$

例 9　求下列极限：

(1) $\lim\limits_{x \to \infty}\left(1+\dfrac{1}{x}\right)^{\frac{x}{2}}$；

(2) $\lim\limits_{n \to \infty}\left(1-\dfrac{3}{n}\right)^{n+3}$；

(3) $\lim\limits_{x \to 0}\sqrt[x]{1-2x}$；

(4) $\lim\limits_{x \to \infty}\left(\dfrac{3+x}{2+x}\right)^{2x}$.

解　(1) $\lim\limits_{x \to \infty}\left(1+\dfrac{1}{x}\right)^{\frac{x}{2}} = \lim\limits_{x \to \infty}\left[\left(1+\dfrac{1}{x}\right)^x\right]^{\frac{1}{2}} = \left[\lim\limits_{x \to \infty}\left(1+\dfrac{1}{x}\right)^x\right]^{\frac{1}{2}} = \mathrm{e}^{\frac{1}{2}}.$

(2) $\lim\limits_{n \to \infty}\left(1-\dfrac{3}{n}\right)^{n+3} = \lim\limits_{n \to \infty}\left(1-\dfrac{3}{n}\right)^{\frac{n}{3} \cdot 3} \cdot \left(1-\dfrac{3}{n}\right)^3 = \mathrm{e}^{-3} \cdot 1 = \mathrm{e}^{-3}.$

(3) $\lim\limits_{x \to 0}\sqrt[x]{1-2x} = \lim\limits_{x \to 0}(1-2x)^{\frac{1}{x}} = \lim\limits_{x \to 0}(1-2x)^{\frac{1}{2x} \cdot 2} = \mathrm{e}^{-2}.$

(4) $\lim\limits_{x \to \infty}\left(\dfrac{3+x}{2+x}\right)^{2x} = \lim\limits_{x \to \infty}\left(\dfrac{\frac{3}{x}+1}{\frac{2}{x}+1}\right)^{2x} = \lim\limits_{x \to \infty}\dfrac{\left(\frac{3}{x}+1\right)^{\frac{x}{3} \cdot 6}}{\left(\frac{2}{x}+1\right)^{\frac{x}{2} \cdot 4}} = \dfrac{\mathrm{e}^6}{\mathrm{e}^4} = \mathrm{e}^2.$

四、无穷小的比较

根据无穷小的运算性质，两个无穷小的和、差、积仍是无穷小，但两个无穷小的商却会出现不同的情况. 例如，$x \to 0$ 时，$x, x^2, \sin x$ 都是无穷小，而

(1) $\lim\limits_{x \to 0}\dfrac{x^2}{x} = 0$；　　(2) $\lim\limits_{x \to 0}\dfrac{x}{x^2} = \infty$；　　(3) $\lim\limits_{x \to 1}\dfrac{\sin x}{x} = 1$.

从中可以看出各无穷小趋于 0 的快慢程度：x^2 比 x 快些，x 比 x^2 慢些，$\sin x$ 与 x 大致相同，即无穷小之比的极限不同，反映了无穷小趋向于零的快慢程度不同.

针对两个无穷小的商出现的不同情况,有如下定义:

1. 定义

定义 1 设 α,β 是自变量同一变化过程中的两个无穷小,且 $\alpha\neq0$.

(1) 若 $\lim\dfrac{\beta}{\alpha}=0$,则称 β 是比 α **高阶的无穷小**;相应地,称 α 是比 β **低阶的无穷小**,记作 $\beta=o(\alpha)$.

(2) 若 $\lim\dfrac{\beta}{\alpha}=C$($C$ 为非零常数),则称 β 与 α 是**同阶无穷小**.

特别地,若 $\lim\dfrac{\beta}{\alpha}=1$,则称 β 与 α 是**等价无穷小**,记作 $\beta\sim\alpha$.

根据该定义及上述前三例的结果可知,当 $x\to0$ 时,x^2 是比 x 是高阶的无穷小,x 是比 x^2 低阶的无穷小,$\sin x$ 与 x 是等价无穷小.

2. 常用的等价无穷小

根据等价无穷小的定义,可以归纳出下列常用的等价无穷小:

当 $x\to0$ 时

$$\sin x\sim x,\qquad \tan x\sim x,\qquad \arcsin x\sim x,$$
$$\arctan x\sim x,\qquad \ln(1+x)\sim x,\qquad e^x-1\sim x,$$
$$1-\cos x\sim\frac{1}{2}x^2,\quad a^x-1\sim x\ln a,\quad (1+x)^a-1\sim\alpha x.$$

下面证明几个常用的等价无穷小.

例 10 证明:当 $x\to0$ 时,(1) $\ln(1+x)\sim x$;(2) $e^x-1\sim x$;(3) $(1+x)^a-1\sim\alpha x$.

解 (1) 因为 $\lim\limits_{x\to0}\dfrac{\ln(1+x)}{x}=\lim\limits_{x\to0}\ln(1+x)^{\frac{1}{x}}$,令 $u=(1+x)^{\frac{1}{x}}$,则当 $x\to0$ 时,$u\to e$,所以原式 $=1$,即 $\lim\limits_{x\to0}\dfrac{\ln(1+x)}{x}=1$,所以

$$\ln(1+x)\sim x\quad(x\to0).$$

(2) 令 $u=e^x-1$,则 $x=\ln(1+u)$,且 $x\to0$ 时,$u\to0$,于是

$$\lim_{x\to0}\frac{e^x-1}{x}=\lim_{u\to0}\frac{u}{\ln(1+u)}=1,$$

即

$$e^x-1\sim x\quad(x\to0).$$

更一般地,当 $x\to0$ 时

$$a^x-1\sim x\ln a\,(a>0).$$

(**注**:因为 $\lim\limits_{x\to0}\dfrac{a^x-1}{x\ln a}=\lim\limits_{x\to0}\dfrac{e^{x\cdot\ln a}-1}{x\ln a}=1$,所以 $a^x-1\sim x\ln a(x\to0)$)

(3) $\lim\limits_{x\to0}\dfrac{(1+x)^a-1}{\alpha x}=\lim\limits_{x\to0}\dfrac{e^{a\ln(1+x)}-1}{\alpha x}=\lim\limits_{x\to0}\dfrac{\alpha\ln(1+x)}{\alpha x}=\lim\limits_{x\to0}\dfrac{x}{x}=1.$

3. 关于等价无穷小的重要结论

定理 2 设 $\alpha,\alpha',\beta,\beta'$ 是自变量同一变化过程中的无穷小,且 $\alpha\sim\alpha',\beta\sim\beta',\lim\dfrac{\beta'}{\alpha'}$ 存在或为无穷大,则

$$\lim\frac{\beta}{\alpha}=\lim\frac{\beta'}{\alpha'}.$$

上述定理表明,在求两个无穷小之比的极限时,分子及分母均可用等价无穷小来替换,并且,如果用来替换的等价无穷小选用得当,可简化极限计算.

例 11 求下列极限:

(1) $\lim\limits_{x \to 0} \dfrac{\tan 2x}{\sin 5x}$;　　　　　　　(2) $\lim\limits_{x \to 0} \dfrac{(1+x^2)^{1/3}-1}{\cos x-1}$;

(3) $\lim\limits_{x \to 0} \dfrac{1-\cos ax}{(2^x-1)\ln(1+x)}$;　　　(4) $\lim\limits_{x \to 1} \dfrac{\sin \sin(x-1)}{\ln x}$;

(5) $\lim\limits_{x \to 0} \dfrac{\tan x-\sin x}{\sin^3 x}$.

解 (1) 因为 $x \to 0$ 时,$\tan 2x \sim 2x$,$\sin 5x \sim 5x$,故

$$\lim_{x \to 0} \frac{\tan 2x}{\sin 5x} = \lim_{x \to 0} \frac{2x}{5x} = \frac{2}{5}.$$

(2) 因为 $x \to 0$ 时,$(1+x^2)^{1/3}-1 \sim \dfrac{1}{3}x^2$,$1-\cos x \sim \dfrac{1}{2}x^2$,故

$$\lim_{x \to 0} \frac{(1+x^2)^{1/3}-1}{\cos x-1} = \lim_{x \to 0} \frac{\dfrac{1}{3}x^2}{-\dfrac{1}{2}x^2} = -\frac{2}{3}.$$

(3) 因为 $x \to 0$ 时,$1-\cos ax \sim \dfrac{1}{2}(ax)^2$,$2^x-1 \sim x\ln 2$,$\ln(1+x) \sim x$,故

$$\lim_{x \to 0} \frac{1-\cos ax}{(2^x-1)\ln(1+x)} = \lim_{x \to 0} \frac{\dfrac{1}{2}(ax)^2}{x\ln 2 \cdot x} = \frac{a^2}{2\ln 2}.$$

(4) 因为 $x \to 1$ 时,$\sin \sin(x-1) \sim \sin(x-1) \sim x-1$,$\ln x = \ln[1+(x-1)] \sim x-1$,故

$$\lim_{x \to 1} \frac{\sin \sin(x-1)}{\ln x} = \lim_{x \to 1} \frac{x-1}{x-1} = 1.$$

(5) $\lim\limits_{x \to 0} \dfrac{\tan x-\sin x}{\sin^3 x} = \lim\limits_{x \to 0} \dfrac{\tan x \cdot (1-\cos x)}{\sin^3 x}$

$$= \lim_{x \to 0} \frac{1}{\cos x} \cdot \lim_{x \to 0} \frac{1-\cos x}{\sin^2 x} = 1 \cdot \lim_{x \to 0} \frac{\dfrac{1}{2}x^2}{x^2} = \frac{1}{2}.$$

注:(1) 当 $x \to 0$ 时,x 为无穷小. 在常用等价无穷小中,用任意一个无穷小量 $\alpha(x)$ 代替 x 后,等价关系仍然成立. 例如,当 $x \to 1$ 时,$\sin(x-1) \sim x-1$.

(2) 第(5)题如果按照下述做法

$$\lim_{x \to 0} \frac{\tan x-\sin x}{\sin^3 x} = \lim_{x \to 0} \frac{x-x}{x^3} = 0$$

是错误的. 因为,虽然 $\sin x \sim x$,$\tan x \sim x$,但 $\tan x-\sin x \sim 0$ 则不成立,因此,这里用 0 代替 $\tan x-\sin x$ 是错误的.

从该例亦可看出,当分子或分母为和式时,作等价无穷小替换要慎重.

【文化视角】

无限小量的历史发展

无限小量的概念是微积分学的基础,在过去虽然"无穷小"方法已经被古希腊和古代中国、古印度和中世纪欧洲的科学家以各种不同方式,顺利地用来解决几何学和自然科学中的问题,但是无穷小理论的基本概念的确切定义直到 19 世纪才被提出来."无穷小"的思想实际上最初是在哲学范围内提出的,无论是在古希腊还是在古代中国都是如此,哲学家对"无穷小"进行了一定的论述,这正是"无穷小"方法得以在古希腊和古代中国的科学发展中应用的思想基础.

在数学上无穷是一个经常出现的概念,简单地说,它是有限性概念的反义词,人类对无穷的认知和刻画经历了漫长的时间."在无穷小概念的现代处理方法出现以前,它的思想是这样的:有限量是由无穷多个'不可分量'组成的,这样的不可分量不是作为变量而是作为比任何有限量都小的常量.这种思想的例子之一是从有限到无限的非常规分解:唯一有意义的过程是把一个有限量划分成个数无限增加而大小无限减小的组成部分."这就是体现在古代的关于无穷的内涵.

而在古代中国,早在先秦百家争鸣期间,墨家、道家、名家等都提出了各自关于无穷小和无穷分割的论述,其中后期墨家在《墨经》中对无穷小分割的观点与古希腊德谟克利特的原子论十分相似,"无穷小"方法在中国古代数学中的具体体现就是无穷小分割.公元 3 世纪,中国古代数学家刘徽不仅将这种方法应用在求圆周率的计算中,而且还用以解决圆面积公式和阳马、鳖臑体积公式等问题上.刘徽对于无穷小方法的应用比阿基米德更广,他还用于推导公式.但是,从本质上讲,他们都忽略了无穷小量.无穷小量并没有出现,而是包含于他们处理问题的方法之中.那时,人们所掌握的数学方法还没有到能将无穷小量逻辑地表述清楚,这样无穷小量在历史上第一次被"流放".没有无限小量,关于运动的研究便无法进行,因为定义不了速度的概念,希腊关于自然的研究从此停滞不前.

中古时代,无限小和无限大只能寄身在神学的范围内.无限小量的应用虽然遭到禁绝,但作为概念它还未被扼杀.直到文艺复兴时期,无限小才回到了关于运动的研究中.运动学,一门把物体表现为运动在无限可分的时间和空间里的学问被建立了起来.直到 17 世纪 60 和 70 年代,牛顿和莱布尼茨发明了微积分,才彻底解决了无限小量的归宿问题,而数学也不再由几何学独占,而是支撑在几何学和微积分学这两根支柱上.

牛顿把微积分学应用在物理学和天文学上,建立了运动三大定律,计算出行星的轨道.这时候无穷小是导数(作为无穷小量的商)和积分(作为无穷小量之和)定义的基础,被认为是"潜在的"无限小在微积分中暂时安下家,却并没有解决它的存在问题,因为它实际上只是游移在可能性与实存在性之间.到了 19 世纪,数学家们考虑一个基本的问题:科学的大厦不应该建筑在一个从形而上学看来是有问题的基础上.从 1801 到 1872 年,几位杰出的数学家柯西(A. Cauchy)、魏尔斯特拉斯(K. Weierstrass)和戴得(R. Dedekind)为微积分学建立了一个新的体系.在这个体系中,作为基础的概念不再是无限小量,而是新引入的"极限",无限小量被绕开了.微积分学有了一个至少在逻辑上是无懈可击的基础,而无限小量则再度遭到"流放".

柯西体系是至今大学教材仍在沿用的体系,它预示着数学将不再把基础建立在物理学或现实世界上而是逻辑学上. 1965 年, A. 鲁滨孙(Abraham Robinsen)重把无限小量赎回. 在逻辑学大师哥德尔(K. Godel)工作的基础上, 鲁滨孙建造了一个包括无限小量(以及常规的数之外的一切奇异实体)的结构, 亦即数学模型, 并引用哥德尔的完全性定理推断出这模型中的全部述语(或命题)是真的. 鲁滨孙最大的贡献在于最终解开了两千多年来围绕着无限性这个概念的疑团, 使得它不再具有任何神秘性.

习 题 1-4

1. 计算下列极限:

$(1)\lim\limits_{x\to 2}\dfrac{x^2+5}{x^2-3}$;

$(2)\lim\limits_{x\to\sqrt 3}\dfrac{x^2-3}{x^2+1}$;

$(3)\lim\limits_{x\to 0}\dfrac{4x^3-2x^2+x}{3x^2+2x}$;

$(4)\lim\limits_{x\to 1}\dfrac{x^2-2x+1}{x^2-1}$.

2. 计算下列极限:

$(1)\lim\limits_{x\to\infty}\dfrac{x^2+5}{x^2-3}$;

$(2)\lim\limits_{x\to\infty}\dfrac{4x^3-2x^2+x}{3x^2+2x}$;

$(3)\lim\limits_{x\to\infty}\dfrac{(2x-1)^{30}(3x-2)^{20}}{(2x+1)^{50}}$;

$(4)\lim\limits_{n\to\infty}\dfrac{(n+1)(n+2)(n+3)}{5n^3}$.

3. 计算下列极限:

$(1)\lim\limits_{x\to 1}\left(\dfrac{1}{1-x}-\dfrac{3}{1-x^3}\right)$;

$(2)\lim\limits_{x\to+\infty}\left(\sqrt{x^2+x+1}-\sqrt{x^2-x+1}\right)$.

4. 计算下列极限:

$(1)\lim\limits_{x\to\infty}\dfrac{\arctan x}{x}$;

$(2)\lim\limits_{x\to 0}x\sin\dfrac{1}{x}$;

$(3)\lim\limits_{x\to\infty}\dfrac{8\sin x+7\cos x}{x}$.

5. 若 $\lim\limits_{x\to 3}\dfrac{x^2-2x+k}{x-3}=4$, 求 k 的值.

6. 若 $\lim\limits_{x\to\infty}\left(\dfrac{x^2+1}{x+1}-ax-b\right)=0$, 求 a、b 的值.

7. 计算下列极限:

$(1)\lim\limits_{x\to 0}\dfrac{\sin\omega x}{x}$;

$(2)\lim\limits_{x\to 0}\dfrac{\sin 2x}{\sin 3x}$;

$(3)\lim\limits_{x\to 0}\dfrac{1-\cos 2x}{x\sin x}$;

$(4)\lim\limits_{x\to 0^+}\dfrac{x}{\sqrt{1-\cos x}}$;

$(5)\lim\limits_{x\to 1}\dfrac{\sin(x-1)}{x^2+x-2}$;

$(6)\lim\limits_{x\to\pi}\dfrac{\sin x}{\pi-x}$.

8. 计算下列极限:

$(1)\lim\limits_{x\to\infty}\left(\dfrac{1+x}{x}\right)^{2x}$;

$(2)\lim\limits_{x\to\infty}\left(1+\dfrac{5}{x}\right)^{-2x}$;

$(3)\lim\limits_{x\to 0}(1-3x)^{\frac{2}{x}}$.

9. 已知 $\lim\limits_{x\to\infty}\left(\dfrac{x+c}{x-c}\right)^{\frac{x}{2}}=3$, 求 c.

10. 计算下列极限:

$(1)\lim\limits_{x\to 0}\dfrac{\arctan 3x}{\tan 5x}$;

$(2)\lim\limits_{x\to 0}\dfrac{\ln(1+3x\sin x)}{\tan^2 x}$;

$(3)\lim\limits_{x\to 0}\dfrac{\sqrt{1+x\sin x}-1}{x\arcsin x}$;

$(4)\lim\limits_{x\to 0}\dfrac{\sqrt{2}-\sqrt{1+\cos x}}{\sin^2 x}$;

$(5)\lim\limits_{x\to 0}\dfrac{e^x-e^{x\cos x}}{x\ln(1+x^2)}$;

$(6)\lim\limits_{x\to 0}\dfrac{e^x-e^{\sin x}}{x-\sin x}$.

§1.5 函数的连续性与间断点

客观世界的许多现象和事物不仅是运动变化的,而且其运动变化的过程往往是连续不断的,比如日月行空、岁月流逝、植物生长、河水流动等,这些连续不断发展变化的事物在量的方面的反映就是函数的连续性. 本节将要引入的连续函数就是刻画变量连续变化的数学模型.

连续函数不仅是微积分的研究对象,而且微积分中的主要概念、定理、公式、法则等,往往都要求函数具有连续性.

本节将以极限为基础,介绍连续函数的概念、运算和性质.

一、连续函数的概念

1. 函数增量

为描述函数的连续性,我们先引入函数增量的概念.

定义 1 设函数 $y=f(x)$ 在点 x_0 的某邻域内有定义,当自变量 x 在这个邻域内从 x_0 变到 $x_0+\Delta x$ 时,函数 y 相应地从 $f(x_0)$ 变到 $f(x_0+\Delta x)$,即**函数 y 的对应增量为**

$$\Delta y=f(x_0+\Delta x)-f(x_0).$$

这个关系式的几何解释如图 1-5-1 所示.

借助函数增量的概念,我们再引入函数连续的概念.

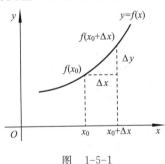

图 1-5-1

2. 函数在点 x_0 连续的概念

定义 2 设函数 $y=f(x)$ 在点 x_0 的某邻域内有定义,若

$$\lim\limits_{\Delta x\to 0}\Delta y=\lim\limits_{\Delta x\to 0}[f(x_0+\Delta x)-f(x_0)]=0,$$

则称函数 $y=f(x)$**在点 x_0 处连续**,x_0 称为 $f(x)$ 的**连续点**.

若令 $x=x_0+\Delta x$,则 $\Delta x\to 0$ 就是 $x\to x_0$,又由于此时

$$\Delta y=f(x_0+\Delta x)-f(x_0)=f(x)-f(x_0),$$

即

$$f(x)=f(x_0)+\Delta y.$$

可见 $\Delta y\to 0$ 就是 $f(x)\to f(x_0)$,因此函数 $y=f(x)$ 在点 x_0 处连续的定义又可叙述如下:

定义 3 设函数 $y=f(x)$ 在点 x_0 的某邻域内有定义,若

$$\lim\limits_{x\to x_0}f(x)=f(x_0),$$

则称函数 $y=f(x)$**在点 x_0 处连续**.

从几何上观察,若 x 在点 x_0 处取得微小增量 Δx 时,函数 y 的相应增量 Δy 也很微小,且 Δx 趋于零时,Δy 也趋于零,即 $\lim\limits_{\Delta x\to 0}\Delta y=0$. 则函数 $y=f(x)$ 在点 x_0 处是连续的;相反,若 Δx 趋于零时,Δy 不趋于零,则函数 $y=f(x)$ 在点 x_0 处是不连续的(见图 1-5-2).

综上指出，函数 $y=f(x)$ 在 x_0 处连续应满足三个条件：

(1) 函数 $y=f(x)$ 在 x_0 点的邻域有定义；(2) $\lim\limits_{x\to x_0}f(x)$ 存

在；(3) $\lim\limits_{x\to x_0}f(x)=f(x_0)$.

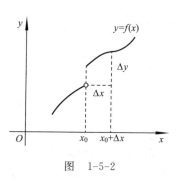

图 1-5-2

例 1 试证函数 $f(x)=\begin{cases} x\sin\dfrac{1}{x} & \text{当 } x\neq 0 \\ 0 & \text{当 } x=0 \end{cases}$ 在 $x=0$ 处连续.

证明 因为

$$\lim_{x\to 0}f(x)=\lim_{x\to 0}x\sin\frac{1}{x}=0=f(0),$$

所以函数 $f(x)$ 在 $x=0$ 处连续.

二、左、右连续

定义 4 若函数 $y=f(x)$ 在 $(x_0-\delta,x_0]$ 内有定义，且 $\lim\limits_{x\to x_0^-}f(x)=f(x_0)$，则称函数 $y=f(x)$ 在点 x_0 处**左连续**；若函数 $y=f(x)$ 在 $[x_0,x_0+\delta)$ 内有定义，且 $\lim\limits_{x\to x_0^+}f(x)=f(x_0)$，则称函数 $y=f(x)$ 在点 x_0 处**右连续**.

定理 1 函数 $y=f(x)$ 在点 x_0 处连续的充分必要条件是函数 $y=f(x)$ 在点 x_0 处既左连续又右连续.

例 2 已知函数 $f(x)=\begin{cases} x^2+1 & \text{当 } x<0 \\ 2x-b & \text{当 } x\geqslant 0 \end{cases}$ 在 $x=0$ 处连续，求 b 的值.

解 $\lim\limits_{x\to 0^-}f(x)=\lim\limits_{x\to 0^-}(x^2+1)=1$，$\lim\limits_{x\to 0^+}f(x)=\lim\limits_{x\to 0^+}(2x-b)=-b$. 因为 $f(x)$ 在 $x=0$ 处连续，故

$$\lim_{x\to 0^-}f(x)=\lim_{x\to 0^+}f(x),\quad \text{即 } b=-1.$$

三、函数的间断点

1. 间断点的定义

定义 5 由函数在某点连续的定义可知，设 $f(x)$ 在点 x_0 的某去心邻域内有定义，在此前提之下，若函数 $f(x)$ 有下列三种情形之一：

(1) 在 $x=x_0$ 处无定义；

(2) 虽在 $x=x_0$ 处有定义，但 $\lim\limits_{x\to x_0}f(x)$ 不存在；

(3) 虽在 $x=x_0$ 处有定义，且 $\lim\limits_{x\to x_0}f(x)$ 存在，但 $\lim\limits_{x\to x_0}f(x)\neq f(x_0)$，则点 x_0 称为函数 $f(x)$ 的**不连续点**或**间断点**.

2. 间断点的分类

(1) **第一类间断点**：左、右极限均存在的间断点称为**第一类间断点**. 其中，左极限等于右极限（即极限存在）的间断点称为**可去间断点**；左极限不等于右极限的间断点称为**跳跃间断点**.

(2) **第二类间断点**：左、右极限至少有一个不存在的间断点称为**第二类间断点**. 常见的第二类间断点有无穷间断点和振荡间断点.

例 3 讨论函数 $f(x)=\dfrac{2^{\frac{1}{x}}-1}{2^{\frac{1}{x}}+1}$ 在 $x=0$ 处的连续性;若不连续,判断间断点的类型.

解 因为函数 $f(x)=\dfrac{2^{\frac{1}{x}}-1}{2^{\frac{1}{x}}+1}$ 在 $x=0$ 处无定义,故 $f(x)$ 在 $x=0$ 处不连续.又因

$$f(0-0)=\lim_{x\to 0^-}\frac{2^{\frac{1}{x}}-1}{2^{\frac{1}{x}}+1}=-1,$$

$$f(0+0)=\lim_{x\to 0^+}\frac{2^{\frac{1}{x}}-1}{2^{\frac{1}{x}}+1}=\lim_{x\to 0^+}\frac{1-\left(\dfrac{1}{2}\right)^{\frac{1}{x}}}{1+\left(\dfrac{1}{2}\right)^{\frac{1}{x}}}=1,$$

所以 $x=0$ 是 $f(x)$ 的跳跃间断点.

四、连续函数在区间的连续性

在区间上每一点均连续的函数称为该区间上的**连续函数**,或者说函数在该区间上连续.若函数 $f(x)$ 在开区间 (a,b) 内连续,且在左端点 $x=a$ 处右连续,在右端点 $x=b$ 处左连续,则称函数 $f(x)$ 在闭区间 $[a,b]$ 上连续.

连续函数的图像是一条连续不间断的曲线.因此,从图像上可见,基本初等函数在其定义域内是连续的.

五、连续函数的性质

1.连续函数的和、差、积、商的连续性

由函数在某点连续的定义和极限的四则运算法则,立即可得下面的定理.

定理 2 若函数 $f(x),g(x)$ 在点 x_0 处连续,则 $f(x)\pm g(x),f(x)\cdot g(x),\dfrac{f(x)}{g(x)}$(当 $g(x_0)\neq 0$ 时)在点 x_0 处也连续.

2.复合函数的连续性

定理 3 若 $\lim\limits_{x\to x_0}\varphi(x)=a$,函数 $f(u)$ 在点 a 处连续,则有

$$\lim_{x\to x_0}f(\varphi(x))=f(a)=f(\lim_{x\to x_0}\varphi(x)).$$

定理 2 表明,极限符号 lim 可以与连续函数的符号 f 交换次序.

定理 4 设函数 $u=\varphi(x)$ 在点 x_0 连续,且 $\varphi(x_0)=u_0$,而函数 $y=f(u)$ 在点 $u=u_0$ 连续,则复合函数 $f(\varphi(x))$ 在点 x_0 也连续.

3.初等函数的连续性

基本初等函数在其定义域内是连续的,而初等函数是由基本初等函数经过有限次四则运算和有限次复合运算所构成的,故有:

定理 5 一切初等函数在其定义区间内都是连续的.

注:定理 5 中,定义区间是指包含在定义域内的区间.初等函数仅在其定义区间内连续,在其定义域内不一定连续.例如,函数 $f(x)=\sqrt{\dfrac{x^2}{1+x}+4}$ 的定义域为 $\{-2\}\cup(-1,$

$+\infty)$,因函数在点 $x=-2$ 的邻域内无定义,故在该点不连续,但函数在定义区间 $(-1,+\infty)$ 上连续.

根据定理 5,求初等函数在其定义区间内某点的极限时,只需求初等函数在该点的函数值,即 $\lim\limits_{x \to x_0} f(x)=f(x_0)(x_0 \in$ 定义区间$)$.

例 4　求极限 $\lim\limits_{x \to a^-}\arcsin(\log_a x)(a>1)$.

解　因为 $\arcsin(\log_a x)$ 是初等函数,且 $x=a$ 为它的定义区间内的一点,所以

$$\lim_{x \to a^-}\arcsin(\log_a x)=\arcsin(\log_a a)=\arcsin 1=\frac{\pi}{2}.$$

六、闭区间上连续函数的性质

前面已说明函数在闭区间上连续的概念,以下将以定理的形式介绍在闭区间上连续的函数的几个重要性质.

1. 最值定理与有界性

定义 6　对于在区间 I 上有定义的函数 $f(x)$,如果有 $x_0 \in I$,使得对于任一 $x \in I$ 都有
$$f(x) \leqslant f(x_0) \quad (\text{或} \ f(x) \geqslant f(x_0))$$
则 $f(x_0)$ 是函数 $f(x)$ 在区间 I 上的**最大值**(或最小值).

定理 6(最值定理)　在闭区间上连续的函数一定有最大值和最小值.

定理 6 表明:若函数 $f(x)$ 在闭区间 $[a,b]$ 上连续,则至少存在一点 $\xi_1 \in [a,b]$,使 $f(\xi_1)$ 是 $f(x)$ 在闭区间 $[a,b]$ 上的最小值;又至少存在一点 $\xi_2 \in [a,b]$,使 $f(\xi_2)$ 是 $f(x)$ 在闭区间 $[a,b]$ 上的最大值(见图 1-5-3).

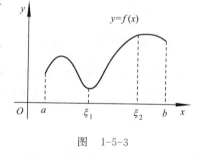

图　1-5-3

定理 7　在闭区间上连续的函数一定有界.

2. 零点定理与介值定理

定义 7　若 x_0 使 $f(x_0)=0$,则 x_0 称为函数 $f(x)$ 的**零点**.

定理 8(零点定理)　设函数 $f(x)$ 在闭区间 $[a,b]$ 上连续,且 $f(a)$ 与 $f(b)$ 异号(即 $f(a) \cdot f(b)<0$),则在开区间 (a,b) 内至少有函数 $f(x)$ 的一个零点,即至少存在一点 $\xi(a<\xi<b)$,使 $f(\xi)=0$.

从几何上看,定理 7 表示:若连续曲线弧 $y=f(x)$ 的两个端点位于 x 轴的不同侧,则这段曲线弧与 x 轴至少有一个交点(见图 1-5-4).

定理 9(介值定理)　设函数 $f(x)$ 在闭区间 $[a,b]$ 上连续,且在这区间的端点取不同的函数值
$$f(a)=A \quad \text{及} \quad f(b)=B,$$
则对于 A 与 B 之间的任意一个数 C,在开区间 (a,b) 内至少有一点 $\xi(a<\xi<b)$,使 $f(\xi)=C(a<\xi<b)$.

定理 8 的几何意义是:连续曲线弧 $y=f(x)$ 与水平直线 $y=C$ 至少相交于一点(见图 1-5-5).

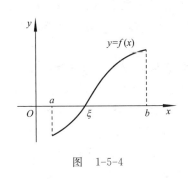

图 1-5-4

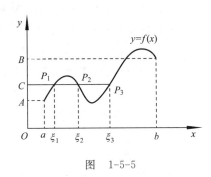

图 1-5-5

推论 在闭区间上连续的函数必取得介于最大值与最小值之间的任何值.

例 5 证明方程 $x^3-4x^2=-1$ 在区间 $(0,1)$ 内至少有一个实根.

证明 设 $f(x)=x^3-4x^2+1$,该函数在闭区间 $[0,1]$ 上连续,且

$$f(0)=1>0, \quad f(1)=-2<0.$$

根据零点定理,在 $(0,1)$ 内至少有一点 ξ,使得

$$f(\xi)=0,$$

即

$$\xi^3-4\xi^2+1=0 \quad (0<\xi<1).$$

这个等式说明方程 $x^3-4x^2=-1$ 在区间 $(0,1)$ 内至少有一个实根是 ξ.

例 6 设函数 $f(x)$ 在区间 $[a,b]$ 上连续,且 $f(a)<a,f(b)>b$,证明:存在 $\xi\in(a,b)$,使得 $f(\xi)=\xi$.

证明 构造辅助函数 $F(x)=f(x)-x$,由 $f(x)$ 在区间 $[a,b]$ 上连续,知 $F(x)$ 在区间 $[a,b]$ 上连续,且

$$F(a)=f(a)-a<0, \quad F(b)=f(b)-b>0.$$

由零点定理知,存在 $\xi\in(a,b)$,使 $F(\xi)=f(\xi)-\xi=0$,即 $f(\xi)=\xi$.

【文化视角】

什么是数学建模

数学建模(Mathematical Modeling)是将数学作为工具应用于众多领域去解决实际问题的实用工具. 半个世纪以来,随着计算机科学、信息科学的迅速发展,使得数学建模方法如虎添翼,并成为现代工程、现代经济管理设计的关键技术. 我国自 20 世纪 90 年代以来,数学建模已成为大学教育中的重要组成部分,几乎每年都举行全国性大学生数学建模竞赛. 作为高等职业技术学院的数学教育,为了全面地提高人才培养质量,改变人才培养模式,培养能适应我国经济高速发展需要的高素质应用型、技能型人才,将数学建模加入高职院校的数学教学改革中,是必要的,也是可行的. 那么什么是数学建模呢?

1. 数学模型

数学模型是由数字、字母及其他数学符号组成的,描述现实对象的数学属性、数量规律的公式、算法、表格、图示等. 运用数学模型不仅可以定性地研究对象的性质,而且可以定量地研究其本质. 数学模型使得被研究的对象数量化、精确化、模式化,可以把它描述为:数学模型对

于现实世界的一个特定对象,为了一个特定的目的,根据特有的内在规律作出假设,并运用数学工具得到的一个数学结构;或数学模型是针对或参照某种事物系统的主要特征、主要关系,用形式化的数学语言,抽象地概括、近似地表述的数学结构. 它有广义和狭义两种解释:(1)广义解释为:数学模型是从现实世界中抽象出来,对客观事物某种属性用数学语言描述的一个近似反映. 现代各门科学都可看成是一些数学模型的组合,对于具体数学模型的研究,显然也包括从现实原型抽象概括出来的一切数学概念、公式、方程式、定理和理论体系等. 按广义解释观点,整个数学也可以说是专门研究数学模型的科学.(2)狭义的解释为:数学模型是将具体问题的基本属性抽象出来,成为数学结构的一种近似反映,是反映特定的具体实体内的规律性数学结构. 事实上,数学模型在实际应用中是按这种狭义解释来理解的.

2. 数学建模

在生活、生产、科研等现实问题中,把问题中的条件关系用数学形式构建出来,再运用数学知识、方法来最终解决问题,被称为数学模型构建. 它是一种数学思考方法,是运用数学的语言和方法,通过抽象、简化,建立能近似刻画并解决实际问题的一种强有力的数学手段. 例如数控专业中"叶轮、蜗杆、大型螺杆的加工程序"的数学建模,自动化专业中"机器人避障行进路线"的数学建模,经管类专业中"年金、汽车保险金额的计算"等.

习 题 1-5

1. 填空题:

(1) 若函数 $f(x)$ 在 $x=x_0$ 处连续,则 $\lim\limits_{x \to x_0} f(x) =$ _____.

(2) 设 $f(x)$ 在点 $x=0$ 连续,且 $\lim\limits_{x \to 0^+} f(x) = 2$,则 $f(0) =$ _____.

(3) 要使 $f(x) = \dfrac{\sqrt{1+x} - \sqrt{1-x}}{\sin x}$ 在 $x=0$ 处连续,则需补充定义值 $f(0) =$ _____.

2. 解答题:

(1) 已知函数 $f(x) = \begin{cases} a+x^2 & \text{当 } x<0 \\ 1 & \text{当 } x=0 \\ \ln(b+x+x^2) & \text{当 } x>0 \end{cases}$ 在 $x=0$ 处连续,求 a,b 的值.

(2) 讨论函数 $f(x) = \begin{cases} 2^{\frac{1}{x}} & \text{当 } x<0 \\ 0 & \text{当 } x=0 \\ \arctan \dfrac{1}{x} & \text{当 } x>0 \end{cases}$ 在点 $x=0$ 处的连续性,若不连续,判断间断点的类型.

3. 证明方程 $x\ln x = 1$ 至少有一个根介于 1 和 e 之间.

基 础 模 块

第二章　微分学

第三章　积分学

第二章 微 分 学

导数与微分是数学分析中的基本概念之一. 导数和微分都是建立在函数极限基础之上的,导数的概念在于刻画瞬时变化率,微分的概念在于刻画瞬时改变量. 在很多实际问题中,需要研究某个变量相对于另一个变量的变化快慢程度,这类问题通常叫变化率问题. 例如,变速运动的瞬时速度、非恒定电流的电流强度等,导数的概念就是为解决这些实际问题而建立的. 本章首先建立导数的概念,在此基础上推导求导公式和求导法则,从而解决有关变化率的问题.

§2.1 导数的概念

一、导数的定义

1. 函数在一点处的导数与导函数

定义 设函数 $y=f(x)$ 在点 x_0 的某个邻域内有定义,当自变量 x 在 x_0 处取得增量 Δx(点 $x_0+\Delta x$ 仍在该邻域内)时,相应地函数 y 取得增量

$$\Delta y=f(x_0+\Delta x)-f(x_0),$$

若极限 $\lim\limits_{\Delta x \to 0}\dfrac{\Delta y}{\Delta x}$ 存在,则称函数 $y=f(x)$ 在点 x_0 处**可导**,并称此极限值为函数 $y=f(x)$ 在点 x_0 处的**导数**,记为 $f'(x_0)$,即

$$f'(x_0)=\lim_{\Delta x \to 0}\frac{\Delta y}{\Delta x}=\lim_{\Delta x \to 0}\frac{f(x_0+\Delta x)-f(x_0)}{\Delta x}, \tag{1}$$

也可记为 $y'|_{x=x_0}$,$\dfrac{\mathrm{d}y}{\mathrm{d}x}\Big|_{x=x_0}$ 或 $\dfrac{\mathrm{d}f(x)}{\mathrm{d}x}\Big|_{x=x_0}$.

在导数的定义中,若令 $x_0+\Delta x=x$,则 $\Delta x \to 0$ 相当于 $x \to x_0$,此时函数增量

$$\Delta y=f(x)-f(x_0),$$

相应地导数定义式就具有形式

$$f'(x_0)=\lim_{x \to x_0}\frac{f(x)-f(x_0)}{x-x_0}. \tag{2}$$

注:(1) 函数增量与自变量增量的比值 $\dfrac{\Delta y}{\Delta x}$ 是函数 y 在以 x_0 和 $x_0+\Delta x$ 为端点的区间上的**平均变化率**,而导数 $y'|_{x=x_0}$ 则是函数 y 在点 x_0 处的**瞬时变化率**,它反映了函数随自变量变化而变化的快慢程度.

(2) 若极限 $\lim\limits_{\Delta x \to 0}\dfrac{\Delta y}{\Delta x}$ 不存在,就说函数 $y=f(x)$ 在点 x_0 处不可导.

若函数 $y=f(x)$ 在开区间 I 内每一点都可导,就说函数 $y=f(x)$ 在开区间 I 内可导. 这时,函数 $y=f(x)$ 对于每一个 $x \in I$,都有一个确定的导数值与之对应,这就构成了 x 的一个新

函数,这个新的函数称为函数 $y=f(x)$ 的**导函数**,记为 $f'(x)$,y',$\dfrac{\mathrm{d}y}{\mathrm{d}x}$ 或 $\dfrac{\mathrm{d}f(x)}{\mathrm{d}x}$.

在(1)式中,把 x_0 换成 x,即得 $y=f(x)$ 的导函数的定义式

$$f'(x)=\lim_{\Delta x\to 0}\frac{\Delta y}{\Delta x}=\lim_{\Delta x\to 0}\frac{f(x+\Delta x)-f(x)}{\Delta x}. \tag{3}$$

注:在(3)式中,虽然 x 可以取开区间 I 内的任何数值,但在极限过程中,x 是常量,Δx 才是变量.

显然,函数 $y=f(x)$ 在点 x_0 处的导数 $f'(x_0)$ 就是导函数 $f'(x)$ 在点 $x=x_0$ 处的函数值,即

$$f'(x_0)=f'(x)\big|_{x=x_0}.$$

导函数 $f'(x)$ 简称导数,而 $f'(x_0)$ 是 $f(x)$ 在点 x_0 处的导数或导函数在 x_0 处的值.

2. 求导数举例

下面根据导数定义求一些基本初等函数的导数,从而得一些导数基本公式.

例 1　求常数函数 $f(x)=C(C$ 为常数)的导数.

解　$f'(x)=\lim\limits_{\Delta x\to 0}\dfrac{f(x+\Delta x)-f(x)}{\Delta x}=\lim\limits_{\Delta x\to 0}\dfrac{C-C}{\Delta x}=0$,即 $(C)'=0$.

例 2　求幂函数 $f(x)=x^{\alpha}(\alpha\in\mathbf{R})$ 的导数.

解　$f'(x)=\lim\limits_{\Delta x\to 0}\dfrac{f(x+\Delta x)-f(x)}{\Delta x}$

$$=\lim_{\Delta x\to 0}\frac{(x+\Delta x)^{\alpha}-x^{\alpha}}{\Delta x}=x^{\alpha}\lim_{\Delta x\to 0}\frac{\left(1+\dfrac{\Delta x}{x}\right)^{\alpha}-1}{\Delta x}$$

$$=x^{\alpha}\lim_{\Delta x\to 0}\frac{\alpha\cdot\dfrac{\Delta x}{x}}{\Delta x}\quad\left(\text{当 }\Delta x\to 0\text{ 时},\left(1+\dfrac{\Delta x}{x}\right)^{\alpha}-1\sim\alpha\cdot\dfrac{\Delta x}{x}\right)$$

$$=\alpha x^{\alpha-1}.$$

即 $(x^{\alpha})'=\alpha x^{\alpha-1}$.

例 3　求指数函数 $f(x)=a^x(a>0,a\neq 1)$ 的导数.

解　$f'(x)=\lim\limits_{\Delta x\to 0}\dfrac{f(x+\Delta x)-f(x)}{\Delta x}$

$$=\lim_{\Delta x\to 0}\frac{a^{x+\Delta x}-a^x}{\Delta x}=a^x\lim_{\Delta x\to 0}\frac{a^{\Delta x}-1}{\Delta x}$$

$$=a^x\lim_{\Delta x\to 0}\frac{\Delta x\cdot\ln a}{\Delta x}\quad(\text{当 }\Delta x\to 0\text{ 时},a^{\Delta x}-1\sim\Delta x\cdot\ln a)$$

$$=a^x\ln a.$$

即 $(a^x)'=a^x\ln a$,特殊地,$(\mathrm{e}^x)'=\mathrm{e}^x$.

例 4　求对数函数 $f(x)=\log_a x(a>0,a\neq 1)$ 的导数.

解　$f'(x)=\lim\limits_{\Delta x\to 0}\dfrac{f(x+\Delta x)-f(x)}{\Delta x}$

$$= \lim_{\Delta x \to 0} \frac{\log_a (x+\Delta x) - \log_a x}{\Delta x} = \lim_{\Delta x \to 0} \frac{\log_a \left(1+\frac{\Delta x}{x}\right)}{\Delta x} = \frac{1}{\ln a} \lim_{\Delta x \to 0} \frac{\ln \left(1+\frac{\Delta x}{x}\right)}{\Delta x}$$

$$= \frac{1}{\ln a} \lim_{\Delta x \to 0} \frac{\frac{\Delta x}{x}}{\Delta x} \quad (\text{当 } \Delta x \to 0 \text{ 时}, \ln\left(1+\frac{\Delta x}{x}\right) \sim \frac{\Delta x}{x})$$

$$= \frac{1}{x \ln a}.$$

即 $(\log_a x)' = \frac{1}{x \ln a}$，特殊地，$(\ln x)' = \frac{1}{x}$.

例 5　求正弦函数 $f(x) = \sin x$ 的导数.

解　$f'(x) = \lim_{\Delta x \to 0} \frac{f(x+\Delta x) - f(x)}{\Delta x} = \lim_{\Delta x \to 0} \frac{\sin(x+\Delta x) - \sin x}{\Delta x}$

$$= \lim_{\Delta x \to 0} \frac{2\cos\left(x+\frac{\Delta x}{2}\right)\sin\frac{\Delta x}{2}}{\Delta x} = \lim_{\Delta x \to 0} \cos\left(x+\frac{\Delta x}{2}\right) \cdot \frac{\sin\frac{\Delta x}{2}}{\frac{\Delta x}{2}}$$

$$= \cos x.$$

即 $(\sin x)' = \cos x$，用类似方法可求得 $(\cos x)' = -\sin x$（请读者自行推导）.

以上各例我们运用导数的定义推导出了常数函数、幂函数、指数函数、对数函数、正弦函数、余弦函数的导数公式，它们是计算导数的基本公式，读者应当熟记.

由于函数在一点的导数就是导函数在该点的函数值，所以要计算函数在某点的导数，一般先求出该函数的导函数，然后再求出导函数在该点的函数值即可.

例 6　设 $y = x^2$，求 $y'|_{x=1}$.

解　因为 $y' = 2x$，故 $y'|_{x=1} = 2x|_{x=1} = 2$.

3. 左、右导数（单侧导数）

根据函数 $f(x)$ 在点 x_0 处的导数的定义，导数

$$f'(x_0) = \lim_{\Delta x \to 0} \frac{\Delta y}{\Delta x}$$

是一个极限，而极限存在的充分必要条件是左、右极限均存在且相等，因此 $f'(x_0)$ 存在即 $f(x)$ 在点 x_0 处可导的充分必要条件是左、右极限 $\lim_{\Delta x \to 0^-} \frac{\Delta y}{\Delta x}$ 及 $\lim_{\Delta x \to 0^+} \frac{\Delta y}{\Delta x}$ 都存在且相等. 这两个极限分别称为函数 $f(x)$ 在点 x_0 处的**左导数**和**右导数**（左导数和右导数统称**单侧导数**），记作 $f'_-(x_0)$ 及 $f'_+(x_0)$，即

$$f'_-(x_0) = \lim_{\Delta x \to 0^-} \frac{\Delta y}{\Delta x} = \lim_{\Delta x \to 0^-} \frac{f(x_0+\Delta x) - f(x_0)}{\Delta x} = \lim_{x \to x_0^-} \frac{f(x) - f(x_0)}{x - x_0},$$

$$f'_+(x_0) = \lim_{\Delta x \to 0^+} \frac{\Delta y}{\Delta x} = \lim_{\Delta x \to 0^+} \frac{f(x_0+\Delta x) - f(x_0)}{\Delta x} = \lim_{x \to x_0^+} \frac{f(x) - f(x_0)}{x - x_0}.$$

现在可以说，函数 $y = f(x)$ 在点 x_0 处可导的充分必要条件是：函数 $y = f(x)$ 在点 x_0 处的左、右导数均存在且相等.

例 7 讨论绝对值函数 $f(x)=|x|=\begin{cases} x & \text{当 } x\geqslant 0 \\ -x & \text{当 } x<0 \end{cases}$ 在点 $x=0$ 处的连续性与可导性.

解 因为

$$\lim_{x\to 0^-}f(x)=\lim_{x\to 0^-}|x|=\lim_{x\to 0^-}(-x)=0,$$

$$\lim_{x\to 0^+}f(x)=\lim_{x\to 0^+}|x|=\lim_{x\to 0^+}x=0,$$

$$f(0)=0,$$

即 $f(0-0)=f(0+0)=f(0)$,故该函数在 $x=0$ 处连续;又

$$f'_-(0)=\lim_{x\to 0^-}\frac{f(x)-f(0)}{x-0}=\lim_{x\to 0^-}\frac{-x}{x}=-1,$$

$$f'_+(0)=\lim_{x\to 0^+}\frac{f(x)-f(0)}{x-0}=\lim_{x\to 0^+}\frac{x}{x}=1,$$

即 $f'_-(0)\neq f'_+(0)$,所以该函数在 $x=0$ 处不可导.

如果函数 $f(x)$ 在开区间 (a,b) 内可导,且 $f'_-(b)$ 及 $f'_+(a)$ 都存在,就说函数 $f(x)$ 在闭区间 $[a,b]$ 上可导.

4. 利用导数定义式求极限

例 8 设 $f(x)$ 在点 x_0 处可导,求极限 $\lim\limits_{h\to 0}\dfrac{f(x_0+ah)-f(x_0-bh)}{3h}$.

解
$$\lim_{h\to 0}\frac{f(x_0+ah)-f(x_0-bh)}{3h}$$

$$=\lim_{h\to 0}\frac{f(x_0+ah)-f(x_0)-[f(x_0-bh)-f(x_0)]}{3h}$$

$$=\frac{1}{3}\lim_{h\to 0}\frac{f(x_0+ah)-f(x_0)}{ah}\cdot a+\frac{1}{3}\lim_{h\to 0}\frac{f(x_0-bh)-f(x_0)}{-bh}\cdot b$$

$$=\frac{1}{3}(a+b)f'(x_0).$$

二、函数的可导性与连续性的关系

由例 7 可见,函数在某点连续却不一定在该点可导,即"连续不一定可导",但反之"**可导一定连续**",下面我们来证明此命题.

证明 设函数 $f(x)$ 在点 x 处可导,即 $\lim\limits_{\Delta x\to 0}\dfrac{\Delta y}{\Delta x}$ 存在,所以

$$\lim_{\Delta x\to 0}\Delta y=\lim_{\Delta x\to 0}\frac{\Delta y}{\Delta x}\cdot\Delta x=\lim_{\Delta x\to 0}\frac{\Delta y}{\Delta x}\cdot\lim_{\Delta x\to 0}\Delta x=0,$$

即函数 $f(x)$ 在点 x 处连续.

例 9 设 $f(x)=\begin{cases} a\cos x+b\sin x & \text{当 } x<0 \\ e^x-1 & \text{当 } x\geqslant 0 \end{cases}$ 在 $x=0$ 处可导,求 a,b.

解 因 $f(x)$ 在 $x=0$ 处可导,由可导与连续的关系,$f(x)$ 在 $x=0$ 处亦连续,故有

$$f(0-0)=f(0+0)=f(0) \quad 及 \quad f'_-(0)=f'_+(0)$$

成立,而

$$f(0-0)=\lim_{x\to 0^-}f(x)=\lim_{x\to 0^-}(a\cos x+b\sin x)=a,$$

$$f(0+0)=\lim_{x\to 0^+}f(x)=\lim_{x\to 0^+}(e^x-1)=0,$$

$$f(0)=e^0-1=0,$$

因而有 $a=0$,又

$$f'_-(0)=\lim_{x\to 0^-}\frac{f(x)-f(0)}{x-0}=\lim_{x\to 0^-}\frac{a\cos x+b\sin x}{x}=\lim_{x\to 0^-}\frac{b\sin x}{x}=b,$$

$$f'_+(0)=\lim_{x\to 0^+}\frac{f(x)-f(0)}{x-0}=\lim_{x\to 0^+}\frac{e^x-1}{x}=1,$$

故 $b=1$.

三、导数的几何意义

由导数定义知

$$f'(x)=\lim_{\Delta x\to 0}\frac{\Delta y}{\Delta x},$$

因此,我们先看增量之比 $\dfrac{\Delta y}{\Delta x}$ 在函数 $y=f(x)$ 图像上的几何意义.

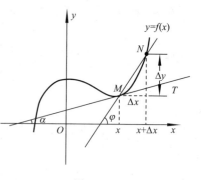

图 2-1-1

如图 2-1-1 所示,设自变量在点 x 处取得增量 Δx,则函数 $y=f(x)$ 相应地取得增量

$$\Delta y=f(x+\Delta x)-f(x).$$

在曲线上取两点 $M(x,y)$ 和 $N(x+\Delta x,y+\Delta y)$,可以看出,$\dfrac{\Delta y}{\Delta x}$ 就是割线 MN 的斜率,即

$$\frac{\Delta y}{\Delta x}=\tan\varphi,$$

其中,φ 是割线 MN 的倾斜角.

当 Δx 越来越小时,点 N 沿着曲线趋向点 M,割线 MN 绕着点 M 转动.当 $\Delta x\to 0$ 时,点 N 无限趋近于点 M,割线 MN 无限趋近于它的极限位置 MT(见图 2-1-1),直线 MT 称为曲线在 M 点的**切线**.显然,切线的倾斜角 α 是割线的倾斜角 φ 的极限,切线的斜率 $\tan\alpha$ 是割线的斜率 $\tan\varphi=\dfrac{\Delta y}{\Delta x}$ 的极限,即

$$\tan\alpha=\lim_{\varphi\to\alpha}\tan\varphi=\lim_{\Delta x\to 0}\frac{\Delta y}{\Delta x}.$$

由此,函数 $y=f(x)$ 在点 x 处的导数 $f'(x)$ 的几何意义是曲线 $y=f(x)$ 在点 $M(x,y)$ 处的切线的斜率,即 $f'(x)=\tan\alpha$,其中 α 是切线的倾斜角.

于是,由直线的点斜式方程,曲线 $y=f(x)$ 在给定点 $M_0(x_0,y_0)$ 处的切线方程为

$$y-y_0=f'(x_0)(x-x_0).$$

*四、导数的物理意义

导数在物理学中有着广泛的应用,下面举几例来说明.

例 10 (变速直线运动的速度)设物体做变速直线运动,其运动方程为 $s=s(t)$,求其在 t_0 时刻的瞬时速度 $v(t_0)$.

解 在 t_0 处给 t 以增量 Δt,于是可求得物体在 Δt 这一段时间上的平均速度

$$\frac{\Delta s}{\Delta t}=\frac{s(t_0+\Delta t)-s(t_0)}{\Delta t}$$

当 $\Delta t \to 0$ 时,平均速度 $\frac{\Delta s}{\Delta t}$ 的极限就是物体在 t_0 时刻的瞬时速度 $v(t_0)$.再由导数定义知

$$v(t_0)=\lim_{\Delta t \to 0}\frac{\Delta s}{\Delta t}=s'(t_0).$$

注: 通常说的"导数的力学意义"即是指直线运动的瞬时速度.

【文化视角】

微积分的发展史(一)

——早期萌芽时期

微积分真正成为一门数学学科,是在 17 世纪,然而在此之前微积分已经一步一步地跟随人类历史的脚步缓慢发展着.着眼于微积分的整个发展历史,可将其分为四个时期:早期萌芽时期、建立成型时期、成熟完善时期、现代发展时期.

1. 古西方萌芽时期

公元前 7 世纪,泰勒斯对图形的面积、体积与的长度的研究就含有早期微积分的思想,尽管不是很明显.公元前 3 世纪,伟大的全能科学家阿基米德利用穷竭法推算出了抛物线弓形、螺线、圆的面积以及椭球体、抛物面体等各种复杂几何体的表面积和体积的公式,其穷竭法类似于现在微积分中的求极限.此外,他还计算出 Ⅱ 的近似值,阿基米德对于微积分的发展起到了一定的引导作用.

2. 古中国萌芽时期

三国后期的刘徽发明了著名的"割圆术",即把圆周用内接或外切正多边形穷竭的一种求圆周长及面积的方法."割之弥细,所失弥少,割之又割,以至于不可割,则与圆周合体而无所失矣."不断地增加正多边形的边数,进而使多边形更加接近圆的面积,在我国数学史上算是伟大创举.

另外,南朝时期杰出的祖氏父子更将圆周率计算到小数点后七位数,他们的精神值得我们学习.此外,祖暅之提出了祖暅原理:"幂势即同,则积不容异",即界于两个平行平面之间的两个几何体,被任一平行于这两个平面的平面所截,如果两个截面的面积相等,则这两个几何体的体积相等,比欧洲的卡瓦列利原理早 10 个世纪.祖暅之利用牟合方盖(牟合方盖与其内切球的体积比为 4:π)计算出了球的体积,纠正了刘徽的《九章算术注》中的错误的球体积公式.

习 题 2-1

1. 求函数 $f(x)=\begin{cases}\sin x & 当 x<0\\ x & 当 x\geq0\end{cases}$ 在 $x=0$ 处的导数.

2. 设 $f(x)$ 为偶函数,且 $f'(0)$ 存在,证明 $f'(0)=0$.

3. 设函数 $f(x)=\begin{cases}a & 当 x<0\\ x^2+1 & 当 0\leq x<1\end{cases}$,问 a 取何值时,$f(x)$ 在 $x=0$ 处可导.

4. 设 $\varphi(x)$ 在 $x=a$ 处连续,$f(x)=(x^2-a^2)\varphi(x)$,求 $f'(a)$.

5. 试按导数定义求下列各极限(假设各极限均存在):

(1) $\lim\limits_{x\to a}\dfrac{f(2x)-f(2a)}{x-a}$;   (2) $\lim\limits_{x\to 0}\dfrac{f(x)}{x}$,其中 $f(0)=0$.

6. 讨论 $f(x)=\begin{cases}x^2\sin\dfrac{1}{x} & 当 x\neq0\\ 0 & 当 x=0\end{cases}$ 在 $x=0$ 处的连续性与可导性.

7. 设函数 $f(x)=\begin{cases}2e^x+a & 当 x<0\\ x^2+bx+1 & 当 x\geq0\end{cases}$.

(1) 欲使 $f(x)$ 在 $x=0$ 处连续,a,b 为何值?

(2) 欲使 $f(x)$ 在 $x=0$ 处可导,a,b 为何值?

8. 求等边双曲线 $y=\dfrac{1}{x}$ 在点 $\left(\dfrac{1}{2},2\right)$ 处的切线的斜率,并写出在该点处的切线方程和法线方程.

9. 求曲线 $y=2x-x^2$ 上与 x 轴平行的切线方程.

*10. 有一根质量不均匀的直的细棒. 取棒的一端为坐标原点 O,P 为棒上任意一点,设 $OP=x$. 对于棒上任一段 OP 的长 x,都有质量 m 与它对应,所以质量 m 是长度 x 的函数:$m=m(x)$. 试确定细棒在点 x 处的线密度(对于质量均匀的细棒,单位长度细棒的质量称为该细棒的线密度).

§2.2　函数的求导法则

本节将要介绍求导数的基本法则以及前一节中尚未讨论过的几个基本初等函数的导数公式. 借助这些法则和基本初等函数的导数公式,就能比较方便地求出常见的初等函数的导数.

一、函数的和、差、积、商的求导法则

定理 1　若函数 $u(x),v(x)$ 在点 x 处均可导,则它们的和、差、积、商(分母不为零)在点 x 处也可导,且

(1) $[u(x)\pm v(x)]'=u'(x)\pm v'(x)$.

(2) $[u(x)v(x)]'=u'(x)v(x)+u(x)v'(x)$.

特别地,若 $v(x)=C$(常数),则有 $[Cu(x)]'=Cu'(x)$.

(3) $\left[\dfrac{u(x)}{v(x)}\right]'=\dfrac{u'(x)v(x)-u(x)v'(x)}{[v(x)]^2}$　$(v(x)\neq 0)$.

特别地,$\left[\dfrac{1}{v(x)}\right]'=-\dfrac{v'(x)}{v^2(x)}$.

证明　此处只证明(3),(1)、(2)请读者仿此自行证明.

设 $f(x)=\dfrac{u(x)}{v(x)}(v(x)\neq 0)$,则

$$
\begin{aligned}
f'(x) &= \lim_{\Delta x\to 0}\frac{f(x+\Delta x)-f(x)}{\Delta x}=\lim_{\Delta x\to 0}\frac{\dfrac{u(x+\Delta x)}{v(x+\Delta x)}-\dfrac{u(x)}{v(x)}}{\Delta x}\\
&= \lim_{\Delta x\to 0}\frac{u(x+\Delta x)v(x)-u(x)v(x+\Delta x)}{v(x+\Delta x)v(x)\Delta x}\\
&= \lim_{\Delta x\to 0}\frac{[u(x+\Delta x)-u(x)]v(x)-u(x)[v(x+\Delta x)-v(x)]}{v(x+\Delta x)v(x)\Delta x}\\
&= \lim_{\Delta x\to 0}\frac{\dfrac{u(x+\Delta x)-u(x)}{\Delta x}v(x)-u(x)\dfrac{v(x+\Delta x)-v(x)}{\Delta x}}{v(x+\Delta x)v(x)}\\
&= \frac{u'(x)v(x)-u(x)v'(x)}{[v(x)]^2}.
\end{aligned}
$$

法则(3)得证.

注:(1) 上述法则可分别简写为

$$(u\pm v)'=u'\pm v';\quad (uv)'=u'v+uv',\quad (Cu)'=Cu';\quad \left(\frac{u}{v}\right)'=\frac{u'v-uv'}{v^2},\quad \left(\frac{1}{v}\right)'=-\frac{v'}{v^2}.$$

(2) 法则(1)、(2)均可推广到有限个函数运算的情形.例如,设 $u=u(x),v=v(x),w=w(x)$ 均可导,则有

$$(u\pm v\pm w)'=u'\pm v'\pm w',$$
$$(uvw)'=u'vw+uv'w+uvw'.$$

例 1　设 $f(x)=x^3+4\cos x-\sin\dfrac{\pi}{12}$,求 $f'(x)$ 及 $f'\left(\dfrac{\pi}{2}\right)$.

解　$f'(x)=3x^2-4\sin x,f'\left(\dfrac{\pi}{2}\right)=3\times\left(\dfrac{\pi}{2}\right)^2-4\sin\dfrac{\pi}{2}=\dfrac{3}{4}\pi^2-4$.

例 2　设 $y=x\ln x$,求 y'.

解　$y'=x'\ln x+x(\ln x)'=\ln x+x\cdot\dfrac{1}{x}=\ln x+1$.

例 3 设 $f(x) = \tan x$,求 $f'(x)$.

解 $f'(x) = (\tan x)' = \left(\dfrac{\sin x}{\cos x}\right)' = \dfrac{\cos x(\sin x)' - (\cos x)'\sin x}{\cos^2 x}$

$$= \frac{\cos^2 x + \sin^2 x}{\cos^2 x} = \frac{1}{\cos^2 x} = \sec^2 x.$$

即 $(\tan x)' = \sec^2 x$,这就是正切函数的导数公式.

类似地,可求得余切函数的导数公式:$(\cot x)' = -\csc^2 x$.

例 4 设 $y = \sec x$,求 y'.

解 $y' = (\sec x)' = \left(\dfrac{1}{\cos x}\right)' = -\dfrac{(\cos x)'}{\cos^2 x} = \dfrac{\sin x}{\cos^2 x} = \sec x \tan x.$

即 $(\sec x)' = \sec x \tan x$,这就是正割函数的导数公式.

类似地,可求得余割函数的导数公式:$(\csc x)' = -\csc x \cot x$.

此外,此处先给出反三角函数的导数公式,以方便使用.

$$(\arcsin x)' = \frac{1}{\sqrt{1-x^2}}; \qquad\qquad (\arccos x)' = -\frac{1}{\sqrt{1-x^2}};$$

$$(\arctan x)' = \frac{1}{1+x^2}; \qquad\qquad (\operatorname{arccot} x)' = -\frac{1}{1+x^2}.$$

二、复合函数的求导法则

定理 2 若函数 $u = g(x)$ 在点 x 处可导,而 $y = f(u)$ 在点 $u = g(x)$ 可导,则复合函数 $y = f(g(x))$ 在点 x 可导,且其导数为

$$\frac{\mathrm{d}y}{\mathrm{d}x} = f'(u) \cdot g'(x) \quad \text{或} \quad \frac{\mathrm{d}y}{\mathrm{d}x} = \frac{\mathrm{d}y}{\mathrm{d}u} \cdot \frac{\mathrm{d}u}{\mathrm{d}x} \quad \text{或} \quad y'_x = y'_u \cdot u'_x.$$

证明略.

注:(1) 复合函数的求导法则可叙述为:复合函数的导数等于复合函数对中间变量的导数乘以中间变量对自变量的导数. 这一法则又称"链式法则".

(2) 复合函数的求导法则可以推广到多个中间变量的情形. 例如(以两个中间变量为例),设 $y = f(u)$,$u = \varphi(v)$,$v = \psi(x)$,则复合函数 $y = f(\varphi(\psi(x)))$ 的导数为

$$\frac{\mathrm{d}y}{\mathrm{d}x} = \frac{\mathrm{d}y}{\mathrm{d}u} \cdot \frac{\mathrm{d}u}{\mathrm{d}v} \cdot \frac{\mathrm{d}v}{\mathrm{d}x}.$$

(对于多重复合函数求导,读者在对函数求导之前要确定导数最终需要导在哪个变量上,只要仍旧导在中间变量上就需要用链式法则继续求导.)

例 5 设 $y = \ln\sin x$,求 y'.

解 $y = \ln\sin x$ 可以看作由 $y = \ln u$ 和 $u = \sin x$ 复合而成,因此

$$\frac{\mathrm{d}y}{\mathrm{d}x} = \frac{\mathrm{d}y}{\mathrm{d}u} \cdot \frac{\mathrm{d}u}{\mathrm{d}x} = \frac{1}{u} \cdot \cos x = \frac{\cos x}{\sin x} = \cot x.$$

例 6 设 $y = \sin^2 2x$,求 y'.

解 $y = \sin^2 2x$ 可以看作由 $y = u^2$,$u = \sin v$ 和 $v = 2x$ 复合而成,因此

$$\frac{\mathrm{d}y}{\mathrm{d}x}=\frac{\mathrm{d}y}{\mathrm{d}u}\cdot\frac{\mathrm{d}u}{\mathrm{d}v}\cdot\frac{\mathrm{d}v}{\mathrm{d}x}=2u\cdot\cos v\cdot 2=4\sin 2x\cos 2x=2\sin 4x.$$

从以上两例可以看出,应用复合函数的求导法则时,重要的是要分清复合函数的复合层次,在求导过程中始终要明确所求的导数是哪一个变量对哪一个变量(不管是中间变量还是自变量)的导数. 在开始时可以先设中间变量,一步一步去做,熟练之后,中间变量可略去不写,只需按复合函数的复合层次,从外向内,逐层求导,不遗漏也不重复即可.

例7　设 $y=\arctan\sqrt{x^2-1}$,求 y'.

解　$y'=(\arctan\sqrt{x^2-1})'=\dfrac{1}{1+(\sqrt{x^2-1})^2}\cdot(\sqrt{x^2-1})'$

$$=\frac{1}{x^2}\cdot\frac{1}{2\sqrt{x^2-1}}\cdot(x^2-1)'=\frac{1}{x^2}\cdot\frac{1}{2\sqrt{x^2-1}}\cdot 2x=\frac{1}{x\sqrt{x^2-1}}.$$

例8　设 $y=\ln|x|$,求 y'.

解　当 $x>0$ 时,$y=\ln x$,$y'=\dfrac{1}{x}$;

当 $x<0$ 时,$y=\ln(-x)$,$y'=\dfrac{1}{-x}\cdot(-x)'=\dfrac{1}{x}$.

综上,有 $$(\ln|x|)'=\frac{1}{x}.$$

注:与例8类似,也应有 $(\log_a|x|)'=\dfrac{1}{x\ln a}$.

例9　设 $y=f(\ln x)$,其中 f 可导,求 $\dfrac{\mathrm{d}y}{\mathrm{d}x}$.

解　函数 $y=f(\ln x)$ 是由 $y=f(u)$ 和 $u=\ln x$ 复合而成,故

$$\frac{\mathrm{d}y}{\mathrm{d}x}=\frac{\mathrm{d}y}{\mathrm{d}u}\cdot\frac{\mathrm{d}u}{\mathrm{d}x}=f'(u)\cdot\frac{1}{x}=\frac{1}{x}f'(\ln x).$$

若不写出中间变量,该题的解题过程如下:

$$y'=[f(\ln x)]'=f'(\ln x)\cdot(\ln x)'=\frac{1}{x}f'(\ln x).$$

注:请读者注意,$[f(\ln x)]'$ 与 $f'(\ln x)$ 是不同的.

三、导数基本公式和基本求导法则

本节和上一节我们推导了基本初等函数的求导公式,讨论了基本求导法则,这些公式和法则在初等函数的求导运算中起着重要作用,必须熟练地掌握它们. 为了便于查阅,下面把这些基本求导公式和法则归纳如下:

1. 导数基本公式

(1) $(C)'=0$ （C 为常数）;

(2) $(x^a)'=ax^{a-1}$;

(3) $(a^x)'=a^x\cdot\ln a$;

(4) $(\mathrm{e}^x)'=\mathrm{e}^x$;

(5) $(\log_a|x|)'=\dfrac{1}{x\ln a}$;

(6) $(\ln|x|)'=\dfrac{1}{x}$;

(7) $(\sin x)'=\cos x$;

(8) $(\cos x)'=-\sin x$;

(9) $(\tan x)' = \sec^2 x$;

(10) $(\cot x)' = -\csc^2 x$;

(11) $(\sec x)' = \sec x \tan x$;

(12) $(\csc x)' = -\csc x \cot x$;

(13) $(\arcsin x)' = \dfrac{1}{\sqrt{1-x^2}}$;

(14) $(\arccos x)' = -\dfrac{1}{\sqrt{1-x^2}}$;

(15) $(\arctan x)' = \dfrac{1}{1+x^2}$;

(16) $(\text{arccot } x)' = -\dfrac{1}{1+x^2}$.

2. 函数的四则运算的求导法则

设 $u=u(x)$、$v=v(x)$ 均可导,则:

(1) $(u \pm v)' = u' \pm v'$;

(2) $(uv)' = u'v + uv'$,$(Cu)' = Cu'$;

(3) $\left(\dfrac{u}{v}\right)' = \dfrac{u'v - uv'}{v^2}$,$\left(\dfrac{1}{v}\right)' = -\dfrac{v'}{v^2}$ ($v \neq 0$).

3. 复合函数的求导法则

设 $y=f(u)$,而 $u=g(x)$,且 $f(u)$ 及 $g(x)$ 均可导,则复合函数 $y=f(g(x))$ 的导数为

$$\frac{\mathrm{d}y}{\mathrm{d}x} = f'(u) \cdot g'(x) \quad \text{或} \quad \frac{\mathrm{d}y}{\mathrm{d}x} = \frac{\mathrm{d}y}{\mathrm{d}u} \cdot \frac{\mathrm{d}u}{\mathrm{d}x}.$$

初等函数的求导只是对以上公式和法则的综合利用,并没有什么新方法.

例 10 求下列函数的导数:

(1) $y = \dfrac{x}{\sqrt{1+x^2}}$;

(2) $y = \ln(x + \sqrt{1+x^2})$;

(3) $y = \sin(x \ln x)$.

解 (1) $y' = \dfrac{x' \cdot \sqrt{1+x^2} - x \cdot (\sqrt{1+x^2})'}{(\sqrt{1+x^2})^2} = \dfrac{\sqrt{1+x^2} - \dfrac{2x}{2\sqrt{1+x^2}}x}{1+x^2}$

$\qquad = \dfrac{(1+x^2) - x^2}{\sqrt{1+x^2}(1+x^2)} = \dfrac{1}{(1+x^2)^{\frac{3}{2}}}$.

(2) $y' = \dfrac{1}{x + \sqrt{1+x^2}} \cdot (x + \sqrt{1+x^2})'$

$\qquad = \dfrac{1}{x + \sqrt{1+x^2}} \cdot [1 + (\sqrt{1+x^2})']$

$\qquad = \dfrac{1}{x + \sqrt{1+x^2}} \cdot \left(1 + \dfrac{x}{\sqrt{1+x^2}}\right) = \dfrac{1}{\sqrt{1+x^2}}$.

(3) $y' = \cos(x \ln x) \cdot (x \ln x)' = \cos(x \ln x)[x' \ln x + x(\ln x)']$

$\qquad = \cos(x \ln x)(\ln x + 1)$.

例 11 钢梁长度变化率.

设某钢梁长度 L(单位:cm)取决于气温 H(单位:℃),而气温 H 取决于时间 t(单位:h). 已知气温每升高 1 ℃,钢梁的长度增加 0.02 cm,而每隔 1 h,气温上升 0.3 ℃,试计算钢梁长

度关于时间的增加速率.

解 已知长度对温度的变化率为 $\dfrac{\mathrm{d}L}{\mathrm{d}H}=0.02$ cm/℃.

气温对时间的变化率为 $\dfrac{\mathrm{d}H}{\mathrm{d}t}=0.3$ ℃/h.

长度对时间的变化率 $\dfrac{\mathrm{d}L}{\mathrm{d}t}=\dfrac{\mathrm{d}L}{\mathrm{d}H}\times\dfrac{\mathrm{d}H}{\mathrm{d}t}=0.02\times0.3=0.006$ cm/h.

所以钢梁长度关于时间的增长率为 0.006 cm/h.

四、高阶导数的求导法则

定义 由导数的定义,如果函数 $f(x)$ 的导数 $f'(x)$ 在点 x 处可导,即

$$(f'(x))'=\lim_{\Delta x\to 0}\frac{f'(x+\Delta x)-f'(x)}{\Delta x}$$

存在,则称 $(f'(x))'$ 为函数 $f(x)$ 在点 x 处的**二阶导数**,记为

$$f''(x),\quad y'',\quad \frac{\mathrm{d}^2 y}{\mathrm{d}x^2}\quad \text{或}\quad \frac{\mathrm{d}^2 f(x)}{\mathrm{d}x^2}.$$

类似地,二阶导数的导数称为 $f(x)$ 的**三阶导数**,三阶导数的导数称为 $f(x)$ 的**四阶导数**, $\cdots$,一般地, $f(x)$ 的 $(n-1)$ 阶导数的导数称为 $f(x)$ 的 n **阶导数**,分别记为

$$f'''(x),\quad f^{(4)}(x),\quad \cdots,\quad f^{(n)}(x);$$

或

$$y''',y^{(4)},\cdots,y^{(n)};\quad \frac{\mathrm{d}^3 y}{\mathrm{d}x^3},\frac{\mathrm{d}^4 y}{\mathrm{d}x^4},\cdots,\frac{\mathrm{d}^n y}{\mathrm{d}x^n};\quad \frac{\mathrm{d}^3 f(x)}{\mathrm{d}x^3},\frac{\mathrm{d}^4 f(x)}{\mathrm{d}x^4},\cdots,\frac{\mathrm{d}^n f(x)}{\mathrm{d}x^n}.$$

注:函数 $f(x)$ 具有 n 阶导数,也常说成函数 $f(x)$ n 阶可导.若函数 $f(x)$ 在点 x 处具有 n 阶导数,那么函数 $f(x)$ 在点 x 的某一邻域内必定具有一切低于 n 阶的导数.二阶和二阶以上的导数统称**高阶导数**,相应地, $f(x)$ 称为**零阶导数**, $f'(x)$ 称为 $f(x)$ 的**一阶导数**.

例 12 求下列函数的 n 阶导数:

(1) $y=x^n$ (n 为正整数);　　　　　(2) $y=\dfrac{1}{x}$;

(3) $y=a^x$ ($a>0$ 且 $a\neq1$);　　　　(4) $y=\sin x$.

解 (1) $y'=nx^{n-1},y''=n(n-1)x^{n-2},y'''=n(n-1)(n-2)x^{n-3},\cdots$.

一般地,可得

$$y^{(k)}=n(n-1)(n-2)\cdots(n-k+1)x^{n-k}\quad (0<k<n),$$

即

$$(x^n)^{(k)}=\begin{cases}n(n-1)(n-2)\cdots(n-k+1)x^{n-k} & \text{当 } 0<k<n\\ n! & \text{当 } k=n\\ 0 & \text{当 } k>n\end{cases}\quad (0<k<n).$$

(2) $y'=(x^{-1})'=(-1)x^{-2}$,　$y''=(-1)(-2)x^{-3}=(-1)^2 2!\ x^{-3}$,

$y'''=(-1)(-2)(-3)x^{-4}=(-1)^3 3!\ x^{-4}$,

$y^{(4)}=(-1)(-2)(-3)(-4)x^{-5}=(-1)^4 4!\ x^{-5},\cdots$.

一般地,可得

$$y^{(n)} = (-1)(-2)(-3)\cdots[-(n-1)](-n)x^{-(n+1)} = (-1)^n n!\ x^{-(n+1)} = (-1)^n \frac{n!}{x^{n+1}},$$

即

$$\left(\frac{1}{x}\right)^{(n)} = (-1)^n \frac{n!}{x^{n+1}}.$$

(3) $y' = a^x \ln a, y'' = a^x \ln^2 a, y''' = a^x \ln^3 a, y^{(4)} = a^x \ln^4 a \cdots.$

一般地,可得 $y^{(n)} = a^x \ln^n a$,即

$$(a^x)^{(n)} = a^x \ln^n a.$$

当 $a = e$ 时,有

$$(e^x)^{(n)} = e^x.$$

(4) $\dfrac{dy}{dx} = \cos x = \sin\left(x + \dfrac{\pi}{2}\right),\quad \dfrac{d^2 y}{dx^2} = \cos\left(x + \dfrac{\pi}{2}\right) = \sin\left(x + 2 \cdot \dfrac{\pi}{2}\right),$

$\dfrac{d^3 y}{dx^3} = \cos\left(x + 2 \cdot \dfrac{\pi}{2}\right) = \sin\left(x + 3 \cdot \dfrac{\pi}{2}\right),$

$\dfrac{d^4 y}{dx^4} = \cos\left(x + 3 \cdot \dfrac{\pi}{2}\right) = \sin\left(x + 4 \cdot \dfrac{\pi}{2}\right),\cdots.$

一般地,可得

$$\frac{d^n y}{dx^n} = \sin\left(x + \frac{n\pi}{2}\right),$$

即

$$(\sin x)^{(n)} = \sin\left(x + \frac{n\pi}{2}\right).$$

类似地,可得

$$(\cos x)^{(n)} = \cos\left(x + \frac{n\pi}{2}\right).$$

上例各题得到了几个常见函数的高阶导数公式. 此外,高阶导数也有运算法则,这里介绍几个常用的法则.

若函数 $u(x)$ 和 $v(x)$ 都在点 x 处具有 n 阶导数,则根据一阶导数的运算法则,显然有

$$[u(x) \pm v(x)]^{(n)} = u^{(n)}(x) \pm v^{(n)}(x),$$

$$[Cu(x)]^{(n)} = Cu^{(n)}(x).$$

再根据复合函数的求导法则,有

$$[u(ax+b)]^{(n)} = a^n u^{(n)}(ax+b) \quad (a \neq 0).$$

根据 §2.1 节的例 10 知道,物体做变速直线运动,其瞬时速度 $v(t)$ 就是路程函数 $s = s(t)$ 对时间 t 的导数,即

$$v(t) = s'(t).$$

根据物理学知识,速度函数 $v(t)$ 对于时间 t 的变化率就是加速度 $a(t)$,即 $a(t)$ 是 $v(t)$ 对于时间 t 的导数 $a(t) = v'(t) = [s'(t)]'$. 于是,变速直线运动的**加速度**就是路程函数 $s(t)$ 对 t 的二阶导数,即

$$a(t) = s''(t).$$

五、隐函数的求导法

本节前面所讨论的求导方法适用于因变量 y 与自变量 x 之间的函数关系是显函数 $y =$

$y(x)$ 的形式,但有时因变量 y 与自变量 x 之间的函数关系是以隐函数 $F(x,y)=0$ 的形式出现的,并且在此类情况下,往往从方程 $F(x,y)=0$ 中是不易或无法解出 y 的,即隐函数不易或无法显化,例如,$\mathrm{e}^{xy}=x+y$. 因此,我们希望有一种方法,不管隐函数能否显化,都能直接由方程算出它所确定的隐函数的导数. 下面通过具体例子来说明这种方法.

例 13 求由方程 $\mathrm{e}^{xy}=x+y$ 确定的隐函数 y 的导数 $\dfrac{\mathrm{d}y}{\mathrm{d}x}$.

解 假设由方程 $F(x,y)=0$ 所确定的函数为 $y=y(x)$,则把它代回方程 $F(x,y)=0$ 中,得到恒等式

$$F(x,y(x))\equiv 0.$$

然后利用复合函数求导法则,在上式两边同时对自变量 x 求导,再解出所求导数 $\dfrac{\mathrm{d}y}{\mathrm{d}x}$ 即可.

方程两边同时对自变量 x 求导,得

$$\mathrm{e}^{xy}(xy)'=1+y',$$

即

$$\mathrm{e}^{xy}(y+xy')=1+y',$$

从中解出 y',得

$$y'=\frac{\mathrm{d}y}{\mathrm{d}x}=\frac{1-y\mathrm{e}^{xy}}{x\mathrm{e}^{xy}-1}.$$

注:(1) 方程两边同时对自变量求导时,因变量的函数是自变量的复合函数,应按复合函数求导法则求导.

(2) 在该例的结果中,分式中的 y 仍是由原方程 $\mathrm{e}^{xy}=x+y$ 确定的隐函数,因此若对其求二阶导数,应对其一阶导数按隐函数求导法再求导.

例 14 求由方程 $xy+\ln y=1$ 所确定的函数 $y=f(x)$ 在点 $(1,1)$ 处的切线方程.

解 方程两边同时求导,得

$$y+xy'+\frac{1}{y}y'=0,$$

即

$$\left(x+\frac{1}{y}\right)y'=-y.$$

当 $x+\dfrac{1}{y}\neq 0$ 时,解得

$$y'=-\frac{y}{x+\dfrac{1}{y}}=-\frac{y^2}{xy+1}.$$

再由导数的几何意义,知在点 $(1,1)$ 处的切线斜率为

$$\frac{\mathrm{d}y}{\mathrm{d}x}\bigg|_{\substack{x=1\\y=1}}=-\frac{y^2}{xy+1}\bigg|_{\substack{x=1\\y=1}}=-\frac{1}{2},$$

故所求的切线方程为

$$y-1=-\frac{1}{2}(x-1),$$

即

$$x+2y-3=0.$$

例 15 利用隐函数的求导推导反三角函数的求导公式: $(\arcsin x)' = \dfrac{1}{\sqrt{1-x^2}}$.

解 设 $y = \arcsin x$,其中 $x \in [-1, 1]$,$y \in \left[-\dfrac{\pi}{2}, \dfrac{\pi}{2}\right]$,则

$$x = \sin y,$$

上式两边同时对 x 求导,得

$$1 = \cos y \cdot \frac{\mathrm{d}y}{\mathrm{d}x},$$

即

$$\frac{\mathrm{d}y}{\mathrm{d}x} = \frac{1}{\cos y} = \frac{1}{\sqrt{1-\sin^2 y}} = \frac{1}{\sqrt{1-x^2}}.$$

对于反三角函数的其他求导公式,请读者仿此自行推导.

也可以利用隐函数求导的方法对幂指函数求导.

形如 $y = u(x)^{v(x)}$ 的函数称为**幂指函数**. 直接使用前面介绍的求导法则不能求出幂指函数的导数,对于这类函数,可以先在函数两边取对数,然后在等式两边同时对自变量 x 求导,最后解出所求导数. 我们把这种方法称为**对数微分法**.

一般地,设 $y = u(x)^{v(x)} (u(x) > 0)$,在函数两边取自然对数,得

$$\ln y = v(x) \ln u(x),$$

上式两边同时对自变量 x 求导,得

$$\frac{1}{y} y' = v'(x) \ln u(x) + \frac{v(x) u'(x)}{u(x)},$$

从而

$$y' = u(x)^{v(x)} \left[v'(x) \ln u(x) + \frac{v(x) u'(x)}{u(x)} \right].$$

例 16 设 $y = (\tan x)^x$,求 y'.

解 两边取自然对数,得

$$\ln y = x \ln \tan x = x(\ln \sin x - \ln \cos x),$$

上式两边同时微分,得

$$\frac{1}{y} \mathrm{d}y = x \mathrm{d}(\ln \sin x - \ln \cos x) + (\ln \sin x - \ln \cos x) \mathrm{d}x$$

$$= x \frac{\cos x}{\sin x} \mathrm{d}x + x \frac{\sin x}{\cos x} \mathrm{d}x + (\ln \sin x - \ln \cos x) \mathrm{d}x,$$

所以

$$y' = \frac{\mathrm{d}y}{\mathrm{d}x} = y \left(x \cot x + x \tan x + \ln \frac{\sin x}{\cos x} \right) = (\tan x)^x (x \cot x + x \tan x + \ln \tan x).$$

注:求幂指函数 $y = u(x)^{v(x)} (u(x) > 0)$ 的导数,除用对数微分法外,还可通过把其恒等变形为

$$y = u(x)^{v(x)} = \mathrm{e}^{v(x) \ln u(x)},$$

然后按复合函数的求导法则求导.

此外,对数微分法还常用来求由乘、除、乘方、开方运算所得的函数的导数.

例 17　设 $y=\sqrt[3]{\dfrac{(x+1)^2}{(x-1)(x+2)}}$,求 y'.

解　两边取自然对数,得

$$\ln y=\frac{1}{3}\big[2\ln(x+1)-\ln(x-1)-\ln(x+2)\big],$$

上式两边同时对 x 求导,得

$$\frac{y'}{y}=\frac{1}{3}\left(\frac{2}{x+1}-\frac{1}{x-1}-\frac{1}{x+2}\right),$$

所以

$$y'=\frac{1}{3}y\left(\frac{2}{x+1}-\frac{1}{x-1}-\frac{1}{x+2}\right)$$

$$=\frac{1}{3}\sqrt[3]{\frac{(x+1)^2}{(x-1)(x-2)}}\left(\frac{2}{x+1}-\frac{1}{x-1}-\frac{1}{x+2}\right).$$

【文化视角】

微积分的发展史(二)
——建立成型时期

1. 17 世纪上半叶

这一时期,几乎所有的科学大师都致力于解决速率、极值、切线、面积问题,特别是描述运动与变化的无限小算法,并且在相当短的时间内取得了极大发展.

天文学家开普勒发现行星运动三大定律,并利用无穷小求和的思想,求得曲边形的面积及旋转体的体积.意大利数学家卡瓦列利与同时期发现卡瓦列利原理(祖暅原理),利用不可分量方法幂函数定积分公式.此外,卡瓦列利还证明了吉尔丁定理(一个平面图形绕某一轴旋转所得立体图形体积等于该平面图形的重心所形成的圆的周长与平面图形面积的乘积),对于微积分雏形的形成影响深远.

此外解析几何创始人——法国数学家笛卡儿的代数方法对于微积分的发展起了极大的推动作用.法国大数学家费马在求曲线的切线及函数的极值方面贡献巨大.其中就有关于数学分

析的费马定理:设函数 $f(x)$ 是在某一区间 X 内定义的,并且在这区间的内点 c 取最大(最小)值.若在这一点处存在着有限导数 $f'(c)$,则必须有 $f'(c)=0$.

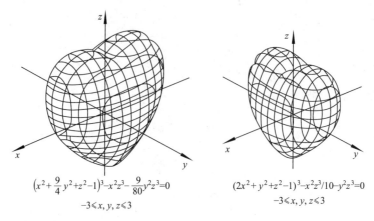

$(x^2+\dfrac{9}{4}y^2+z^2-1)^3-x^2z^3-\dfrac{9}{80}y^2z^3=0$

$-3\leqslant x,y,z\leqslant 3$

$(2x^2+y^2+z^2-1)^3-x^2z^3/10-y^2z^3=0$

$-3\leqslant x,y,z\leqslant 3$

2. 17 世纪下半叶

英国科学家牛顿开始关于微积分的研究,他受了沃利斯的《无穷算术》的启发,第一次把代数学扩展到分析学.1665 年牛顿发明正流数术(微分),次年又发明反流数术.之后将流数术总结一起,并写出了《流数简述》,这标志着微积分的诞生.接着,牛顿研究变量流动生成法,认为变量是由点、线或面的连续运动产生的,因此,他把变量叫作流量,把变量的变化率叫作流数.在牛顿创立微积分后期,否定了以前自己认为的变量是无穷小元素的静止集合,不再强调数学量是由不可分割的最小单元构成,而认为它是由几何元素经过连续运动生成的,不再认为流数是两个实无限小量的比,而是初生量的最初比或消失量的最后比,这就从原先的实无限小量观点进到量的无限分割过程,即潜无限观点.

同一时期,德国数学家莱布尼茨也独立创立了微积分学.他于 1684 年发表第一篇微分论文,定义了微分概念,采用了微分符号 dx,dy.1686 年他又发表了积分论文,讨论了微分与积分,使用了积分符号 $\int$,符号的发明使得微积分的表达更加简便.此外,他还发现了求高级导数的莱布尼茨公式,以及牛顿-莱布尼茨公式,将微分与积分运算联系在一起,他在微积分方面的贡献与牛顿旗鼓相当.

习 题 2-2

1. 求下列函数的导数:

(1) $y=-2x^2\sqrt{x}+3\sqrt[3]{x^2}-\dfrac{1}{x}$;

(2) $y=e^x(\sin x+\cos x)$;

(3) $y=(1-x^2)\tan x\cdot\ln x$;

(4) $y=\dfrac{e^x}{x^2}+\ln 3$.

2. 求下列函数的导数：

(1) $y = \arctan(e^x)$；

(2) $y = \sqrt{a^2 - x^2}$ （a 为常数）；

(3) $y = \left(\arcsin \dfrac{x}{2}\right)^2$；

(4) $y = \ln\ln\ln x$.

3. 求下列函数的导数：

(1) $y = e^{-\frac{x}{2}} \cos 3x$；

(2) $y = \sin nx \cdot \sin^n x$ （n 为常数）；

(3) $y = x\arcsin \dfrac{x}{2} + \sqrt{4 - x^2}$；

(4) $y = \arccos \sqrt{\dfrac{1-x}{1+x}}$.

4. 求下列函数的二阶导数：

(1) $y = 2x^2 + \ln x$；

(2) $y = \tan x$；

(3) $y = e^{-x} \cos 2x$；

(4) $y = \ln(x - \sqrt{x^2 - 1})$.

5. 求由下列方程所确定的隐函数 y 的导数：

(1) $y^2 - 2xy + 9 = 0$；

(2) $xy = e^{x+y}$；

(3) $y = 1 - xe^y$；

(4) $y\sin x - \cos(x - y) = 0$.

6. 用对数微分法求下列函数的导数：

(1) $y = x^{\sin x}$ （$x > 0$）；

(2) $y = \left(\dfrac{x}{1+x}\right)^x$；

(3) $y = \dfrac{(x+1)\sqrt[3]{x-1}}{(x+4)^2 e^x}$；

(4) $y = \dfrac{\sqrt{x+2}(3-x)^4}{(x+1)^5}$.

7. 计算下列函数在指定点处的导数：

(1) $y = \dfrac{3}{5-x} + \dfrac{x^2}{5}$，求 $y'\big|_{x=0}$；

(2) $y = x(x-1)(x-2)(x-3)(x-4)$，求 $y'\big|_{x=0}$.

8. 试求曲线 $y = e^{-x}\sqrt[3]{x+1}$ 在点 $(0,1)$ 处的切线方程和法线方程.

9. 已知 $\left[f(x^2)\right]' = \dfrac{1}{x}$，求 $f'(1)$.

10. 设 $g'(x)$ 连续，且 $f(x) = (x-a)^2 g(x)$，求 $f''(a)$.

11. 求由方程 $xy - e^x + e^y = 0$ 所确定的隐函数 y 的导数 $\dfrac{dy}{dx}$，并求 $\dfrac{dy}{dx}\bigg|_{x=0}$.

*§2.3 偏 导 数

在数学中，一个多变量的函数的偏导数，就是它关于其中一个变量的导数而保持其他变量恒定. 偏导数在向量分析和微分几何中是很常用的.

一、偏导数的定义及其计算法

对于二元函数 $z = f(x, y)$，如果只有自变量 x 变化，而自变量 y 固定，这时它就是 x 的一元函数，这函数对 x 的导数就称为二元函数 $z = f(x, y)$ 对于 x 的**偏导数**.

定义 设函数 $z = f(x, y)$ 在点 (x_0, y_0) 的某一邻域内有定义，当 y 固定在 y_0 而 x 在 x_0 处有增量 Δx 时，相应地函数有增量

$$\Delta_x z = f(x_0 + \Delta x, y_0) - f(x_0, y_0).$$

如果极限

$$\lim_{\Delta x \to 0} \frac{\Delta_x z}{\Delta x} = \lim_{\Delta x \to 0} \frac{f(x_0 + \Delta x, y_0) - f(x_0, y_0)}{\Delta x}$$

存在,则称此极限为函数 $z = f(x, y)$ 在点 (x_0, y_0) 处对 x 的**偏导数**,记作

$$\frac{\partial z}{\partial x}\Big|_{\substack{x=x_0 \\ y=y_0}}, \quad \frac{\partial f}{\partial x}\Big|_{\substack{x=x_0 \\ y=y_0}}, \quad z_x\big|_{\substack{x=x_0 \\ y=y_0}}, \quad \text{或} \quad f_x(x_0, y_0).$$

例如

$$f_x(x_0, y_0) = \lim_{\Delta x \to 0} \frac{f(x_0 + \Delta x, y_0) - f(x_0, y_0)}{\Delta x}.$$

类似地,函数 $z = f(x, y)$ 在点 (x_0, y_0) 处对 y 的偏导数定义为

$$\lim_{\Delta y \to 0} \frac{\Delta_y z}{\Delta y} = \lim_{\Delta y \to 0} \frac{f(x_0, y_0 + \Delta y) - f(x_0, y_0)}{\Delta y},$$

记作

$$\frac{\partial z}{\partial y}\Big|_{\substack{x=x_0 \\ y=y_0}}, \quad \frac{\partial f}{\partial y}\Big|_{\substack{x=x_0 \\ y=y_0}}, \quad z_y\big|_{\substack{x=x_0 \\ y=y_0}}, \quad \text{或} \quad f_y(x_0, y_0).$$

偏导函数:如果函数 $z = f(x, y)$ 在区域 D 内每一点 (x, y) 处对 x 的偏导数都存在,那么这个偏导数也是 x, y 的函数,称其为函数 $z = f(x, y)$ 对自变量 x 的**偏导函数**,记作

$$\frac{\partial z}{\partial x}, \quad \frac{\partial f}{\partial x}, \quad z_x, \quad \text{或} \quad f_x(x, y).$$

偏导函数的定义式: $$f_x(x, y) = \lim_{\Delta x \to 0} \frac{f(x + \Delta x, y) - f(x, y)}{\Delta x}.$$

类似地,可定义函数 $z = f(x, y)$ 对 y 的偏导函数,记作

$$\frac{\partial z}{\partial y}, \quad \frac{\partial f}{\partial y}, \quad z_y, \quad \text{或} \quad f_y(x, y).$$

偏导函数的定义式: $$f_y(x, y) = \lim_{\Delta y \to 0} \frac{f(x, y + \Delta y) - f(x, y)}{\Delta y}.$$

求 $\frac{\partial f}{\partial x}$ 时,只要把 y 暂时看作常量而对 x 求导数;求 $\frac{\partial f}{\partial y}$ 时,只要把 x 暂时看作常量而对 y 求导数.

注:(1) 求某点处偏导数的时候也可以这样表示

$$f_x(x_0, y_0) = f_x(x, y)\big|_{\substack{x=x_0 \\ y=y_0}}, \qquad f_y(x_0, y_0) = f_y(x, y)\big|_{\substack{x=x_0 \\ y=y_0}}.$$

$$f_x(x_0, y_0) = \left[\frac{d}{dx}f(x, y_0)\right]\Big|_{x=x_0}, \quad f_y(x_0, y_0) = \left[\frac{d}{dy}f(x_0, y)\right]\Big|_{y=y_0}.$$

(2) 偏导数的概念还可推广到二元以上的函数. 例如,三元函数 $u = f(x, y, z)$ 在点 (x, y, z) 处对 x 的偏导数定义为

$$f_x(x, y, z) = \lim_{\Delta x \to 0} \frac{f(x + \Delta x, y, z) - f(x, y, z)}{\Delta x},$$

其中,(x, y, z) 是函数 $u = f(x, y, z)$ 的定义域的内点. 它们的求法也仍旧是一元函数的微分法问题.

例 1 求 $z = x^2 + 3xy + y^2$ 在点 $(1,2)$ 处的偏导数.

解 $\dfrac{\partial z}{\partial x} = 2x + 3y, \quad \dfrac{\partial z}{\partial y} = 3x + 2y.$

$$\left.\frac{\partial z}{\partial x}\right|_{\substack{x=1\\y=2}} = 2 \cdot 1 + 3 \cdot 2 = 8, \quad \left.\frac{\partial z}{\partial y}\right|_{\substack{x=1\\y=2}} = 3 \cdot 1 + 2 \cdot 2 = 7.$$

例 2 求 $z = x^2 \sin 2y$ 的偏导数.

解 $\dfrac{\partial z}{\partial x} = 2x \sin 2y, \quad \dfrac{\partial z}{\partial y} = 2x^2 \cos 2y.$

例 3 设 $z = x^y (x > 0, x \neq 1)$, 求证: $\dfrac{x}{y} \dfrac{\partial z}{\partial x} + \dfrac{1}{\ln x} \dfrac{\partial z}{\partial y} = 2z.$

证明 $\dfrac{\partial z}{\partial x} = y x^{y-1}, \quad \dfrac{\partial z}{\partial y} = x^y \ln x.$

$$\frac{x}{y} \frac{\partial z}{\partial x} + \frac{1}{\ln x} \frac{\partial z}{\partial y} = \frac{x}{y} y x^{y-1} + \frac{1}{\ln x} x^y \ln x = x^y + x^y = 2z.$$

例 4 求 $r = \sqrt{x^2 + y^2 + z^2}$ 的偏导数.

解 $\dfrac{\partial r}{\partial x} = \dfrac{x}{\sqrt{x^2 + y^2 + z^2}} = \dfrac{x}{r}; \quad \dfrac{\partial r}{\partial y} = \dfrac{y}{\sqrt{x^2 + y^2 + z^2}} = \dfrac{y}{r}; \quad \dfrac{\partial r}{\partial z} = \dfrac{z}{\sqrt{x^2 + y^2 + z^2}}.$

例 5 已知理想气体的状态方程为 $pV = RT$(R 为常数), 求证: $\dfrac{\partial p}{\partial V} \cdot \dfrac{\partial V}{\partial T} \cdot \dfrac{\partial T}{\partial p} = -1.$

证明 因为

$$p = \frac{RT}{V}, \quad \frac{\partial p}{\partial V} = -\frac{RT}{V^2};$$

$$V = \frac{RT}{p}, \quad \frac{\partial V}{\partial T} = \frac{R}{p};$$

$$T = \frac{pV}{R}, \quad \frac{\partial T}{\partial p} = \frac{V}{R};$$

所以

$$\frac{\partial p}{\partial V} \cdot \frac{\partial V}{\partial T} \cdot \frac{\partial T}{\partial p} = -\frac{RT}{V^2} \cdot \frac{R}{p} \cdot \frac{V}{R} = -\frac{RT}{pV} = -1.$$

注: 从例 5 可以看出, 偏导数的记号是一个整体记号, 不能看作分子分母之商.

二、二元函数偏导数的几何意义

设 $M_0(x_0, y_0, f(x_0, y_0))$ 为曲面 $z = f(x, y)$ 上的一点, 过 M_0 点作平面 $y = y_0$, 截此曲面得一曲线, 此曲线在平面 $y = y_0$ 上的方程为 $z = f(x, y_0)$, 则导数 $\left.\dfrac{\mathrm{d}}{\mathrm{d}x} f(x, y_0)\right|_{x=x_0}$ 即为偏导数 $f_x(x_0, y_0)$. 由一元函数导数的几何意义可知, 偏导数 $f_x(x_0, y_0)$ 的几何意义就是这曲线在 M_0 点处的切线 $M_0 T_x$ 对 x 轴的斜率. 同理, 偏导数 $f_y(x_0, y_0)$ 的几何意义是曲面被平面 $x = x_0$ 所截得的曲线在 M_0 点处的切线 $M_0 T_y$ 对 y 的斜率(见图 2-3-1).

偏导数与连续性: 对于多元函数来说, 即使各偏导数在某点都存在, 也不能保证函数在该点连续. 例如

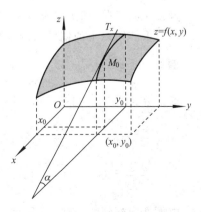

图 2-3-1

$$f(x,y)=\begin{cases}\dfrac{xy}{x^2+y^2} & \text{当 } x^2+y^2\neq0 \\ 0 & \text{当 } x^2+y^2=0\end{cases},$$

在点 $(0,0)$ 有 $f_x(0,0)=0$，$f_y(0,0)=0$，但函数在点 $(0,0)$ 并不连续.

分析：

$f(x,0)=0$，$f(0,y)=0$；

$$f_x(0,0)=\frac{\mathrm{d}}{\mathrm{d}x}[f(x,0)]_{x=0}=0,\quad f_y(0,0)=\frac{\mathrm{d}}{\mathrm{d}y}[f(0,y)]_{y=0}=0.$$

当点 $P(x,y)$ 沿 x 轴趋于点 $(0,0)$ 时，有

$$\lim_{(x,y)\to(0,0)}f(x,y)=\lim_{x\to0}f(x,0)=\lim_{x\to0}0=0;$$

当点 $P(x,y)$ 沿直线 $y=kx$ 趋于点 $(0,0)$ 时，有

$$\lim_{\substack{(x,y)\to(0,0)\\y=kx}}\frac{xy}{x^2+y^2}=\lim_{x\to0}\frac{kx^2}{x^2+k^2x^2}=\frac{k}{1+k^2}.$$

由于点 $P(x,y)$ 沿不同路径趋于 $(0,0)$ 时的极限值不同. 因此，$\lim\limits_{(x,y)\to(0,0)}f(x,y)$ 不存在，故函数 $f(x,y)$ 在 $(0,0)$ 处不连续.

三、高阶偏导数

设函数 $z=f(x,y)$ 在区域 D 内具有偏导数

$$\frac{\partial z}{\partial x}=f_x(x,y),\quad \frac{\partial z}{\partial y}=f_y(x,y),$$

那么在 D 内 $f_x(x,y)$，$f_y(x,y)$ 都是 x,y 的函数. 如果这两个函数的偏导数也存在，则称它们是函数 $z=f(x,y)$ 的**二阶偏导数**. 按照对变量求导次序的不同有下列四个二阶偏导数

$$\frac{\partial}{\partial x}\left(\frac{\partial z}{\partial x}\right)=\frac{\partial^2 z}{\partial x^2}=f_{xx}(x,y);\quad \frac{\partial}{\partial y}\left(\frac{\partial z}{\partial x}\right)=\frac{\partial^2 z}{\partial x\partial y}=f_{xy}(x,y);$$

$$\frac{\partial}{\partial x}\left(\frac{\partial z}{\partial y}\right)=\frac{\partial^2 z}{\partial y\partial x}=f_{yx}(x,y);\quad \frac{\partial}{\partial y}\left(\frac{\partial z}{\partial y}\right)=\frac{\partial^2 z}{\partial y^2}=f_{yy}(x,y).$$

其中，$\dfrac{\partial}{\partial y}\left(\dfrac{\partial z}{\partial x}\right)=\dfrac{\partial^2 z}{\partial x\partial y}=f_{xy}(x,y)$，$\dfrac{\partial}{\partial x}\left(\dfrac{\partial z}{\partial y}\right)=\dfrac{\partial^2 z}{\partial y\partial x}=f_{yx}(x,y)$ 称为**混合偏导数**.

同样可得三阶、四阶以及 n 阶偏导数.

二阶及二阶以上的偏导数统称**高阶偏导数**.

例 6 设 $z=x^3y^2-3xy^3-xy+1$，求 $\dfrac{\partial^2 z}{\partial x^2}$，$\dfrac{\partial^3 z}{\partial x^3}$，$\dfrac{\partial^2 z}{\partial y\partial x}$ 和 $\dfrac{\partial^2 z}{\partial x\partial y}$.

解 $\dfrac{\partial z}{\partial x}=3x^2y^2-3y^3-y,\quad \dfrac{\partial z}{\partial y}=2x^3y-9xy^2-x;$

$\dfrac{\partial^2 z}{\partial x^2}=6xy^2,\quad \dfrac{\partial^3 z}{\partial x^3}=6y^2;$

$\dfrac{\partial^2 z}{\partial x\partial y}=6x^2y-9y^2-1,\quad \dfrac{\partial^2 z}{\partial y\partial x}=6x^2y-9y^2-1.$

由例 6 观察到的问题：$\dfrac{\partial^2 z}{\partial y\partial x}=\dfrac{\partial^2 z}{\partial x\partial y}$.

定理 如果函数 $z=f(x,y)$ 的两个二阶混合偏导数 $\dfrac{\partial^2 z}{\partial y \partial x}$ 及 $\dfrac{\partial^2 z}{\partial x \partial y}$ 在区域 D 内连续,那么在该区域内这两个二阶混合偏导数必相等.

类似地,可定义二元以上函数的高阶偏导数.

例 7 验证函数 $z=\ln \sqrt{x^2+y^2}$ 满足方程 $\dfrac{\partial^2 z}{\partial x^2}+\dfrac{\partial^2 z}{\partial y^2}=0$.

证明 因为 $z=\ln \sqrt{x^2+y^2}=\dfrac{1}{2}\ln(x^2+y^2)$,所以

$$\frac{\partial z}{\partial x}=\frac{x}{x^2+y^2}, \quad \frac{\partial z}{\partial y}=\frac{y}{x^2+y^2},$$

$$\frac{\partial^2 z}{\partial x^2}=\frac{(x^2+y^2)-x\cdot 2x}{(x^2+y^2)^2}=\frac{y^2-x^2}{(x^2+y^2)^2},$$

$$\frac{\partial^2 z}{\partial y^2}=\frac{(x^2+y^2)-y\cdot 2y}{(x^2+y^2)^2}=\frac{x^2-y^2}{(x^2+y^2)^2}.$$

因此

$$\frac{\partial^2 z}{\partial x^2}+\frac{\partial^2 z}{\partial y^2}=\frac{x^2-y^2}{(x^2+y^2)^2}+\frac{y^2-x^2}{(x^2+y^2)^2}=0.$$

例 8 证明函数 $u=\dfrac{1}{r}$ 满足方程 $\dfrac{\partial^2 u}{\partial x^2}+\dfrac{\partial^2 u}{\partial y^2}+\dfrac{\partial^2 u}{\partial z^2}=0$,其中 $r=\sqrt{x^2+y^2+z^2}$.

证明
$$\frac{\partial u}{\partial x}=-\frac{1}{r^2}\cdot\frac{\partial r}{\partial x}=-\frac{1}{r^2}\cdot\frac{x}{r}=-\frac{x}{r^3}, \quad \frac{\partial^2 u}{\partial x^2}=-\frac{1}{r^3}+\frac{3x}{r^4}\cdot\frac{\partial r}{\partial x}=-\frac{1}{r^3}+\frac{3x^2}{r^5}.$$

同理
$$\frac{\partial^2 u}{\partial y^2}=-\frac{1}{r^3}+\frac{3y^2}{r^5}, \quad \frac{\partial^2 u}{\partial z^2}=-\frac{1}{r^3}+\frac{3z^2}{r^5}.$$

因此
$$\frac{\partial^2 u}{\partial x^2}+\frac{\partial^2 u}{\partial y^2}+\frac{\partial^2 u}{\partial z^2}=\left(-\frac{1}{r^3}+\frac{3x^2}{r^5}\right)+\left(-\frac{1}{r^3}+\frac{3y^2}{r^5}\right)+\left(-\frac{1}{r^3}+\frac{3z^2}{r^5}\right)$$

$$=-\frac{3}{r^3}+\frac{3(x^2+y^2+z^2)}{r^5}=-\frac{3}{r^3}+\frac{3r^2}{r^5}=0.$$

提示:$\dfrac{\partial^2 u}{\partial x^2}=\dfrac{\partial}{\partial x}\left(-\dfrac{x}{r^3}\right)=-\dfrac{r^3-x\cdot\dfrac{\partial}{\partial x}(r^3)}{r^6}=-\dfrac{r^3-x\cdot 3r^2\dfrac{\partial r}{\partial x}}{r^6}.$

【文化视角】

微积分的发展史(三)

——成熟完善时期

1. **第二次数学危机的开始**

微积分学在牛顿与莱布尼茨的时代逐渐建立成型,但是任何新的数学理论的建立,在起初都会引起一部分人的极力质疑,微积分学同样也是.由于早期微积分学的建立的不严谨性,许多人就找漏洞攻击微积分学,其中最著名的是英国主教贝克莱针对求导过程中的无穷小(Δx 既是 0,又不是 0)展开对微积分学的进攻,由此拉开了第二次数学危机的序幕.

2. **第二次数学危机的解决**

危机出现之后,许多数学家意识到了微积分学的理论严谨性,陆续出现大批杰出的科学

家. 在危机前期, 捷克数学家布尔查诺对于函数性质作了细致研究, 首次给出了连续性和导数的恰当的定义, 对序列和级数的收敛性提出了正确的概念, 并且提出了著名的布尔查诺-柯西收敛原理(整序变量 X_n 有有限极限的充要条件是: 对于每一个 $\varepsilon > 0$ 总存在着序号 N, 使当 $n > N$ 及 $n' > N$ 时, 不等式 $|X_n - X'_n| < \varepsilon$ 成立).

之后大数学家柯西建立了接近现代形式的极限, 把无穷小定义为趋近于 0 的变量, 从而结束了百年的争论, 并定义了函数的连续性、导数、连续函数的积分和级数的收敛性(与布尔查诺同期进行). 柯西对微积分学(数学分析)的贡献是巨大的: 柯西中值定理、柯西不等式、柯西收敛准则、柯西公式、柯西积分判别法等, 其一生发表的论文总数仅次于欧拉. 另外, 阿贝尔(其最大贡献是首先想到倒过来思想, 开拓了椭圆积分的广阔天地)指出要严格限制滥用级数展开及求和, 狄利克雷给出了函数的现代定义.

在危机后期, 数学家魏尔斯特拉斯提出了病态函数(处处连续但处处不可微的函数), 后续又有人发现了处处不连续但处处可积的函数, 使人们重新认识了连续与可微可积的关系, 他在连续闭区间内提出了第一、第二定理, 并引进了极限的 $\varepsilon \sim \delta$ 定义, 基本上实现了分析的算术化, 使分析从几何直观的极限中得到了"解放", 从而驱散了 17—18 世纪笼罩在微积分外面的神秘云雾. 继而在此基础上, 黎曼与 1854 年和达布于 1875 年对有界函数建立了严密的积分理论, 19 世纪后半叶, 戴金德等人提出了严格的实数理论.

至此, 数学分析(包含整个微积分学)的理论和方法完全建立在牢固的基础上, 基本上形成了一个完整的体系, 也为 20 世纪的现代分析铺平了道路.

习 题 2-3

1. 求下列函数的偏导数 $\frac{\partial z}{\partial x}, \frac{\partial z}{\partial y}$.

(1) $z = x^y + y e^x$; 　　(2) $z = \ln(x^y y^x)$;

(3) $z = \frac{y}{x \ln y}$; 　　(4) $z = \cos x \cos y + \sin x \sin y$.

2. 设 $f(x,y) = \ln\ln xy$, 求 $f_x(1,2)$.

3. 设 $f(x,y) = \begin{cases} xy - \dfrac{x^3+y^3}{x^2+y^2} & \text{当 } (x,y) \neq (0,0) \\ 0 & \text{当 } (x,y) = (0,0) \end{cases}$, 根据偏导数的定义求 $f_x(0,0), f_y(0,0)$.

4. 设 $z = \arctan \frac{y}{x}$, 计算 $\frac{\partial^2 z}{\partial x^2} + \frac{\partial^2 z}{\partial y^2}$.

§2.4 函数的微分

在理论研究和实际应用中, 常常会遇到这样的问题: 当自变量 x 有微小变化时, 求函数 $y = f(x)$ 的微小改变量

$$\Delta y = f(x + \Delta x) - f(x).$$

这个问题初看起来似乎只要做减法运算就可以了, 然而, 对于较复杂的函数 $f(x)$, 差值 $f(x + \Delta x) - f(x)$ 却是一个更复杂的表达式, 不易求出其值. 一个想法是: 设法将 Δy 表示成 Δx 的线

性函数,即线性化,从而把复杂问题化为简单问题.微分就是实现这种线性化的一种数学模型.

一、微分的定义

定义 设函数 $y=f(x)$ 在点 x 的某邻域内有定义,若相对于自变量 x 的微小增量 Δx,相应的函数增量 $\Delta y=f(x+\Delta x)-f(x)$ 可表示为

$$\Delta y=A \cdot \Delta x+o(\Delta x), \tag{1}$$

其中,A 是与 Δx 无关的量,则称函数 $y=f(x)$(在点 x 处)**可微**,并且称 $A \cdot \Delta x$ 为函数 $y=f(x)$(在点 x 处)的**微分**,记作 dy,即

$$dy=A \cdot \Delta x. \tag{2}$$

例 1 求函数 $y=x^3$ 在 $\forall x$ 点处的微分.

解 若自变量 x 在点 x 处有增量 Δx,则对应的函数增量为

$$\Delta y=(x+\Delta x)^3-x^3=3x^2\Delta x+(3x+\Delta x) \cdot (\Delta x)^2,$$

其中,$3x^2$ 显然与 Δx 无关,而当 $\Delta x \to 0$ 时,$(3x+\Delta x) \cdot (\Delta x)^2=o(\Delta x)$,由微分定义得

$$dy=3x^2\Delta x.$$

二、函数可微的条件

在微分定义中,虽然知道 A 是与 Δx 无关的量,但尚不知晓 A 到底是怎样的量,并且若每次求微分都用其定义,显然较麻烦,因此需要寻找微分定义中的 A 是什么.

从例 1 结果不难猜测 $A=f'(x)$,事实上,关于微分有如下定理.

定理 函数 $f(x)$ 可微的充分必要条件是 $f(x)$ 可导,且函数的微分等于函数的导数与自变量的增量的乘积,即

$$dy=f'(x)\Delta x. \tag{3}$$

证明 先证必要性.设 $f(x)$ 可微,由微分定义,有

$$\Delta y=A \cdot \Delta x+o(\Delta x),$$

其中 A 与 Δx 无关.上式两端同除以 Δx,得

$$\frac{\Delta y}{\Delta x}=A+\frac{o(\Delta x)}{\Delta x},$$

于是,当 $\Delta x \to 0$ 时,有

$$A=\lim_{\Delta x \to 0}\frac{\Delta y}{\Delta x}=f'(x).$$

再证充分性.设 $f'(x)$ 存在,即

$$\lim_{\Delta x \to 0}\frac{\Delta y}{\Delta x}=f'(x),$$

由存在极限的函数与无穷小的关系,得

$$\frac{\Delta y}{\Delta x}=f'(x)+\alpha,$$

其中 α 是当 $\Delta x \to 0$ 时的无穷小,因此

$$\Delta y=f'(x) \cdot \Delta x+\alpha \cdot \Delta x,$$

显然 $\alpha \cdot \Delta x = o(\Delta x)$，$f'(x)$ 不依赖于 Δx，于是由微分定义知 $f(x)$ 可微，且

$$\mathrm{d}y = f'(x)\Delta x.$$

证毕.

显然，函数的微分与 x 及 Δx 均有关.

例 2　求函数 $y = x^2$ 当 x 由 1 改变到 1.01 时的微分.

解　因为 $\mathrm{d}y = f'(x) \cdot \Delta x = 2x \cdot \Delta x$，由题设条件知

$$x = 1, \quad \Delta x = 1.01 - 1 = 0.01,$$

所以

$$\mathrm{d}y = 2 \times 1 \times 0.01 = 0.02.$$

式(3)中，若设 $y = x$，则有 $\mathrm{d}x = \Delta x$，通常把自变量 x 的增量 Δx 称为**自变量的微分**，记作 $\mathrm{d}x$，即自变量的微分等于自变量的增量，于是函数 $y = f(x)$ 的微分又可以记作

$$\mathrm{d}y = f'(x)\mathrm{d}x,$$

从而有

$$\frac{\mathrm{d}y}{\mathrm{d}x} = f'(x).$$

即函数的微分与自变量的微分的商等于函数的导数. 因此，导数又称"**微商**".

注：(1) 由"微商"的概念，可知高阶导数可以作如下理解：

$$y'' = \frac{\mathrm{d}y'}{\mathrm{d}x}, \quad y''' = \frac{\mathrm{d}y''}{\mathrm{d}x}, \quad \cdots, \quad y^{(n)} = \frac{\mathrm{d}}{\mathrm{d}x}\left[y^{(n-1)}\right].$$

理解高阶导数这一意义，对求隐函数及由参数方程确定的函数的导数非常重要.

(2) 由于求微分的问题归结为求导数的问题，因此求导数与求微分的方法统称**微分法**.

三、微分基本公式与微分运算法则

由函数微分的表达式 $\mathrm{d}y = f'(x)\mathrm{d}x$ 及导数基本公式和求导法则，可立即得到微分的基本公式和微分法则.

1. 基本公式

(1) $\mathrm{d}(C) = 0$　（C 为常数）;

(2) $\mathrm{d}(x^{\alpha}) = \alpha x^{\alpha-1}\mathrm{d}x$;

(3) $\mathrm{d}(a^x) = a^x(\ln a)\mathrm{d}x$;

(4) $\mathrm{d}(\mathrm{e}^x) = \mathrm{e}^x\mathrm{d}x$;

(5) $\mathrm{d}(\log_a|x|) = \dfrac{1}{x\ln a}\mathrm{d}x$;

(6) $\mathrm{d}(\ln|x|) = \dfrac{1}{x}\mathrm{d}x$;

(7) $\mathrm{d}(\sin x) = \cos x\mathrm{d}x$;

(8) $\mathrm{d}(\cos x) = -\sin x\mathrm{d}x$;

(9) $\mathrm{d}(\tan x) = \sec^2 x\mathrm{d}x$;

(10) $\mathrm{d}(\cot x) = -\csc^2 x\mathrm{d}x$;

(11) $\mathrm{d}(\sec x) = \sec x\tan x\mathrm{d}x$;

(12) $\mathrm{d}(\csc x) = -\csc x\cot x\mathrm{d}x$;

(13) $\mathrm{d}(\arcsin x) = \dfrac{1}{\sqrt{1-x^2}}\mathrm{d}x$;

(14) $\mathrm{d}(\arccos x) = -\dfrac{1}{\sqrt{1-x^2}}\mathrm{d}x$;

(15) $\mathrm{d}(\arctan x) = \dfrac{1}{1+x^2}\mathrm{d}x$;

(16) $\mathrm{d}(\text{arccot}\, x) = -\dfrac{1}{1+x^2}\mathrm{d}x$.

2. 微分的四则运算法则

(1) $\mathrm{d}(u \pm v) = \mathrm{d}u \pm \mathrm{d}v$;

(2) $\mathrm{d}(uv) = v\mathrm{d}u + u\mathrm{d}v$,　$\mathrm{d}(Cu) = C\mathrm{d}u$;

(3) $d\left(\dfrac{u}{v}\right)=\dfrac{v\,du-u\,dv}{v^2},\quad d\left(\dfrac{1}{v}\right)=-\dfrac{dv}{v^2}.$

3. 复合函数的微分法则

设 $y=f(u)$ 及 $u=\varphi(x)$ 均可导,则复合函数 $y=f(\varphi(x))$ 的微分为

$$dy=y'_x\,dx=f'(u)\varphi'(x)\,dx,$$

而 $\varphi'(x)\,dx=du$,故复合函数 $y=f(\varphi(x))$ 的微分公式也可以写成

$$dy=f'(u)\,du.$$

由此可见,无论 u 是自变量还是另一个变量的可微函数,微分形式 $dy=f'(u)\,du$ 保持不变. 这一性质称为**微分形式不变性**.

像复合函数求导可不写出中间变量一样,复合函数的微分也可不写出中间变量. 如此,复合函数 $y=f(\varphi(x))$ 的微分公式可以写成

$$dy=f'(\varphi(x))d(\varphi(x))=f'(\varphi(x))\varphi'(x)\,dx.$$

例 3　求下列函数的微分:

(1) $y=x^3e^x$;

(2) $y=\dfrac{\sin x}{x}$;

(3) $y=\sin(2x+1)$;

(4) $y=\ln(1+e^{x^2})$;

(5) $y=\ln(x+\sqrt{x^2+1})$;

(6) $y=e^{1-3x}\cos 2x.$

解　(1) $dy=e^x d(x^3)+x^3 d(e^x)=3x^2e^x\,dx+x^3e^x\,dx=e^x(3x^2+x^3)\,dx.$

(2) $dy=\dfrac{x\,d(\sin x)-\sin x\,dx}{x^2}=\dfrac{x\cos x\,dx-\sin x\,dx}{x^2}=\dfrac{x\cos x-\sin x}{x^2}\,dx.$

(3) $dy=\cos(2x+1)d(2x+1)=2\cos(2x+1)\,dx.$

(4) $dy=\dfrac{1}{1+e^{x^2}}d(1+e^{x^2})=\dfrac{e^{x^2}}{1+e^{x^2}}d(x^2)=\dfrac{2xe^{x^2}}{1+e^{x^2}}\,dx.$

(5) $dy=\dfrac{1}{x+\sqrt{x^2+1}}d(x+\sqrt{x^2+1})$

$\qquad=\dfrac{1}{x+\sqrt{x^2+1}}\left[dx+d(\sqrt{x^2+1})\right]$

$\qquad=\dfrac{1}{x+\sqrt{x^2+1}}\left[dx+\dfrac{1}{2\sqrt{x^2+1}}d(x^2+1)\right]$

$\qquad=\dfrac{1}{x+\sqrt{x^2+1}}\left[dx+\dfrac{2x}{2\sqrt{x^2+1}}dx\right]$

$\qquad=\dfrac{1}{x+\sqrt{x^2+1}}\left(1+\dfrac{x}{\sqrt{x^2+1}}\right)dx$

$\qquad=\dfrac{1}{x+\sqrt{x^2+1}}\cdot\dfrac{\sqrt{x^2+1}+x}{\sqrt{x^2+1}}dx$

$\qquad=\dfrac{1}{\sqrt{x^2+1}}dx.$

$$(6) \ \mathrm{d}y = \mathrm{e}^{1-3x}\mathrm{d}(\cos 2x) + \cos 2x \mathrm{d}(\mathrm{e}^{1-3x})$$

$$= \mathrm{e}^{1-3x}(-\sin 2x)\mathrm{d}(2x) + \mathrm{e}^{1-3x}\cos 2x \mathrm{d}(1-3x)$$

$$= \mathrm{e}^{1-3x}(-\sin 2x)2\mathrm{d}x + \mathrm{e}^{1-3x}\cos 2x \cdot (-3)\mathrm{d}x$$

$$= -\mathrm{e}^{1-3x}(2\sin 2x + 3\cos 2x)\mathrm{d}x.$$

例 4 在下列等式的括号中填入适当的函数,使等式成立:

(1) $\mathrm{d}(\quad) = x\mathrm{d}x$; (2) $\mathrm{d}(\quad) = \cos \omega t \mathrm{d}t$;

(3) $\mathrm{d}(\sin x^2) = (\quad)\mathrm{d}(\sqrt{x})$.

解 (1) 因为 $\mathrm{d}(x^2) = 2x\mathrm{d}x$,所以

$$x\mathrm{d}x = \frac{1}{2}\mathrm{d}(x^2) = \mathrm{d}\left(\frac{x^2}{2}\right),$$

即

$$\mathrm{d}\left(\frac{x^2}{2}\right) = x\mathrm{d}x.$$

一般地,有

$$\mathrm{d}\left(\frac{x^2}{2} + C\right) = x\mathrm{d}x \quad (C \text{ 为任意常数}).$$

(2) 因为 $\mathrm{d}(\sin \omega t) = \omega \cos \omega t \mathrm{d}t$,所以

$$\cos \omega t \mathrm{d}t = \frac{1}{\omega}\mathrm{d}(\sin \omega t) = \mathrm{d}\left(\frac{1}{\omega}\sin \omega t\right),$$

即

$$\mathrm{d}\left(\frac{1}{\omega}\sin \omega t\right) = \cos \omega t \mathrm{d}t.$$

一般地,有

$$\mathrm{d}\left(\frac{1}{\omega}\sin \omega t + C\right) = \cos \omega t \mathrm{d}t \quad (C \text{ 为任意常数}).$$

(3) 因为 $\dfrac{\mathrm{d}(\sin x^2)}{\mathrm{d}(\sqrt{x})} = \dfrac{2x\cos x^2 \mathrm{d}x}{\dfrac{1}{2\sqrt{x}}\mathrm{d}x} = 4x\sqrt{x}\cos x^2$,所以

$$\mathrm{d}(\sin x^2) = (4x\sqrt{x}\cos x^2)\mathrm{d}(\sqrt{x}).$$

例 5 镀膜问题.

某工厂要将一批半径为 1 cm 的钢球表面镀上一层厚度为 0.001 cm 的铜质镀膜,已知铜的密度为 $\rho = 8.9 \ \mathrm{g/cm^3}$,求每只钢球所消耗的铜量 M.

分析:因为钢球消耗的铜量实际就是球体积的增加量在乘以铜的密度,而球体的增加量的近似值就是当球体半径增加 0.001 cm 时球体的微分值.

解 由球体积的公式 $V = \dfrac{4}{3}\pi r^3$,有 $V'(r_0) = \left(\dfrac{4}{3}\pi r^3\right)'\Big|_{r=r_0} = 4\pi r_0^2$.

体积在 $r_0 = 1$,$\Delta r = 0.001$ 时的微分为

$$\mathrm{d}V\big|_{r_0=1} = V'(r_0)\Delta r = 4\pi r_0^2 \Delta r = 4\pi \times 1 \times 0.001 = 0.012\ 566,$$

$$\Delta V \approx \mathrm{d}V = 0.012\ 566,$$

故每只钢球所消耗的铜量 $M = \Delta V \rho \approx 0.012\ 566 \times 8.9 = 0.111\ 8(\mathrm{g}).$

【文化视角】

数学历史上的三次危机

经济上有危机,历史上数学也有三次危机.

第一次数学危机发生在公元前 580—前 568 年之间.数学家毕达哥拉斯建立了毕达哥拉斯学派.这个学派集宗教、科学和哲学于一体,该学派人数固定,知识保密,所有发明创造都归于学派领袖.当时人们对有理数的认识还很有限,对于无理数的概念更是一无所知,毕达哥拉斯学派所说的数,原来是指整数,他们不把分数看成一种数,而仅看作两个整数之比,他们错误地认为,宇宙间的一切现象都归结为整数或整数之比.该学派的成员希伯索斯根据勾股定理(西方称为毕达哥拉斯定理)通过逻辑推理发现,边长为 1 的正方形的对角线长度既不是整数,也不是整数的比所能表示的.希伯索斯的发现被认为是"荒谬"和违反常识的事.它不仅严重地违背了毕达哥拉斯学派的信条,也冲击了当时希腊人的传统见解.使当时的希腊数学家深感不安,这就是第一次数学危机.这场危机通过在几何学中引进不可通约量概念而得到解决.两个几何线段,如果存在一个第三线段能同时量尽它们,就称这两个线段是可通约的,否则称为不可通约的.正方形的一边与对角线,就不存在能同时量尽它们的第三线段,因此它们是不可通约的.显然,只要承认不可通约量的存在使几何量不再受整数的限制,所谓的数学危机也就不复存在了.不可通约量的研究开始于公元前 4 世纪的欧多克斯,其成果被欧几里得所吸收,部分被收入他的《几何原本》中.

第二次数学危机发生在 17 世纪.17 世纪微积分诞生后,由于推敲微积分的理论基础问题,数学界出现混乱局面,即第二次数学危机.微积分的形成给数学界带来革命性变化,在各个科学领域得到广泛应用,但微积分在理论上存在矛盾的地方.无穷小量是微积分的基础概念之一.微积分的主要创始人牛顿在一些典型的推导过程中,第一步用了无穷小量作分母进行除法,当然无穷小量不能为零;第二步牛顿又把无穷小量看作零,去掉那些包含它的项,从而得到所要的公式,在力学和几何学的应用证明了这些公式是正确的,但它的数学推导过程却在逻辑上自相矛盾.焦点是:无穷小量是零还是非零? 如果是零,怎么能用它做除数呢? 如果不是零,又怎么能把包含着无穷小量的那些项去掉呢? 直到 19 世纪,柯西详细而有系统地发展了极限理论.柯西认为把无穷小量作为确定的量,即使是零,都说不过去,它会与极限的定义发生矛盾.无穷小量应该是要怎样小就怎样小的量,因此本质上它是变量,而且是以零为极限的量,至此柯西澄清了前人的无穷小的概念,而且把无穷小量从形而上学的束缚中解放出来,第二次数学危机基本解决.第二次数学危机的解决使微积分更加完善.

第三次数学危机发生在 19 世纪末.当时英国数学家罗素把集合分成两种.第一种集合:集合本身不是它的元素,即 $A \in A$;第二种集合:集合本身是它的一个元素 $A \in A$,例如一切集合所组成的集合.那么对于任何一个集合 B,不是第一种集合就是第二种集合.假设第一种集合的全体构成一个集合 M,那么 M 属于第一种集合还是属于第二种集合.如果 M 属于第一种集合,那么 M 应该是 M 的一个元素,即 $M \in M$,但是满足 $M \in M$ 关系的集合应属于第二种集合,出现矛盾.如果 M 属于第二种集合,那么 M 应该是满足 $M \in M$ 的关系,这样 M 又是属于第一种集合矛盾.以上推理过程所形成的悖论叫罗素悖论.由于严格的极限理论的建立,数学上的第一次、第二次危机已经解决,但极限理论以实数理论为基础的,而实数理论又是以集合论为基础的,现在集合论又出现了罗素悖论,因而形成了数学史上更大的危机.从此,数学家们就开始为这场危机寻找解决的办法,其中之一是把集合论建立在一组公理之上,以回避悖论.首先进行这个工作的是德国数学家策梅罗,他提出七条公理,建立了一种不会产生悖论的集合论,又经过德国的另一位数学家弗芝克尔的改进,形成了一个无矛盾的集合论公理系统,即所谓 ZF 公理系统.这场数学危机到此缓和下来.数学危机给数学发展带来了新的动力.在这场危机中集合论得到较快的发展,数学基础的进步更快,数理逻辑也更加成熟.然而,矛盾和人们意想不到的事仍然不断出现,而且今后仍然会这样.

习 题 2-4

1. 求下列函数的微分 dy:

(1) $y = \dfrac{1}{x} + \sqrt[3]{x}$;

(2) $y = x \sin 3x$;

(3) $y = \dfrac{x}{\sqrt{x^2 + 1}}$;

(4) $y = \arcsin \sqrt{1 - x^2}$;

(5) $y = \sqrt{x - \sqrt{x}}$;

(6) $y = \dfrac{e^{2x}}{x^2}$.

2. 将适当的函数填入下列括号内,使等式成立:

(1) $d(\quad) = 2dx$;

(2) $d(\quad) = \sqrt{x}\,dx$;

(3) $d(\quad) = \dfrac{1}{x^2}dx$;

(4) $d(\quad) = \dfrac{1}{1+x}dx$;

(5) $d(\quad) = \dfrac{1}{1+x^2}dx$;

(6) $d(\quad) = e^{-3x}dx$;

(7) $d(\quad) = \sec^2 2x\,dx$.

§2.5 导数的应用

一、洛必达(L'Hospital)法则

定理 1(洛必达法则) 设函数 $f(x)$ 和 $g(x)$:

(1) 在 x_0 的某去心邻域(或 $|x| > M, M > 0$)内可导且 $g'(x) \neq 0$;

(2) 当 $x \to x_0$(或 $x \to \infty$)时,$f(x)$ 和 $g(x)$ 都趋于零(或都是无穷大);

(3) $\lim\limits_{\substack{x \to x_0 \\ (x \to \infty)}} \dfrac{f'(x)}{g'(x)}$ 存在(或为无穷大),则

$$\lim_{\substack{x \to x_0 \\ (x \to \infty)}} \frac{f(x)}{g(x)} = \lim_{\substack{x \to x_0 \\ (x \to \infty)}} \frac{f'(x)}{g'(x)}.$$

注:洛必达法则的条件是充分的,并非是必要的,当条件不满足时,仅表明洛必达法则失效,并不意味着 $\lim \dfrac{f(x)}{g(x)}$ 不存在.例如,极限 $\lim\limits_{x \to \infty} \dfrac{x + \sin x}{x - \sin x}$ 属于 $\dfrac{\infty}{\infty}$ 型未定式,但分子分母分别求

导后,将变为 $\lim\limits_{x\to\infty}\dfrac{1+\cos x}{1-\cos x}$,该极限式的极限不存在(振荡),故洛必达法则失效,但原极限是存在的,可用以下方法求得:

$$\lim_{x\to\infty}\frac{x+\sin x}{x-\sin x}=\lim_{x\to\infty}\frac{1+\dfrac{1}{x}\sin x}{1-\dfrac{1}{x}\sin x}=1.$$

例 1 计算极限 $\lim\limits_{x\to 0}\dfrac{a^x-b^x}{\ln(1+x)}$ $(a,b>0$ 且 $a,b\neq 1)$.

解 $\lim\limits_{x\to 0}\dfrac{a^x-b^x}{\ln(1+x)}=\lim\limits_{x\to 0}\dfrac{(a^x-b^x)'}{[\ln(1+x)]'}=\lim\limits_{x\to 0}\dfrac{a^x\ln a-b^x\ln b}{\dfrac{1}{1+x}}=\ln a-\ln b=\ln\dfrac{a}{b}.$

例 2 计算极限 $\lim\limits_{x\to 0}\dfrac{x-\sin x}{\tan x^3}$.

解 由于 $x\to 0$ 时,$\tan x^3\sim x^3$,$1-\cos x\sim\dfrac{1}{2}x^2$,可先用等价无穷小替换,再用洛必达法则.

$$\lim_{x\to 0}\frac{x-\sin x}{\tan x^3}=\lim_{x\to 0}\frac{x-\sin x}{x^3}=\lim_{x\to 0}\frac{1-\cos x}{3x^2}=\lim_{x\to 0}\frac{\dfrac{1}{2}x^2}{3x^2}=\frac{1}{6}.$$

注:(1) 例 2 启示我们,洛必达法则求 $\dfrac{0}{0}$ 型极限时,是可以结合等价无穷小替换的,应先使用等价无穷小替换,以使运算尽量简捷.

(2) 在等价无穷小替换的过程中,仍然需要注意式子中只有在具有独立乘法因子的情况下才可以进行替换.

例 3 计算 $\lim\limits_{x\to +\infty}\dfrac{\ln x}{x^a}$ $(\alpha>0)$.

解 $\lim\limits_{x\to +\infty}\dfrac{\ln x}{x^a}=\lim\limits_{x\to +\infty}\dfrac{\dfrac{1}{x}}{\alpha\cdot x^{a-1}}=\lim\limits_{x\to +\infty}\dfrac{1}{\alpha\cdot x^a}=0.$

每次使用洛必达求极限时.均应检查是否为 $\dfrac{0}{0}$ 型或 $\dfrac{\infty}{\infty}$ 型极限,若不是,则不能使用.

其他尚有一些未定式极限:$0\cdot\infty$ 型、$\infty-\infty$ 型、0^0、1^∞、∞^0 型,均可化为 $\dfrac{0}{0}$ 型或 $\dfrac{\infty}{\infty}$ 型.

例 4 计算下列极限:

(1) $\lim\limits_{x\to 0^+}x^n\ln x$ $(n>0)$;　　　　(2) $\lim\limits_{x\to 1}(1-x)\tan\dfrac{\pi}{2}x$.

解 (1) $\lim\limits_{x\to 0^+}x^n\ln x=\lim\limits_{x\to 0^+}\dfrac{\ln x}{x^{-n}}=\lim\limits_{x\to 0^+}\dfrac{\dfrac{1}{x}}{-n\cdot x^{-n-1}}=-\lim\limits_{x\to 0^+}\dfrac{1}{nx^{-n}}=\lim\limits_{x\to 0^+}\dfrac{x^n}{n}=0$;

(2) $\lim\limits_{x\to 1}(1-x)\tan\dfrac{\pi}{2}x=\lim\limits_{x\to 1}\dfrac{1-x}{\cot\dfrac{\pi}{2}x}=\lim\limits_{x\to 1}\dfrac{-1}{-\dfrac{\pi}{2}\csc^2\dfrac{\pi}{2}x}=\dfrac{2}{\pi}.$

注:例 4 中两个极限均为 $0\cdot\infty$ 型,究竟是化为 $\dfrac{0}{0}$ 型还是 $\dfrac{\infty}{\infty}$ 型,要视具体情况而定,一般地,以化完之后求导简单为准.

例 5 计算下列极限：

(1) $\lim\limits_{x\to 0^+} x^{\tan x}$　(0^0)；

(2) $\lim\limits_{x\to 0}(\cos x)^{1/x^2}$　(1^∞)；

(3) $\lim\limits_{x\to +\infty}(e^{3x}-5x)^{1/x}$　(∞^0).

解 (1) 由于 $\lim\limits_{x\to 0^+} x^{\tan x}=\lim\limits_{x\to 0^+} e^{\tan x \cdot \ln x}=e^{\lim\limits_{x\to 0^+}\tan x \cdot \ln x}$，而

$$\lim\limits_{x\to 0^+}\tan x\ln x=\lim\limits_{x\to 0^+}\frac{\ln x}{\cot x}=\lim\limits_{x\to 0^+}\frac{\frac{1}{x}}{-\csc^2 x}=\lim\limits_{x\to 0^+}\frac{-\sin^2 x}{x}=-\lim\limits_{x\to 0^+}\frac{\sin x}{x}\cdot \sin x=0,$$

故 $\lim\limits_{x\to 0^+} x^{\tan x}=e^0=1$.

(2) $\lim\limits_{x\to 0}(\cos x)^{1/x^2}=\lim\limits_{x\to 0} e^{\frac{1}{x^2}\ln\cos x}=e^{\lim\limits_{x\to 0}\frac{\ln\cos x}{x^2}}=e^{\lim\limits_{x\to 0}\frac{-\tan x}{2x}}=e^{-\frac{1}{2}}$.

(3) 由于 $\lim\limits_{x\to +\infty}(e^{3x}-5x)^{1/x}=\lim\limits_{x\to +\infty} e^{\frac{1}{x}\ln(e^{3x}-5x)}=e^{\lim\limits_{x\to +\infty}\frac{\ln(e^{3x}-5x)}{x}}$，而

$$\lim\limits_{x\to +\infty}\frac{\ln(e^{3x}-5x)}{x}=\lim\limits_{x\to +\infty}\frac{3e^{3x}-5}{e^{3x}-5x}=\lim\limits_{x\to +\infty}\frac{9e^{3x}}{3e^{3x}-5}=\lim\limits_{x\to +\infty}\frac{27e^{3x}}{9e^{3x}}=3,$$

故 $\lim\limits_{x\to +\infty}(e^{3x}-5x)^{1/x}=e^3$.

二、函数的单调性与极值

定理 2 设函数 $y=f(x)$ 在 I 内可导，若在 I 内(1) $f'(x)>0$，则函数 $y=f(x)$ 在 I 上单调增加；(2) $f'(x)<0$，则函数 $y=f(x)$ 在 I 上单调减少.

注：函数的单调性是一个区间上的性质，要用导数在这一区间上的符号来判定，因而导数在区间内个别点处的值为零并不影响函数在整个区间上的单调性. 例如，函数 $y=x^3$ 在 $x=0$ 处的导数值为零，但在定义域 $(-\infty,+\infty)$ 内是单调增加的.

例 6 讨论函数 $y=x^2$ 的单调性.

解 该函数的定义域为 $(-\infty,+\infty)$. 又 $y'=2x$. 因为在 $(-\infty,0)$ 内 $y'<0$，所以该函数在 $(-\infty,0)$ 内单调减少；而在 $(0,+\infty)$ 内 $y'>0$，所以该函数在 $(0,+\infty)$ 内单调增加.

例 7 讨论函数 $y=\sqrt[3]{x^2}$ 的单调性.

解 该函数的定义域为 $(-\infty,+\infty)$. 当 $x\neq 0$ 时，该函数的导数为 $y'=\dfrac{2}{3\sqrt[3]{x}}$；当 $x=0$ 时，函数的导数不存在. 在 $(-\infty,0)$ 内 $y'<0$，所以函数 $y=\sqrt[3]{x^2}$ 在 $(-\infty,0)$ 内单调减少；而在 $(0,+\infty)$ 内 $y'>0$，所以函数 $y=\sqrt[3]{x^2}$ 在 $(0,+\infty)$ 内单调增加.

注：在例 6 中，$x=0$ 是函数 $y=x^2$ 的单调增减区间的分界点，而在该点处 $y'=0$，即 $x=0$ 是函数 $y=x^2$ 的驻点. 在例 7 中，$x=0$ 是函数 $y=\sqrt[3]{x^2}$ 的单调增减区间的分界点，而在该点处导数不存在. 由此可见，在讨论函数的单调性时，首先要用函数的驻点及 $f'(x)$ 不存在的点来划分函数 $f(x)$ 的定义区间，然后在各部分区间上讨论 $f'(x)$ 的符号，从而确定函数 $f(x)$ 的单调性.

定义 1 设函数 $f(x)$ 在点 x_0 的某邻域 $U(x_0)$ 内有定义，如果对于去心邻域 $\mathring{U}(x_0)$ 内的任一 x，有 $f(x)<f(x_0)$　(或 $f(x)>f(x_0)$)，则称 $f(x_0)$ 是函数 $f(x)$ 的一个**极大值**（或极小

值),而 x_0 点称为函数 $f(x)$ 的**极大值点**(或**极小值点**).

注:(1) 由于极值概念的局部性,一个函数的极大值和极小值之间不具有可比性,即极大值不一定大于极小值.

(2) 曲线上有水平切线的地方,函数不一定取得极值,例如,$y=x^3$ 在 $x=0$ 对应点处有水平切线,但从其图像上可见,$f(0)$ 并不是它的极值.

定理 3(必要条件) 设函数 $f(x)$ 在点 x_0 可导,且在 x_0 处取得极值,则 $f'(x_0)=0$.

定理 4(第一充分条件) 设函数 $f(x)$ 在 x_0 处连续,且在 x_0 的某去心邻域 $\overset{\circ}{U}(x_0)$ 内可导,若

(1) 在点 x_0 的左邻域内 $f'(x)>0$,在点 x_0 的右邻域内 $f'(x)<0$,则 $f(x)$ 在 x_0 处取得极大值;

(2) 在点 x_0 的左邻域内 $f'(x)<0$,在点 x_0 的右邻域内 $f'(x)>0$,则 $f(x)$ 在 x_0 处取得极小值;

(3) 在点 x_0 的邻域内,$f'(x)$ 不变号,则 $f(x)$ 在 x_0 处没有极值.

证明 (1) 由题设条件,函数 $f(x)$ 在点 x_0 的左邻域内单调增加,在点 x_0 的右邻域内单调减少,且 $f(x)$ 在 x_0 处连续,故由极值定义可知,$f(x)$ 在 x_0 处取得极大值[见图 2-5-1(a)].同理可证(2)[见图 2-5-1(b)]、(3)[见图 2-5-1(c)、(d)].

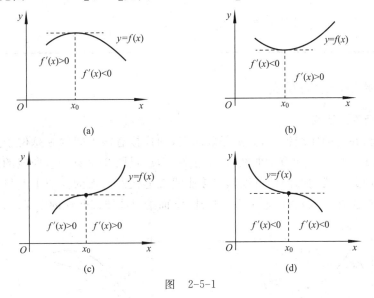

图 2-5-1

定理 5(第二充分条件) 设函数 $f(x)$ 在 x_0 处具有二阶导数,且 $f'(x_0)=0$,$f''(x_0)\neq 0$,则

(1) 当 $f''(x_0)<0$ 时,函数在 x_0 处取得极大值;

(2) 当 $f''(x_0)>0$ 时,函数在 x_0 处取得极小值.

注:定理 5 表明,若函数 $f(x)$ 在驻点 x_0 处的二阶导数 $f''(x_0)\neq 0$,那么该驻点一定是极值点.但若 $f''(x_0)=0$,则定理 5 就不能用了.事实上,当 $f'(x_0)=0$,$f''(x_0)=0$ 时,$f(x)$ 在 x_0 处可能取得极大值,也可能取得极小值,也可能没有极值.比如,$f(x)=-x^4$,$g(x)=x^4$,$\varphi(x)=x^3$ 这三个函数在 $x=0$ 处就分别属于这三种情况.因此,如果函数在驻点处的二阶导数为零,则还得用第一充分条件来判定.

例 8 求函数 $f(x)=(x-1)x^{\frac{2}{3}}$ 的极值.

解 该函数的定义域为 $(-\infty,+\infty)$,

$$f'(x)=x^{\frac{2}{3}}+\frac{2}{3}(x-1)x^{-\frac{1}{3}}=\frac{5x-2}{3\sqrt[3]{x}}.$$

令 $f'(x)=0$ 得驻点 $x=\frac{2}{5}$,此外,$x=0$ 为该函数的不可导点. 点 $x=\frac{2}{5}$ 及 $x=0$ 将定义区间分成三个子区间:$(-\infty,0),\left(0,\frac{2}{5}\right),\left(\frac{2}{5},+\infty\right)$.

不可导点 $x=0$ 为该函数的极大值点,极大值为 $f(0)=0$;驻点 $x=\frac{2}{5}$ 是函数的极小值点,极小值为 $f\left(\frac{2}{5}\right)=-\frac{3}{5}\sqrt[3]{\frac{4}{25}}$.

列表如下:

x	$(-\infty,0)$	0	$\left(0,\frac{2}{5}\right)$	$\frac{2}{5}$	$\left(\frac{2}{5},+\infty\right)$
$f'(x)$	$+$	不存在	$-$	0	$+$
$f(x)$	↗	极大值 $f(0)=0$	↘	极小值 $f\left(\frac{2}{5}\right)=-\frac{3}{5}\sqrt[3]{\frac{4}{25}}$	↗

三、函数的凹凸性与拐点

1. 曲线凹凸性的定义

从几何上看,在有的曲线弧上,如果任取两点,则连接着两点间的弦总位于这两点间的弧段的上方[见图 2-5-2(a)],而有的曲线弧,则正好相反[见图 2-5-2(b)]. 曲线的这种性质就是曲线的**凹凸性**. 因此曲线的凹凸性可以用连接曲线弧上任意两点的弦的中点与曲线弧上相应点(即具有相同横坐标的点)的位置关系来描述,下面给出曲线凹凸性的定义.

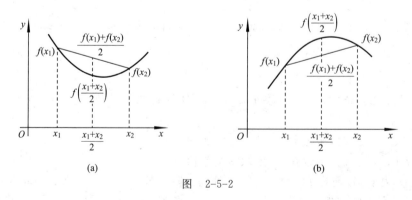

(a)　　　　　　　　　　(b)

图　2-5-2

定义 2 设 $f(x)$ 在区间 I 连续,若对于 I 上任意两点 x_1 和 x_2,恒有

$$f\left(\frac{x_1+x_2}{2}\right)<\frac{f(x_1)+f(x_2)}{2},$$

则称 $f(x)$ 在 I 上的图像是(向上)**凹的**(或凹弧);若恒有

$$f\left(\frac{x_1+x_2}{2}\right)>\frac{f(x_1)+f(x_2)}{2},$$

则称 $f(x)$ 在 I 上的图像是(向上)**凸的**(或凸弧).

一般情况下,在函数的整个定义域内,其曲线的凹凸性并不一致. 通常把连续曲线上凹弧与凸弧的分界点称为曲线的**拐点**.

2. 曲线凹凸性的判定

曲线的凹凸性有明显的几何特征. 当 x 逐渐增加时,对于凹曲线,其上每一点的切线斜率是逐渐增加的[见图 2-5-3(a)],即导函数 $f'(x)$ 是单调增加函数;而对于凸曲线,其上每一点的切线斜率是逐渐减少的[见图 2-5-3(b)],即导函数 $f'(x)$ 是单调减少函数. 与此几何特征相对应,有下述判断曲线凹凸性的定理.

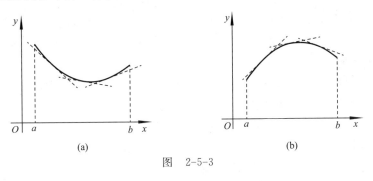

(a)　　　　　　　　(b)

图　2-5-3

定理 6　设函数 $f(x)$ 在 I 内具有一阶和二阶导数,若在 I 内

(1) $f''(x)>0$,则曲线 $f(x)$ 在 I 上的图形是凹的;

(2) $f''(x)<0$,则曲线 $f(x)$ 在 I 上的图形是凸的.

例 9　判断曲线 $y=x^3$ 的凹凸性.

解　$y'=3x^2$,$y''=6x$,该函数的定义域为 $(-\infty,+\infty)$. 当 $x<0$ 时,$y''<0$,所以曲线在 $(-\infty,0)$ 内为凸弧;当 $x>0$ 时,$y''>0$,所以曲线在 $(0,+\infty)$ 内为凹弧.

例 10　判断曲线 $y=\sqrt[3]{x}$ 的凹凸性.

解　$y'=\dfrac{1}{3}x^{-\frac{2}{3}}$,$y''=-\dfrac{2}{9}x^{-\frac{5}{3}}$,该函数的定义域为 $(-\infty,+\infty)$. 当 $x<0$ 时,$y''>0$,所以曲线在 $(-\infty,0)$ 内为凹弧;当 $x>0$ 时,$y''<0$,所以曲线在 $(0,+\infty)$ 内为凸弧.

注:显然曲线的凹凸区间也是需要分界点来划分的,通过上述两例不难发现,例 9 中曲线的凹凸区间的分界点是令曲线函数二阶导数等于 0 的点,而例 10 中曲线的凹凸区间的分界点是令曲线函数二阶不可导(不存在)的点,故与求曲线极值的分界点类似,曲线凹凸区间的分界点有两种可能:一种是令曲线函数二阶导数等于 0 的点,另一种是令曲线函数二阶不可导的点.

例 11　求曲线 $y=(x-2)^{\frac{5}{3}}-\dfrac{5}{9}x^2$ 的凹凸区间和拐点.

解　函数的定义域为 $(-\infty,+\infty)$.

$$y'=\frac{5}{3}(x-2)^{\frac{2}{3}}-\frac{10}{9}x,\quad y''=\frac{10}{9}(x-2)^{-\frac{1}{3}}-\frac{10}{9}=\frac{10}{9}\cdot\frac{1-\sqrt[3]{x-2}}{\sqrt[3]{x-2}}.$$

令 $y''=0$ 得 $x=3$,又在 $x=2$ 处函数的二阶导数不存在.

列表讨论 y'' 的符号,从而确定曲线的凹凸性和拐点:

x	$(-\infty,2)$	2	$(2,3)$	3	$(3,+\infty)$
y''	$-$	不存在	$+$	0	$-$
y	$\frown$	拐点 $\left(2,-\dfrac{20}{9}\right)$	$\smile$	拐点 $(3,-4)$	$\frown$

注:上表中"$\frown$"及"$\smile$"分别表示曲线的凸和凹.

综上,曲线的凹区间为 $(2,3)$,凸区间为 $(-\infty,2)$ 及 $(3,+\infty)$,拐点为 $\left(2,-\dfrac{20}{9}\right)$ 和 $(3,-4)$.

四、函数的最值

在实际应用中,常常会遇到求最大值和最小值的问题,如用料最省、容量最大、花钱最少、效率最高、利润最大等. 此类问题在数学上往往可归结为求某一函数(通常称为**目标函数**)的最大值或最小值问题.

假定函数 $f(x)$ 在闭区间 $[a,b]$ 上连续,则函数在该区间内必有最大值和最小值. 函数的最值与极值是有区别的,前者是指在整个闭区间 $[a,b]$ 上所有函数值中最大或最小,因而最值是全局性的概念. 但如果函数的最值在区间内部取得,则最值同时也是极值. 此外,函数的最值也可能在区间端点处取得.

综上,求函数 $f(x)$ 在 $[a,b]$ 上的最值的步骤如下:

(1) 求出函数 $f(x)$ 在 (a,b) 内的全部驻点及不可导点(即求出一切可能的极值点);

(2) 计算(1)中各点对应函数值及 $f(a)$,$f(b)$;

(3) 比较(2)中诸值的大小,其中最大的就是最大值,最小的就是最小值.

此外,在求函数的最值时,特别值得指出的是:若函数 $f(x)$ 在开区间 I 内只有一个极值点 x_0,那么,当 $f(x_0)$ 为极大值时,$f(x_0)$ 就是函数在所给区间上的最大值;当 $f(x_0)$ 为极小值时,$f(x_0)$ 就是函数在所给区间上的最小值. 在应用问题中往往会遇到这样的情形.

例 12 某房地产公司有 50 套公寓出租,当租金定为每月 1 000 元时,公寓会全部租出去;当租金每月增加 50 元时,就有一套公寓租不出去.而租出去的每套房子每月需花费 100 元的维护费.试问房租定为多少可获得最大收入?

解 设房屋租金为每月 x 元,房屋租金总收入为 y,则由题意

$$y=(x-100)\left(50-\frac{x-1\ 000}{50}\right)=\frac{1}{50}(-x^2+3\ 600x+350\ 000),\ y'=\frac{1}{50}(-2x+3\ 600),$$

令 $y'=0$,则 $x=1\ 800$.

由于驻点唯一,而实际问题的最值存在,所以 $x=1800$ 为最值点.

故当房屋租金为每月 1 800 元时,收入最大为 57 800 元.

【文化视角】

数学历史上著名的"洛必达法则",你知道是怎么产生的吗?

学过"洛必达法则",就会发现这可是个好东西,当求极限碰到一个很复杂的公式时,往往

上下同时求导就能算出结果.虽然也会碰到一些不能求导的情况,但这种方法无疑给解题带来了极大的方便.可是你知道吗？大名鼎鼎的"洛必达法则",却不是洛必达发明的.

故事发生在 17 世纪的欧洲,数学学科空前繁荣,整个社会表现出对数学的推崇和喜爱.主人公洛必达出生于法国贵族家庭,家境优渥,自幼酷爱数学,并展现出了过人天赋.15 岁时就解决了帕斯卡所提出的一个摆线难题.

洛必达

洛必达是莱布尼茨微积分的忠实信徒,并且是约翰·伯努利的高徒,成功地解答过约翰·伯努利提出的"最速降线"问题.他还是法国科学院院士.

洛必达的最大功绩是撰写了世界上第一本系统的微积分教程——《用于理解曲线的无穷小分析》.这部著作出版于 1696 年,后来多次修订再版,为在欧洲特别是在法国普及微积分起了重要作用.这本书追随欧几里得和阿基米德古典范例,以定义和公理为出发点,同时得益于约翰·伯努利的著作,其经过是这样的:约翰·伯努利在 1691—1692 年间写了两篇关于微积分的短论,但未发表.不久以后,他答应为年轻的洛必达讲授微积分,定期领取薪金.作为答谢,他把自己的数学发现传授给洛必达,并允许他随时利用.于是,洛必达根据约翰·伯努利的传授和未发表的论著以及自己的学习心得,撰写了该书.书中提出了著名的算法"洛必达法则",发表后轰动一时.

1704 年,洛必达英年早逝,年仅 43 岁.在他去世后,伯努利发声:"我才是'洛必达法则'的真正创立者,只是当年洛必达给了不菲的报酬我才卖给了他,这个法则应该更名为'伯努利法则'！"但遭到了人们的质疑:"你当初为了蝇头小利背叛了数学道德和良知,如今发声也只是为了利益而已."人们也不再理会他.

如今有极少数学书称法则为"伯努利法则",但人们还是习惯称之为"洛必达法则".这可能是伯努利一生最后悔的一件事了.

习 题 2-5

1. 求下列极限:

(1) $\lim\limits_{x \to 1} \dfrac{x^3 - 3x + 2}{x^3 - x^2 - x + 1}$;

(2) $\lim\limits_{x \to 0} \dfrac{e^x - e^{-x} - 2x}{x - \sin x}$;

(3) $\lim\limits_{x \to 0} \dfrac{\tan x - x}{x^2 \tan x}$;

(4) $\lim\limits_{x \to \pi/2} \dfrac{\ln \sin x}{(\pi - 2x)^2}$;

(5) $\lim\limits_{x \to 0^+} \dfrac{\ln \tan 7x}{\ln \tan 2x}$;

(6) $\lim\limits_{x \to 0^+} (\cos \sqrt{x})^{\pi/x}$.

2. 确定下列函数的单调区间并求其极值:

(1) $f(x) = 2x^3 - 9x^2 + 12x - 3$;

(2) $f(x) = 1 - (x-2)^{2/3}$;

(3) $f(x) = \sqrt[3]{(2x-a)(a-x)^2}$ $\quad (a > 0)$;

(4) $f(x) = x + \sqrt{1-x}$.

3. 求下列函数图形的拐点和凹凸区间:

(1) $y = 3x^4 - 4x^3 + 1$;

(2) $y = \ln(1 + x^2)$.

4. 求下列函数在给定区间上的最大值和最小值:

(1) $y=2x^3+3x^2-12x+14$, $x\in[-3,4]$；

(2) $y=x+2\sqrt{x}$, $x\in[0,4]$.

5. 由直线 $y=0$, $x=8$ 及抛物线 $y=x^2$ 围成一个曲边三角形，在曲边 $y=x^2$ 上求一点，使曲线在该点处的切线与直线 $y=0$ 及 $x=8$ 所围成的三角形面积最大.

6. 设工厂 A 到铁路线的垂直距离为 20 km，垂足为 B. 铁路线上距离 B 为 100 km 处有一原料供应站 C，如图 2-5-4，现在要在铁路 BC 中间某处 D 修建一个原料中转车站，再由车站 D 向工厂修一条公路. 如果已知每千米的铁路货运运费与公路货运运费之比为 $3:5$，那么，D 应选在何处，才能使原料供应站 C 运货到工厂 A 所需运费最省？

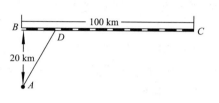

图 2-5-4

第三章 积 分 学

我们前面已经学习了一元函数的微分学,掌握了由已知函数求其导函数的方法.现在许多实际问题中,常常需要解决相反的问题,即已知一个函数的导函数,如何求出这个函数.这种由导数或微分求原来函数的逆运算称为不定积分.本章除介绍不定积分的概念及其计算方法以外,重点是应用,即定积分及其应用.同时,将此数学方法推广到二元函数的情况,即二重积分.

§3.1 不定积分的概念与性质

一、原函数与不定积分的概念

若已知 $f'(x)=2x$,由求导公式可知 $f(x)=x^2$,称 $f(x)=x^2$ 是 $2x$ 的原函数.

定义 1 设函数 $f(x)$ 在区间 I 上有定义,如果存在函数 $F(x)$,对于区间 I 上任一点 x,均有

$$F'(x)=f(x) \quad 或 \quad \mathrm{d}F(x)=f(x)\mathrm{d}x,$$

则称函数 $F(x)$ 是已知函数 $f(x)$ 在区间 I 上的一个**原函数**.

关于原函数,我们首先关心的是:什么样的函数一定有原函数呢?下面的定理可以解决这个问题.

原函数存在定理 若函数 $f(x)$ 在区间 I 上连续,则在区间 I 上一定存在可导函数 $F(x)$,使对任意 $x\in I$ 都有 $F'(x)=f(x)$,即**连续函数一定有原函数**.

注:由于初等函数在其定义区间内均连续,故初等函数在其定义区间内均存在原函数.

例如,因为函数 $y=\sin x$ 在 $(-\infty,+\infty)$ 内连续,故在 $(-\infty,+\infty)$ 内一定有原函数,又因 $(\sin x)'=\cos x$,故 $\sin x$ 是 $\cos x$ 的一个原函数,又 $(\sin x+\pi)'=\cos x$,故 $\sin x+\pi$ 也是 $\cos x$ 的一个原函数.

从上述例子可见,一个函数的原函数并不唯一.事实上,若 $F(x)$ 是 $f(x)$ 在区间 I 上的原函数,即 $F'(x)=f(x)$,则有

$$[F(x)+C]'=f(x) \quad (C 为任意常数).$$

从而,$F(x)+C$ 也是 $f(x)$ 在区间 I 上的原函数.这说明,若 $f(x)$ 有一个原函数,则 $f(x)$ 就有无穷多个原函数.那么,$f(x)$ 的任意两个原函数之间有什么关系呢?

设 $F(x)$ 和 $\Phi(x)$ 均是 $f(x)$ 在区间 I 上的原函数,即对于任意 $x\in I$,有

$$F'(x)=f(x) \quad 和 \quad \Phi'(x)=f(x),$$

即

$$F'(x)=\Phi'(x).$$

可证 $F(x)-\Phi(x)=C_0$(C_0 为某个常数).这表明 $f(x)$ 的任意两个原函数之间只差一个常数.

因此,当 $F(x)$ 是 $f(x)$ 的一个原函数,C 为任意常数时,表达式

$$F(x)+C$$

就可表示 $f(x)$ 的任意一个原函数. 即 $f(x)$ 的全体原函数所组成的集合,就是函数族

$$\{F(x)+C \mid C \in \mathbf{R}\}.$$

定义 2 若 $F(x)$ 是 $f(x)$ 在区间 I 上的一个原函数,则 $F(x)+C$(C 为任意常数)称为 $f(x)$ 在区间 I 上的**不定积分**,记为

$$\int f(x)\mathrm{d}x,$$

即

$$\int f(x)\mathrm{d}x = F(x)+C.$$

其中,符号 $\int$ 称为积分号,$f(x)$ 称为**被积函数**,$f(x)\mathrm{d}x$ 称为**被积表达式**,x 称为**积分变量**,C 称为**积分常数**.

由定义 2 知,求函数 $f(x)$ 的不定积分的中心问题,就是求 $f(x)$ 的一个原函数.

例 1 求不定积分: $\int \dfrac{1}{\sqrt{1-x^2}}\mathrm{d}x$.

解 由于 $(\arcsin x)' = \dfrac{1}{\sqrt{1-x^2}}$,即 $\arcsin x$ 是 $\dfrac{1}{\sqrt{1-x^2}}$ 的一个原函数,故

$$\int \frac{1}{\sqrt{1-x^2}}\mathrm{d}x = \arcsin x + C.$$

注:不定积分是被积函数的全体原函数的一般表达式,故在求不定积分时,一定不要忘记加积分常数 C.

二、不定积分的性质

由不定积分的定义知,$\int f(x)\mathrm{d}x$ 是 $f(x)$ 的原函数,所以

性质 1 $\qquad \dfrac{\mathrm{d}}{\mathrm{d}x}\left[\int f(x)\mathrm{d}x\right] = f(x) \quad$ 或 $\quad \mathrm{d}\left[\int f(x)\mathrm{d}x\right] = f(x)\mathrm{d}x.$

又由于 $F(x)$ 是 $F'(x)$ 的原函数,故有:

性质 2 $\qquad \int F'(x)\mathrm{d}x = F(x)+C \quad$ 或 $\quad \int \mathrm{d}F(x) = F(x)+C.$

由此可见,微分运算(以记号 d 表示)与积分运算(以记号 $\int$ 表示)是互逆的. 两个运算连在一起,$\mathrm{d}\int$ 完全抵消,$\int \mathrm{d}$ 抵消后相差一个常数.

性质 3 设函数 $f(x)$ 及 $g(x)$ 的原函数存在,则

$$\int [f(x) \pm g(x)]\mathrm{d}x = \int f(x)\mathrm{d}x \pm \int g(x)\mathrm{d}x.$$

该性质可推广到有限个函数代数和的情形,即有限个函数代数和的不定积分,等于它们各自不定积分的代数和.

性质 4 设函数 $f(x)$ 的原函数存在,k 为非零常数,则

$$\int kf(x)\mathrm{d}x = k\int f(x)\mathrm{d}x.$$

三、基本积分表

既然积分运算是微分运算的逆运算,那么就可以从导数(或微分)的基本公式得到相应的积分基本公式.为了使用方便,下面我们把积分基本公式列成如下形式(称之为基本积分表):

(1) $\int \mathrm{d}x = x + C$;

(2) $\int x^\alpha \mathrm{d}x = \dfrac{1}{\alpha+1}x^{\alpha+1} + C \quad (\alpha \neq -1)$;

(3) $\int \dfrac{1}{x}\mathrm{d}x = \ln|x| + C$;

(4) $\int a^x \mathrm{d}x = \dfrac{a^x}{\ln a} + C$, 当 $a = \mathrm{e}$ 时 $\int \mathrm{e}^x \mathrm{d}x = \mathrm{e}^x + C$;

(5) $\int \cos x \mathrm{d}x = \sin x + C$;

(6) $\int \sin x \mathrm{d}x = -\cos x + C$;

(7) $\int \sec^2 x \mathrm{d}x = \tan x + C$;

(8) $\int \csc^2 x \mathrm{d}x = -\cot x + C$;

(9) $\int \sec x \tan x \mathrm{d}x = \sec x + C$;

(10) $\int \csc x \cot x \mathrm{d}x = -\csc x + C$;

(11) $\int \dfrac{\mathrm{d}x}{\sqrt{1-x^2}} = \arcsin x + C = -\arccos x + C$;

(12) $\int \dfrac{\mathrm{d}x}{1+x^2} = \arctan x + C = -\operatorname{arccot} x + C$;

*(13) $\int \operatorname{sh} x \mathrm{d}x = \operatorname{ch} x + C$;

*(14) $\int \operatorname{ch} x \mathrm{d}x = \operatorname{sh} x + C$.

以上 14 个公式是求不定积分的基础,读者必须熟记.利用这些公式,可以很快求出一些简单的不定积分.

四、直接积分法

利用不定积分的运算性质和基本积分公式,直接求出不定积分的方法,称为**直接积分法**.

例 2 计算下列不定积分:

(1) $\int (3x^2 + \mathrm{e}^x - \cos x)\mathrm{d}x$;

(2) $\int 2^x \mathrm{e}^x \mathrm{d}x$;

(3) $\int \sqrt{x}\left(1 - \dfrac{1}{x}\right)\mathrm{d}x$;

(4) $\int \dfrac{1+x}{\sqrt[3]{x}}\mathrm{d}x$;

(5) $\int \dfrac{1+x+x^2}{x(1+x^2)}\mathrm{d}x$;

(6) $\int \dfrac{1}{x^2(1+x^2)}\mathrm{d}x$;

(7) $\int \tan^2 x \mathrm{d}x$;

(8) $\int \dfrac{\mathrm{d}x}{\sin^2 x \cos^2 x}$.

解 (1) $\int (3x^2 + \mathrm{e}^x - \cos x)\mathrm{d}x = 3\int x^2 \mathrm{d}x + \int \mathrm{e}^x \mathrm{d}x - \int \cos x \mathrm{d}x$

$$= 3\left(\dfrac{1}{3}x^3 + C_1\right) + (\mathrm{e}^x + C_2) - (\sin x + C_3)$$

$$= x^3 + \mathrm{e}^x - \sin x + 3C_1 + C_2 - C_3$$

$$= x^3 + \mathrm{e}^x - \sin x + C.$$

注:每个积分号都含有一个任意常数,但由于这些任意常数的代数和仍是任意常数,故只

要总的写出一个任意常数 C 即可.

(2) $\int 2^x \mathrm{e}^x \mathrm{d}x = \int (2\mathrm{e})^x \mathrm{d}x = \dfrac{1}{\ln 2\mathrm{e}} (2\mathrm{e})^x + C = \dfrac{1}{1+\ln 2} 2^x \mathrm{e}^x + C.$

(3) $\int \sqrt{x}\left(1 - \dfrac{1}{x}\right)\mathrm{d}x = \int \left(\sqrt{x} - \dfrac{1}{\sqrt{x}}\right)\mathrm{d}x = \dfrac{2}{3}x^{\frac{3}{2}} - 2\sqrt{x} + C = \dfrac{2}{3}x\sqrt{x} - 2\sqrt{x} + C.$

(4) $\int \dfrac{1+x}{\sqrt[3]{x}}\mathrm{d}x = \int (x^{-\frac{1}{3}} + x^{\frac{2}{3}})\mathrm{d}x = \dfrac{3}{2}x^{\frac{2}{3}} + \dfrac{3}{5}x^{\frac{5}{3}} + C.$

(5) $\int \dfrac{1+x+x^2}{x(1+x^2)}\mathrm{d}x = \int \dfrac{(1+x^2)+x}{x(1+x^2)}\mathrm{d}x = \int \left(\dfrac{1}{x} + \dfrac{1}{1+x^2}\right)\mathrm{d}x = \ln|x| + \arctan x + C.$

(6) $\int \dfrac{1}{x^2(1+x^2)}\mathrm{d}x = \int \dfrac{1+x^2-x^2}{x^2(1+x^2)}\mathrm{d}x = \int \left(\dfrac{1}{x^2} - \dfrac{1}{1+x^2}\right)\mathrm{d}x = -\dfrac{1}{x} - \arctan x + C.$

(7) $\int \tan^2 x \mathrm{d}x = \int (\sec^2 x - 1)\mathrm{d}x = \tan x - x + C.$

(8) $\int \dfrac{\mathrm{d}x}{\sin^2 x \cos^2 x} = \int \dfrac{\sin^2 x + \cos^2 x}{\sin^2 x \cos^2 x}\mathrm{d}x = \int \left(\dfrac{1}{\cos^2 x} + \dfrac{1}{\sin^2 x}\right)\mathrm{d}x$

$$= \int (\sec^2 x + \csc^2 x)\mathrm{d}x = \tan x - \cot x + C.$$

注:需要用直接积分法计算的积分式对被积函数进行恒等变形,在分子上加一项、减一项是常用的技巧,如例 2 的(5)、(6);此外,三角函数的有关公式,如平方关系也常用到,如例 2 的(7)、(8).

例 3 列车快进站时必须减速,若列车减速后的速度为 $v(t) = 1 - \dfrac{1}{3}t$(单位:km/min),问列车应在离站台多远的地方开始减速?

解 列车减速后的速度为 $v(t) = 1 - \dfrac{1}{3}t$,当 $v=0$ 时停下,解得 $t=3$ min.由速度与路程的关系 $v(t) = s'(t)$ 可知,$s(t)$ 满足 $s'(t) = v(t) = 1 - \dfrac{1}{3}t$,且 $s(0) = 0$,于是

$$s(t) = \int v(t)\mathrm{d}t = \int \left(1 - \dfrac{1}{3}t\right)\mathrm{d}t = t - \dfrac{1}{6}t^2 + C.$$

将 $s(0) = 0$ 代入上式得 $C=0$.则当 $t=3$ min 时,$s=1.5$ km.于是当时间 $t=3$ min 时,列车行驶 $s(3) = 1.5$ km.

答:列车应在离站台 1.5 km 的地方开始减速.

【文化视角】

微积分的创始人到底是谁?

牛顿和莱布尼茨对微积分都做出了巨大贡献,两人谁才是微积分的创始人呢?

关于这个问题,历史上曾出现过一场围绕微积分成果归属和优先权的激烈争论.这场争论从牛顿和莱布尼茨还在世时就开始了,直到他们去世还未停止,一直持续了 100 多年的时间,英国和欧洲各国不少科学家都曾卷入这场旷世持久、尖锐而复杂的论战中.

争论的主要原因:1687 年以前,牛顿没有发表过微积分方面的任何工作,但他从 1665 年到 1687 年把研究结果通知了他的朋友.特别地,1669 年他把他的短文《分析学》给了他的老师巴罗,后者把它送给了 John Collins.莱布尼茨于 1672 年访问巴黎,1673 年访问伦敦,并和一

些与牛顿工作的人通信,直到 1684 年才发表微积分的著作.于是就出现莱布尼茨是否知道牛顿工作详情的问题.

争论使数学家分成两派.一派是英国数学家,包括数学家泰勒和麦克劳林等,他们捍卫牛顿,认为莱布尼茨剽窃了牛顿的成果;另一派是欧洲数学家,尤其是 Bcrnonlli 兄弟,支持莱布尼茨.

首先,牛顿和莱布尼茨对微积分的研究方法和途径是不同的.

牛顿研究微积分着重于从运动学来考虑,他在 1671 年写了《流数法和无穷级数》,这本书直到 1736 年才出版.他在这本书里指出,量变是由点、线、面的连续运动产生的,否定了以前自己认为的变量是无穷小元素的静止集合.他把连续变量叫作流动量,把这些流动量的导数叫作流数.牛顿在流数术中所提出的中心问题是:已知连续运动的路径,求给定时刻的速度(微分法);已知运动的速度求给定时间内经过的路程(积分法).

莱布尼茨研究微积分却是侧重于几何学来考虑的.他在 1684 年发表了现在世界认为是最早的微积分文献,这篇文章有一个很长而且很古怪的名字《一种求极大极小和切线的新方法,它也适用于分式和无理量,以及这种新方法的奇妙类型的计算》.就是这样一篇说理也颇含糊的文章,却有划时代的意义.它已含有现代的微分符号和基本微分法则.莱布尼茨主要是在研究曲线的切线和面积的问题上,运用分析学方法引进微积分要领的.

牛顿在微积分的应用上更多地结合了运动学,造诣精深;但莱布尼茨的表达形式简洁准确,胜过牛顿.在对微积分具体内容的研究上,牛顿先有导数概念,后有积分概念;莱布尼茨则先有求积概念,后有导数概念.

其次,牛顿与莱布尼茨的学风也迥然不同.

作为科学家的牛顿,治学严谨.他迟迟不发表微积分著作《流数术》的原因,很可能是因为他没有找到合理的逻辑基础,也可能是"害怕别人反对的心理"所致.但作为哲学家的莱布尼茨比较大胆,富于想象,勇于推广,结果造成创作年代上牛顿先于莱布尼茨 10 年,而在发表的时间上,莱布尼茨却早于牛顿三年.

虽然牛顿和莱布尼茨研究微积分的方法各异,但殊途同归.各自独立地完成了创建微积分的盛业,光荣应由他们两人共享.

这场争论是数学发展史上不可磨灭的一页,它的重要性不在于谁胜谁负的问题,而是使数学家分成英国和欧洲大陆两派,争论双方在争论期间停止学术交流,不仅影响了数学的正常发展,也波及自然科学领域,以致发展到英德两国之间的政治摩擦.自尊心很强的英国民族抱住牛顿的概念和记号不放,拒绝使用更为合理的莱布尼茨的微积分符号和技巧,致使英国在数学发展上大大落后于欧洲.一场旷日持久的争论变成了科学史上的前车之鉴.

习 题 3-1

1. 求下列不定积分:

(1) $\int \frac{(x^2-3)(x+1)}{x^2}dx$;

(2) $\int \sqrt{x}(x-3)dx$;

(3) $\int \frac{1+x}{1+\sqrt[3]{x}}dx$;

(4) $\int \frac{3x^4+3x^2+1}{x^2+1}dx$;

(5) $\int \frac{x^2}{1+x^2}dx$;

(6) $\int \frac{4\cdot e^x+2\cdot 3^{2x}}{3^x}dx$;

(7) $\int \sqrt{x \sqrt{x \sqrt{x}}}\, \mathrm{d}x$;　　　　　(8) $\int \dfrac{\mathrm{e}^{2x}-1}{\mathrm{e}^x+1}\,\mathrm{d}x$;

(9) $\int \cot^2 x \,\mathrm{d}x$;　　　　　　　(10) $\int \cos^2 \dfrac{x}{2}\,\mathrm{d}x$;

(11) $\int \sec x(\sec x + \tan x)\,\mathrm{d}x$;　　(12) $\int \dfrac{\cos 2x}{\sin^2 x \cos^2 x}\,\mathrm{d}x$.

2. 已知曲线 $y=f(x)$ 在任一点 x 处的切线斜率为 $2x$，且曲线通过点 $(1,2)$，求此曲线的方程.

§3.2　积 分 方 法

能用直接积分法计算的不定积分是十分有限的，因此有必要进一步研究不定积分的求法. 本节将介绍一些常用的方法：第一换元积分法（凑微分法）、第二换元积分法和分部积分法.

一、第一换元积分法（凑微分法）

如果不定积分 $\int f(x)\,\mathrm{d}x$ 不易求得，但被积函数可写成

$$f(x)=g(\varphi(x))\varphi'(x)$$

的形式，其中 $g(u)$ 具有原函数 $G(u)$，即

$$G'(u)=g(u),\qquad \int g(u)\,\mathrm{d}u=G(u)+C.$$

根据复合函数的微分法则，有

$$\mathrm{d}G(\varphi(x))=g(\varphi(x))\,\mathrm{d}(\varphi(x))=g(\varphi(x))\varphi'(x)\,\mathrm{d}x,$$

从而

$$\int f(x)\,\mathrm{d}x = \int g(\varphi(x))\varphi'(x)\,\mathrm{d}x = \int g(\varphi(x))\,\mathrm{d}(\varphi(x)) = \int \mathrm{d}G(\varphi(x)) = G(\varphi(x))+C \quad (*).$$

若设 $\varphi(x)=u$，则

$$\int f(x)\,\mathrm{d}x = \int g(\varphi(x))\varphi'(x)\,\mathrm{d}x \xtofrac{\varphi(x)=u}{\text{换元}} \int g(u)\,\mathrm{d}u = G(u)+C \xtofrac{u=\varphi(x)}{\text{回代}} G(\varphi(x))+C,$$

这就是**第一换元积分法**，又称**凑微分法**.

定理　设 $g(u)$ 具有原函数 $G(u)$，$u=\varphi(x)$ 可导，则有换元积分公式

$$\int g(\varphi(x))\varphi'(x)\,\mathrm{d}x \xtofrac{\varphi(x)=u}{\text{换元}} \int g(u)\,\mathrm{d}u = G(u)+C \xtofrac{u=\varphi(x)}{\text{回代}} G(\varphi(x))+C.$$

注：（1）从上述讨论可知，第一换元积分法的关键是把 $f(x)$ 写成 $g(\varphi(x))\varphi'(x)$ 的形式.

（2）从（ * ）式可见，第一换元积分法完全可以不换元，只需凑出微分式

$$g(\varphi(x))\varphi'(x)\,\mathrm{d}x = g(\varphi(x))\,\mathrm{d}(\varphi(x)),$$

然后把 $\varphi(x)$ 作为函数 g 的整体自变量，求被积函数 g 的原函数即可. 这就要求读者对常用的微分公式要非常熟悉.

例 1　求不定积分 $\int \cos(3x+5)\,\mathrm{d}x$.

解　被积函数 $\cos(3x+5)$ 是一个复合函数：$\cos(3x+5)=\sin u$，$u=3x+5$，那么 $\mathrm{d}u=$

$3\mathrm{d}x$,这样

$$\int\cos(3x+5)\mathrm{d}x = \frac{1}{3}\int\cos(3x+5)3\mathrm{d}x \xlongequal[3x+5=u]{\text{换元}} \frac{1}{3}\int\cos u\,\mathrm{d}u = \frac{1}{3}\sin u + C$$

$$\xlongequal[u=3x+5]{\text{回代}} \frac{1}{3}\sin(3x+5) + C.$$

如果对复合函数的复合过程以及微分公式较为熟悉,就可不写出中间变量.本例不写出中间变量的计算过程如下:

$$\int\cos(3x+5)\mathrm{d}x = \frac{1}{3}\int\cos(3x+5)\mathrm{d}(3x+5) = \frac{1}{3}\sin(3x+5) + C.$$

注:一般地,有

$$\int f(ax+b)\mathrm{d}x = \frac{1}{a}\int f(ax+b)\mathrm{d}(ax+b).$$

例 2　求不定积分 $\int 2x\mathrm{e}^{x^2}\mathrm{d}x$.

解　被积函数中 e^{x^2} 是一个复合函数:$\mathrm{e}^{x^2}=\mathrm{e}^u$,$u=x^2$,那么 $\mathrm{d}u=2x\mathrm{d}x$,这样

$$\int 2x\mathrm{e}^{x^2}\mathrm{d}x = \int\mathrm{e}^{x^2}(2x\mathrm{d}x) \xlongequal[x^2=u]{\text{换元}} \int\mathrm{e}^u\,\mathrm{d}u = \mathrm{e}^u + C \xlongequal[u=x^2]{\text{回代}} \mathrm{e}^{x^2} + C.$$

本例不写出中间变量的计算过程如下:

$$\int 2x\mathrm{e}^{x^2}\mathrm{d}x = \int\mathrm{e}^{x^2}\mathrm{d}(x^2) = \mathrm{e}^{x^2} + C.$$

注:一般地,有

$$\int x^{\alpha-1}f(x^\alpha)\mathrm{d}x = \frac{1}{\alpha}\int f(x^\alpha)\mathrm{d}(x^\alpha) \quad (\alpha\neq 0),$$

其中,最常用的是 α 为正整数的情形,以及

$$\int\frac{1}{\sqrt{x}}f(\sqrt{x})\mathrm{d}x = 2\int f(\sqrt{x})\mathrm{d}(\sqrt{x}) \quad \text{和} \quad \int\frac{1}{x^2}f\left(\frac{1}{x}\right)\mathrm{d}x = -\int f\left(\frac{1}{x}\right)\mathrm{d}\left(\frac{1}{x}\right).$$

为了方便使用,我们把常用的凑微分法公式总结如下:

(1) $\int f(ax+b)\mathrm{d}x = \dfrac{1}{a}\int f(ax+b)\mathrm{d}(ax+b) \quad (a\neq 0)$;

(2) $\int f(x^\alpha)x^{\alpha-1}\mathrm{d}x = \dfrac{1}{\alpha}\int f(x^\alpha)\mathrm{d}(x^\alpha) \quad (\alpha\neq 0)$;

(3) $\int f(\ln x)\cdot\dfrac{1}{x}\mathrm{d}x = \int f(\ln x)\mathrm{d}(\ln x)$;

(4) $\int f(\mathrm{e}^x)\cdot\mathrm{e}^x\mathrm{d}x = \int f(\mathrm{e}^x)\mathrm{d}(\mathrm{e}^x)$, $\quad \int f(a^x)\cdot a^x\mathrm{d}x = \dfrac{1}{\ln a}\int f(a^x)\mathrm{d}(a^x)$;

(5) $\int f(\sin x)\cdot\cos x\mathrm{d}x = \int f(\sin x)\mathrm{d}(\sin x)$;

(6) $\int f(\cos x)\cdot\sin x\mathrm{d}x = -\int f(\cos x)\mathrm{d}(\cos x)$;

(7) $\int f(\tan x)\sec^2 x\mathrm{d}x = \int f(\tan x)\mathrm{d}(\tan x)$;

(8) $\int f(\cot x)\csc^2 x\mathrm{d}x = -\int f(\cot x)\mathrm{d}(\cot x)$;

$(9) \displaystyle\int f(\sec x)\sec x\tan x\mathrm{d}x = \int f(\sec x)\mathrm{d}(\sec x);$

$(10) \displaystyle\int f(\arctan x)\frac{1}{1+x^2}\mathrm{d}x = \int f(\arctan x)\mathrm{d}(\arctan x);$

$(11) \displaystyle\int f(\arcsin x)\frac{1}{\sqrt{1-x^2}}\mathrm{d}x = \int f(\arcsin x)\mathrm{d}(\arcsin x).$

以下各例不再引入中间变量,请读者悉心揣摩各解题过程.

例 3 计算下列不定积分:

$(1) \displaystyle\int \frac{1}{1+x}\mathrm{d}x;$ $\qquad\qquad\qquad (2) \displaystyle\int \frac{x}{1+x}\mathrm{d}x;$

$(3) \displaystyle\int \frac{1}{x^2-a^2}\mathrm{d}x \quad (a>0);$ $\qquad (4) \displaystyle\int \frac{1}{a^2+x^2}\mathrm{d}x \quad (a>0);$

$(5) \displaystyle\int \frac{\mathrm{d}x}{\sqrt{a^2-x^2}} \quad (a>0);$ $\qquad (6) \displaystyle\int \frac{\cos\dfrac{1}{x}}{x^2}\mathrm{d}x;$

$(7) \displaystyle\int \frac{\mathrm{e}^{3\sqrt{x}}}{\sqrt{x}}\mathrm{d}x;$ $\qquad\qquad\qquad (8) \displaystyle\int \frac{\mathrm{e}^x}{1+\mathrm{e}^{2x}}\mathrm{d}x;$

$(9) \displaystyle\int \frac{1}{1+\mathrm{e}^x}\mathrm{d}x;$ $\qquad\qquad\qquad (10) \displaystyle\int \frac{\ln x}{x}\mathrm{d}x;$

$(11) \displaystyle\int \frac{\mathrm{d}x}{\sqrt{(1-x^2)\arcsin x}}.$

解 $(1) \displaystyle\int \frac{1}{1+x}\mathrm{d}x = \int \frac{1}{1+x}\mathrm{d}(1+x) = \ln|1+x|+C.$

$(2) \displaystyle\int \frac{x}{1+x}\mathrm{d}x = \int \frac{1+x-1}{1+x}\mathrm{d}x = \int\left(1-\frac{1}{1+x}\right)\mathrm{d}x = x-\ln|1+x|+C.$

$(3) \displaystyle\int \frac{1}{x^2-a^2}\mathrm{d}x = \frac{1}{2a}\int\left(\frac{1}{x-a}-\frac{1}{x+a}\right)\mathrm{d}x$

$$= \frac{1}{2a}\left[\int \frac{1}{x-a}\mathrm{d}(x-a) - \int \frac{1}{x+a}\mathrm{d}(x+a)\right]$$

$$= \frac{1}{2a}[\ln|x-a|-\ln|x+a|]+C = \frac{1}{2a}\ln\left|\frac{x-a}{x+a}\right|+C,$$

即 $$\int \frac{1}{x^2-a^2}\mathrm{d}x = \frac{1}{2a}\ln\left|\frac{x-a}{x+a}\right|+C \quad (a>0).$$

$(4) \displaystyle\int \frac{1}{a^2+x^2}\mathrm{d}x = \frac{1}{a^2}\int \frac{1}{1+\left(\dfrac{x}{a}\right)^2}\mathrm{d}x = \frac{1}{a}\int \frac{1}{1+\left(\dfrac{x}{a}\right)^2}\mathrm{d}\left(\frac{x}{a}\right) = \frac{1}{a}\arctan\frac{x}{a}+C,$

即 $$\int \frac{1}{a^2+x^2}\mathrm{d}x = \frac{1}{a}\arctan\frac{x}{a}+C \quad (a>0).$$

$(5) \displaystyle\int \frac{\mathrm{d}x}{\sqrt{a^2-x^2}} = \frac{1}{a}\int \frac{\mathrm{d}x}{\sqrt{1-\left(\dfrac{x}{a}\right)^2}} = \int \frac{1}{\sqrt{1-\left(\dfrac{x}{a}\right)^2}}\mathrm{d}\left(\frac{x}{a}\right) = \arcsin\frac{x}{a}+C,$

即 $$\int \frac{\mathrm{d}x}{\sqrt{a^2-x^2}} = \arcsin\frac{x}{a}+C \quad (a>0).$$

$(6)\int\dfrac{\cos\dfrac{1}{x}}{x^{2}}\mathrm{d}x=-\int\cos\dfrac{1}{x}\mathrm{d}\left(\dfrac{1}{x}\right)=-\sin\dfrac{1}{x}+C.$

$(7)\int\dfrac{\mathrm{e}^{3\sqrt{x}}}{\sqrt{x}}\mathrm{d}x=2\cdot\dfrac{1}{3}\int\mathrm{e}^{3\sqrt{x}}\mathrm{d}(3\sqrt{x})=\dfrac{2}{3}\mathrm{e}^{3\sqrt{x}}+C.$

$(8)\int\dfrac{\mathrm{e}^{x}}{1+\mathrm{e}^{2x}}\mathrm{d}x=\int\dfrac{1}{1+(\mathrm{e}^{x})^{2}}\mathrm{d}(\mathrm{e}^{x})=\arctan\mathrm{e}^{x}+C.$

$(9)\int\dfrac{1}{1+\mathrm{e}^{x}}\mathrm{d}x=\int\dfrac{1+\mathrm{e}^{x}-\mathrm{e}^{x}}{1+\mathrm{e}^{x}}\mathrm{d}x=\int\left(1-\dfrac{\mathrm{e}^{x}}{1+\mathrm{e}^{x}}\right)\mathrm{d}x$
$$=x-\int\dfrac{1}{1+\mathrm{e}^{x}}\mathrm{d}(1+\mathrm{e}^{x})=x-\ln(1+\mathrm{e}^{x})+C.$$

$(10)\int\dfrac{\ln x}{x}\mathrm{d}x=\int\ln x\mathrm{d}(\ln x)=\dfrac{1}{2}\ln^{2}x+C.$

$(11)\int\dfrac{\mathrm{d}x}{\sqrt{(1-x^{2})\arcsin x}}=\int\dfrac{1}{\sqrt{\arcsin x}}\mathrm{d}(\arcsin x)=2\sqrt{\arcsin x}+C.$

例4 计算下列不定积分:

$(1)\int\dfrac{1}{x^{2}-4x-5}\mathrm{d}x;$ $\qquad\qquad(2)\int\dfrac{1}{x^{2}-8x+25}\mathrm{d}x;$

$(3)\int\dfrac{\mathrm{d}x}{\sqrt{3+2x-x^{2}}};$ $\qquad\qquad(4)\int\dfrac{x+2}{x^{2}+2x+2}\mathrm{d}x.$

解 $(1)\int\dfrac{1}{x^{2}-4x-5}\mathrm{d}x=\int\dfrac{1}{(x+1)(x-5)}\mathrm{d}x$
$$=\dfrac{1}{6}\int\left(\dfrac{1}{x-5}-\dfrac{1}{x+1}\right)\mathrm{d}x=\dfrac{1}{6}\ln\left|\dfrac{x-5}{x+1}\right|+C.$$

$(2)\int\dfrac{1}{x^{2}-8x+25}\mathrm{d}x=\int\dfrac{\mathrm{d}(x-4)}{(x-4)^{2}+3^{2}}=\dfrac{1}{3}\arctan\dfrac{x-4}{3}+C.$

$(3)\int\dfrac{\mathrm{d}x}{\sqrt{3+2x-x^{2}}}=\int\dfrac{\mathrm{d}(x-1)}{\sqrt{2^{2}-(x-1)^{2}}}=\arcsin\dfrac{x-1}{2}+C.$

$(4)\int\dfrac{x+2}{x^{2}+2x+2}\mathrm{d}x=\int\dfrac{\dfrac{1}{2}(2x+2)+1}{x^{2}+2x+2}\mathrm{d}x$
$$=\dfrac{1}{2}\int\dfrac{(x^{2}+2x+2)'\mathrm{d}x}{x^{2}+2x+2}+\int\dfrac{1}{1+(x+1)^{2}}\mathrm{d}(x+1)$$
$$=\dfrac{1}{2}\ln(x^{2}+2x+2)+\arctan(x+1)+C.$$

注:例4的不定积分均为简单的有理函数的积分.一般地,此类积分有如下规律:

(ⅰ) 若分子为常数,分母可分解因式,就用拆项法,如例4(1);

(ⅱ) 若分子为常数,分母为二次式,且不能分解因式,则将分母配成完全平方和,用公式 $\int\dfrac{1}{a^{2}+x^{2}}\mathrm{d}x=\dfrac{1}{a}\arctan\dfrac{x}{a}+C$,如例4(2);

(ⅲ) 若分子为一次式,分母为二次式,则将分子分成两部分:一部分是分母的导数,另一部分是常数,如例4(4).

例5 计算下列不定积分:

(1) $\int \tan x \mathrm{d}x$;　　　　　　(2) $\int \sec x \mathrm{d}x$.

解　(1) $\int \tan x \mathrm{d}x = \int \dfrac{\sin x}{\cos x} \mathrm{d}x = -\int \dfrac{1}{\cos x} \mathrm{d}(\cos x) = -\ln |\cos x| + C,$

即　　　　　　　　　　$\int \tan x \mathrm{d}x = -\ln |\cos x| + C.$

用同样的方法，可得

$$\int \cot x \mathrm{d}x = \ln |\sin x| + C.$$

(2) $\int \sec x \mathrm{d}x = \int \dfrac{\sec x (\sec x + \tan x)}{\sec x + \tan x} \mathrm{d}x = \int \dfrac{\sec x \tan x + \sec^2 x}{\sec x + \tan x} \mathrm{d}x$

$$= \int \dfrac{1}{\sec x + \tan x} \mathrm{d}(\sec x + \tan x) = \ln |\sec x + \tan x| + C.$$

即　　　　　　　　　　$\int \sec x \mathrm{d}x = \ln |\sec x + \tan x| + C.$

用同样的方法，可得

$$\int \csc x \mathrm{d}x = \ln |\csc x - \cot x| + C.$$

注：本例各题的结果亦可作为公式使用. 本例的(2)有多种解法，各解法所得结果有所不同（请读者试着用其他方法求此不定积分），它们可以通过三角函数间的关系化为相同. 但多数情况下，把各解法所得结果化为相同是很复杂的，此时，检验积分结果是否正确，只需对结果求导，如果导数等于被积函数，则结果正确，否则结果错误.

例 6　计算下列不定积分：

(1) $\int \sin^2 x \cdot \cos^5 x \mathrm{d}x$;　　　　　　(2) $\int \tan^9 x \cdot \sec^4 x \mathrm{d}x$;

(3) $\int \tan^3 x \cdot \sec^5 x \mathrm{d}x$.　　　　　　(4) $\int \sin^2 x \mathrm{d}x$.

解　(1) $\int \sin^2 x \cdot \cos^5 x \mathrm{d}x = \int \sin^2 x \cdot \cos^4 x \cdot \cos x \mathrm{d}x$

$$= \int \sin^2 x (1 - \sin^2 x)^2 \mathrm{d}(\sin x)$$

$$= \int (\sin^2 x - 2\sin^4 x + \sin^6 x) \mathrm{d}(\sin x)$$

$$= \frac{1}{3}\sin^3 x - \frac{2}{5}\sin^5 x + \frac{1}{7}\sin^7 x + C.$$

(2) $\int \tan^9 x \cdot \sec^4 x \mathrm{d}x = \int \tan^9 x \cdot \sec^2 x \mathrm{d}(\tan x) = \int \tan^9 x \cdot (1 + \tan^2 x) \mathrm{d}(\tan x)$

$$= \frac{1}{10}\tan^{10} x + \frac{1}{12}\tan^{12} x + C.$$

(3) $\int \tan^3 x \cdot \sec^5 x \mathrm{d}x = \int \tan^2 x \cdot \sec^4 x \mathrm{d}(\sec x) = \int (\sec^2 x - 1) \cdot \sec^4 x \mathrm{d}(\sec x)$

$$= \frac{1}{7}\sec^7 x - \frac{1}{5}\sec^5 x + C.$$

$$(4) \int \sin^2 x \mathrm{d}x = \int \frac{1 - \cos 2x}{2} \mathrm{d}x = \frac{1}{2}\left(\int \mathrm{d}x - \int \cos 2x \mathrm{d}x\right)$$

$$= \frac{1}{2}\left[x - \frac{1}{2}\int \cos 2x \mathrm{d}(2x)\right] = \frac{1}{2}x - \frac{1}{4}\sin 2x + C.$$

以上各例,可以使我们认识到凑微分公式在求不定积分中所起的作用.像复合函数的微分法在微分学中一样,凑微分公式在积分学中也经常用到,而且如何凑出需要的微分式,没有一般规律可循.读者要想掌握此方法,除了熟悉一些典型的例子外,还要做较多的练习才行.

二、第二换元积分法

以上讨论的第一换元积分法是选择新变量 u,令 $u = \varphi(x)$ 进行换元.但对于某些被积函数来说,用第一换元积分法很困难,例如,$\int \sqrt{a^2 - x^2}\,\mathrm{d}x$,而用相反的方法:令 $x = a\sin t$ 进行换元,却能比较顺利地求出结果.

一般地,如果积分 $\int f(x)\mathrm{d}x$ 不易算出,而适当地选择 $x = \psi(t)$ 进行换元后,积分

$$\int f(\psi(t))\psi'(t)\mathrm{d}t$$

容易求出,那么就按下述方法计算积分 $\int f(x)\mathrm{d}x$:

$$\int f(x)\mathrm{d}x \xrightarrow{\text{令} x = \psi(t)} \int f(\psi(t))\psi'(t)\mathrm{d}t = F(t) + C \xrightarrow[\text{回代}]{t = \psi^{-1}(x)} F(\psi^{-1}(x)) + C.$$

通常把这样的积分方法称为**第二换元积分法**.

注:第二换元积分法的换元表达式中,新变量 t 处于自变量的地位,而在第一换元积分法的换元表达式中,新变量 u 则处于因变量的地位.此外,在使用第二换元积分法时,为保证 $x = \psi(t)$ 的反函数确实存在及原来的积分有意义,通常要求 $x = \psi(t)$ 是单调函数、有连续导数且 $\psi'(t) \neq 0$.

对于第二换元积分法,下面的根式代换法和三角代换法是必须熟练掌握的.

1. 根式代换法

还有一些不定积分通过选择适当的换元可以使积分过程简化或把用其他积分法无法求出的不定积分求出.其中,比较常见的是简单无理函数的积分.

例 7　计算下列不定积分:

$(1) \int \dfrac{\mathrm{d}x}{1 + \sqrt{x}};$ 　　　　　　　　$(2) \int \dfrac{\mathrm{d}x}{\sqrt[3]{x} + \sqrt{x}};$

$(3) \int \dfrac{1}{x}\sqrt{\dfrac{x+1}{x}}\,\mathrm{d}x;$ 　　　　　　　$(4) \int \dfrac{1}{\sqrt{\mathrm{e}^x - 1}}\,\mathrm{d}x.$

解　(1) 设 $\sqrt{x} = t$,则 $x = t^2$,$\mathrm{d}x = 2t\mathrm{d}t$,于是

$$\int \frac{\mathrm{d}x}{1 + \sqrt{x}} = \int \frac{2t}{1 + t}\mathrm{d}t = 2\int \frac{1 + t - 1}{1 + t}\mathrm{d}t$$

$$= 2\int \left(1 - \frac{1}{1 + t}\right)\mathrm{d}t = 2[t - \ln(1 + t)] + C \quad (\text{注意到 } t = \sqrt{x} > 0)$$

$$\xrightarrow[t = \sqrt{x}]{\text{回代}} 2[\sqrt{x} - \ln(1 + \sqrt{x})] + C.$$

(2) 令 $\sqrt[6]{x}=t$，则 $x=t^6,\sqrt[3]{x}=t^2,\sqrt{x}=t^3,\mathrm{d}x=6t^5\,\mathrm{d}t$，于是

$$\int \frac{\mathrm{d}x}{\sqrt[3]{x}+\sqrt{x}}=\int \frac{6t^5}{t^2+t^3}\mathrm{d}t=6\int \frac{t^3}{1+t}\mathrm{d}t=6\int \frac{t^3+1-1}{1+t}\mathrm{d}t$$

$$=6\int \left(t^2+t+1-\frac{1}{1+t}\right)\mathrm{d}t$$

$$=2t^3+3t^2+6t-6\ln(1+t)+C \quad (\text{注意到 } t=\sqrt[6]{x}>0)$$

$$\xlongequal[t=\sqrt[6]{x}]{\text{回代}}2\sqrt{x}+3\sqrt[3]{x}+6\sqrt[6]{x}-6\ln(1+\sqrt[6]{x})+C.$$

(3) 令 $\sqrt{\dfrac{x+1}{x}}=t$，则 $x=\dfrac{1}{t^2-1},\mathrm{d}x=\dfrac{-2t}{(t^2-1)^2}\mathrm{d}t$，于是

$$\int \frac{1}{x}\sqrt{\frac{x+1}{x}}\mathrm{d}x=\int (t^2-1)t\cdot \frac{-2t}{(t^2-1)^2}\mathrm{d}t=-2\int \frac{t^2}{t^2-1}\mathrm{d}t$$

$$=-2\int \left(1+\frac{1}{t^2-1}\right)\mathrm{d}t=-2t-\ln\left|\frac{t-1}{t+1}\right|+C$$

$$\xlongequal[t=\sqrt{\frac{1+x}{x}}]{\text{回代}}-2\sqrt{\frac{1+x}{x}}-\ln\left|\frac{\sqrt{\dfrac{1+x}{x}}-1}{\sqrt{\dfrac{1+x}{x}}+1}\right|+C$$

$$=-2\sqrt{\frac{1+x}{x}}+\ln|x|+2\ln\left(\sqrt{\frac{1+x}{x}}+1\right)+C.$$

(4) 令 $\sqrt{\mathrm{e}^x-1}=t$，则 $x=\ln(t^2+1),\mathrm{d}x=\dfrac{2t}{t^2+1}\mathrm{d}t$，于是

$$\int \frac{1}{\sqrt{\mathrm{e}^x-1}}\mathrm{d}x=\int \frac{1}{t}\cdot \frac{2t}{t^2+1}\mathrm{d}t=2\int \frac{1}{t^2+1}\mathrm{d}t=2\arctan t+C$$

$$\xlongequal[t=\sqrt{\mathrm{e}^x-1}]{\text{回代}}2\arctan \sqrt{\mathrm{e}^x-1}+C.$$

注：例 7 中各不定积分的被积函数均为无理函数，首先要将其有理化才能积分. 从各例解答可见，有理化的方法就是设根式等于新变量 t.

2. 三角代换法

用根式代换法求不定积分最常见的是被积函数中含有下列表达式的不定积分：

$$\sqrt{a^2-x^2},\quad \sqrt{x^2+a^2},\quad \sqrt{x^2-a^2}.$$

以下我们通过例子来说明其解法.

例 8 计算下列不定积分：

(1) $\displaystyle\int \sqrt{a^2-x^2}\,\mathrm{d}x \quad (a>0)$；　　　　　　(2) $\displaystyle\int \frac{\mathrm{d}x}{\sqrt{x^2+a^2}} \quad (a>0)$；

(3) $\displaystyle\int \frac{\mathrm{d}x}{\sqrt{x^2-a^2}} \quad (a>0)$.

解 (1) 令 $x=a\sin t,-\dfrac{\pi}{2}\leqslant t\leqslant \dfrac{\pi}{2}$，则

$$\mathrm{d}x=a\cos t\,\mathrm{d}t,\quad \sqrt{a^2-x^2}=a\sqrt{1-\sin^2 t}=a\cos t,$$

于是

$$\int \sqrt{a^2 - x^2}\, \mathrm{d}x = a^2 \int \cos^2 t \mathrm{d}t = \frac{a^2}{2}\int (1 + \cos 2t)\mathrm{d}t$$

$$= \frac{a^2}{2}\left(t + \frac{1}{2}\sin 2t\right) + C = \frac{a^2}{2}(t + \sin t \cos t) + C.$$

由于 $x = a\sin t, -\dfrac{\pi}{2} \leqslant t \leqslant \dfrac{\pi}{2}$,所以

$$\sin t = \frac{x}{a}, \quad t = \arcsin \frac{x}{a}, \quad \cos t = \sqrt{1 - \sin^2 t} = \sqrt{1 - \left(\frac{x}{a}\right)^2} = \frac{\sqrt{a^2 - x^2}}{a},$$

于是所求积分为

$$\int \sqrt{a^2 - x^2}\, \mathrm{d}x = \frac{a^2}{2}(t + \sin t \cos t) + C$$

$$= \frac{a^2}{2}\left(\arcsin \frac{x}{a} + \frac{x}{a} \cdot \frac{\sqrt{a^2 - x^2}}{a}\right) + C$$

$$= \frac{a^2}{2}\arcsin \frac{x}{a} + \frac{x}{2}\sqrt{a^2 - x^2} + C.$$

（2）令 $x = a\tan t, -\dfrac{\pi}{2} < t < \dfrac{\pi}{2}$,则

$$\mathrm{d}x = a \sec^2 t \mathrm{d}t, \quad \sqrt{x^2 + a^2} = a \sqrt{\tan^2 t + 1} = a\sec t,$$

于是

$$\int \frac{\mathrm{d}x}{\sqrt{x^2 + a^2}} = \int \frac{a \sec^2 t}{a \sec t}\mathrm{d}t = \int \sec t \mathrm{d}t = \ln |\sec t + \tan t| + C_1.$$

由于 $x = a\tan t, -\dfrac{\pi}{2} < t < \dfrac{\pi}{2}$,所以

$$\tan t = \frac{x}{a}, \quad \sec t = \sqrt{\tan^2 t + 1} = \sqrt{\left(\frac{x}{a}\right)^2 + 1} = \frac{\sqrt{x^2 + a^2}}{a},$$

于是所求积分为

$$\int \frac{\mathrm{d}x}{\sqrt{x^2 + a^2}} = \ln |\sec t + \tan t| + C_1 = \ln\left(\frac{x}{a} + \frac{\sqrt{x^2 + a^2}}{a}\right) + C_1$$

$$= \ln(x + \sqrt{x^2 + a^2}) + C_1 - \ln a = \ln(x + \sqrt{x^2 + a^2}) + C,$$

其中, $C = C_1 - \ln a$.

（3）注意到被积函数的定义域是 $x > a$ 和 $x < -a$ 两个区间,在两个区间内分别求不定积分.

当 $x > a$ 时,令 $x = a\sec t, 0 < t < \dfrac{\pi}{2}$,则 $\sqrt{x^2 - a^2} = a\tan t, \mathrm{d}x = a\sec t\tan t \mathrm{d}t$,于是

$$\int \frac{\mathrm{d}x}{\sqrt{x^2 - a^2}} = \int \frac{a\sec t\tan t}{a\tan t}\mathrm{d}t = \int \sec t \mathrm{d}t = \ln |\sec t + \tan t| + C_1.$$

由于 $x = a\sec t, 0 < t < \dfrac{\pi}{2}$,所以

$$\sec t = \frac{x}{a}, \quad \tan t = \sqrt{\sec^2 t - 1} = \sqrt{\left(\frac{x}{a}\right)^2 - 1} = \frac{\sqrt{x^2 + a^2}}{a},$$

因此

$$\int \frac{\mathrm{d}x}{\sqrt{x^2-a^2}} = \ln|\sec t + \tan t| + C_1 = \ln\left(\frac{x}{a} + \frac{\sqrt{x^2-a^2}}{a}\right) + C_1$$

$$= \ln(x + \sqrt{x^2-a^2}) + C_1 - \ln a = \ln(x + \sqrt{x^2-a^2}) + C,$$

其中，$C = C_1 - \ln a$.

当 $x < -a$ 时，令 $x = -u$，那么 $u > a$. 由 $x > a$ 时的结果，有

$$\int \frac{\mathrm{d}x}{\sqrt{x^2-a^2}} = -\int \frac{\mathrm{d}x}{\sqrt{u^2-a^2}} = -\ln(u + \sqrt{u^2-a^2}) + C$$

$$= -\ln(-x + \sqrt{x^2-a^2}) + C$$

$$= \ln \frac{-x - \sqrt{x^2-a^2}}{a^2} + C$$

$$= \ln(-x - \sqrt{x^2-a^2}) + C_1,$$

其中，$C_1 = C - 2\ln a$.

把 $x > a$ 和 $x < -a$ 两种情况的结果合起来，可写作

$$\int \frac{\mathrm{d}x}{\sqrt{x^2-a^2}} = \ln|x + \sqrt{x^2-a^2}| + C.$$

把本例(2)、(3)的结果统一起来，可写作

$$\int \frac{\mathrm{d}x}{\sqrt{x^2 \pm a^2}} = \ln|x + \sqrt{x^2 \pm a^2}| + C.$$

注：例 8 的三个不定积分所使用的均为三角代换. 其一般规律如下：当被积函数中含有

（ⅰ）$\sqrt{a^2-x^2}$，可令 $x = a\sin t$ 或 $x = a\cos t$；

（ⅱ）$\sqrt{x^2+a^2}$，可令 $x = a\tan t$ 或 $x = a\cot t$；

（ⅲ）$\sqrt{x^2-a^2}$，可令 $x = a\sec t$ 或 $x = a\csc t$.

作三角代换后，变量还原时也可使用辅助三角形.

此外，三角代换不但能帮助消去根式，而且适用于一些有理式的积分（见例 9）.

例 9 计算不定积分 $\displaystyle\int \frac{\mathrm{d}x}{(x^2 + a^2)^2}$ （$a > 0$）.

解 令 $x = a\tan t, -\dfrac{\pi}{2} < t < \dfrac{\pi}{2}$，则

$$\mathrm{d}x = a\sec^2 t\,\mathrm{d}t, \quad (x^2+a^2)^2 = a^4(\tan^2 t + 1)^2 = a^4 \sec^4 t,$$

于是

$$\int \frac{\mathrm{d}x}{(x^2+a^2)^2} = \int \frac{a\sec^2 t\,\mathrm{d}t}{a^4 \sec^4 t} = \frac{1}{a^3}\int \cos^2 t\,\mathrm{d}t = \frac{1}{2a^3}(t - \sin t\cos t) + C.$$

根据 $x = a\tan t$ 作辅助三角形（见图 3-2-1），得

$$\sin t\cos t = \frac{x}{\sqrt{x^2+a^2}} \cdot \frac{a}{\sqrt{x^2+a^2}} = \frac{ax}{x^2+a^2},$$

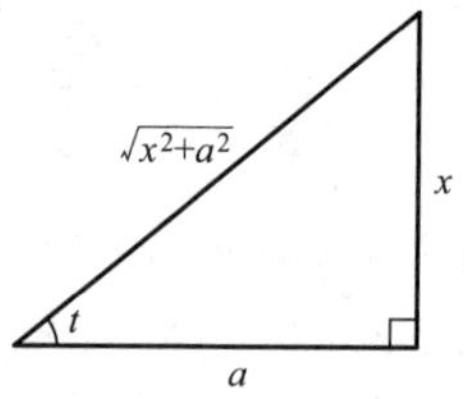

从而

图 3-2-1

$$\int \frac{\mathrm{d}x}{(x^2+a^2)^2} = \frac{1}{2a^3}(t-\sin t\cos t)+C$$

$$= \frac{1}{2a^3}\arctan\frac{x}{a}+\frac{x}{2a^2(x^2+a^2)}+C.$$

3. 积分表(续)

本节的一些例题中的积分是以后经常会遇到的,所以它们通常也可当作公式使用. 这样,常用的积分公式除了 §3.1 节给出的基本积分表外,再添加下面几个(其中常数 $a>0$):

(15) $\displaystyle\int \frac{1}{x^2-a^2}\mathrm{d}x = \frac{1}{2a}\ln\left|\frac{x-a}{x+a}\right|+C$;　　　(16) $\displaystyle\int \frac{1}{a^2+x^2}\mathrm{d}x = \frac{1}{a}\arctan\frac{x}{a}+C$;

(17) $\displaystyle\int \frac{\mathrm{d}x}{\sqrt{a^2-x^2}} = \arcsin\frac{x}{a}+C$;　　　(18) $\displaystyle\int \tan x\mathrm{d}x = -\ln|\cos x|+C$;

(19) $\displaystyle\int \cot x\mathrm{d}x = \ln|\sin x|+C$;　　　(20) $\displaystyle\int \sec x\mathrm{d}x = \ln|\sec x+\tan x|+C$;

(21) $\displaystyle\int \csc x\mathrm{d}x = \ln|\csc x-\cot x|+C$;　　　(22) $\displaystyle\int \frac{\mathrm{d}x}{\sqrt{x^2\pm a^2}} = \ln|x+\sqrt{x^2\pm a^2}|+C$.

例 10　求 $\displaystyle\int \frac{\mathrm{d}x}{\sqrt{4x^2+9}}$.

解　$\displaystyle\int \frac{\mathrm{d}x}{\sqrt{4x^2+9}} = \int \frac{\mathrm{d}x}{\sqrt{(2x)^2+3^2}} = \frac{1}{2}\int \frac{\mathrm{d}(2x)}{\sqrt{(2x)^2+3^2}} = \frac{1}{2}\ln(2x+\sqrt{4x^2+9})+C.$

三、分部积分法

分部积分法是两个函数乘积的微分的逆运算.

设函数 $u=u(x),v=v(x)$ 均具有连续导数,由乘积的微分法则

$$\mathrm{d}(uv)=v\mathrm{d}u+u\mathrm{d}v,$$

移项,得

$$u\mathrm{d}v=\mathrm{d}(uv)-v\mathrm{d}u,$$

上式两边求不定积分,得

$$\int u\mathrm{d}v = \int \mathrm{d}(uv)-\int v\mathrm{d}u,$$

即

$$\int u\mathrm{d}v = uv - \int v\mathrm{d}u, \tag{1}$$

$$\int uv'\mathrm{d}x = uv - \int u'v\mathrm{d}x. \tag{2}$$

式(1)或式(2)称为分部积分公式.

一般地,需要利用分部积分法计算的不定积分其被积函数是两个函数的乘积,则确定两个函数谁作为 u 谁作为 $\mathrm{d}v$ 是利用分部积分公式的关键. 下面通过例子来说明分部积分公式的应用.

例 11　求下列不定积分:

(1) $\displaystyle\int x\arctan\mathrm{d}x$;　　　　　　　　(2) $\displaystyle\int \frac{\ln x}{\sqrt{x}}\mathrm{d}x$;

(3) $\displaystyle\int x\sin x\mathrm{d}x$;　　　　　　　　(4) $\displaystyle\int x^2 \mathrm{e}^{-x}\mathrm{d}x$.

解 (1) $\displaystyle\int x\arctan x\mathrm{d}x \xlongequal{\text{凑微分}} \frac{1}{2}\int \arctan x\mathrm{d}(x^2)$

$$\xlongequal{u,v\text{交换}} \frac{1}{2}x^2\arctan x - \frac{1}{2}\int x^2\mathrm{d}(\arctan x)$$

$$= \frac{1}{2}x^2\arctan x - \frac{1}{2}\int \frac{x^2}{1+x^2}\mathrm{d}x$$

$$= \frac{1}{2}x^2\arctan x - \frac{1}{2}\int\left(1-\frac{1}{1+x^2}\right)\mathrm{d}x$$

$$= \frac{1}{2}x^2\arctan x - \frac{1}{2}(x-\arctan) + C.$$

(2) $\displaystyle\int \frac{\ln x}{\sqrt{x}}\mathrm{d}x \xlongequal{\text{凑微分}} 2\int \ln x\mathrm{d}(\sqrt{x}) \xlongequal{u,v\text{交换}} 2\sqrt{x}\ln x - 2\int \sqrt{x}\mathrm{d}(\ln x)$

$$= 2\sqrt{x}\ln x - 2\int \sqrt{x}\cdot\frac{1}{x}\mathrm{d}x = 2\sqrt{x}\ln x - 2\int \frac{1}{\sqrt{x}}\mathrm{d}x$$

$$= 2\sqrt{x}\ln x - 4\sqrt{x} + C.$$

(3) $\displaystyle\int x\sin x\mathrm{d}x \xlongequal{\text{凑微分}} -\int x\mathrm{d}(\cos x) \xlongequal{u,v\text{交换}} -x\cos x + \int \cos x\mathrm{d}x$

$$= -x\cos x + \sin x + C.$$

(4) $\displaystyle\int x^2\mathrm{e}^{-x}\mathrm{d}x \xlongequal{\text{凑微分}} -\int x^2\mathrm{d}(\mathrm{e}^{-x}) \xlongequal{u,v\text{交换}} -x^2\mathrm{e}^{-x} + 2\int x\mathrm{e}^{-x}\mathrm{d}x$

$$= -x^2\mathrm{e}^{-x} - 2\int x\mathrm{d}(\mathrm{e}^{-x}) = -x^2\mathrm{e}^{-x} - 2x\mathrm{e}^{-x} + 2\int \mathrm{e}^{-x}\mathrm{d}x$$

$$= -x^2\mathrm{e}^{-x} - 2x\mathrm{e}^{-x} - 2\mathrm{e}^{-x} + C = -\mathrm{e}^{-x}(x^2+2x+2) + C.$$

注:从以上两例可得如下结论.

(1) 若被积函数是幂函数(指数为正整数)与指数函数或正(余)弦函数的乘积,可设幂函数为 u,而将其余部分凑微分进入微分号,使得应用分部积分公式后,幂函数的幂次降低一次.

(2) 若被积函数是幂函数与对数函数或反三角函数的乘积,可设对数函数或反三角函数为 u,而将幂函数凑微分进入微分号,使得应用分部积分公式后,对数函数或反三角函数消失.

例 12 求下列不定积分:

(1) $\displaystyle\int \mathrm{e}^{2x}\sin 3x\mathrm{d}x$; (2) $\displaystyle\int \arctan x\mathrm{d}x$.

解 (1) $\displaystyle\int \mathrm{e}^{2x}\sin 3x\mathrm{d}x = \frac{1}{2}\int \sin 3x\mathrm{d}(\mathrm{e}^{2x}) = \frac{1}{2}\mathrm{e}^{2x}\sin 3x - \frac{1}{2}\int \mathrm{e}^{2x}\mathrm{d}(\sin 3x)$

$$= \frac{1}{2}\mathrm{e}^{2x}\sin 3x - \frac{3}{2}\int \mathrm{e}^{2x}\cos 3x\mathrm{d}x$$

$$= \frac{1}{2}\mathrm{e}^{2x}\sin 3x - \frac{3}{4}\int \cos 3x\mathrm{d}(\mathrm{e}^{2x})$$

$$= \frac{1}{2}\mathrm{e}^{2x}\sin 3x - \frac{3}{4}\mathrm{e}^{2x}\cos 3x + \frac{3}{4}\int \mathrm{e}^{2x}\mathrm{d}(\cos 3x)$$

$$= \frac{1}{2}\mathrm{e}^{2x}\sin 3x - \frac{3}{4}\mathrm{e}^{2x}\cos 3x - \frac{9}{4}\int \mathrm{e}^{2x}\sin 3x\mathrm{d}x,$$

等式右端出现了原积分,把等式看作以原积分为未知量的方程,解此方程,得

$$\int e^{2x}\sin 3x\mathrm{d}x = \frac{1}{13}e^{2x}(2\sin 3x - 3\cos 3x) + C.$$

(2) $\int \arctan x\mathrm{d}x = x\arctan x - \int x\mathrm{d}(\arctan x)$

$$= x\arctan x - \int \frac{x}{1+x^2}\mathrm{d}x$$

$$= x\arctan x - \frac{1}{2}\int \frac{1}{1+x^2}\mathrm{d}(1+x^2)$$

$$= x\arctan x - \frac{1}{2}\ln(1+x^2) + C.$$

注:(1) 若被积函数是指数函数与正(余)弦函数的乘积,u,v 可随意选取,但在两次分部积分中,必须选用同类型的 u,以便经过两次分部积分后产生循环式,从而解出所求积分,如例 12(1);

(2) 若被积函数仅有对数函数或反三角函数,可把微分号 d 后的 x 作为函数 v,如例 12(2).

例 13 求下列不定积分:

(1) $\int \dfrac{\arcsin \sqrt{x}}{\sqrt{1-x}}\mathrm{d}x$;   (2) $\int \dfrac{\ln\sin x}{\cos^2 x}\mathrm{d}x$;

(3) $\int \dfrac{x\cos x}{\sin^3 x}\mathrm{d}x$;   (4) $\int \dfrac{x e^{\arctan x}}{(1+x^2)^{3/2}}\mathrm{d}x$.

解 (1) $\int \dfrac{\arcsin \sqrt{x}}{\sqrt{1-x}}\mathrm{d}x = -2\int \arcsin \sqrt{x}\,\mathrm{d}(\sqrt{1-x})$

$$= -2\sqrt{1-x}\arcsin \sqrt{x} + 2\int \sqrt{1-x}\,\mathrm{d}(\arcsin \sqrt{x})$$

$$= -2\sqrt{1-x}\arcsin \sqrt{x} + 2\int \sqrt{1-x}\cdot \frac{1}{\sqrt{1-x}}\mathrm{d}(\sqrt{x})$$

$$= -2\sqrt{1-x}\arcsin \sqrt{x} + 2\int \mathrm{d}(\sqrt{x})$$

$$= -2\sqrt{1-x}\arcsin \sqrt{x} + 2\sqrt{x} + C.$$

(2) $\int \dfrac{\ln\sin x}{\cos^2 x}\mathrm{d}x = \int \ln\sin x\,\mathrm{d}(\tan x) = (\ln\sin x)\tan x - \int \tan x\mathrm{d}(\ln\sin x)$

$$= (\ln\sin x)\tan x - \int \tan x\frac{\cos x}{\sin x}\mathrm{d}x = (\ln\sin x)\tan x - \int \mathrm{d}x$$

$$= (\ln\sin x)\tan x - x + C.$$

(3) $\int \dfrac{x\cos x}{\sin^3 x}\mathrm{d}x = \int \dfrac{x}{\sin^3 x}\mathrm{d}(\sin x) = -\frac{1}{2}\int x\mathrm{d}\left(\frac{1}{\sin^2 x}\right)$

$$= -\frac{x}{2\sin^2 x} + \frac{1}{2}\int \frac{1}{\sin^2 x}\mathrm{d}x = -\frac{x}{2\sin^2 x} - \frac{1}{2}\cot x + C.$$

$(4) \displaystyle\int \frac{x\mathrm{e}^{\arctan x}}{(1+x^2)^{3/2}}\mathrm{d}x = \int \frac{x\mathrm{e}^{\arctan x}}{\sqrt{1+x^2}}\mathrm{d}(\arctan x) = \int \frac{x}{\sqrt{1+x^2}}\mathrm{d}(\mathrm{e}^{\arctan x})$

$\displaystyle = \frac{x\mathrm{e}^{\arctan x}}{\sqrt{1+x^2}} - \int \mathrm{e}^{\arctan x}\mathrm{d}\left(\frac{x}{\sqrt{1+x^2}}\right)$

$\displaystyle = \frac{x\mathrm{e}^{\arctan x}}{\sqrt{1+x^2}} - \int \frac{\mathrm{e}^{\arctan x}}{(1+x^2)\sqrt{1+x^2}}\mathrm{d}x$

$\displaystyle = \frac{x\mathrm{e}^{\arctan x}}{\sqrt{1+x^2}} - \int \frac{1}{\sqrt{1+x^2}}\mathrm{d}(\mathrm{e}^{\arctan x})$

$\displaystyle = \frac{x\mathrm{e}^{\arctan x}}{\sqrt{1+x^2}} - \frac{\mathrm{e}^{\arctan x}}{\sqrt{1+x^2}} + \int \mathrm{e}^{\arctan x}\mathrm{d}\left(\frac{1}{\sqrt{1+x^2}}\right)$

$\displaystyle = \frac{(x-1)\mathrm{e}^{\arctan x}}{\sqrt{1+x^2}} - \int \frac{x\mathrm{e}^{\arctan x}}{(1+x^2)^{3/2}}\mathrm{d}x.$

等式右端出现了原积分,把等式看作以原积分为未知量的方程,解此方程,得

$$\int \frac{x\mathrm{e}^{\arctan x}}{(1+x^2)^{3/2}}\mathrm{d}x = \frac{(x-1)\mathrm{e}^{\arctan x}}{2\sqrt{1+x^2}} + C.$$

注:请读者悉心研究例 13 各不定积分的解法,看有什么规律可循.

例 14 求不定积分 $\displaystyle\int \mathrm{e}^{\sqrt{x}}\mathrm{d}x$.

解 令 $\sqrt{x}=t$,则 $x=t^2$,$\mathrm{d}x=2t\mathrm{d}t$,于是

$$\int \mathrm{e}^{\sqrt{x}}\mathrm{d}x = \int \mathrm{e}^t 2t\mathrm{d}t = 2\int t\mathrm{d}(\mathrm{e}^t) = 2t\mathrm{e}^t - 2\int \mathrm{e}^t\mathrm{d}t = 2\mathrm{e}^t(t-1) + C$$

$$\xlongequal[t=\sqrt{x}]{\text{回代}} 2\mathrm{e}^{\sqrt{x}}(\sqrt{x}-1)+C.$$

注:当被积函数是无理函数时,要先有理化.

*四、积分表的使用

本章前几节学习了不定积分的概念及其计算方法,由此可以看出,积分的计算要比导数的计算来得灵活、复杂.为了实用方便,往往把常用的积分公式汇集成表,这种表叫作积分表(见本书附录 B).积分表是按照被积函数的类型来排列的,求积分时可根据被积函数的类型直接地或经过简单的变形后,在表内查得所需的结果.

1. 直接查积分表

例 15 查表求 $\displaystyle\int \frac{x\mathrm{d}x}{(3x+4)^2}$.

解 被积函数中含有 $ax+b$,在积分表(一)类中,查到公式 7

$$\int \frac{x}{(ax+b)^2}\mathrm{d}x = \frac{1}{a^2}\left(\ln|ax+b| + \frac{b}{ax+b}\right) + C.$$

现在 $a=3,b=4$,于是

$$\int \frac{x\mathrm{d}x}{(3x+4)^2} = \frac{1}{9}\left(\ln|3x+4| + \frac{4}{3x+4}\right) + C.$$

例 16 查表求 $\displaystyle\int \frac{\mathrm{d}x}{5+4\sin x}$.

解 被积函数含有 $a+b\sin x$ 因式,在积分表(十一)中查得公式 103 或公式 104,因为 $a=5,b=4,a^2>b^2$,所以用公式 103,得

$$\int\frac{\mathrm{d}x}{5+4\sin x}=\frac{2}{5}\sqrt{\frac{5^2}{5^2-4^2}}\arctan\left[\sqrt{\frac{5^2}{5^2-4^2}}\tan\left(\frac{x}{2}+\frac{4}{5}\right)\right]+C$$
$$=\frac{2}{3}\arctan\left[\frac{5}{3}\left(\tan\frac{x}{2}+\frac{4}{5}\right)\right]+C.$$

2. 先进行变量代换再查表

例 17 查表求 $\displaystyle\int\frac{\mathrm{d}x}{x^2\sqrt{9x^2+4}}$.

解 该积分在积分表中直接查不到,要进行变量代换,令 $3x=t$,则 $x=\frac{1}{3}t$,$\mathrm{d}x=\frac{1}{3}\mathrm{d}t$,于是

$$\int\frac{\mathrm{d}x}{x^2\sqrt{9x^2+4}}=\int\frac{1}{\frac{t^2}{9}\sqrt{t^2+4}}\cdot\frac{1}{3}\mathrm{d}t=3\int\frac{\mathrm{d}t}{t^2\sqrt{t^2+2^2}},$$

上式右端积分的被积函数中含有 $\sqrt{t^2+2^2}$,在积分表(六)中查到公式 38,当 $a=2$ 时,得

$$\int\frac{\mathrm{d}t}{t^2\sqrt{t^2+2^2}}=-\frac{\sqrt{t^2+4}}{4t}+C=-\frac{\sqrt{9x^2+4}}{12x}+C,$$

代入原积分中,得

$$\int\frac{\mathrm{d}x}{x^2\sqrt{9x^2+4}}=3\int\frac{\mathrm{d}t}{t^2\sqrt{t^2+2^2}}=-\frac{\sqrt{9x^2+4}}{4x}+C.$$

3. 用递推公式

例 18 查表求 $\displaystyle\int\sin^4 x\mathrm{d}x$.

解 积分表(十一)类中查到公式 95

$$\int\sin^n x\mathrm{d}x=-\frac{\sin^{n-1}x\cos x}{n}+\frac{n-1}{n}\int\sin^{n-2}x\mathrm{d}x,$$

现在 $n=4$,于是

$$\int\sin^4 x\mathrm{d}x=-\frac{\sin^3 x\cos x}{4}+\frac{3}{4}\int\sin^2 x\mathrm{d}x,$$

对积分 $\displaystyle\int\sin^2 x\mathrm{d}x$ 用公式 93,得

$$\int\sin^2 x\mathrm{d}x=\frac{x}{2}-\frac{1}{4}\sin 2x+C,$$

从而原积分为

$$\int\sin^4 x\mathrm{d}x=-\frac{\sin^3 x\cos x}{4}+\frac{3}{4}\left(\frac{x}{2}-\frac{1}{4}\sin 2x\right)+C.$$

一般来说,查积分表可以节省计算积分的时间,但是,只有掌握了前面学过的基本积分方法才能灵活地使用积分表,而且对一些比较简单的积分,应用基本积分方法来计算比查表更快些.

在本章结束之前还需指出:初等函数在其定义区间内的原函数(即不定积分)一定存在,但不定积分存在与否与不定积分能否用初等函数表示出来不是一回事.事实上有许多初等函数的不定积分无法用初等函数表示出来,如

$$\int \frac{\sin x}{x}\mathrm{d}x, \quad \int \mathrm{e}^{-x^2}\mathrm{d}x, \quad \int \frac{1}{\ln x}\mathrm{d}x$$

等就都不能用初等函数表示出来.

【文化视角】

数学史话之全家都是数学家

——伯努利家族

伯努利家族连续三代一共出了 8 位数学家.

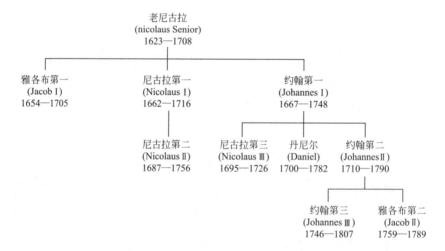

伯努利家族世系图

故事要从很久很久以前开始讲起,当时伯努利家族还住在安特卫普,但是由于宗教迫害,在 1583 年他们逃离了比利时,先是在法兰克福短暂停留了一段时间,然后来到瑞士,最终在巴塞尔定居了下来.伯努利家族的奠基人和巴塞尔当地的一个古老的家族联姻,成为了一个大商人.我们从世系图中的老尼古拉开始说起,老尼古拉也是一个大商人,攒下了颇为丰厚的家底.他的儿子雅各布第一是他们家族中第一个从事数学工作的人.他的数学几乎是无师自通的.1676 年,他结识了莱布尼茨、惠更斯等著名科学家,从此与莱布尼茨一直保持经常的通信,互相探讨微积分的有关问题.后来雅各布第一担任巴塞尔大学数学教授,教授实验物理和数学,直至去世.

雅各布第一在概率论、微分方程、无穷级数求和、变分方法、解析几何等方面均有很大建树.许多数学成果与他的名字相联系.例如悬链线问题、曲率半径公式、伯努利双纽线、伯努利微分方程、等周问题、伯努利数、伯努利大数定理等.雅各布第一对数学最重大的贡献是概率

论. 他从 1685 年起发表关于赌博游戏中输赢次数问题的论文, 后来写成巨著《猜度术》. 1694 年他指出拉伸试验中伸长量与拉伸力的 m 次幂成比例, m 由实验确定. 甚至在他去世那年, 他还研究了细杆在轴向力作用下的弹性曲线问题.

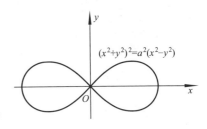

$(x^2+y^2)^2=a^2(x^2-y^2)$

雅各布第一痴心于研究对数螺线, 他发现, 对数螺线经过各种变换后仍然是对数螺线: 如它的渐屈线和渐伸线是对数螺线, 自极点至切线的垂足的轨迹, 以极点为发光点经对数螺线反射后得到的反射线, 以及与所有这些反射线相切的曲线 (回光线) 都是对数螺线. 他惊叹这种曲线的神奇, 竟在遗嘱里要求将对数螺线刻在自己的墓碑上, 并附以颂词 "纵然变化, 依然故我", 用以象征死后永生不朽. 然而很可惜, 为他制作墓碑的石匠搞错了, 在他的墓碑上刻的是阿基米德螺线.

雅各布第一的弟弟约翰第一开始也不是从事数学的, 他是一个医生. 在他 18 岁取得硕士学位后, 发现这不是自己想要的生活, 于是开始研究数学, 并于 28 岁时担任了数学教授. 约翰第一比他的哥哥还多产, 他的大量论文涉及曲线的求长、曲面的求积、等周问题和微分方程. 指数运算也是他发明的. 例如, 解决悬链线问题, 提出洛必达法则、最速降线和测地线问题, 给出求积分的变量替换法, 研究弦振动问题, 出版《积分学数学讲义》等. 值得一提的是, 1696 年约翰第一以公开信的方式, 向全欧数学家提出了著名的 "最速降线问题", 从而引发了欧洲数学界的一场论战, 论战的结果产生了一个新的数学分支——变分法. 因此, 约翰第一是公认的变分法奠基人.

雅各布第一的墓碑 (注意看底下的螺线)

约翰第一的另一大功绩是培养了一大批出色的数学家, 其中包括 18 世纪最著名的数学家欧拉、瑞士数学家克莱姆、法国数学家洛必达, 以及他自己的儿子丹尼尔和侄子尼古拉第二等.

其实他们两个的兄弟尼古拉第一在数学上造诣也颇深, 并且尼古拉第一也是一开始选错职业, 后来才研究数学.

在伯努利家族的第三代中, 丹尼尔无疑是青出于蓝的那一个, 他的贡献集中在微分方程、概率和数学物理, 被誉为数学物理方程的开拓者和奠基人. 著名的流体动力学定理 "伯努利定理" 就是他提出的, 没有他, 就没有现在的飞机.

丹尼尔第一之弟约翰第二在 1736 年把光看作弹性介质中的压力波, 导得微分方程并用级数求出它的解. 他的儿子雅各布第二在研究板的弯曲时把板当作两组互相正交的梁, 并认为导出的四阶偏微分方程是近似的, 只是作为解决问题的一种初步尝试予以发表.

伯努利家族星光闪耀、人才济济的现象, 数百年来一直受到人们的赞颂, 也给人们一个深刻的启示: 家庭的 "优势积累", 可以是优秀人才成长的摇篮.

习 题 3-2

1. 计算下列不定积分：

(1) $\int \dfrac{1}{3+2x}dx$；

(2) $\int x\sqrt{1-x^2}\,dx$；

(3) $\int \sin 2x\,dx$；

(4) $\int \dfrac{1}{\sqrt{2x+3}+\sqrt{2x-1}}dx$；

(5) $\int \dfrac{\sin\sqrt{x}}{\sqrt{x}}dx$.

2. 计算下列不定积分：

(1) $\int \dfrac{dx}{4x^2+4x-3}$；

(2) $\int \dfrac{dx}{x^2+4x+6}$；

(3) $\int \dfrac{x+3}{x^2+2x+10}dx$.

3. 计算下列不定积分：

(1) $\int \dfrac{\cos x}{\sqrt{2+\cos 2x}}dx$；

(2) $\int \sec^6 x\,dx$；

(3) $\int \tan^5 x \cdot \sec^3 x\,dx$；

(4) $\int \tan^{10} x \cdot \sec^2 x\,dx$.

4. 计算下列不定积分：

(1) $\int \dfrac{\sqrt{x-1}}{x}dx$；

(2) $\int \dfrac{dx}{1+\sqrt[3]{x+2}}$；

(3) $\int \dfrac{dx}{(1+\sqrt[3]{x})\sqrt{x}}$.

5. 计算下列不定积分：

(1) $\int \dfrac{dx}{\sqrt{(x^2+1)^3}}$；

(2) $\int \dfrac{x^2}{\sqrt{a^2-x^2}}dx \quad (a>0)$.

6. 计算下列不定积分：

(1) $\int xe^{-x}dx$；

(2) $\int x\ln x\,dx$；

(3) $\int \arccos x\,dx$；

(4) $\int \cos\ln x\,dx$；

(5) $\int e^x\cos x\,dx$；

(6) $\int \ln(1+\sqrt{x})\,dt$.

§3.3 定积分的概念与性质

在积分学中，不定积分与定积分在概念上有根本的区别，但它们又有紧密的联系，定积分在科技上、经济上均有广泛的应用.

一、引例

1. 曲边梯形的面积

设 $f(x)$ 在区间 $[a,b]$ 上非负、连续. 由直线 $x=a$、$x=b$、x 轴及曲线 $y=f(x)$ 所围成的图形 [见图 3-3-1(a)] 称为**曲边梯形**.

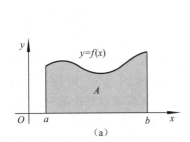 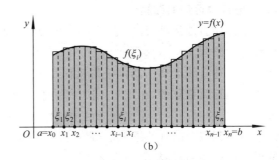

图 3-3-1

在初等数学中,以矩形面积为基础,解决了直边图形的面积计算问题,现在的曲边梯形有一条边是曲线,它的面积不能再用计算直边图形面积的方法去计算. 但是,由于曲边梯形的高 $f(x)$ 在区间 $[a,b]$ 是连续变化的,在很小一段区间上它的变化很小,近似于不变. 基于这种想法,可以用一组平行于 y 轴的直线把曲边梯形分割成若干小曲边梯形,只要分割得较细,每个小曲边梯形很窄,则其高的变化就很小. 因此,可以用小区间上某一点处的高来近似代替同一个小区间上小曲边梯形的变高,用这样一个小矩形的面积近似代替小曲边梯形的面积,进而用所有小矩形面积之和近似代替整个曲边梯形的面积 [见图 3-3-1(b)]. 显然,分割越细,近似程度越好,当分割无限细密时,所有小矩形面积之和的极限就是曲边梯形面积的精确值.

根据以上分析,可按下述四步计算曲边梯形的面积 A.

(1) 分割.

在区间 $[a,b]$ 内任意插入 $n-1$ 个分点:

$$a=x_0<x_1<x_2<\cdots<x_{n-1}<x_n=b,$$

把区间 $[a,b]$ 分成 n 个小区间:

$$[x_0,x_1],[x_1,x_2],\cdots,[x_{i-1},x_i],\cdots,[x_{n-1},x_n],$$

第 i 个小区间 $[x_{i-1},x_i]$ 的长度记为

$$\Delta x_i=x_i-x_{i-1}, \quad i=1,2,\cdots,n,$$

过每一分点作平行于 y 轴的直线,它们把曲边梯形分成 n 个小曲边梯形.

(2) 近似.

在每个小区间 $[x_{i-1},x_i]$ $(i=1,2,\cdots,n)$ 上任取一点 ξ_i $(x_{i-1}\leqslant\xi_i\leqslant x_i)$,用以 $[x_{i-1},x_i]$ 为底、以 $f(\xi_i)$ 为高的小矩形面积近似代替第 i 个小曲边梯形的面积 ΔA_i,即

$$\Delta A_i\approx f(\xi_i)\cdot\Delta x_i \quad (i=1,2,\cdots,n).$$

(3) 求和.

把 n 个小矩形面积加起来,就得到曲边梯形面积的近似值,即

$$A\approx f(\xi_1)\cdot\Delta x_1+f(\xi_2)\cdot\Delta x_2+\cdots+f(\xi_n)\cdot\Delta x_n=\sum_{i=1}^n f(\xi_i)\cdot\Delta x_i.$$

（4）取极限.

当分点个数 n 无限增加,且最大的小区间长度（记为 λ,即 $\lambda = \max\limits_{i=1,\cdots,n}\{\Delta x_i\}$）趋于零时,上述和式的极限就是曲边梯形面积的精确值,即

$$A = \lim_{\lambda \to 0} \sum_{i=1}^{n} f(\xi_i)\Delta x_i.$$

2. 变速直线运动的路程

设一物体做直线运动,已知速度 $v = v(t)$ 是时间 t 的连续函数,求在时间间隔 $[T_1, T_2]$ 上物体所经过的路程.

物体做变速直线运动不能再按匀速直线运动的路程公式来求其路程.但是,由于物体运动的速度函数是连续变化的,在很短一段时间内,速度变化很小,近似于等速.因此,如果把时间间隔分小,在小段时间内以等速直线运动代替变速直线运动,那么就可以算出部分路程的近似值;再求和,得到整个路程的近似值;最后通过对时间间隔无限细分的极限过程,这时所有部分路程的近似值之和的极限,就是所求变速直线运动的路程的精确值.这一求变速直线运动路程的具体步骤如下:

（1）分割.

在时间间隔 $[T_1, T_2]$ 内任意插入 $n-1$ 个分点:

$$T_1 = t_0 < t_1 < t_2 < \cdots < t_{n-1} < t_n = T_2,$$

把 $[T_1, T_2]$ 分成 n 个小段:

$$[t_0, t_1], [t_1, t_2], \cdots, [t_{i-1}, t_i], \cdots, [t_{n-1}, t_n],$$

第 i 小段时间的长度记为

$$\Delta t_i = t_i - t_{i-1} \quad (i = 1, 2, \cdots, n),$$

相应地,在第 i 小段时间内物体经过的路程为 $\Delta s_i (i = 1, 2, \cdots, n)$.

（2）近似.

在时间间隔 $[t_{i-1}, t_i] (i = 1, 2, \cdots, n)$ 上任取一个时刻 $\tau_i (t_{i-1} \leqslant \tau_i \leqslant t_i)$,以 τ_i 时的速度 $v(\tau_i)$ 来代替 $[t_{i-1}, t_i]$ 上各个时刻的速度,得到部分路程 Δs_i 的近似值,即

$$\Delta s_i \approx v(\tau_i) \cdot \Delta t_i \quad (i = 1, 2, \cdots, n).$$

（3）求和.

这 n 段部分路程的近似值之和,就是所求变速直线运动路程的近似值,即

$$s \approx v(\tau_1) \cdot \Delta t_1 + v(\tau_2) \cdot \Delta t_2 + \cdots + v(\tau_n) \cdot \Delta t_n = \sum_{i=1}^{n} v(\tau_i) \cdot \Delta t_i.$$

（4）取极限.

记 $\lambda = \max\{\Delta t_1, \Delta t_2, \cdots, \Delta t_n\}$,当 $\lambda \to 0$ 时,上述和式的极限就是变速直线运动的路程,即

$$s = \lim_{\lambda \to 0} \sum_{i=1}^{n} v(\tau_i)\Delta t_i.$$

二、定积分的定义

定义 设 $f(x)$ 在 $[a, b]$ 上有界,在 $[a, b]$ 中任意插入 $n-1$ 个分点

$$a = x_0 < x_1 < x_2 < \cdots < x_{n-1} < x_n = b,$$

把区间 $[a, b]$ 分割成 n 个小区间:

$$[x_0,x_1], [x_1,x_2], \cdots, [x_{n-1},x_n],$$

各小区间的长度依次为

$$\Delta x_1 = x_1 - x_0, \Delta x_2 = x_2 - x_1, \cdots, \Delta x_n = x_n - x_{n-1},$$

在每个小区间 $[x_{i-1},x_i]$ 上任取一点 $\xi_i(x_{i-1} \leqslant \xi_i \leqslant x_i)$,作函数值 $f(\xi_i)$ 与小区间长度 Δx_i 的乘积 $f(\xi_i)\Delta x_i (i=1,2,\cdots,n)$,并作和式

$$S = \sum_{i=1}^{n} f(\xi_i)\Delta x_i,$$

记 $\lambda = \max\{\Delta x_1, \Delta x_2, \cdots, \Delta x_n\}$,如果不论对 $[a,b]$ 怎样的分法,也不论在小区间 $[x_{i-1},x_i]$ 上点 ξ_i 怎样取法,只要当 $\lambda \to 0$ 时,和 S 总趋于确定的极限 I,我们就称函数 $f(x)$ 在 $[a,b]$ 上**可积**,称这个极限 I 为函数 $f(x)$ 在区间 $[a,b]$ 上的**定积分**,记为

$$\int_a^b f(x)\mathrm{d}x = I = \lim_{\lambda \to 0} \sum_{i=1}^{n} f(\xi_i)\Delta x_i,$$

其中,$f(x)$ 叫作**被积函数**,$f(x)\mathrm{d}x$ 叫作**被积表达式**,x 叫作**积分变量**,a 叫作**积分下限**,b 叫作**积分上限**,$[a,b]$ 叫作**积分区间**.

关于定积分的定义的几点说明:

(1) 定积分 $\int_a^b f(x)\mathrm{d}x$ 是和式 $\sum_{i=1}^{n} f(\xi_i)\Delta x_i$ 的极限值,这一极限值仅与被积函数 $f(x)$ 及积分区间 $[a,b]$ 有关,而与区间 $[a,b]$ 的分法、ξ_i 的取法以及积分变量用什么字母表示均无关.

(2) 该定义是在积分下限小于积分上限的情况下给出的,如果 $a>b$,只要把插入分点的顺序反过来写

$$a = x_0 > x_1 > x_2 > \cdots > x_{n-1} > x_n = b$$

即可. 由于 $x_{i-1} > x_i$,则 $\Delta x_i = x_i - x_{i-1} < 0$,于是

$$\int_a^b f(x)\mathrm{d}x = -\int_b^a f(x)\mathrm{d}x. \tag{1}$$

并且,不论 a 与 b 的大小关系如何,式(1)均成立. 特殊地,当 $a=b$ 时,有 $\int_a^b f(x)\mathrm{d}x = 0$,即

$$\int_a^a f(x)\mathrm{d}x = 0. \tag{2}$$

注:关于定积分,还有一个重要的问题. 函数 $f(x)$ 在区间 $[a,b]$ 上满足怎样的条件,$f(x)$ 在区间 $[a,b]$ 上一定可积? 该问题本书不作深入讨论,只给出下面两个结论:

(1) 若函数 $f(x)$ 在区间 $[a,b]$ 上连续,则 $f(x)$ 在区间 $[a,b]$ 上可积;

(2) 若函数 $f(x)$ 在区间 $[a,b]$ 上仅有有限个第一类间断点,则 $f(x)$ 在区间 $[a,b]$ 上可积.

三、定积分的几何意义

设 $f(x)$ 在区间 $[a,b]$ 上连续.

(1) 若在 $[a,b]$ 上 $f(x) \geqslant 0$,则定积分 $\int_a^b f(x)\mathrm{d}x$ 表示由曲线 $y=f(x)$,直线 $x=a$、$x=b$ 及 x 轴所围成的曲边梯形面积 A(见图 3-3-2),即

$$\int_a^b f(x)\mathrm{d}x = A.$$

(2) 若在 $[a,b]$ 上 $f(x) \leqslant 0$,则定积分 $\int_a^b f(x)\mathrm{d}x$ 表示由曲线 $y=f(x)$,直线 $x=a$、$x=b$ 及

x 轴所围成的曲边梯形面积 A 的负值(见图 3-3-3),即

$$\int_a^b f(x)\mathrm{d}x = -A.$$

(3) 若在 $[a,b]$ 上 $f(x)$ 有时正有时负(见图 3-3-4),则曲线 $y=f(x)$,直线 $x=a$、$x=b$ 及 x 轴所围成的图形是由三个曲边梯形构成的,即

$$\int_a^b f(x)\mathrm{d}x = -A_1 + A_2 - A_3.$$

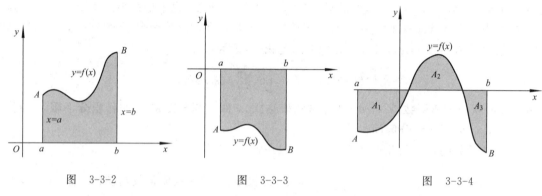

图 3-3-2   图 3-3-3   图 3-3-4

例 1   利用定积分的几何意义求定积分:$\int_0^a \sqrt{a^2-x^2}\,\mathrm{d}x$ $(a>0)$.

解   被积函数 $f(x)=\sqrt{a^2-x^2}$ 在区间 $[0,a]$ 的图像是 1/4 圆周(见图 3-3-5),由定积分的几何意义可知,定积分 $\int_0^a \sqrt{a^2-x^2}\,\mathrm{d}x$ 表示圆 $x^2+y^2=a^2$ 的面积的 1/4(圆 $x^2+y^2=a^2$ 在第一象限的部分),所以

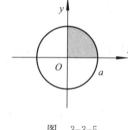

$$\int_0^a \sqrt{a^2-x^2}\,\mathrm{d}x = \frac{\pi}{4}a^2.$$

图 3-3-5

四、定积分的性质

假定下面各性质中所列出的定积分都是存在的,并且,如无特别指明,各性质中积分上下限的大小均不加限制. 各性质的证明略.

性质 1(线性运算)

$$\int_a^b [k_1 f(x) \pm k_2 g(x)]\mathrm{d}x = k_1 \int_a^b f(x)\mathrm{d}x \pm k_2 \int_a^b g(x)\mathrm{d}x,$$

其中 k_1, k_2 是常数.

性质 1 可推广到任意有限个函数的线性运算的情况,即

$$\int_a^b [k_1 f_1(x) \pm k_2 f_2(x) \pm \cdots \pm k_n f_n(x)]\mathrm{d}x$$

$$= k_1 \int_a^b f_1(x)\mathrm{d}x \pm k_2 \int_a^b f_2(x)\mathrm{d}x \pm \cdots \pm k_n \int_a^b f_n(x)\mathrm{d}x,$$

其中 $k_1, k_2, \cdots, k_n$ 是常数.

性质 2 若在区间 $[a,b]$ 上，$f(x)\equiv 1$（见图 3-3-6），则

$$\int_a^b 1\mathrm{d}x = \int_a^b \mathrm{d}x = b-a.$$

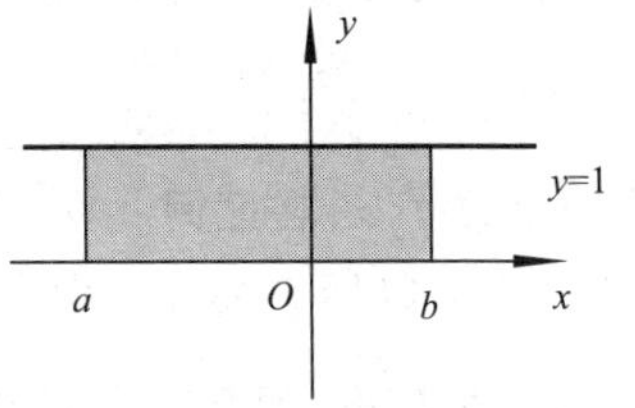

性质 3（积分对区间的可加性） 不论 a,b,c 的相对位置如何，总有等式

$$\int_a^b f(x)\mathrm{d}x = \int_a^c f(x)\mathrm{d}x + \int_c^b f(x)\mathrm{d}x$$

成立.

图 3-3-6

性质 4 若在区间 $[a,b]$ 上，$f(x)\geqslant 0$，则

$$\int_a^b f(x)\mathrm{d}x \geqslant 0 \quad (a<b).$$

注：由定积分的几何意义立即可得.

推论 1 若在区间 $[a,b]$ 上，$f(x)\geqslant g(x)$，则

$$\int_a^b f(x)\mathrm{d}x \geqslant \int_a^b g(x)\mathrm{d}x \quad (a<b).$$

注：因为 $f(x)-g(x)\geqslant 0$，由性质 4 有 $\int_a^b [f(x)-g(x)]\mathrm{d}x \geqslant 0$，再由性质 1 可得要证的不等式.

推论 2

$$\left| \int_a^b f(x)\mathrm{d}x \right| \leqslant \int_a^b |f(x)|\mathrm{d}x \quad (a<b).$$

性质 5（积分估值定理） 设 m 和 M 分别是 $f(x)$ 在区间 $[a,b]$ 上的最小值和最大值（见图 3-3-7），则 $m(b-a)\leqslant \int_a^b f(x)\mathrm{d}x \leqslant M(b-a)$.

注：由性质 4 的推论 1 可证得.

性质 6（积分中值定理） 如果函数 $f(x)$ 在区间 $[a,b]$ 上连续，那么在区间 $[a,b]$ 上至少存在一点 ξ，使下式成立：

$$\int_a^b f(x)\mathrm{d}x = f(\xi)(b-a) \quad (a\leqslant \xi \leqslant b).$$

上式叫作**积分中值公式**.

注：由闭区间上连续函数的最值定理、积分估值定理及闭区间上连续函数的介值定理可以证得，请读者试一试.

积分中值定理的几何解释是：在区间 $[a,b]$ 上至少存在一点 ξ，使得以 $[a,b]$ 为底，以 $y=f(x)$ 为曲边的曲边梯形的面积 $\int_a^b f(x)\mathrm{d}x$ 等于同一底边而高为 $f(\xi)$ 的矩形面积 $f(\xi)(b-a)$（见图 3-3-8）.

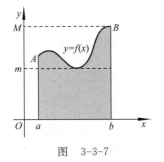

图 3-3-7

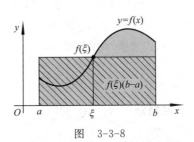

图 3-3-8

由积分中值公式所得的

$$f(\xi) = \frac{1}{b-a} \int_a^b f(x) \mathrm{d}x$$

称为函数 $f(x)$ 在区间 $[a,b]$ 上的积分平均值. 这一概念是对有限个数的平均值概念的拓展. 例如, 我们可以用它去计算做变速直线运动的物体在指定时间间隔内的平均速度等.

性质 7（奇、偶函数在对称区间上的定积分） 若 $f(x)$ 为奇函数, 则 $\int_{-a}^a f(x)\mathrm{d}x = 0$；若 $f(x)$ 为偶函数, 则 $\int_{-a}^a f(x)\mathrm{d}x = 2\int_0^a f(x)\mathrm{d}x$.

例 2 利用定积分的性质和几何意义求定积分 $\int_{-2}^2 \left(x^3\cos\frac{x}{2} + \frac{1}{2}\right)\sqrt{4-x^2}\,\mathrm{d}x$. （据报道, 南京航空航天大学的四食堂 Wi-Fi 密码是 $\int_{-2}^2 \left(x^3\cos\frac{x}{2} + \frac{1}{2}\right)\sqrt{4-x^2}\,\mathrm{d}x$ 的前六位.）

解 由 性 质 1, $\int_{-2}^2 \left(x^3\cos\frac{x}{2} + \frac{1}{2}\right)\sqrt{4-x^2}\,\mathrm{d}x = \int_{-2}^2 x^3\cos\frac{x}{2}\sqrt{4-x^2}\,\mathrm{d}x + \int_{-2}^2 \frac{1}{2}\sqrt{4-x^2}\,\mathrm{d}x$.

函数 $g(x) = \int_{-2}^2 x^3\cos\frac{x}{2}\sqrt{4-x^2}\,\mathrm{d}x$ 为奇函数, 故由性质 7 得

$$\int_{-2}^2 x^3\cos\frac{x}{2}\sqrt{4-x^2}\,\mathrm{d}x = 0.$$

函数 $f(x) = \int_{-2}^2 \frac{1}{2}\sqrt{4-x^2}\,\mathrm{d}x$ 为偶函数, 故由性质 7 得

$$f(x) = \int_{-2}^2 \frac{1}{2}\sqrt{4-x^2}\,\mathrm{d}x = \int_0^2 \sqrt{4-x^2}\,\mathrm{d}x.$$

由定积分的几何意义,

$$\int_0^2 \sqrt{4-x^2}\,\mathrm{d}x = \frac{1}{4}\pi 2^2 = \pi.$$

例 3 比较下列各组积分值的大小：

(1) $\int_0^1 \sqrt[3]{x}\,\mathrm{d}x$ 与 $\int_0^1 x^3\,\mathrm{d}x$；   (2) $\int_0^1 x\,\mathrm{d}x$ 与 $\int_0^1 \ln(1+x)\,\mathrm{d}x$.

解 (1) 根据幂函数的性质, 在 $[0,1]$ 上, 有 $\sqrt[3]{x} \geqslant x^3$, 再由性质 4 的推论 1 有

$$\int_0^1 \sqrt[3]{x}\,\mathrm{d}x \geqslant \int_0^1 x^3\,\mathrm{d}x.$$

(2) 令 $f(x) = x - \ln(1+x)$, $f(x)$ 在区间 $[0,1]$ 上连续, 且在区间 $(0,1)$ 上有

$$f'(x) = 1 - \frac{1}{1+x} = \frac{x}{1+x} > 0,$$

故函数 $f(x)$ 在区间 $[0,1]$ 上单调增加, 所以

$$f(x) \geqslant f(0) = [x - \ln(1+x)]|_{x=0} = 0,$$

即有 $x \geqslant \ln(1+x)$, 由性质 4 的推论 1, 得

$$\int_0^1 x\,\mathrm{d}x \geqslant \int_0^1 \ln(1+x)\,\mathrm{d}x.$$

例 4 估计定积分 $\int_{-1}^1 \mathrm{e}^{-x^2}\,\mathrm{d}x$ 的值.

解　设 $f(x)=\mathrm{e}^{-x^2}$，$x\in[-1,1]$；由 $f'(x)=-2x\mathrm{e}^{-x^2}=0$ 得驻点 $x=0$；比较驻点 $x=0$ 及区间端点 $x=\pm1$ 处的函数值：

$$f(0)=\mathrm{e}^0=1,\quad f(\pm1)=\mathrm{e}^{-1}=\frac{1}{\mathrm{e}},$$

得最小值为 $m=\dfrac{1}{\mathrm{e}}$，最大值 $M=1$；根据积分估值定理，得

$$\frac{2}{\mathrm{e}}\leqslant\int_{-1}^{1}\mathrm{e}^{-x^2}\mathrm{d}x\leqslant2.$$

【文化视角】

莱 布 尼 茨

戈特弗里德·威廉·莱布尼茨(Gottfried Wilhelm Leibniz，1646 年 7 月 1 日—1716 年 11月 14 日)，德国哲学家、数学家，历史上少见的通才，被誉为 17世纪的亚里士多德.

莱布尼茨在数学史和哲学史上都占有重要地位. 在数学上，由于他独立创建了微积分，并精心设计了非常巧妙而简洁的微积分符号，从而使他以伟大数学家的称号闻名于世. 莱布尼茨对微积分的研究始于 31 岁，那时他在巴黎任外交官，有幸结识数学家、物理学家惠更斯等人. 在名师指导下系统研究了数学著作，1673 年他在伦敦结识了巴罗和牛顿等名流. 从此，他以非凡的理解力和创造力进入了数学前沿阵地.

莱布尼茨在从事数学研究的过程中，深受哲学思想的支配. 他的著名哲学观点是单子论，认为单子是"自然的真正原子……事物的元素"，是客观的、能动的、不可分割的精神实体. 莱布尼茨也发现了微分和积分是一对互逆的运算，并建立了沟通微分与积分内在联系的微积分基本定理，从而使原本各自独立的微分学和积分学成为统一的微积分学整体.

莱布尼茨是数学史上最伟大的符号学者之一，堪称符号大师. 他曾说："要发明，就要挑选恰当的符号，要做到这一点，就要用含义简明的少量符号来表达和比较忠实地描绘事物的内在本质，从而最大限度地减少人的思维劳动，"莱布尼茨所创造的数学符号对微积分的发展起了很大的促进作用. 欧洲大陆的数学得以迅速发展，莱布尼茨的巧妙符号功不可灭. 他创设的数学符号很多，如商"a/b"、比"$a:b$"、相似"$\backsim$"、全等"$\cong$"、并"$\bigcup$"、交"$\bigcap$"，以及函数和行列式等. 这些符号都是他智慧的结晶，如一直保留到当今教材中的积分号 $\int$，就是在其积分法论文中第一次给出的. 求曲线所围面积积分概念，把积分看作无穷小的和，并引入积分符号 $\int$，它是把拉丁文 Summa 的字头 S 拉长，多么巧妙的设计呀.

莱布尼茨的科研成果大部分出自青年时代，随着这些成果的广泛传播，荣誉纷纷而来，他也变得越来越保守. 到了晚年，他在科学方面已无所作为. 他开始为宫廷唱赞歌，为上帝唱赞歌，沉醉于研究神学和公爵家族. 莱布尼茨生命中的最后 7 年，是在别人带给他和牛顿关于微积分发明权的争论中痛苦地度过的. 他和牛顿一样，都是终生未娶. 1761 年 11 月 14 日，莱布尼茨默默地离开人世，葬在宫廷教堂的墓地.

戎马不解鞍,铠甲不离傍.

冉冉老将至,何时返故乡?

神龙藏深泉,猛兽步高冈.

狐死归首丘,故乡安可忘!

习　题　3–3

1. 利用定积分的几何意义说明下列等式:

(1) $\int_0^1 2x\,\mathrm{d}x = 1$;

(2) $\int_0^{2\pi} \sin x\,\mathrm{d}x = 0$.

2. 比较下列各组积分值的大小:

(1) $\int_1^2 \ln x\,\mathrm{d}x$ 与 $\int_1^2 \ln^2 x\,\mathrm{d}x$;

(2) $\int_0^1 e^x\,\mathrm{d}x$ 与 $\int_0^1 (1+x)\,\mathrm{d}x$.

3. 估计下列各积分的值:

(1) $\int_1^4 (x^2+1)\,\mathrm{d}x$;

(2) $\int_{\pi/4}^{5\pi/4} (1+\sin^2 x)\,\mathrm{d}x$;

(3) $\int_0^{-2} x e^x\,\mathrm{d}x$;

(4) $\int_1^2 \dfrac{x}{1+x^2}\,\mathrm{d}x$.

§3.4　牛顿–莱布尼茨公式

通过前面的学习我们发现,利用定积分的定义计算定积分是非常困难的,因此,必须寻求计算定积分的简便而又可行的方法.我们知道,不定积分作为原函数的概念与定积分作为积分和的极限的概念是完全不相干的两个概念.但是,牛顿和莱布尼茨找到了这两个概念之间存在着的深刻的内在联系,巧妙地开辟了求定积分的新途径——牛顿–莱布尼茨公式.

一、积分上限的函数及其导数

设函数 $f(x)$ 在区间 $[a,b]$ 上连续,并设 x 为 $[a,b]$ 上一点.现在来考察 $f(x)$ 在部分区间 $[a,x]$ 上的定积分 $\int_a^x f(x)\,\mathrm{d}x$.

由于 $f(x)$ 在区间 $[a,x]$ 上仍旧连续,因此这个定积分是存在的.此时,x 既表示定积分的上限,又表示积分变量.因为定积分的值与积分变量的记法无关,故为了区别,可把积分变量改用其他字母,例如用 t 表示,则上面的定积分可以写成 $\int_a^x f(t)\,\mathrm{d}t$.

如果上限 x 在区间 $[a,b]$ 上任意变动,则对于每一个取定的 x 值,定积分 $\int_a^x f(t)\,\mathrm{d}t$ 有一个对应的值,所以 $\int_a^x f(t)\,\mathrm{d}t$ 在 $[a,b]$ 上定义了一个函数,记作 $\Phi(x)$,即

$$\Phi(x) = \int_a^x f(t)\,\mathrm{d}t.$$

该函数称为**积分上限的函数**.

定理 1　若函数 $f(x)$ 在区间 $[a,b]$ 上连续,则积分上限的函数 $\Phi(x) = \int_a^x f(t)\mathrm{d}t$ 在 $[a,b]$ 上可导,且它的导数是

$$\Phi'(x) = \left(\int_a^x f(t)\mathrm{d}t\right)' = f(x). \tag{1}$$

例 1　求下列函数的导数:

(1) $y = \int_x^0 \cos(3t+1)\mathrm{d}t$; 　　　　　(2) $y = \int_a^{\sqrt{x}} \sin t^2 \mathrm{d}t$;

(3) $y = \int_x^{x^2} \sqrt{1+t^3}\,\mathrm{d}t$.

解　(1) $y' = \left(\int_x^0 \cos(3t+1)\mathrm{d}t\right)' = -\left(\int_0^x \cos(3t+1)\mathrm{d}t\right)' = -\cos(3x+1)$.

(2) 函数 $F(x) = \int_a^{\sqrt{x}} \sin t^2 \mathrm{d}t$ 是由函数 $F(u) = \int_a^u \sin t^2 \mathrm{d}t$ 及 $u = \sqrt{x}$ 复合而成,由复合函数的求导法则,得

$$y' = \left(\int_a^{\sqrt{x}} \sin t^2 \mathrm{d}t\right)' = \sin\left(\sqrt{x}\right)^2 \cdot \left(\sqrt{x}\right)' = \frac{\sin x}{2\sqrt{x}}.$$

(3) 利用(1)、(2)两题的解题思路.

$$y' = \left(\int_x^{x^2} \sqrt{1+t^3}\,\mathrm{d}t\right)' = \left(\int_x^0 \sqrt{1+t^3}\,\mathrm{d}t + \int_0^{x^2} \sqrt{1+t^3}\,\mathrm{d}t\right)'$$
$$= -\sqrt{1+x^3} + \sqrt{1+(x^2)^3} \cdot (x^2)'$$
$$= -\sqrt{1+x^3} + 2x\sqrt{1+x^6}.$$

注:一般地,积分上限的函数求导有如下公式.

(1) $\left(\int_a^{g(x)} f(t)\mathrm{d}t\right)' = f(g(x))g'(x)$;

(2) $\left(\int_{g_1(x)}^{g_2(x)} f(t)\mathrm{d}t\right)' = f(g_2(x))g_2'(x) - f(g_1(x))g_1'(x)$.

例 2　求极限:

$$\lim_{x\to 0} \frac{\int_{\cos x}^1 \mathrm{e}^{-t^2}\mathrm{d}t}{x^2}.$$

解　题设极限是 $\dfrac{0}{0}$ 型未定式,应用洛必达法则,得

$$\lim_{x\to 0} \frac{\int_{\cos x}^1 \mathrm{e}^{-t^2}\mathrm{d}t}{x^2} = \lim_{x\to 0} \frac{-\mathrm{e}^{-(\cos x)^2} \cdot (\cos x)'}{2x} = \frac{1}{2}\lim_{x\to 0}\mathrm{e}^{-(\cos x)^2} \cdot \lim_{x\to 0}\frac{\sin x}{x} = \frac{1}{2\mathrm{e}}.$$

二、牛顿–莱布尼茨(Newton-Leibniz)公式(微积分基本公式)

由定理 1 可得以下原函数的存在定理.

定理 2　若函数 $f(x)$ 在区间 $[a,b]$ 上连续,则函数 $\Phi(x) = \int_a^x f(t)\mathrm{d}t$ 就是 $f(x)$ 在 $[a,b]$ 上的一个原函数.

注:定理 2 一方面肯定了连续函数的原函数是存在的,另一方面初步揭示了积分学中的定

积分与原函数之间的联系. 这样我们就有可能通过原函数来计算定积分.

定理 3 若函数 $F(x)$ 是连续函数 $f(x)$ 在区间 $[a,b]$ 上的一个原函数,则

$$\int_a^b f(x)\mathrm{d}x = F(b) - F(a). \tag{2}$$

公式(2)称为**牛顿-莱布尼茨公式**.

证明 已知函数 $F(x)$ 是连续函数 $f(x)$ 的一个原函数,又由定理 2 知道,积分上限的函数 $\Phi(x) = \int_a^x f(t)\mathrm{d}t$ 也是 $f(x)$ 的一个原函数. 由 §3.1 节的知识可知

$$F(x) - \Phi(x) = C_0 \quad (a \leqslant x \leqslant b, C_0 \text{ 为某一常数}),$$

即

$$F(x) - \int_a^x f(t)\mathrm{d}t = C_0.$$

在上式中令 $x=a$,得 $C_0 = F(a)$;令 $x=b$,得 $F(b) - \int_a^b f(t)\mathrm{d}t = C_0 = F(a)$,即

$$\int_a^b f(x)\mathrm{d}x = F(b) - F(a).$$

为方便起见,以后把 $F(b) - F(a)$ 记作 $F(x)\big|_a^b$,于是,式(1)可写作

$$\int_a^b f(x)\mathrm{d}x = F(x)\big|_a^b = F(b) - F(a).$$

注:公式(2)进一步揭示了定积分与被积函数的原函数或不定积分之间的联系. 它表明:一个连续函数在区间 $[a,b]$ 上的定积分等于它的任意一个原函数在区间 $[a,b]$ 上的增量. 这就给计算定积分提供了一个有效而简便的方法.

通常也把公式(2)称为**微积分基本公式**.

例 3 计算下列定积分:

(1) $\int_1^4 (x^2 + 1)\mathrm{d}x$;

(2) $\int_0^{\pi/4} \tan^2 x\mathrm{d}x$;

(3) $\int_{-1}^1 \dfrac{\mathrm{e}^x}{1+\mathrm{e}^x}\mathrm{d}x$;

(4) $\int_0^\pi \sqrt{\sin x - \sin^3 x}\,\mathrm{d}x$.

解 (1) $\int_1^4 (x^2 + 1)\mathrm{d}x = \left(\dfrac{1}{3}x^3 + x\right)\Big|_1^4 = \dfrac{64}{3} + 4 - \left(\dfrac{1}{3} + 1\right) = 24.$

(2) $\int_0^{\pi/4} \tan^2 x\mathrm{d}x = \int_0^{\pi/4} (\sec^2 x - 1)\mathrm{d}x = (\tan x - x)\big|_0^{\pi/4} = 1 - \dfrac{\pi}{4}.$

(3) $\int_{-1}^1 \dfrac{\mathrm{e}^x}{1+\mathrm{e}^x}\mathrm{d}x = \int_{-1}^1 \dfrac{1}{1+\mathrm{e}^x}\mathrm{d}(1+\mathrm{e}^x) = \ln(1+\mathrm{e}^x)\big|_{-1}^1 = 1.$

(4) $\displaystyle\int_0^\pi \sqrt{\sin x - \sin^3 x}\,x\mathrm{d}x = \int_0^\pi \sqrt{\sin x}\,|\cos x|\,\mathrm{d}x$

$$= \int_0^{\pi/2} \sqrt{\sin x} \cdot \cos x\mathrm{d}x + \int_{\pi/2}^\pi \sqrt{\sin x} \cdot (-\cos x)\mathrm{d}x$$

$$= \int_0^{\pi/2} \sqrt{\sin x}\,\mathrm{d}(\sin x) - \int_{\pi/2}^\pi \sqrt{\sin x}\,\mathrm{d}(\sin x)$$

$$= \dfrac{2}{3}\sin^{\frac{3}{2}} x\Big|_0^{\pi/2} - \dfrac{2}{3}\sin^{\frac{3}{2}} x\Big|_{\pi/2}^\pi = \dfrac{4}{3}.$$

例 4　设函数 $f(x) = \begin{cases} \sqrt[3]{x} & \text{当 } 0 \leqslant x < 1 \\ e^{-x} & \text{当 } 1 \leqslant x \leqslant 3 \end{cases}$，求 $\int_0^3 f(x)\mathrm{d}x$.

解　$\int_0^3 f(x)\mathrm{d}x = \int_0^1 f(x)\mathrm{d}x + \int_1^3 f(x)\mathrm{d}x = \int_0^1 \sqrt[3]{x}\,\mathrm{d}x + \int_1^3 e^{-x}\mathrm{d}x$

$$= \frac{3}{4}x^{\frac{4}{3}}\Big|_0^1 + (-e^{-x})\Big|_1^3 = \frac{3}{4} + \frac{e^2-1}{e^3}.$$

例 5　在跨度为 2 km 的河道上方修建一条钢索桥,桥的形状设计为悬链线型(见图 3-4-1),已知悬链线的方程为 $y = \frac{1}{2}(e^x + e^{-x})$,问要修建这样一条钢索桥需要用多少千克钢材?(钢的密度为 $\gamma = 8.7$ g/cm³,$e \approx 2.718$)

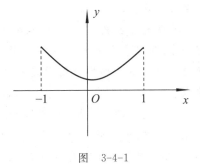

分析:要想求出所需钢材,首先应知道桥的长度,即悬链线的弧长.弧长公式为

$$l = \int_a^b \sqrt{1 + (y')^2}\,\mathrm{d}x \quad (x \in [-1, 1]),$$

图　3-4-1

然后再求出所需钢材量 $W = \gamma l$.

解　已知 $y = \frac{1}{2}(e^x + e^{-x})$,则 $y' = \frac{1}{2}(e^x - e^{-x})$. 当 $x \in [-1, 1]$ 时,由弧长公式 $l = \int_a^b \sqrt{1 + (y')^2}\,\mathrm{d}x$ 得

$$l = 2\int_0^1 \sqrt{1 + \frac{1}{4}(e^x - e^{-x})^2}\,\mathrm{d}x = \int_0^1 \sqrt{(e^x + e^{-x})^2}\,\mathrm{d}x = \int_0^1 (e^x + e^{-x})\mathrm{d}x$$

$$= (e^x - e^{-x})\Big|_0^1 = e^1 - e^{-1} \approx 2.718 - 2.718^{-1} \text{ km} \approx 2.35 \text{ km} = 2.35 \times 10^5 \text{ cm},$$

所需钢材量　　$W = \gamma l \approx 8.7 \times 2.35 \times 10^5$ g $= 2\,044.5 \times 10^3$ g $= 2\,044.5$ kg.

所以要修建这样一条钢索桥需要用 2 044.5 kg 钢材.

【文化视角】

牛顿到底有多牛?

牛顿(Isaac Newton,1643—1727),伟大的物理学家、天文学家和数学家,经典力学体系的奠基人.

牛顿出生于 1643 年(当时英格兰还没有采用教皇的最新历法,按当时历法他的出生日是 1642 年的圣诞节),那时英国资产阶级革命如火如荼,所以牛顿生下来的时候,天下并不太平.

牛顿出生在英格兰林肯郡的一个村庄,父母是地地道道的农民.他父亲也叫艾萨克·牛顿,大字不识一个,在他出生前 3 个月就死了,所以牛顿是一个遗腹子.后来,母亲改嫁,继父不喜欢他,就把他寄养在外婆家,中途他又辍学.

牛顿成年后上了剑桥大学,他是靠给同学打工、吃别人的剩饭把大学念下来的.据说,他到剑桥大学的时候,身上只有几样东西:吃饭用的一个罐子,几根蜡烛,一个笔记本,还有一把锁.

牛顿一生的转折点发生在 1665—1667 年的 18 个月里.当时,伦敦爆发了瘟疫,牛顿回家

避难.请注意这个年份——1666 年,这是世界科学史上第一个奇迹之年.因为牛顿在老家避难的这段时间,在他妈妈的农场里,几乎做出了他一生所有重要的科学贡献.

1669 年,他回到剑桥大学之后,很快就当上了教授,成为剑桥大学最年轻的终身教授,而且一干就是 30 年.50 多岁的时候,他的名气已经很大了,被英国国王任命为皇家铸币厂的监管——这是一个薪水又高又清闲的职位.1703 年,他又当了英国皇家学会的会长.

虽然他不是贵族,但他是第一个以科学家的身份拿到爵士头衔的人,也是第一个获得国葬的自然科学家.

在牛顿的葬礼中,送行的人群中有一个人叫伏尔泰.我们都知道,他是法国的大文豪、启蒙思想家.伏尔泰当时很感动,感慨道:"走进威斯敏斯特教堂,人们所瞻仰的不是君王们的陵寝,而是国家为感谢那些为国增光的最伟大的人物建立的纪念碑.这便是英国人民对于才能的尊敬."

参加完牛顿的葬礼,伏尔泰就在伦敦游逛,然后找到牛顿的一个外甥女凯瑟琳,采访牛顿一生的事迹.凯瑟琳跟他讲了一个著名的段子,就是牛顿在老家的时候,被树上的一个苹果打到头,然后就想出了万有引力定律.伏尔泰跑回法国就开始写文章,他的文笔很好,所以这个故事就迅速传遍了欧洲,还跑到了我们的教科书上.

习 题 3-4

1. 求下列函数的导数:

(1) $y = \int_x^3 \cos^2 t \, \mathrm{d}t$;

(2) $y = \int_x^{x^2} t \, \mathrm{e}^{t^2} \, \mathrm{d}t$.

2. 计算下列定积分:

(1) $\int_0^1 \dfrac{x^2}{1+x^2} \, \mathrm{d}x$;

(2) $\int_1^{\sqrt{3}} \dfrac{1+2x^2}{x^2(1+x^2)} \, \mathrm{d}x$;

(3) $\int_{-(\mathrm{e}+1)}^{-2} \dfrac{1}{x+1} \, \mathrm{d}x$;

(4) $\int_{1/\pi}^{2/\pi} \dfrac{1}{x^2} \sin \dfrac{1}{x} \, \mathrm{d}x$;

(5) $\int_{-\pi/2}^{\pi/3} \sqrt{1-\cos^2 x} \, \mathrm{d}x$;

(6) $\int_{-2}^2 \max\{x, x^2\} \, \mathrm{d}x$.

---

§3.5　定积分的换元积分法和分部积分法

由牛顿—莱布尼茨公式,只要会求不定积分就可以求定积分.结合不定积分的方法和定积分的特点,将不定积分的换元积分法和分部积分法套用,会使定积分的计算更为简单.

一、定积分换元积分法

定理　设函数 $f(x)$ 在闭区间 $[a,b]$ 上连续,函数 $x = \varphi(t)$ 满足条件:

(1) $\varphi(\alpha) = a, \varphi(\beta) = b$,且 $a \leqslant \varphi(t) \leqslant b$;

(2) $\varphi(t)$ 在 $[\alpha, \beta]$(或 $[\beta, \alpha]$)上具有连续导数,则有

$$\int_a^b f(x) \, \mathrm{d}x = \int_\alpha^\beta f(\varphi(t)) \varphi'(t) \, \mathrm{d}t. \tag{1}$$

证明 因为 $f(x)$ 在闭区间 $[a,b]$ 上连续,故它在 $[a,b]$ 上的原函数存在. 设 $F(x)$ 是 $f(x)$ 的一个原函数,则

$$\int_a^b f(x)\mathrm{d}x = F(x)\big|_a^b = F(b)-F(a).$$

另一方面,由不定积分的换元法知

$$\int f(\varphi(t))\varphi'(t)\mathrm{d}t = F(\varphi(t))+C,$$

于是

$$\int_\alpha^\beta f(\varphi(t))\varphi'(t)\mathrm{d}t = F(\varphi(t))\big|_\alpha^\beta = F(\varphi(\beta))-F(\varphi(\alpha)) = F(b)-F(a).$$

定理得证.

公式(1)称为**定积分的换元公式**.

注:定积分的换元公式与不定积分的换元公式类似. 但是,在应用定积分的换元公式时应注意以下两点:

(1) 换元同时换限,且上限对应于上限,下限对应于下限. 新变量的下限不一定小于上限.

(2) 求出 $f(\varphi(t))\varphi'(t)$ 的一个原函数 $F(\varphi(t))$ 后,不必像计算不定积分那样再把 $F(\varphi(t))$ 变换成原变量 x 的函数,只要把新变量 t 的上、下限分别代入 $F(\varphi(t))$ 然后相减即可.

例 1 计算下列定积分:

(1) $\int_0^4 \dfrac{\mathrm{d}x}{1+\sqrt{x}}$; (2) $\int_0^{\ln 2}\sqrt{\mathrm{e}^x-1}\,\mathrm{d}x$;

(3) $\int_0^a \sqrt{a^2-x^2}\,\mathrm{d}x$ $(a>0)$.

解 (1) 令 $\sqrt{x}=t$,则 $x=t^2$,$\mathrm{d}x=2t\mathrm{d}t$,且 $\dfrac{x\,|\,0\to 4}{t\,|\,0\to 2}$,于是

$$\int_0^4 \frac{\mathrm{d}x}{1+\sqrt{x}} = \int_0^2 \frac{2t}{1+t}\mathrm{d}t = 2\int_0^2\left(1-\frac{1}{1+t}\right)\mathrm{d}t = 2\left[t-\ln|1+t|\right]\big|_0^2 = 4-2\ln 3.$$

(2) 令 $\sqrt{\mathrm{e}^x-1}=t$,则 $x=\ln(t^2+1)$,$\mathrm{d}x=\dfrac{2t}{t^2+1}\mathrm{d}t$,且 $\dfrac{x\,|\,0\to\ln 2}{t\,|\,0\to 1}$,于是

$$\int_0^{\ln 2}\sqrt{\mathrm{e}^x-1}\,\mathrm{d}x = \int_0^1 t\cdot\frac{2t}{t^2+1}\mathrm{d}t = 2\int_0^1\left(1-\frac{1}{1+t^2}\right)\mathrm{d}t$$
$$= 2(t-\arctan t)\big|_0^1 = 2-\frac{\pi}{2}.$$

(3) 令 $x=a\sin t$,则 $\sqrt{a^2-x^2}=a\cos t$,$\mathrm{d}x=a\cos t\mathrm{d}t$,且 $\dfrac{x\,|\,0\to a}{t\,|\,0\to\pi/2}$,于是

$$\int_0^a\sqrt{a^2-x^2}\,\mathrm{d}x = a^2\int_0^{\pi/2}\cos^2 t\mathrm{d}t = \frac{a^2}{2}\int_0^{\pi/2}(1+\cos 2t)\mathrm{d}t$$
$$= \frac{a^2}{2}\left(t+\frac{1}{2}\sin 2t\right)\Big|_0^{\pi/2} = \frac{\pi}{4}a^2.$$

例 2 设函数 $f(x)=\begin{cases} x\mathrm{e}^{-x^2} & \text{当 } x\geqslant 0 \\ \dfrac{1}{1+\cos 2x} & \text{当 }-1\leqslant x<0 \end{cases}$,计算 $\int_1^4 f(x-2)\mathrm{d}x$.

解 设 $x-2=t$,则 $\mathrm{d}x=\mathrm{d}t$,且 $\dfrac{x\,|\,1\to 4}{t\,|\,-1\to 2}$,于是

$$\int_1^4 f(x-2)\mathrm{d}x = \int_{-1}^2 f(t)\mathrm{d}t = \int_{-1}^0 \frac{1}{1+\cos 2t}\mathrm{d}t + \int_0^2 t\mathrm{e}^{-t^2}\mathrm{d}t$$

$$= \int_{-1}^0 \frac{1}{2\cos^2 t}\mathrm{d}t - \frac{1}{2}\int_0^2 \mathrm{e}^{-t^2}\mathrm{d}(-t^2)$$

$$= \frac{1}{2}\tan t\,\Big|_{-1}^0 - \frac{1}{2}\mathrm{e}^{-t^2}\,\Big|_0^2 = \frac{1}{2}(\tan 1 - \mathrm{e}^{-4} + 1).$$

***例 3** 用定积分的换元法证明下列结论：

(1) 设 $f(x)$ 是以 l 为周期的连续函数，证明：$\int_a^{a+l} f(x)\mathrm{d}x$ 的值与 a 无关，即 $\int_a^{a+l} f(x)\mathrm{d}x = \int_0^l f(x)\mathrm{d}x$，并计算 $\int_0^{100\pi} \sqrt{1-\cos 2x}\,\mathrm{d}x$；

(2) 设 $f(x)$ 在 $[0,1]$ 上连续，证明：$\int_0^{\pi/2} f(\sin x)\mathrm{d}x = \int_0^{\pi/2} f(\cos x)\mathrm{d}x$，并计算 $\int_0^{\pi/2} \frac{1}{1+\sin x}\mathrm{d}x$.

证明 (1) 由积分对区间的可加性，有

$$\int_a^{a+l} f(x)\mathrm{d}x = \int_a^0 f(x)\mathrm{d}x + \int_0^l f(x)\mathrm{d}x + \int_l^{a+l} f(x)\mathrm{d}x,$$

对于积分 $\int_l^{a+l} f(x)\mathrm{d}x$，令 $x=t+l$，则 $\mathrm{d}x=\mathrm{d}t$，$f(x)=f(t+l)=f(t)$，且 $\dfrac{x\,|\,l\to a+l}{t\,|\,0\to a}$，于是

$$\int_l^{a+l} f(x)\mathrm{d}x = \int_0^a f(t)\mathrm{d}t = \int_0^a f(x)\mathrm{d}x,$$

从而

$$\int_a^{a+l} f(x)\mathrm{d}x = \int_a^0 f(x)\mathrm{d}x + \int_0^l f(x)\mathrm{d}x + \int_l^{a+l} f(x)\mathrm{d}x$$

$$= \int_a^0 f(x)\mathrm{d}x + \int_0^l f(x)\mathrm{d}x + \int_0^a f(x)\mathrm{d}x = \int_0^l f(x)\mathrm{d}x,$$

即

$$\int_a^{a+l} f(x)\mathrm{d}x = \int_0^l f(x)\mathrm{d}x.$$

对于定积分 $\int_0^{100\pi} \sqrt{1-\cos 2x}\,\mathrm{d}x$，由于被积函数 $f(x)=\sqrt{1-\cos 2x}=\sqrt{2}\,|\sin x|$ 是以 π 为周期的周期函数，故

$$\int_0^{100\pi} \sqrt{1-\cos 2x}\,\mathrm{d}x = \sqrt{2}\int_0^{100\pi} |\sin x|\,\mathrm{d}x = 100\sqrt{2}\int_0^\pi |\sin x|\,\mathrm{d}x$$

$$= 100\sqrt{2}\int_0^\pi \sin x\mathrm{d}x = -100\sqrt{2}\cos x\,|_0^\pi = 200\sqrt{2}.$$

(2) 令 $x=\dfrac{\pi}{2}-t$，则 $\mathrm{d}x=-\mathrm{d}t$，且 $\dfrac{x\,|\,0\to \pi/2}{t\,|\,\pi/2\to 0}$，于是

$$\int_0^{\pi/2} f(\sin x)\mathrm{d}x = \int_{\pi/2}^0 f\Big[\sin\Big(\frac{\pi}{2}-t\Big)\Big](-\mathrm{d}t) = \int_0^{\pi/2} f(\cos t)\mathrm{d}t = \int_0^{\pi/2} f(\cos x)\mathrm{d}x,$$

即

$$\int_0^{\pi/2} f(\sin x)\mathrm{d}x = \int_0^{\pi/2} f(\cos x)\mathrm{d}x.$$

特别地，当 $f(\sin x)=\sin^n x$（n 为正整数）时，有

$$\int_0^{\pi/2} \sin^n x\,\mathrm{d}x = \int_0^{\pi/2} \cos^n x\,\mathrm{d}x.$$

由此结论，有

$$\int_0^{\pi/2} \frac{1}{1+\sin x}\mathrm{d}x = \int_0^{\pi/2} \frac{1}{1+\cos x}\mathrm{d}x = \int_0^{\pi/2} \frac{1}{2\cos^2 \dfrac{x}{2}}\mathrm{d}x$$

$$= \int_0^{\pi/2} \sec^2 \left(\frac{x}{2}\right)\mathrm{d}\left(\frac{x}{2}\right) = \tan \frac{x}{2} \Big|_0^{\pi/2} = 1.$$

二、定积分的分部积分法

由不定积分的分部积分公式及牛顿-莱布尼茨公式可得定积分的分部积分公式

$$\int_a^b u\,\mathrm{d}v = uv \mid_a^b - \int_a^b v\,\mathrm{d}u \quad \text{或} \quad \int_a^b uv'\,\mathrm{d}x = uv \mid_a^b - \int_a^b vu'\,\mathrm{d}x.$$

它与不定积分的分部积分公式区别之处在于:它把先积出来的部分原函数 uv 先行代入积分限变为数值.

例 4 计算下列定积分:

(1) $\displaystyle\int_0^{\pi} x\cos x\,\mathrm{d}x$; 　　　　　　(2) $\displaystyle\int_0^{1/2} \arcsin x\,\mathrm{d}x$;

(3) $\displaystyle\int_0^1 \mathrm{e}^{\sqrt{x}}\,\mathrm{d}x$.

解 (1) $\displaystyle\int_0^{\pi} x\cos x\,\mathrm{d}x = \int_0^{\pi} x\,\mathrm{d}\sin x = x\sin x \mid_0^{\pi} - \int_0^{\pi} \sin x\,\mathrm{d}x = 0 - (-\cos x \mid_0^{\pi}) = -2.$

(2) $\displaystyle\int_0^{1/2} \arcsin x\,\mathrm{d}x = x\arcsin x \mid_0^{1/2} - \int_0^{1/2} x\,\mathrm{d}(\arcsin x)$

$$= \frac{\pi}{12} - \int_0^{1/2} \frac{x}{\sqrt{1-x^2}}\mathrm{d}x$$

$$= \frac{\pi}{12} + \frac{1}{2} \int_0^{1/2} \frac{1}{\sqrt{1-x^2}}\mathrm{d}(1-x^2)$$

$$= \frac{\pi}{12} + \sqrt{1-x^2} \mid_0^{1/2} = \frac{\pi}{12} + \frac{\sqrt{3}}{2} - 1.$$

(3) 令 $\sqrt{x}=t$,则 $x=t^2$,$\mathrm{d}x=2t\mathrm{d}t$,$\dfrac{x\,|\,0\rightarrow 1}{t\,|\,0\rightarrow 1}$,于是

$$\int_0^1 \mathrm{e}^{\sqrt{x}}\,\mathrm{d}x = \int_0^1 \mathrm{e}^t 2t\,\mathrm{d}t = 2\int_0^1 t\,\mathrm{d}\mathrm{e}^t = 2t\,\mathrm{e}^t \mid_0^1 - 2\int_0^1 \mathrm{e}^t\,\mathrm{d}t$$

$$= 2\mathrm{e} - 2\,\mathrm{e}^t \mid_0^1$$

$$= 2.$$

****例 5** 计算定积分 $I_n = \displaystyle\int_0^{\pi/2} \sin^n x\,\mathrm{d}x$($n$ 为非负整数).

解 易见,

$$I_0 = \int_0^{\pi/2} \sin^0 x\,\mathrm{d}x = \int_0^{\pi/2} \mathrm{d}x = \frac{\pi}{2}, \quad I_1 = \int_0^{\pi/2} \sin x\,\mathrm{d}x = -\cos x \mid_0^{\pi/2} = 1.$$

当 $n\geqslant 2$ 时,用定积分的分部积分法:

$$I_n = \int_0^{\pi/2} \sin^n x\,\mathrm{d}x = \int_0^{\pi/2} \sin^{n-1} x \cdot \sin x\,\mathrm{d}x = -\int_0^{\pi/2} \sin^{n-1} x\,\mathrm{d}(\cos x)$$

$$= -(\cos x \cdot \sin^{n-1} x) \mid_0^{\pi/2} + (n-1)\int_0^{\pi/2} \sin^{n-2} x \cdot \cos^2 x\,\mathrm{d}x$$

$$= 0 + (n-1) \int_0^{\pi/2} (1 - \sin^2 x) \sin^{n-2} x \, dx$$

$$= (n-1) \int_0^{\pi/2} \sin^{n-2} x \, dx - (n-1) \int_0^{\pi/2} \sin^n x \, dx$$

$$= (n-1) I_{n-2} - (n-1) I_n.$$

把上式看作以 I_n 为未知量的方程,解之,得

$$I_n = \frac{n-1}{n} I_{n-2},$$

即

$$\int_0^{\pi/2} \sin^n x \, dx = \frac{n-1}{n} \int_0^{\pi/2} \sin^{n-2} x \, dx.$$

当 n 为偶数时,有

$$I_n = \int_0^{\pi/2} \sin^n x \, dx = \frac{n-1}{n} \cdot \frac{n-3}{n-2} \cdot \cdots \cdot \frac{3}{4} \cdot \frac{1}{2} \cdot I_0 = \frac{n-1}{n} \cdot \frac{n-3}{n-2} \cdot \cdots \cdot \frac{3}{4} \cdot \frac{1}{2} \cdot \frac{\pi}{2},$$

当 n 为奇数时,有

$$I_n = \int_0^{\pi/2} \sin^n x \, dx = \frac{n-1}{n} \cdot \frac{n-3}{n-2} \cdot \cdots \cdot \frac{4}{5} \cdot \frac{2}{3} \cdot I_1 = \frac{n-1}{n} \cdot \frac{n-3}{n-2} \cdot \cdots \cdot \frac{4}{5} \cdot \frac{2}{3} \cdot 1.$$

由于 $\int_0^{\pi/2} \cos^n x \, dx = \int_0^{\pi/2} \sin^n x \, dx$,所以上述公式对于 $\int_0^{\pi/2} \cos^n x \, dx$ 也适用.

例 6　计算定积分 $\int_0^1 (1-x^2)^2 \sqrt{1-x^2} \, dx$.

解　令 $x = \sin t$,则 $dx = \cos t \, dt$,且 $\dfrac{x \mid 0 \to 1}{t \mid 0 \to \pi/2}$,于是

$$\int_0^1 (1-x^2)^2 \sqrt{1-x^2} \, dx = \int_0^{\pi/2} (1-\sin^2 t)^2 \sqrt{1-\sin^2 t} \cos t \, dt$$

$$= \int_0^{\pi/2} \cos^6 t \, dt = \frac{5}{6} \cdot \frac{3}{4} \cdot \frac{1}{2} \cdot \frac{\pi}{2} = \frac{5}{32}\pi.$$

【文化视角】

笛 卡 儿

1647 年深秋的一个夜晚,在巴黎近郊,两辆马车疾驰而过.马车在教堂的门前停下.身佩利剑的士兵押着一个瘦小的老人走进教堂.他就是近代数学奠基人、伟大的哲学家和数学家笛卡儿.由于他在著作中宣传科学,触犯了神权,因而遭到当时教会的残酷迫害.

教堂里,烛光照射在圣母玛丽亚的塑像上.塑像前是审判席.被告席上的笛卡儿开始接受天主教会法庭对他的宣判:"笛卡儿散布异端邪说,违背教规,亵渎上帝.为纯洁教义,荡涤谬误,本庭宣判笛卡儿所著之书全为禁书,并由本人当庭焚毁."笛卡儿想申辩,但士兵立即把他从被告席上拉下来,推到火盆旁,笛卡儿用颤抖的手拿起一本本凝结了他毕生心血的著作,无可奈何地投入火中.

笛卡儿于 1596 年生于法国.8 岁入读一所著名的教会学校.主要课程是神学和教会的哲

学,也学数学.他勤于思考,学习努力,成绩优异.20岁时,他在普瓦界大学获法学学位.之后去巴黎当了律师.出于对数学的兴趣,他独自研究了两年数学.17世纪初的欧洲处于教会势力的控制下.但科学的发展已经开始显示出一些和宗教义离经背道的倾向.笛卡儿和其他一些不满法兰西政治状态的青年人一起去荷兰从军体验军旅生活.

说起笛卡儿投身数学,多少有一些偶然性.有一次部队开进荷兰南部的一个城市,笛卡儿在街上散步,看见用当地的佛来米语书写的公开征解的几道数学难题.许多人在此招贴前议论纷纷,他旁边一位中年人用法语替他翻译了这几道数学难题的内容.第二天,聪明的笛卡儿兴冲冲地把解答交给了那位中年人.中年人看了笛卡儿的解答十分惊讶.巧妙的解题方法,准确无误的计算,充分显露了他的数学才华.原来这位中年人就是当时有名的数学家贝克曼教授.从此,笛卡儿在贝克曼的指导下开始了对数学的深入研究.所以有人说,贝克曼"把一个业已离开科学的心灵,带回到正确、完美的成功之路".1621年笛卡儿离开军营遍游欧洲各国.1625年回到巴黎从事科学工作.为综合知识、深入研究,1628年变卖家产,定居荷兰潜心著述达20年.

几何学曾在古希腊有过较高的发展,欧几里得、阿基米德、阿波罗尼都对圆锥曲线作过深入研究.但古希腊的几何学只是一种静态的几何,它既没有把曲线看成一种动点的轨迹,更没有给出它的一般表示方法.文艺复兴运动以后,哥白尼的日心说得到证实,开普勒发现了行星运动的三大定律,伽利略又证明了炮弹等抛物体的弹道是抛物线,这就使几乎被人们忘记的阿波罗尼曾研究过的圆锥曲线重新引起人们的重视.人们意识到圆锥曲线不仅仅是依附在圆满锥上的静态曲线,而且是与自然界的物体运动有密切联系的曲线.要计算行星运行的椭圆轨道、求出炮弹飞行所走过的抛物线,单纯靠几何方法已无能为力.古希腊数学家的几何学已不能给出解决这些问题的有效方法.要想反映这类运动的轨迹及其性质,就必须从观点到方法都要有一个新的变革,建立一种在运动观点上的几何学.

古希腊数学过于重视几何学的研究,却忽视了代数方法.代数方法在东方(古代中国、古印度、古阿拉伯)虽有高度发展,但缺少论证几何学的研究.后来,东方高度发展的代数传入欧洲,特别是文艺复兴运动使欧洲数学在古希腊几何和东方代数的基础上有了巨大的发展.

笛卡儿在数学上的杰出贡献就在于将代数和几何巧妙地联系在一起,从而创造了解析几何这门学科.

1619年在多瑙河的军营里,笛卡儿用大部分时间思考着他在数学中的新想法:能不能用代数中的计算过程来代替几何中的证明呢?要这样做就必须找到一座能连接(或说融合)几何与代数的桥梁———使几何图形数值化.笛卡儿用两条互相垂直且交于原点的数轴作为基准,将平面上的点位置确定下来,这就是后人所说的笛卡儿坐标系.笛卡儿坐标系的建立,为用代数方法研究几何架设了桥梁.它使几何中的点 p 与一个有序实数对 (x,y) 构成了一一对应关系.坐标系里点的坐标按某种规则连续变化,那么,平面上的曲线就可以用方程来表示.笛卡儿坐标系的建立,把过去并列的两个代数方法统一起来,从而使传统的数学有了一个新的突破.

1760年2月日笛卡儿在斯德哥尔摩病逝.由于教会的阻止,仅有几个友人为其送葬.其著作在他死后也被教会列为禁书.可是,这位对科学做出巨大贡献的学者却受到广大科学家和革命者的敬仰和怀念.法国大革命之后,笛卡儿的骨灰和遗物被送进法国历史博物馆.1819年其骨灰被移入圣日耳曼圣心堂中.墓碑上镌刻着:

笛卡儿,欧洲文艺复兴以来,第一个为争取和捍卫理性权利而奋斗的人.

习 题 3.5

1. 计算下列定积分:

(1) $\int_0^4 \dfrac{x+2}{\sqrt{2x+1}}\mathrm{d}x$;

(2) $\int_0^2 \dfrac{\mathrm{d}x}{\sqrt{x+1}+\sqrt{(x+1)^3}}$;

(3) $\int_1^2 x\log_2 x\,\mathrm{d}x$;

(4) $\int_0^1 \sqrt{x}\,\mathrm{e}^{\sqrt{x}}\,\mathrm{d}x$.

2. 设函数 $f(x)=\begin{cases} x+1 & \text{当 } x<0 \\ x^2 & \text{当 } x\geqslant 0 \end{cases}$,计算 $\int_{-2}^0 f(x+1)\mathrm{d}x$.

3. 设 $f''(x)$ 在 $[0,1]$ 上连续,且 $f(0)=1,f(2)=3,f'(2)=5$,求 $\int_0^1 xf''(2x)\mathrm{d}x$.

* §3.6 广 义 积 分

我们前面介绍的定积分有两个最基本的约束条件:积分区间的有限性和被积函数的有界性.但在某些实际问题中,常常需要突破这些约束条件.因此在定积分的计算中,我们也要研究无穷区间上的积分和无界函数的积分.这两类积分通称为**广义积分**或**反常积分**,相应地,前面的定积分称为**常义积分**或**正常积分**.

一、无穷区间的广义积分

定义 1 设函数 $f(x)$ 在区间 $[a,+\infty)$ 上连续,设 $b>a$,若极限

$$\lim_{b\to +\infty}\int_a^b f(x)\mathrm{d}x$$

存在,则称此极限为函数 $f(x)$ 在无穷区间 $[a,+\infty)$ 上的**广义积分**,记作 $\int_a^{+\infty} f(x)\mathrm{d}x$,即

$$\int_a^{+\infty} f(x)\mathrm{d}x = \lim_{b\to +\infty}\int_a^b f(x)\mathrm{d}x.$$

这时也称广义积分 $\int_a^{+\infty} f(x)\mathrm{d}x$ **收敛**;若上述极限不存在,则称函数 $f(x)$ 在无穷区间 $[a,+\infty)$ 上的广义积分 $\int_a^{+\infty} f(x)\mathrm{d}x$ **发散**或**不存在**.

类似地,设函数 $f(x)$ 在区间 $(-\infty,b]$ 上连续,取 $a<b$,若极限

$$\lim_{a\to -\infty}\int_a^b f(x)\mathrm{d}x$$

存在,则称此极限为函数 $f(x)$ 在无穷区间 $(-\infty,b]$ 上的**广义积分**,记作 $\int_{-\infty}^b f(x)\mathrm{d}x$,即

$$\int_{-\infty}^b f(x)\mathrm{d}x = \lim_{a\to -\infty}\int_a^b f(x)\mathrm{d}x.$$

这时也称广义积分 $\int_{-\infty}^b f(x)\mathrm{d}x$ **收敛**;若上述极限不存在,则称广义积分 $\int_{-\infty}^b f(x)\mathrm{d}x$ **发散**.

设函数 $f(x)$ 在区间 $(-\infty,+\infty)$ 上连续,若广义积分

$$\int_{-\infty}^{0} f(x)\mathrm{d}x \quad \text{和} \quad \int_{0}^{+\infty} f(x)\mathrm{d}x$$

都收敛,则称上述两个广义积分之和为函数 $f(x)$ 在无穷区间 $(-\infty,+\infty)$ 上的**广义积分**,记作 $\int_{-\infty}^{+\infty} f(x)\mathrm{d}x$,即

$$\int_{-\infty}^{+\infty} f(x)\mathrm{d}x = \int_{-\infty}^{0} f(x)\mathrm{d}x + \int_{0}^{+\infty} f(x)\mathrm{d}x$$
$$= \lim_{a\to-\infty} \int_{a}^{0} f(x)\mathrm{d}x + \lim_{b\to+\infty} \int_{0}^{b} f(x)\mathrm{d}x.$$

这时也称广义积分 $\int_{-\infty}^{+\infty} f(x)\mathrm{d}x$ **收敛**;否则就称广义积分 $\int_{-\infty}^{+\infty} f(x)\mathrm{d}x$ **发散**.

上述各广义积分统称**无穷区间的广义积分**.

由上述定义及牛顿-莱布尼茨公式,可得如下结果.

设 $F(x)$ 是 $f(x)$ 在 $[a,+\infty)$ 上的一个原函数,若 $\lim\limits_{x\to+\infty} F(x)$ 存在,并记

$$F(+\infty) = \lim_{x\to+\infty} F(x),$$

则广义积分

$$\int_{a}^{+\infty} f(x)\mathrm{d}x = F(x) \mid_{a}^{+\infty} = F(+\infty) - F(a).$$

若 $F(+\infty)$ 不存在,则广义积分 $\int_{a}^{+\infty} f(x)\mathrm{d}x$ 发散.

类似地,若在 $(-\infty,b]$ 上,$F'(x)=f(x)$,则当 $F(-\infty)$ 存在时,

$$\int_{-\infty}^{b} f(x)\mathrm{d}x = F(x) \mid_{-\infty}^{b} = F(b) - F(-\infty).$$

若 $F(-\infty)$ 不存在,则广义积分 $\int_{-\infty}^{b} f(x)\mathrm{d}x$ 发散.

若在 $(-\infty,+\infty)$ 上,$F'(x)=f(x)$,则当 $F(-\infty)$ 与 $F(+\infty)$ 都存在时,

$$\int_{-\infty}^{+\infty} f(x)\mathrm{d}x = F(x) \mid_{-\infty}^{+\infty} = F(+\infty) - F(-\infty).$$

当 $F(-\infty)$ 与 $F(+\infty)$ 有一个不存在时,广义积分 $\int_{-\infty}^{+\infty} f(x)\mathrm{d}x$ 发散.

例 1　计算广义积分 $\int_{0}^{+\infty} \dfrac{1}{1+x^2}\mathrm{d}x$.

解　$\int_{0}^{+\infty} \dfrac{1}{1+x^2}\mathrm{d}x = \arctan x \mid_{0}^{+\infty} = \dfrac{\pi}{2} - 0 = \dfrac{\pi}{2}.$

例 2　计算广义积分 $\int_{-\infty}^{0} x\mathrm{e}^x\mathrm{d}x$.

解　$\int_{-\infty}^{0} x\mathrm{e}^x\mathrm{d}x = \int_{-\infty}^{0} x\mathrm{d}(\mathrm{e}^x) = x\mathrm{e}^x \mid_{-\infty}^{0} - \int_{-\infty}^{0} \mathrm{e}^x\mathrm{d}x = -\mathrm{e}^x \mid_{-\infty}^{0} = -1,$

其中 $\lim\limits_{x\to-\infty} x\mathrm{e}^x = \lim\limits_{x\to-\infty} \dfrac{x}{\mathrm{e}^{-x}} = \lim\limits_{x\to-\infty} \dfrac{1}{-\mathrm{e}^{-x}} = 0$,即 $x\mathrm{e}^x \mid_{-\infty}^{0} = 0$.

例 3　讨论广义积分 $\int_{a}^{+\infty} \dfrac{\mathrm{d}x}{x^p} \ (a>0)$ 的敛散性.

解　当 $p=1$ 时,

$$\int_a^{+\infty} \frac{\mathrm{d}x}{x^p} = \int_a^{+\infty} \frac{\mathrm{d}x}{x} = \ln|_a^{+\infty} = +\infty;$$

当 $p \neq 1$ 时,

$$\int_a^{+\infty} \frac{\mathrm{d}x}{x^p} = \frac{1}{1-p} x^{1-p} \Big|_a^{+\infty} = \begin{cases} \dfrac{a^{1-p}}{p-1} & \text{当 } p > 1 \\ +\infty & \text{当 } p < 1 \end{cases}.$$

综上,当 $p > 1$ 时,该广义积分收敛,其值为 $\dfrac{a^{1-p}}{p-1}$;当 $p \leqslant 1$ 时,该广义积分发散.

二、无界函数的广义积分

定义 2 设函数 $f(x)$ 在 $(a,b]$ 上连续,且 $\lim\limits_{x \to a^+} f(x) = \infty$. 取 $t > a$,若极限

$$\lim_{t \to a^+} \int_t^b f(x) \mathrm{d}x$$

存在,则称此极限为函数 $f(x)$ 在 $(a,b]$ 上的**广义积分**,仍然记作 $\int_a^b f(x) \mathrm{d}x$,即

$$\int_a^b f(x) \mathrm{d}x = \lim_{t \to a^+} \int_t^b f(x) \mathrm{d}x.$$

这时也称广义积分 $\int_a^b f(x) \mathrm{d}x$ **收敛**. 若上述极限不存在,就称广义积分 $\int_a^b f(x) \mathrm{d}x$ **发散**.

类似地,可定义函数 $f(x)$ 在 $[a,b)$ 上的广义积分

$$\int_a^b f(x) \mathrm{d}x = \lim_{t \to b^-} \int_a^t f(x) \mathrm{d}x.$$

设函数 $f(x)$ 在区间 $[a,b]$ 上除点 $c(a < c < b)$ 外连续,而在点 c 的邻域内无界. 若广义积分

$$\int_a^c f(x) \mathrm{d}x \quad \text{和} \quad \int_c^b f(x) \mathrm{d}x$$

都收敛,则称上述两个广义积分之和为函数 $f(x)$ 在 $[a,b]$ 上的广义积分 $\int_a^b f(x) \mathrm{d}x$,即

$$\int_a^b f(x) \mathrm{d}x = \int_a^c f(x) \mathrm{d}x + \int_c^b f(x) \mathrm{d}x.$$

这时也称广义积分 $\int_a^b f(x) \mathrm{d}x$ **收敛**;否则就称广义积分 $\int_a^b f(x) \mathrm{d}x$ **发散**.

上述各广义积分通称为**无界函数的广义积分**.

计算无界函数的广义积分也可借助牛顿-莱布尼茨公式.

若 $F'(x) = f(x)$,并记

$$F(a^+) = \lim_{x \to a^+} F(x), \quad F(b^-) = \lim_{x \to b^-} F(x),$$

$$F(c^+) = \lim_{x \to c^+} F(x), \quad F(c^-) = \lim_{x \to c^-} F(x),$$

则定义 2 中的各广义积分可分别表示为

$$\int_a^b f(x) \mathrm{d}x = F(x) \Big|_{a^+}^b = F(b) - F(a^+),$$

$$\int_a^b f(x) \mathrm{d}x = F(x) \Big|_a^{b^-} = F(b^-) - F(a),$$

$$\int_a^b f(x)\,\mathrm{d}x = \int_a^c f(x)\,\mathrm{d}x + \int_c^b f(x)\,\mathrm{d}x$$

$$= F(x)\,\big|_a^{c^-} + F(x)\,\big|_{c^+}^b = F(c^-) - F(a) + F(b) - F(c^+).$$

例 4 计算广义积分 $\displaystyle\int_0^1 \frac{\mathrm{d}x}{\sqrt{1-x}}$.

解 $\displaystyle\int_0^1 \frac{\mathrm{d}x}{\sqrt{1-x}} = -2\sqrt{1-x}\,\big|_0^{1^-} = 2.$

例 5 讨论广义积分 $\displaystyle\int_0^1 \frac{\mathrm{d}x}{x^p}$ 的敛散性.

解 当 $p=1$ 时,

$$\int_0^1 \frac{\mathrm{d}x}{x^p} = \int_0^1 \frac{1}{x}\,\mathrm{d}x = \ln|\,|_{0^+}^1 = -\infty,$$

故积分发散;

当 $p\neq 1$ 时,

$$\int_0^1 \frac{\mathrm{d}x}{x^p} = \frac{1}{1-p}x^{1-p}\,\bigg|_{0^+}^1 = \begin{cases} \dfrac{1}{1-p} & \text{当 } p<1 \\ \text{发散} & \text{当 } p>1 \end{cases}.$$

综上,当 $p<1$ 时,该广义积分收敛,其值为 $\dfrac{1}{1-p}$;当 $p\geqslant 1$ 时,该广义积分发散.

例 6 讨论广义积分 $\displaystyle\int_{-1}^1 \frac{1}{x^2}\,\mathrm{d}x$ 的敛散性.

解 被积函数 $\dfrac{1}{x^2}$ 在积分区间 $[-1,1]$ 上除 $x=0$ 外连续,且 $\displaystyle\lim_{x\to 0}\frac{1}{x^2} = +\infty$.

由例 5 知 $\displaystyle\int_0^1 \frac{\mathrm{d}x}{x^2}$ 发散,所以广义积分 $\displaystyle\int_{-1}^1 \frac{1}{x^2}\,\mathrm{d}x$ 发散.

注:本例中如果疏忽了被积函数 $\dfrac{1}{x^2}$ 在 $x=0$ 处无界,就会得到以下错误的结果:

$$\int_{-1}^1 \frac{1}{x^2}\,\mathrm{d}x = -\frac{1}{x}\,\bigg|_{-1}^1 = -1-1 = -2.$$

例 7 求下列广义积分:

(1) $\displaystyle\int_0^{+\infty} \mathrm{e}^{-x}\sin x\,\mathrm{d}x$; (2) $\displaystyle\int_{-\infty}^{+\infty} \frac{\mathrm{d}x}{\mathrm{e}^x + \mathrm{e}^{-x}}$.

解 (1) $\displaystyle\int_0^{+\infty} \mathrm{e}^{-x}\sin x\,\mathrm{d}x = -\int_0^{+\infty} \mathrm{e}^{-x}\,\mathrm{d}(\cos x)$

$$= -\mathrm{e}^{-x}\cos x\,\big|_0^{+\infty} + \int_0^{+\infty} \cos x\,\mathrm{d}(\mathrm{e}^{-x})$$

$$= 1 - \int_0^{+\infty} \mathrm{e}^{-x}\cos x\,\mathrm{d}x = 1 - \int_0^{+\infty} \mathrm{e}^{-x}\,\mathrm{d}(\sin x)$$

$$= 1 - \mathrm{e}^{-x}\sin x\,\big|_0^{+\infty} + \int_0^{+\infty} \sin x\,\mathrm{d}(\mathrm{e}^{-x})$$

$$= 1 - \int_0^{+\infty} \mathrm{e}^{-x}\sin x\,\mathrm{d}x,$$

移项整理,得 $\displaystyle\int_0^{+\infty} e^{-x}\sin x\,dx = \frac{1}{2}.$

(2) $\displaystyle\int_{-\infty}^{+\infty} \frac{dx}{e^x + e^{-x}} = \int_{-\infty}^{+\infty} \frac{e^x}{(e^x)^2 + 1}\,dx = \int_{-\infty}^{+\infty} \frac{1}{(e^x)^2 + 1}\,d(e^x)$

$$= \arctan e^x \mid_{-\infty}^{+\infty} = \frac{\pi}{2} - 0 = \frac{\pi}{2}.$$

例 8 求下列广义积分:

(1) $\displaystyle\int_0^1 \ln x\,dx;$ (2) $\displaystyle\int_0^1 \frac{\arcsin\sqrt{x}}{\sqrt{x(1-x)}}\,dx;$

(3) $\displaystyle\int_{-1}^1 \frac{dx}{x(x+2)};$ (4) $\displaystyle\int_1^2 \left[\frac{1}{x\ln^2 x} - \frac{1}{(x-1)^2}\right]dx.$

解 (1) $\displaystyle\int_0^1 \ln x\,dx = (x\ln x)\mid_{0^+}^1 - \int_0^1 dx = -1.$

这里 $\displaystyle\lim_{x\to 0^+} x\ln x = \lim_{x\to 0^+} \frac{\ln x}{\frac{1}{x}} = \lim_{x\to 0^+} \frac{\frac{1}{x}}{-\frac{1}{x^2}} = -\lim_{x\to 0^+} x = 0.$

(2) $\displaystyle\int_0^1 \frac{\arcsin\sqrt{x}}{\sqrt{x(1-x)}}\,dx = 2\int_0^1 \frac{\arcsin\sqrt{x}}{\sqrt{1-(\sqrt{x})^2}}\,d(\sqrt{x}) = 2\int_0^1 \arcsin\sqrt{x}\,d(\arcsin\sqrt{x})$

$$= \arcsin^2\sqrt{x}\mid_{0^+}^{1^-} = \frac{\pi^2}{4}.$$

(3) $\displaystyle\int_{-1}^1 \frac{dx}{x(x+2)} = \int_{-1}^0 \frac{dx}{x(x+2)} + \int_0^1 \frac{dx}{x(x+2)},$ 因为

$$\int_{-1}^0 \frac{dx}{x(x+2)} = \left(\frac{1}{2}\ln\left|\frac{x}{x+2}\right|\right)\Big|_{-1}^{0^-} = \frac{1}{2}\lim_{x\to 0^-}\ln\left|\frac{x}{x+2}\right| - 0 = +\infty.$$

即 $\displaystyle\int_{-1}^0 \frac{dx}{x(x+2)}$ 发散,所以原广义积分 $\displaystyle\int_{-1}^1 \frac{dx}{x(x+2)}$ 发散.

(4) 因为 $\displaystyle\int\left[\frac{1}{x\ln^2 x} - \frac{1}{(x-1)^2}\right]dx$

$$= \int \frac{1}{\ln^2 x}\,d(\ln x) - \int \frac{1}{(x-1)^2}\,d(x-1) = -\frac{1}{\ln x} + \frac{1}{x-1} + C,$$

所以 $\displaystyle\int_1^2\left[\frac{1}{x\ln^2 x} - \frac{1}{(x-1)^2}\right]dx = \left(-\frac{1}{\ln x} + \frac{1}{x-1}\right)\Big|_{1^+}^2$

$$= -\frac{1}{\ln 2} + 1 - \lim_{x\to 1^+}\left(-\frac{1}{\ln x} + \frac{1}{x-1}\right) = \frac{3}{2} - \frac{1}{\ln 2},$$

其中 $\displaystyle\lim_{x\to 1^+}\left(-\frac{1}{\ln x} + \frac{1}{x-1}\right) = \lim_{x\to 1^+}\frac{1-x+\ln x}{(x-1)\ln x} = \lim_{x\to 1^+}\frac{1-x+\ln x}{(x-1)^2}$

$$= \lim_{x\to 1^+}\frac{-1+\frac{1}{x}}{2(x-1)} = \lim_{x\to 1^+}\frac{\frac{-x+1}{x}}{2(x-1)} = -\frac{1}{2}.$$

例 9 求广义积分: $\displaystyle\int_1^{+\infty} \frac{dx}{x\sqrt{x-1}}.$

解 本题既是无穷区间的广义积分,又是无界函数的广义积分.

$$\int_1^{+\infty} \frac{\mathrm{d}x}{x\,\sqrt{x-1}} = \int_1^2 \frac{\mathrm{d}x}{x\,\sqrt{x-1}} + \int_2^{+\infty} \frac{\mathrm{d}x}{x\,\sqrt{x-1}}.$$

令 $\sqrt{x-1}=t$，则 $x=t^2+1$，$\mathrm{d}x=2t\mathrm{d}t$，$\dfrac{x\,|\,1\to 2}{t\,|\,0\to 1}$，$\dfrac{x\,|\,2\to +\infty}{t\,|\,1\to +\infty}$，于是

$$\int_1^2 \frac{\mathrm{d}x}{x\,\sqrt{x-1}} = \int_0^1 \frac{2t\mathrm{d}t}{(t^2+1)t} = 2\arctan t\,|_{0^+}^1 = \frac{\pi}{2},$$

$$\int_2^{+\infty} \frac{\mathrm{d}x}{x\,\sqrt{x-1}} = \int_1^{+\infty} \frac{2t\mathrm{d}t}{(t^2+1)t} = 2\arctan t\,|_1^{+\infty} = \frac{\pi}{2},$$

所以
$$\int_1^{+\infty} \frac{\mathrm{d}x}{x\,\sqrt{x-1}} = \frac{\pi}{2} + \frac{\pi}{2} = \pi.$$

【文化视角】

柯　西

柯西(Cauchy，1789—1857)是法国数学家、物理学家、天文学家.19 世纪初期，微积分已发展成一个庞大的分支，内容丰富，应用非常广泛.与此同时，它的薄弱之处也越来越暴露出来，微积分的理论基础并不严格.为解决新问题并澄清微积分概念，数学家们展开了数学分析严谨化的工作，在分析基础的奠基工作中，做出卓越贡献的要首推伟大的数学家柯西.

柯西于 1789 年 8 月 21 日出生于巴黎.父亲是一位精通古典文学的律师，与当时法国的大数学家拉格朗日与拉普拉斯交往密切.柯西少年时代的数学才华颇受这两位数学家的赞赏，并预言柯西日后必成大器.拉格朗日向其父建议"赶快给柯西一种坚实的文学教育"，以便他的爱好不致把他引入歧途.父亲因此加强了对柯西的文学教养，使他在诗歌方面也表现出很高的才华.

1807—1810 年柯西在工学院学习，曾当过交通道路工程师.由于身体欠佳，接受了拉格朗日和拉普拉斯的劝告，放弃工程师而致力于纯数学的研究.柯西在数学上的最大贡献是在微积分中引进了极限概念，并以极限为基础建立了逻辑清晰的分析体系.这是微积分发展史上的精华，也是柯西对人类科学发展所做的巨大贡献.

1821 年柯西提出极限定义的方法，把极限过程用不等式来刻画，后经魏尔斯特拉斯改进，成为现在所说的柯西极限定义或叫定义.当今所有微积分的教科书都还(至少是在本质上)沿用着柯西等人关于极限、连续、导数、收敛等概念的定义.他对微积分的解释被后人普遍采用.柯西对定积分作了最系统的开创性工作，他把定积分定义为和的"极限".在定积分运算之前，强调必须确立积分的存在性.他利用中值定理首先严格证明了微积分基本定理.通过柯西以及后来魏尔斯特拉斯的艰苦工作，使数学分析的基本概念得到严格的论述.从而结束微积分 200 年来思想上的混乱局面，把微积分及其推广从对几何概念、运动和直观了解的完全依赖中解放出来，并使微积分发展成现代数学最基础、最庞大的数学学科.

数学分析严谨化的工作一开始就产生了很大的影响.在一次学术会议上柯西提出了级数收敛性理论.会后，拉普拉斯急忙赶回家中，根据柯西的严谨判别法，逐一检查其巨著《天体力

学》中所用到的级数是否都收敛.

柯西在其他方面的研究成果也很丰富.复变函数的微积分理论就是由他创立的.在代数方面、理论物理、光学、弹性理论方面,也有突出贡献.柯西的数学成就不仅辉煌,而且数量惊人.柯西全集有 27 卷,其论著有 800 多篇,在数学史上是仅次于欧拉的多产数学家.他的光辉名字与许多定理、准则一起铭记在当今许多教材中.

作为一位学者,他思路敏捷,功绩卓著.从柯西卷帙浩大的论著和成果中,人们不难想象他一生是怎样孜孜不倦地勤奋工作.但柯西却是个具有复杂性格的人.他是忠诚的保王党人,热心的天主教徒,落落寡合的学者.尤其作为久负盛名的科学泰斗,他常常忽视青年学者的创造.例如,由于柯西"失落"了才华出众的年轻数学家阿贝尔与伽罗华的开创性的论文手稿,造成群论晚问世约半个世纪.

1857 年 5 月 23 日,柯西在巴黎病逝.他临终的一句名言"人总是要死的,但是,他们的业绩永存."长久地叩击着一代又一代学子的心扉.

习 题 3-6

1. 判断下列各广义积分的敛散性.若收敛,求其值:

(1) $\displaystyle\int_0^{+\infty} e^{-x} dx$;

(2) $\displaystyle\int_0^{+\infty} \sin x\, dx$;

(3) $\displaystyle\int_{-\infty}^{+\infty} \frac{dx}{1+x^2}$;

(4) $\displaystyle\int_{2/\pi}^{+\infty} \frac{1}{x^2} \sin \frac{1}{x} dx$;

(5) $\displaystyle\int_1^{+\infty} \frac{1}{\sqrt{x}} dx$.

2. 判断下列各广义积分的敛散性,若收敛,求其值:

(1) $\displaystyle\int_0^a \frac{dx}{\sqrt{a^2-x^2}}$ $(a>0)$;

(2) $\displaystyle\int_1^2 \frac{dx}{x\ln x}$;

(3) $\displaystyle\int_0^1 \frac{\arcsin\sqrt{x}}{\sqrt{x(1-x)}} dx$;

(4) $\displaystyle\int_0^1 \frac{x}{\sqrt{1-x^2}} dx$.

§3.7 积分的应用

定积分在几何学和物理学以及其他各学科都有着广泛的应用,本节将应用前面学过的内容主要介绍定积分在几何学中的部分应用.

一、定积分的元素法

定积分是求某种总量的数学模型,它在几何学、物理学、经济学、社会学等方面都有着广泛的应用.也正是这些广泛的应用,推动着积分学的不断发展和完善.因此,在学习的过程中,我们不仅要掌握计算某些实际问题的公式,更重要的还在于深刻领会用定积分解决实际问题的基本思想和方法——**元素法**(也称**微元法**),不断积累和提高数学的应用能力.

为了说明元素法,首先回顾一下曲边梯形的面积问题.在实际应用中可略去其下标,改写如下:

（1）分割.把区间$[a,b]$分割为 n 个小区间,任取其中一个小区间$[x,x+\mathrm{d}x]$,用 ΔA 表示$[x,x+\mathrm{d}x]$上小曲边梯形的面积,于是,所求面积

$$A=\sum\Delta A.$$

（2）近似.取$[x,x+\mathrm{d}x]$的左端点 x 为 ξ,以点 x 处的函数值$f(x)$为高、$\mathrm{d}x$ 为底的小矩形的面积 $f(x)\mathrm{d}x$(面积元素,记为 $\mathrm{d}A$)作为 ΔA 的近似值(见图 3-7-1),即

$$\Delta A\approx\mathrm{d}A=f(x)\mathrm{d}x.$$

（3）求和.得面积 A 的近似值

$$A\approx\sum\mathrm{d}A=\sum f(x)\mathrm{d}x.$$

（4）取极限.得面积 A 的精确值

$$A=\lim\sum f(x)\mathrm{d}x=\int_a^b f(x)\mathrm{d}x.$$

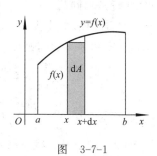

图　3-7-1

通常把所求量 U（**总量**）表示为定积分的方法（即**元素法**）的主要步骤如下：

（1）**由分割写出元素**.根据具体问题,选取一个积分变量,例如 x 为积分变量,并确定它的变化区间$[a,b]$,任取$[a,b]$的一个子区间$[x,x+\mathrm{d}x]$,求出相应于这个子区间上部分量 ΔU 的近似值,即求出所求总量 U 的元素

$$\mathrm{d}U=f(x)\mathrm{d}x；$$

（2）**由元素写出积分**.根据 $\mathrm{d}U=f(x)\mathrm{d}x$ 写出表示总量 U 的定积分

$$U=\int_a^b \mathrm{d}U=\int_a^b f(x)\mathrm{d}x.$$

二、平面图形的面积

应用定积分,不但可以计算曲边梯形的面积,还可以计算一些比较复杂的平面图形的面积.以下举例说明用元素法求平面图形的面积的方法.

（1）若图形由曲线 $y=f(x),y=g(x)$ 及直线 $x=a,x=b$ 所围成(见图 3-7-2),则取 x 为积分变量,在$[a,b]$上任取一个子区间$[x,x+\mathrm{d}x]$,相应的面积元素为

$$\mathrm{d}A=|f(x)-g(x)|\mathrm{d}x,$$

所求面积为　$A=\int_a^b|f(x)-g(x)|\mathrm{d}x.$

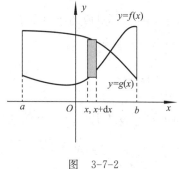

图　3-7-2

例 1　求由抛物线 $y=x^2$ 及 $x=y^2$ 所围图形的面积.

解　解方程组 $\begin{cases}y=x^2\\x=y^2\end{cases}$ 得两抛物线的交点为$(0,0)$和$(1,1)$,作出题设平面图形的草图(见图 3-7-3).

取 x 为积分变量,它的变化区间即积分区间为$[0,1]$.在积分区间$[0,1]$上任取子区间$[x,x+\mathrm{d}x]$,其对应的小窄条的面积近似于高为$\sqrt{x}-x^2$、底为 $\mathrm{d}x$ 的小矩形面积,从而得面积元素

$$\mathrm{d}A=(\sqrt{x}-x^2)\mathrm{d}x.$$

以 $\mathrm{d}A=(\sqrt{x}-x^2)\mathrm{d}x$ 为被积表达式,在闭区间$[0,1]$上作定积分,便得所求面积为

$$A = \int_0^1 (\sqrt{x} - x^2)\,\mathrm{d}x = \left(\frac{2}{3}x^{\frac{3}{2}} - \frac{x^3}{3} \right) \Big|_0^1 = \frac{1}{3}.$$

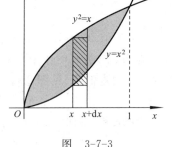

注:题设图形是关于直线 $y = x$ 对称的,故取 y 或取 x 为积分变量是相同的.

(2)若图形由曲线 $x = \varphi(y), x = \psi(y)$ 及直线 $y = c, y = d$ 所围成(见图 3-7-4),则取 y 为积分变量,在 $[c, d]$ 上任取一个子区间 $[y, y + \mathrm{d}y]$,相应的面积元素为

$$\mathrm{d}A = |\varphi(y) - \psi(y)|\,\mathrm{d}y,$$

所求面积为 $\qquad A = \int_c^d |\varphi(y) - \psi(y)|\,\mathrm{d}y.$

图 3-7-3

例2 求由抛物线 $y^2 = 2x$ 与直线 $y = x - 4$ 所围成的平面图形的面积.

解 由方程组 $\begin{cases} y^2 = 2x \\ y = x - 4 \end{cases}$ 解得它们的交点为 $(2, -2)$ 和 $(8, 4)$,作出草图(见图 3-7-5).

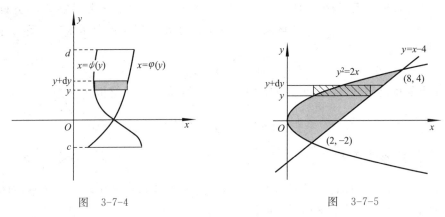

图 3-7-4 $\qquad\qquad$ 图 3-7-5

取 y 为积分变量,它的变化范围即积分区间为 $[-2, 4]$.在积分区间 $[-2, 4]$ 上任取子区间 $[y, y + \mathrm{d}y]$,其对应的小窄条的面积近似于高为 $\mathrm{d}y$、底为 $(y + 4) - \frac{1}{2}y^2$ 的小矩形面积,从而得面积元素

$$\mathrm{d}A = \left(y + 4 - \frac{1}{2}y^2 \right)\mathrm{d}y,$$

以 $\left(y + 4 - \frac{1}{2}y^2 \right)\mathrm{d}y$ 为被积表达式,在闭区间 $[-2, 4]$ 上作定积分,便得所求面积为

$$A = \int_{-2}^4 \left(y + 4 - \frac{1}{2}y^2 \right)\mathrm{d}y = \left(\frac{y^2}{2} + 4y - \frac{y^3}{6} \right) \Big|_{-2}^4 = 18.$$

注:本题中,由题设图形的草图可知取 y 为积分变量较方便.若取 x 为积分变量,在整个积分区间上面积元素的表达式不一致,即需分区间确定面积元素.

例3 求曲线 $y = \sqrt{x+1}$ 与其在点 $(0, 1)$ 处的切线及 x 轴所围图形的面积.

解 由 $y' = \frac{1}{2\sqrt{x+1}}, y'|_{x=0} = \frac{1}{2}$ 知 $y = \sqrt{x+1}$ 在 $(0, 1)$ 点的切线方程为 $y - 1 = \frac{1}{2}(x - 0)$,即 $y = \frac{1}{2}x + 1$.作出题设平面图形的草图(见图 3-7-6).

所求面积 $A = \int_{-2}^{0} \left(\frac{1}{2}x + 1 \right) \mathrm{d}x - \int_{-1}^{0} \sqrt{x+1} \, \mathrm{d}x$

$$= \left(\frac{1}{4}x^2 + x \right) \bigg|_{-2}^{0} - \frac{2}{3}(x+1)^{\frac{3}{2}} \bigg|_{-1}^{0}$$

$$= 1 - \frac{2}{3} = \frac{1}{3}.$$

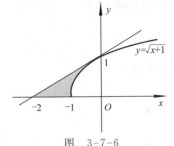

图　3-7-6

例 4　求椭圆 $\dfrac{x^2}{a^2} + \dfrac{y^2}{b^2} = 1$ 的面积.

解　由椭圆的对称性可知,椭圆所围成的图形的面积 $A = 4A_1$,其中 A_1 为该椭圆在第一象限的部分与两坐标轴所围图形的面积.因此

$$A = 4A_1 = 4 \int_0^a y \, \mathrm{d}x.$$

利用椭圆的参数方程 $\begin{cases} x = a\cos t \\ y = b\sin t \end{cases} \left(0 \leqslant t \leqslant \dfrac{\pi}{2} \right)$,应用定积分的换元法,令 $x = a\cos t$,则 $y = b\sin t$,$\mathrm{d}x = -a\sin t \, \mathrm{d}t$,且 $\dfrac{x \mid 0 \to a}{t \mid \pi/2 \to 0}$,于是

$$A = 4 \int_{\frac{\pi}{2}}^{0} b\sin t(-a\sin t) \, \mathrm{d}t = 4ab \int_0^{\frac{\pi}{2}} \sin^2 t \, \mathrm{d}t = 4ab \cdot \int_0^{\frac{\pi}{2}} \frac{1 - \cos 2t}{2} \, \mathrm{d}t$$

$$= 2ab \left(t - \frac{1}{2}\sin 2t \right) \bigg|_0^{\frac{\pi}{2}} = \pi ab.$$

当 $a = b$ 时,就得到大家所熟知的圆面积公式.

*三、极坐标系下平面图形的面积

某些平面图形,用极坐标来计算它们的面积比较方便.

1. 曲边扇形的面积

由曲线 $r = r(\theta)$. 射线 $\theta = \alpha$ 和 $\theta = \beta$ 所围成图形称为**曲边扇形**,其中 $r = r(\theta)$ 在区间 $[\alpha, \beta]$ 上连续,且 $r(\theta) \geqslant 0$.下面计算它的面积(见图 3-7-7).

由于当 θ 在 $[\alpha, \beta]$ 上变动时,极径 $r = r(\theta)$ 也随之变动,因此所求图形的面积不能用圆扇形的面积公式 $A = \dfrac{1}{2}R^2\theta$ 来计算.

应用元素法的思想,取极角 θ 为积分变量,它的变化区间为 $[\alpha, \beta]$,相应于任一子区间 $[\theta, \theta + \mathrm{d}\theta]$ 的窄曲边扇形的面积可以用半径为 $r = r(\theta)$、中心角为 $\mathrm{d}\theta$ 的圆扇形的面积来近似代替,即曲边扇形的面积元素为

$$\mathrm{d}A = \frac{1}{2}r^2(\theta) \, \mathrm{d}\theta,$$

以 $\dfrac{1}{2}r^2(\theta) \, \mathrm{d}\theta$ 为被积表达式,在闭区间 $[\alpha, \beta]$ 作定积分,便得所求曲边扇形的面积为

$$A = \frac{1}{2} \int_\alpha^\beta r^2(\theta) \, \mathrm{d}\theta. \tag{1}$$

2. 极坐标系下一般平面图形的面积

设平面图形由曲线 $r = r_1(\theta)$,$r = r_2(\theta)$ 及射线 $\theta = \alpha$、$\theta = \beta$ 所围成(见图 3-7-8),取极角 θ 为积分变量,积分区间为 $[\alpha, \beta]$,在 $[\alpha, \beta]$ 上任取一子区间 $[\theta, \theta + \mathrm{d}\theta]$,它所对应的窄条面积近似于

一个中心角为 $\mathrm{d}\theta$ 的圆扇环面积,即该平面图形的面积元素为

$$\mathrm{d}A = \frac{1}{2}\left[r_2^2(\theta) - r_1^2(\theta)\right]\mathrm{d}\theta,$$

所求面积为
$$A = \frac{1}{2}\int_\alpha^\beta\left[r_2^2(\theta) - r_1^2(\theta)\right]\mathrm{d}\theta. \tag{2}$$

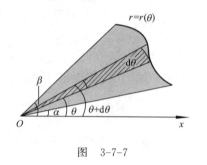

图 3-7-7

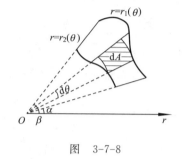

图 3-7-8

例5 求由曲线 $r = 2\cos\theta$,射线 $\theta = \dfrac{\pi}{4}$ 及直线 $r = \dfrac{2}{\cos\theta}$ 所围成的平面图形的面积.

解 作出题设平面图形的草图,如图 3-7-9 所示.

θ 的变化范围是 $\left[0, \dfrac{\pi}{4}\right]$,由公式(4),所求面积为

$$A = \frac{1}{2}\int_0^{\pi/4}\left[\left(\frac{2}{\cos\theta}\right)^2 - (2\cos\theta)^2\right]\mathrm{d}\theta$$

$$= \frac{1}{2}\int_0^{\pi/4}\frac{4}{\cos^2\theta}\mathrm{d}\theta - \frac{1}{2}\int_0^{\pi/4}4\cos^2\theta\,\mathrm{d}\theta$$

$$= 2\tan\theta\Big|_0^{\pi/4} - \left(\theta + \frac{1}{2}\sin 2\theta\right)\Big|_0^{\pi/4}$$

$$= \frac{3}{2} - \frac{\pi}{4}.$$

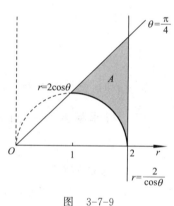

图 3-7-9

四、旋转体的体积

旋转体就是由一个平面图形绕这平面内一条直线旋转一周而成的立体.这条直线叫作旋转轴.例如圆柱、圆锥、圆台、球体就可以分别看作由矩形绕它的一条边、直角三角形绕它的直角边、直角梯形绕它的直角腰、半圆绕它的直径旋转一周而成的立体,故它们都是旋转体.

(1) 由曲线 $y = f(x)$,直线 $x = a$、$x = b$ 及 x 轴所围成的曲边梯形绕 x 轴旋转一周而成的旋转体的体积.

如图 3-7-10 所示,取 x 为积分变量,它的变化区间为 $[a, b]$,在区间 $[a, b]$ 上任取一子区间 $[x, x + \mathrm{d}x]$,它所对应的小薄片的体积近似于以 $f(x)$ 为底面半径、以 $\mathrm{d}x$ 为高的扁圆柱体的体积,即体积元素为

$$\mathrm{d}V = \pi\left[f(x)\right]^2\mathrm{d}x,$$

以 $\pi\left[f(x)\right]^2\mathrm{d}x$ 为被积表达式,在闭区间 $[a, b]$ 上作定积分,便得所求旋转体的体积为

$$V = \pi\int_a^b\left[f(x)\right]^2\mathrm{d}x. \tag{3}$$

用类似的方法可推得：由曲线 $x=\varphi(x)$，直线 $y=c$、$y=d$ 及 y 轴所围成的曲边梯形绕 y 轴旋转一周而成的旋转体的体积

$$V = \pi \int_c^d [\varphi(y)]^2 \mathrm{d}y. \qquad (4)$$

这种求旋转体体积的方法称为**切片法**.

（2）由曲线 $y=f(x)$，直线 $x=a$、$x=b$ 及 x 轴所围成的曲边梯形绕 y 轴旋转一周而成的旋转体的体积.

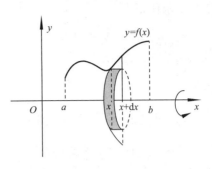

图　3-7-10

如图 3-7-11(a)所示，仍取 x 为积分变量，它的变化区间为 $[a,b]$，在区间 $[a,b]$ 上任取一子区间 $[x,x+\mathrm{d}x]$，它对应的小窄条绕 y 轴旋转一周而成的旋转体是一个中空柱体[见图 3-7-11(b)]，它的体积可作如下近似计算：将它顺着旋转轴方向剖开再铺平，可近似看作一块以 $2\pi x$、$y=f(x)$、$\mathrm{d}x$ 为三度的薄长方体[见图 3-7-11(c)]，即体积元素为

$$\mathrm{d}V = 2\pi x y \mathrm{d}x,$$

以 $2\pi x y \mathrm{d}x$ 为被积表达式，在闭区间 $[a,b]$ 上作定积分，便得所求旋转体的体积为

$$V = 2\pi \int_a^b x y \mathrm{d}x = 2\pi \int_a^b x f(x) \mathrm{d}x. \qquad (5)$$

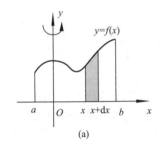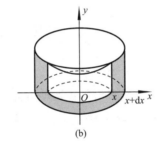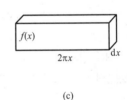

(a) (b) (c)

图　3-7-11

类似地，可推得：由曲线 $x=\varphi(x)$、直线 $y=c$、$y=d$ 及 y 轴所围成的曲边梯形绕 x 轴旋转一周而成的旋转体的体积

$$V = 2\pi \int_c^d y \varphi(y) \mathrm{d}y \qquad (6)$$

这种求旋转体体积的方法称为**薄壳法**.

例 6　求由椭圆 $\dfrac{x^2}{a^2}+\dfrac{y^2}{b^2}=1$ 所围的平面图形绕 x 轴旋转所成的旋转体（称为旋转椭球体）的体积.

解　利用图形的对称性，只需计算一半.

切片法：取 x 为积分变量，它的变化区间为 $[0,a]$，任取子区间 $[x,x+\mathrm{d}x]\subset[0,a]$，以子区间 $[x,x+\mathrm{d}x]$ 上的小矩形代替小曲边梯形绕 x 轴旋转（见图 3-7-12），得体积元素为

$$\mathrm{d}V_1 = \pi y^2 \mathrm{d}x,$$

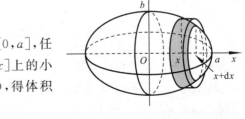

图　3-7-12

于是所求体积为

$$V = 2V_1 = 2\pi \int_0^a y^2 \mathrm{d}x = 2\pi \int_0^a b^2 \left(1 - \frac{x^2}{a^2}\right) \mathrm{d}x = \frac{4}{3}\pi ab^2.$$

例7 求由曲线 $y = x^2$, $y = 2 - x^2$ 所围成的图形分别绕 x 轴和 y 轴旋转而成的旋转体体积.

解 由方程组 $\begin{cases} y = x^2 \\ y = 2 - x^2 \end{cases}$ 解得两曲线的交点为 $(-1,1)$ 及 $(1,1)$,

作出草图(见图 3-7-13),于是所求的绕 x 轴旋转而成的旋转体体积为

$$V_x = 2\pi \int_0^1 [(2-x^2)^2 - (x^2)^2] \mathrm{d}x = 8\pi \left(x - \frac{1}{3}x^3\right)\Big|_0^1 = \frac{16}{3}\pi,$$

所求的绕 y 轴旋转而成的旋转体体积为

$$V_y = \pi \int_0^1 (\sqrt{y})^2 \mathrm{d}y + \pi \int_1^2 (\sqrt{2-y})^2 \mathrm{d}y$$

$$= \pi \left(\frac{1}{2}y^2\right)\Big|_0^1 + \pi \left(2y - \frac{1}{2}y^2\right)\Big|_1^2 = \pi.$$

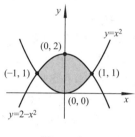

图 3-7-13

* 五、定积分的物理应用

1. 功

由物理学知识可知,如果有一常力 F 作用在一物体上,使物体在力的方向上移动了距离 s,则力 F 对物体所作的功为

$$W = F \cdot s.$$

如果作用在物体上的力不是常力,或者沿物体运动方向上的力是常力,但移动的距离是变动的,则力 F 对物体所作的功就不能用上述公式计算. 下面我们举例说明这两种情况如何计算功.

例8 已知弹簧每拉长 0.02 m 要用 9.8 N 的力,求把弹簧拉长 0.1 m 所作的功.

解 由物理学知道,在弹性限度内,拉伸(或压缩)弹簧所需的力 F 和弹簧的伸长量(或压缩量)x 成正比,即 $F = kx$,其中 k 为比例系数.

根据题意,$x = 0.02$ m 时,$F = 9.8$ N,所以 $k = 490$. 于是变力函数为

$$F = 490x.$$

取 x 为积分变量,其变化区间为 $[0, 0.1]$,在 $[0, 0.1]$ 上任取子区间 $[x, x+\mathrm{d}x]$,与之对应的变力 F 所作的功可以近似于把变力 F 看作常力所作的功,从而得到功元素为

$$\mathrm{d}W = F\mathrm{d}x = 490x\mathrm{d}x,$$

以 $490x\mathrm{d}x$ 为被积表达式,在 $[0, 0.1]$ 上作定积分,得到所求功为

$$W = \int_0^{0.1} 490x\mathrm{d}x = 245x^2 \Big|_0^{0.1} = 2.45(\mathrm{J}).$$

例9 修建一座大桥的桥墩时要先下围图,并且抽尽其中的水以便施工. 已知围图的直径为 20 m,水深 27 m,围图高出水面 3 m,求抽尽围图中的水所作的功.

解 建立如图 3-7-14 所示的坐标系.

取 x 为积分变量,积分区间为 $[3, 30]$. 在区间 $[3, 30]$ 上任取子区间 $[x, x+\mathrm{d}x]$,与之对应

的一薄层(圆柱)水的质量为

$$9.8\rho(\pi\,10^2\mathrm{d}x).$$

其中 $\rho=10^3\ \mathrm{kg/m^3}$ 为水的密度.因把这一薄层水抽出围图所作的功近似于克服这一薄层水的质量所作的功,所以功元素为

$$\mathrm{d}W=9.8\rho(\pi\,10^2\mathrm{d}x)x=9.8\times10^5\pi x\mathrm{d}x,$$

以 $9.8\times10^5\pi x\mathrm{d}x$ 为被积表达式,在区间 $[3,30]$ 上作定积分,得到所求功为

$$W=\int_3^{30}9.8\times10^5\pi x\mathrm{d}x$$

$$=4.9\times10^5\pi x^2\,\big|_3^{30}\approx1.37\times10^9\,(\mathrm{J}).$$

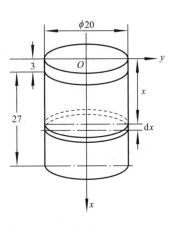

图　3-7-14

2. 液体的压力

从物理学知道,在水深 h 处的压强为 $p=\rho gh$,其中 ρ 是水的密度,g 是重力加速度.如果有一面积为 A 的平板水平地放置在水深为 h 处,那么平板所受的水压力是

$$P=pA.$$

如果平板铅直放置在水中,那么由于水深不同的点处压强 p 不相等,平板一侧所受的水压力就不能用上述公式计算.下面举例说明它的计算方法.

例 10 设有一竖直的闸门,形状是等腰梯形,尺寸与坐标系如图 3-7-15 所示.当水面齐闸门顶时,求闸门所受的水压力.

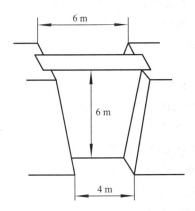

图　3-7-15

解 取 x 为积分变量,积分区间为 $[0,6]$.在图 3-7-12 所示的坐标系中,AB 的方程为

$$y=-\frac{x}{6}+3,$$

在区间 $[0,6]$ 上任取子区间 $[x,x+\mathrm{d}x]$,与之对应的小薄片的面积近似于宽为 $\mathrm{d}x$、长为 $2y=2\left(-\dfrac{x}{6}+3\right)$ 的小矩形面积.这个小矩形上受到的压力近似于把这个小矩形水平放置在距水面深度为 x 的位置上一侧所受到的压力.由于

$$\rho=10^3,\quad \mathrm{d}A=2\left(-\frac{x}{6}+3\right)\mathrm{d}x,\quad h=x,$$

所以压力元素为

$$dP = 9.8 \times 10^3 x \cdot 2\left(-\frac{x}{6} + 3\right)dx = 9.8 \times 10^3 \times \left(-\frac{x^2}{3} + 6x\right)dx,$$

以 $9.8 \times 10^3 \times \left(-\dfrac{x^2}{3} + 6x\right)dx$ 为被积表达式,在区间 $[0,6]$ 上作定积分,得所求的水压力为

$$P = 9.8 \times 10^3 \int_0^6 \left(-\frac{x^2}{3} + 6x\right)dx = 9.8 \times 10^3 \left(-\frac{x^3}{9} + 3x^2\right)\Big|_0^6$$
$$= 9.8 \times 10^3 \times 84 \approx 8.23 \times 10^5 (\text{N})$$

【文化视角】

傅 里 叶

傅里叶(Fourier,Jean Baptiste Joseph),法国数学家,1768 年 3 月 21 日生于法国奥塞尔;1830 年 5 月 16 日卒于巴黎.

傅里叶出身平民,父亲是位裁缝.9 岁时双亲亡故,以后由教会送入镇上的军校就读,表现出对数学的特殊爱好.他还有志于参加炮兵或工程兵,但因家庭地位低贫而遭拒绝.后来希望到巴黎在更优越的环境下追求他有兴趣的研究.可是法国大革命中断了他的计划,于1789 年回到家乡奥塞尔的母校执教.

傅里叶

在大革命时期,傅里叶以热心地方事务而知名,并因替当时恐怖行为的受害者申辩而被捕入狱.出狱后,他曾就读于巴黎师范学校,虽为期甚短,其数学才华却给人以深刻印象.1795 年,当巴黎综合工科学校成立时,即被任命为助教.这一年他还讽刺地被当作罗伯斯庇尔的支持者而被捕,经同事营救获释.

1989 年,蒙日选派他跟随拿破仑远征埃及.在开罗,他担任埃及研究院的秘书,并从事许多外交活动.但同时他仍不断地进行个人的业余研究,即数学物理方面的研究.1801 年回到法国后,傅里叶希望继续执教于巴黎综合工科学术,但因拿破仑赏识他的行政才能,任命他为伊泽尔地区首府格勒诺布尔的高级官员.1808 年拿破仑又授予他男爵称号.此后几经宦海浮沉,1815 年,傅里叶在拿破仑百日王朝的尾期辞去爵位和官职,毅然返回巴黎以图全力投入学术研究.但是,失业、贫困以及政法名声的落潮,这时的傅里叶处于一生中最艰难的时期.由于得到昔日同事和学生的关怀,为他谋得统计局主管之职,工作不繁重,所入足以为生,使他得以继续从事研究.

1816 年,傅里叶被提名为法国科学院的成员.初时因怒其与拿破仑的关系而为路易十八所拒.后来,事情澄清,傅里叶于 1817 年就职科学院,其声誉又随之迅速上升.他的任职得到了当时年事已高的拉普拉斯的支持,却不断受到泊松的反对.1827 年,他被选为科学院的终身秘书,这是极有权力的职位.1827 年,他被选为法兰西学院院士,还被英国皇家学会选为外国会员.

傅里叶一生为人正直,他曾对许多年轻的数学家和科学家给予无私的支持和真挚的鼓励,从而得到他的忠诚爱戴,并成为他拉的至交好友.有一件令人遗憾的事,就是傅里叶收到伽罗瓦的关于群论的论文时,他因病情严重而未阅,以至论文手稿失去下落.

傅里叶去世后,在他的家乡为他树立了一座青铜像.20 世纪以后,还以他的名字命名了一所学校,以示人们对他的尊敬和纪念.

纵观傅里叶一生的学术成就,他的最突出的贡献就是他对热传问题的研究和新的普遍性数学方法的创造,这就是为数学物理的前进开辟了康庄大道,极大地推动了应用数学的发展,从而也有力地推动了物理学的发展.

傅里叶大胆地断言:"任意"函数都可以展成三角级数,并且列举大量函数和动用图形来说明函数的三角级数的普遍性.虽然他没有给出明确的条件和严格的证明,但是毕竟由此开创出"傅里叶分析"这一重要的数学分支,拓广了传统的函数概念.傅里叶的工作对数学的发展产生的影响是他本人及其同时代人都难以预料的.而且,这种影响至今还在发展之中.

习 题 3-7

1. 求由抛物线 $y+1=x^2$ 与直线 $y=1+x$ 所围成的面积.

2. 求正弦曲线 $y=\sin x, x\in\left[0,\dfrac{3\pi}{2}\right]$ 和直线 $x=\dfrac{3}{2}\pi$ 及 x 轴所围成的平面图形的面积.

3. 求由曲线 $xy=1$ 及直线 $y=x, y=3$ 所围成的平面图形的面积.

4. 求由曲线 $y=e^x, y=e^{-x}$ 与直线 $x=1$ 所围成的平面图形的面积.

5. 求由曲线 $y=x^2, y^2=x$ 所围成的图形绕 x 轴旋转而成的旋转体的体积.

6. 求由曲线 $x^2+(y-5)^2=16$ 所围成的图形绕 x 轴旋转而成的旋转体的体积.

7. 求由曲线 $y=\sqrt{x}$ 与直线 $x=1, x=4$ 及 $y=0$ 所围成的图形分别绕 x 轴和 y 轴旋转一周所生成的旋转体的体积.

8. 求由曲线 $y=x^3$ 与直线 $x=2, y=0$ 所围成的图形绕 y 轴旋转一周所生成的旋转体的体积.

9. 求由曲线 $y=\sin x$ 在 $\left[0,\dfrac{\pi}{2}\right]$ 上与直线 $x=\dfrac{\pi}{2}, y=0$ 所围成的图形分别绕 x 轴和 y 轴旋转一周所生成的旋转体的体积.

*§3.8 二重积分

一、曲顶柱体的体积

设有一个立体,它的底是 xOy 面上的有界闭区域 D,它的侧面是以 D 的边界曲线为准线、以平行于 z 轴的直线为母线的柱面,它的顶是曲面 $z=f(x,y), f(x,y)\geqslant 0$ 且在 D 上连续(见图 3-8-1).这种立体称为**曲顶柱体**.

现在我们来讨论如何计算曲顶柱体的体积.求曲顶柱体的体积可以像求曲边梯形的面积那样采用"分割取近似,求和取极限"的方法来解决.步骤如下:

(1) 分割.

如图 3-8-1 所示将区域 D 任意分成 n 个小区域 $\Delta\sigma_i(i=1,2,\cdots,n)$,并以 $\Delta\sigma_i$ 表示面积,相应地将曲顶柱

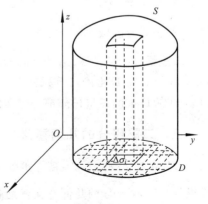

图 3-8-1

体分成 n 个小曲顶柱体 $\Delta v_i (i=1,2,\cdots,n)$，则

$$V = \sum_{i=1}^{n} \Delta v_i.$$

（2）近似计算.

在每一个小区域 $\Delta\sigma_i (i=1,2,\cdots,n)$ 内任取一点 (x_i,y_i)，把以 $f(x_i,y_i)$ 为高，以 $\Delta\sigma_i$ 为底的平顶柱体的体积作为小曲顶柱体体积的近似值，则

$$f(x_i,y_i)\Delta\sigma_i \approx \Delta v_i.$$

（3）求和.

把这些小曲顶柱体的近似值 $f(x_i,y_i)\Delta\sigma_i$ 加起来可得到所求曲顶柱体的近似体积.

$$V = \sum_{i=1}^{n} \Delta v_i \approx \sum_{i=1}^{n} f(x_i,y_i)\Delta\sigma_i.$$

（4）取极限.

当分割无限细密时，即当所有小区域的最大直径 $d \to 0$ 时，和式的极限就是所求曲顶柱体的体积 V，即

$$V = \lim_{d \to 0} \sum_{i=1}^{n} f(x_i,y_i)\Delta\sigma_i.$$

二、二重积分的定义

定义 设 $z=f(x,y)$ 是有界闭区域 D 上的有界函数，将闭区域 D 任意分成 n 个小闭区域

$$\Delta\sigma_1,\Delta\sigma_2,\cdots,\Delta\sigma_n,$$

其中，$\Delta\sigma_i$ 表示第 i 个小区域，也表示它的面积，在每个 $\Delta\sigma_i$ 上任取一点 (ξ_i,η_i)，作和

$$\sum_{i=1}^{n} f(\xi_i,\eta_i)\Delta\sigma_i.$$

如果当各小闭区域的直径中的最大值 λ 趋于零时，这个和式的极限总存在，则称函数 $z=f(x,y)$ **在有界闭区域 D 上可积**，并称此极限为函数 $z=f(x,y)$ **在闭区域 D 上的二重积分**，记作 $\iint\limits_D f(x,y)\mathrm{d}\sigma$，即

$$\iint\limits_D f(x,y)\mathrm{d}\sigma = \lim_{\lambda \to 0} \sum_{i=1}^{n} f(\xi_i,\eta_i)\Delta\sigma_i,$$

其中，$f(x,y)$ 称为**被积函数**，$f(x,y)\mathrm{d}\sigma$ 称为**被积表达式**，$\mathrm{d}\sigma$ 称为**面积元素**，x,y 称为**积分变量**，D 称为**积分区域**，$\sum_{i=1}^{n} f(\xi_i,\eta_i)\Delta\sigma_i$ 称为**积分和式**.

二重积分的存在性：当 $f(x,y)$ 在闭区域 D 上连续时，积分和的极限是存在的，也就是说函数 $f(x,y)$ 在 D 上的二重积分必定存在. 我们总假定函数 $f(x,y)$ 在闭区域 D 上连续，所以 $f(x,y)$ 在 D 上的二重积分都是存在的.

三、二重积分的几何意义

（1）如果 $f(x,y) \geqslant 0$，被积函数 $f(x,y)$ 可解释为曲顶柱体在点 (x,y) 处的竖坐标，所以二重积分 $\iint\limits_D f(x,y)\mathrm{d}\sigma$ 的几何意义就是曲顶柱体的体积；

（2）如果 $f(x,y)$ 是负的，曲顶柱体就在 xOy 面的下方，二重积分 $\iint\limits_{D} f(x,y)\mathrm{d}\sigma$ 的绝对值仍等于曲顶柱体的体积，但二重积分的值是负的；

（3）如果 $f(x,y)$ 在 D 的某些部分区域上是正的，而在其他部分区域上是负的，则二重积分 $\iint\limits_{D} f(x,y)\mathrm{d}\sigma$ 的值就等于在 xOy 面上方的曲顶柱体体积的值与在 xOy 面下方的曲顶柱体体积的值相反数的和.

四、直角坐标系中二重积分的计算

如果在直角坐标系中用平行于坐标轴的直线网来划分 D，那么除了包含边界点的一些小闭区域外，其余的小闭区域都是矩形闭区域，设矩形闭区域 $\Delta\sigma_i$ 的边长为 Δx_i 和 Δy_i，则 $\Delta\sigma_i = \Delta x_i \Delta y_i$，因此，在直角坐标系中，有时也把面积元素 $\mathrm{d}\sigma$ 记作 $\mathrm{d}x\mathrm{d}y$，而把二重积分记作

$$\iint\limits_{D} f(x,y)\mathrm{d}x\mathrm{d}y,$$

其中，$\mathrm{d}x\mathrm{d}y$ 称为**直角坐标系中的面积元素**.

具体计算方法是化为二次积分，即化为先对 x 积分后对 y 积分，或先对 y 积分后对 x 积分. 究竟选用哪种顺序，要依区域 D 的形状确定.

（1）X 型区域，$D: \begin{cases} a \leqslant x \leqslant b \\ \varphi_1(x) \leqslant y \leqslant \varphi_2(x) \end{cases}$（见图 3-8-2），则

$$\iint\limits_{D} f(x,y)\mathrm{d}x\mathrm{d}y = \int_a^b \left[\int_{\varphi_1(x)}^{\varphi_2(x)} f(x,y)\mathrm{d}y \right]\mathrm{d}x = \int_a^b \mathrm{d}x \int_{\varphi_1(x)}^{\varphi_2(x)} f(x,y)\mathrm{d}y \quad (\text{先对 } y \text{ 后对 } x \text{ 积分}).$$

（2）Y 型区域，$D: \begin{cases} c \leqslant y \leqslant d \\ \varphi_1(y) \leqslant x \leqslant \varphi_2(y) \end{cases}$（见图 3-8-3），则

$$\iint\limits_{D} f(x,y)\mathrm{d}x\mathrm{d}y = \int_c^d \left[\int_{\varphi_1(y)}^{\varphi_2(y)} f(x,y)\mathrm{d}x \right]\mathrm{d}y = \int_c^d \mathrm{d}y \int_{\varphi_1(y)}^{\varphi_2(y)} f(x,y)\mathrm{d}x \quad (\text{先对 } x \text{ 后对 } y \text{ 积分}).$$

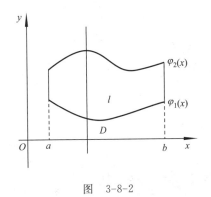

图 3-8-2

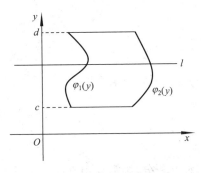

图 3-8-3

计算二重积分的步骤归纳如下：

（1）画出积分区域 D 的图形，考察区域 D 是否需要分块；

（2）选择积分次序，将区域 D 用不等式组表示，以确定积分的上、下限；

（3）利用公式计算二次积分，得出积分结果.

例 1 计算 $\iint\limits_D xy\mathrm{d}\sigma$（其中 D 是由直线 $y=1$，$x=2$ 及 $y=x$ 所围成的闭区域）.

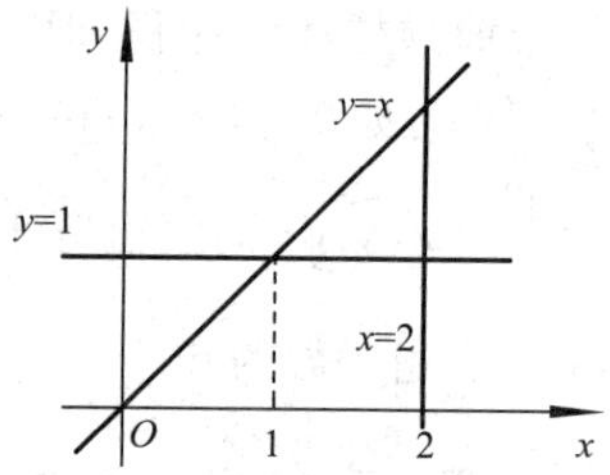

解 画出积分区域 D，如图 3-8-4 所示，求出三条直线 $y=1$，$x=2$ 及 $y=x$ 两两相交的交点 $(1,1)$，$(2,2)$，$(2,1)$，则 D 可表示为

图 3-8-4

$$\begin{cases} 1\leqslant x\leqslant 2 \\ 1\leqslant y\leqslant x \end{cases}(\text{X 型区域}) \quad \text{或} \quad \begin{cases} 1\leqslant y\leqslant 2 \\ y\leqslant x\leqslant 2 \end{cases}(\text{Y 型区域}).$$

若先对 y 积分，则有

$$\iint\limits_D xy\mathrm{d}\sigma = \int_1^2 \left(\int_1^x xy\mathrm{d}y\right)\mathrm{d}x = \int_1^2 \left[x\frac{y^2}{2}\right]_1^x \mathrm{d}x$$

$$= \frac{1}{2}\int_1^2 (x^3 - x)\mathrm{d}x = \frac{1}{2}\left[\frac{x^4}{4} - \frac{x^2}{2}\right]_1^2 = \frac{9}{8}.$$

积分还可以写成 $\iint\limits_D xy\mathrm{d}\sigma = \int_1^2 \mathrm{d}x \int_1^x xy\mathrm{d}y = \int_1^2 x\mathrm{d}x \int_1^x y\mathrm{d}y.$

若先对 x 积分，则有

$$\iint\limits_D xy\mathrm{d}\sigma = \int_1^2 \left(\int_y^2 xy\mathrm{d}x\right)\mathrm{d}y = \int_1^2 \left[y\cdot\frac{x^2}{2}\right]_y^2 \mathrm{d}y = \int_1^2 \left(2y - \frac{y^3}{2}\right)\mathrm{d}y$$

$$= \left[y^2 - \frac{y^4}{8}\right]_1^2 = \frac{9}{8}.$$

例 2 将二重积分 $I = \iint\limits_D f(x,y)\mathrm{d}x\mathrm{d}y$ 表示为二次积分，其中 D 是由双曲线 $y=\dfrac{1}{x}$，直线 $y=x$ 与 $x=2$ 围成.

解 画出积分区域的图形，求出三条曲线 $y=\dfrac{1}{x}$，$y=x$，$x=2$ 两两相交的交点 $(1,1)$，$(2,2)$，$\left(2,\dfrac{1}{2}\right)$，则 D 可表示为

$$\begin{cases} 1\leqslant x\leqslant 2 \\ \dfrac{1}{x}\leqslant y\leqslant x \end{cases}(\text{X 型区域}).$$

若先对 y 积分，则有

$$I = \int_1^2 \mathrm{d}x \int_{\frac{1}{x}}^x f(x,y)\mathrm{d}y.$$

若先对 x 积分，则需要用直线 $y=1$ 将 D 分成两个区域 D_1，D_2，且

$$D_1:\begin{cases} \dfrac{1}{2}\leqslant y\leqslant 1 \\ \dfrac{1}{y}\leqslant x\leqslant 2 \end{cases}, \quad D_2:\begin{cases} 1\leqslant y\leqslant 2 \\ y\leqslant x\leqslant 2 \end{cases}(\text{Y 型区域}),$$

于是

$$I = \iint\limits_{D_1} f(x,y)\mathrm{d}x\mathrm{d}y + \iint\limits_{D_2} f(x,y)\mathrm{d}x\mathrm{d}y$$

$$= \int_{\frac{1}{2}}^{1} \mathrm{d}y \int_{\frac{1}{y}}^{2} f(x,y)\mathrm{d}x + \int_{1}^{2}\mathrm{d}y\int_{y}^{2} f(x,y)\mathrm{d}x.$$

例 3　计算二次积分 $I = \int_0^1 \mathrm{d}x \int_x^{\sqrt{x}} \dfrac{\sin x}{y}\mathrm{d}y.$

解　由于 $\dfrac{\sin x}{y}$ 的原函数不是初等函数,先对 y 积分无法计算,故应交换积分次序,变为先对 x 积分,有所给的二次积分的积分限制,积分区域 D 为 X 型区域,用不等式表示为

$$D: \begin{cases} 0 \leqslant x \leqslant 1 \\ x \leqslant y \leqslant \sqrt{x} \end{cases},$$

这是由直线 $y=x$ 和抛物线 $y^2=x$ 围成的区域.

将积分区域 D 变为 Y 型区域,则

$$D: \begin{cases} 0 \leqslant y \leqslant 1 \\ y^2 \leqslant x \leqslant y \end{cases},$$

于是

$$I = \int_0^1 \mathrm{d}y \int_{y^2}^{y} \frac{\sin y}{y}\mathrm{d}x = \int_0^1 \frac{\sin y}{y}(y-y^2)\mathrm{d}y$$

$$= \int_0^1 \sin y\,\mathrm{d}y - \int_0^1 y\sin y\,\mathrm{d}y$$

$$= [-\cos y]_0^1 - [-y\cos y + \sin y]_0^1$$

$$= 1 - \sin 1.$$

在解某些二重积分问题时,由于选择的积分次序不同,有的需要对积分区域分块,有的则不需要分块,因此,二重积分化为二次积分时,选择积分次序必须注意积分区域是 X 型还是 Y 型区域的特征.另外,由例 2 可以看出,在选择积分次序时,还必须注意被积函数的情况.因此.在选择积分次序时,要综合考虑被积函数与积分区域的特点.

例 4　求两个底圆半径均为 R 的直交圆柱面所围成的立体的体积.

解　这两个圆柱面的方程分别为

$$x^2 + y^2 = R^2, \quad x^2 + z^2 = R^2.$$

利用立体关于坐标平面的对称性,只要算出它在第一卦限部分的体积,然后再乘以 8 即可.

$x^2+y^2=R^2$ 与 $x^2+z^2=R^2$ 的交线在 xOy 面上的投影线为 $\begin{cases} x^2+y^2=R^2 \\ z=0 \end{cases}$,所以在第一卦限所围成的部分是以 $D: \begin{cases} 0\leqslant x \leqslant R \\ 0 \leqslant y \leqslant \sqrt{R-x^2} \end{cases}$ 为底、以 $z=\sqrt{R^2-x^2}$ 为顶的曲顶柱体的体积,为 $\iint\limits_D \sqrt{R^2-x^2}\,\mathrm{d}x\mathrm{d}y.$ 于是所求公共部分的体积为

$$V = 8\iint\limits_D \sqrt{R^2-x^2}\,\mathrm{d}x\mathrm{d}y = 8\int_0^R \mathrm{d}x \int_0^{\sqrt{R^2-x^2}} \sqrt{R^2-x^2}\,\mathrm{d}y$$

$$= 8\int_0^R (R^2-x^2)\mathrm{d}x$$

$$= \frac{16}{3}R^3.$$

【文化视角】

黎　曼

波恩哈德·黎曼(1826—1866),德国数学家、物理学家,对数学分析和微分几何做出了重要贡献,其中一些为广义相对论的发展铺平了道路.

黎曼于1826年出生在德国的一个农村.19岁到哥廷根大学读书,成为高斯晚年的一名高才生.哥廷根大学在后来的100多年里一直是世界数学的研究中心.黎曼毕业后留校任教.15年后死于肺结核.

黎曼一生是短暂的.他没有时间获得像欧拉和柯西那么多的数学成果.但他的工作的优异质量和深刻的洞察能力令世人惊叹.我们之所以要介绍黎曼,是因为尽管牛顿和莱布尼茨发现了微积分,并且给出了定积分的论述,但目前教科书中有关定积分的现代化定义是由黎曼给出的.为纪念他,人们把积分和称为黎曼和.把定积分称为黎曼积分.

德国数学家希尔伯特曾指出:"19世纪最有启发性、最重要的数学成就是非欧几何的发现."1826年俄国数学家罗巴切夫斯基首先在保留欧氏几何前四个公式的同时,提出与欧氏几何第五公式相反的公式:"过平面上直线外一点,至少可以作两条直线与原直线平行."从而构造了一个新的逻辑体系.在这个新的几何体系里,如同欧几里得几何一样,没有任何逻辑矛盾.在罗巴切夫斯基几何学中.出现了许多与欧氏几何完全不同的定理和命题.如"三角形内角和小于180度""圆周长与直径的比恒大于π,所在的值随面积的增加而增大".这种几何学称为非欧几何学.德国的高斯、俄国的罗巴切夫斯基和匈牙利的鲍耶几乎同时提出了非欧几何学的思想,各自独立地创立了非欧几何学.但高斯因"害怕引起某些人的喊声"而未敢公开发表.也由于高斯未能正确评价和鼓励鲍耶的发现,致使鲍耶放弃了数学研究.而罗巴切夫斯基不保守、不消沉,坚持公开宣传非欧几何学.他的精神确实令人敬佩,他的几何创新工作终于得到后人的一致承认和普遍赞美,称他是"几何学中的哥白尼".

1854年黎曼提出一种新的几何学.在这种几何学中,黎曼把欧氏几何的第五公设改为"过平面上直线外一点没有直线与原直线平行".由此可推出"三角形内角和大于π"的命题,更重要的是他把欧几里得三维空间推广到n维空间,从而得到一种新的几何学——黎曼非欧几何学.他的工作远远超过前人,他的著作对19世纪下半叶和20世纪的数学发展都产生了重大的影响.他不仅是非欧几何的创始人之一,而且他的研究成果为50年后爱因斯坦的广义相对论提供了数学框架.爱因斯坦在创建广义相对论的过程中,因他缺乏必要的数学工具,长期未能取得根本性的突破,当他的同学、好友,德国数学家格拍斯曼帮他掌握了黎曼几何和张量分析之后,才使爱因斯坦打开了广义相对论的大门,完成了物理学的一场革命.爱因斯坦深有体会地说:"理论物理学家越来越不得不服从于纯数学的形式的支配."爱因斯坦还认为理论物理的"创造性原则寓于数学之中".黎曼的数学思想精辟独特.对于他的贡献,人们是这样评价的:"黎曼把数学前进推进了几代人的时间."

非欧几何的建立所产生的一个"最重要的影响是迫使数学家们从根本上改变了数学性质

的理解". 历史学家通过数学这面镜子,不仅看到了数学的成就与应用,而且看到了数学的发展如何教育人们去进行抽象的推理、发扬理性主义的探索精神、激发人们对理想和美的追求.

习 题 3-8

求下列二重积分:

(1) $\iint\limits_{D}(4x+4y^3)\mathrm{d}x\mathrm{d}y, D: 0\leqslant x\leqslant 1, 0\leqslant y\leqslant 1.$

(2) $\iint\limits_{D}x^2y\mathrm{d}x\mathrm{d}y, D$ 是由 $y=\sqrt{x}, y=x$ 围成的区域,即 $0\leqslant x\leqslant 1, x\leqslant y\leqslant\sqrt{x}.$

(3) $\iint\limits_{D}4x^2y\mathrm{e}^{xy^2}\mathrm{d}x\mathrm{d}y, D$ 是由 $y=\sqrt{x}, y=1, y=0$ 围成的曲边三角形区域,即 $0\leqslant x\leqslant 1,$ $0\leqslant y\leqslant\sqrt{x}.$

§3.9　微分方程初步

寻求变量之间的函数关系是解决实际问题时常见的重要课题,但是人们往往很难直接得到所研究的变量之间的函数关系,却比较容易建立起这些变量与它们的导数或微分之间的联系,从而得到一个关于未知函数的导数或微分的方程,即微分方程. 通过求解这种方程,同样可以找到指定未知量之间的函数关系. 因此,微分方程是数学联系实际并应用于实际的重要途径和桥梁,是各个学科进行科学研究的强有力的工具.

微分方程是一门独立的数学学科,有完整的理论体系. 本节主要介绍微分方程的一些基本概念,几种常用的微分方程的求解方法及线性微分方程解的基本理论.

一、微分方程的概念

一般地,含有未知函数的导数或微分的方程称为**微分方程**. 未知函数为一元函数的微分方程称为**常微分方程**,未知函数为多元函数的微分方程称为**偏微分方程**. 本书我们只讨论常微分方程,并简称为微分方程.

例如,① $x\mathrm{d}x+y^2\mathrm{d}y=0$; 　② $\dfrac{\mathrm{d}T}{\mathrm{d}t}=-k(T-20)$,其中 $k>0$ 为常数;

③ $x\left(\dfrac{\mathrm{d}y}{\mathrm{d}x}\right)^2-2\dfrac{\mathrm{d}y}{\mathrm{d}x}+4x=0$; 　④ $y''=\dfrac{1}{a}\sqrt{1+y'^2}$;

⑤ $x\dfrac{\mathrm{d}^2y}{\mathrm{d}x^2}-2\left(\dfrac{\mathrm{d}y}{\mathrm{d}x}\right)^3+5xy=0$; 　⑥ $\cos(y'')+\ln y=x+1.$

都是微分方程. 微分方程可以描述很多现象,如方程②就是物体冷却的数学模型.

微分方程中出现的未知函数的最高阶导数的阶数称为**微分方程的阶**. 例如,方程①②③均为一阶微分方程,方程④⑤⑥均为二阶微分方程.

通常,n 阶微分方程的一般形式是
$$F(x,y,y',y''\cdots,y^{(n)})=0, \tag{1}$$
其中,x 为自变量,$y=y(x)$ 是未知函数,$F(x,y,y',y''\cdots,y^{(n)})$ 为已知函数,且一定含有 $y^{(n)}$,其

余变量可以没有. 例如, 在 n 阶微分方程 $y^{(n)}+1=0$ 中, 其余变量都没有.

如果能从方程(1)中解出最高阶导数, 就得到微分方程

$$y^{(n)}=f(x,y,y',\cdots,y^{(n-1)}). \tag{2}$$

以后我们讨论的微分方程主要是形如(2)的微分方程, 并且假设(2)式右端的函数 f 在所讨论的范围内连续.

如果方程(2)可表示为如下形式:

$$y^{(n)}+a_1(x)y^{(n-1)}+\cdots+a_{n-1}(x)y'+a_n(x)y=g(x), \tag{3}$$

则称方程(3)为 n **阶线性微分方程**(未知函数 y 及 y 的各阶导数均为一次的). 其中, $a_1(x)$, $a_2(x),\cdots,a_n(x)$ 和 $g(x)$ 均为自变量 x 的已知函数. 通常, 把不能表示成形如(3)式的微分方程, 统称**非线性方程**. 例如, 方程②是线性微分方程, 方程①③④⑤⑥均为非线性微分方程.

二、微分方程的解

任何代入微分方程后能使其成为恒等式的函数, 都称为该**微分方程的解**. 确切地说, 设函数 $y=\varphi(x)$ 在区间 I 上有 n 阶连续导数, 如果在区间 I 上, 有

$$F(x,\varphi(x),\varphi'(x),\varphi''(x)\cdots,\varphi^{(n)}(x))=0,$$

则称函数 $y=\varphi(x)$ 为微分方程(1)在区间 I 上的**解**.

注: 当微分方程的解由方程 $F(x,y)=0$ 给出时, 称 $F(x,y)=0$ 为微分方程的**隐式解**; 当解以 $y=f(x)$ 的形式给出时, 称它为微分方程的**显式解**.

微分方程的解可能含有也可能不含有任意常数. 一般地, 微分方程的不含有任意常数的解称为微分方程的**特解**. 含有相互独立的任意常数, 且任意常数的个数与微分方程的阶数相同的解称为微分方程的**通解**(**一般解**). 所谓通解, 是指当其中的任意常数取遍所有实数时, 就可以得到微分方程的所有解(至多有个别例外).

注: 这里所说的相互独立的任意常数, 是指它们不能通过合并而使得通解中的任意常数的个数减少.

许多实际问题都要求寻找满足某些附加条件的解, 此时, 这类附加条件就可以用来确定通解中的任意常数, 这类附加条件称为**初始条件**, 也称**定解条件**.

通常, 一阶微分方程的初始条件是 $y|_{x=x_0}=y_0$, 由此可确定通解中的一个任意常数; 二阶微分方程的初始条件是 $y|_{x=x_0}=y_0$ 及 $y'|_{x=x_0}=y'_0$, 由此可确定通解中的两个任意常数.

一个微分方程与其初始条件构成的问题, 称为**初值问题**. 求解某初值问题, 就是求方程的特解.

一般地, 微分方程的每一个解都是一个一元函数, 其图形是一条平面曲线, 称为微分方程的**积分曲线**. 通解的图形是平面上的一族曲线, 称为积分曲线族; 特解的图形是积分曲线族中一条确定的曲线. 这就是微分方程通解和特解的几何意义.

例 1 验证函数 $y=(x^2+C)\sin x$(C 为任意常数)是方程

$$\frac{dy}{dx}-y\cot x-2x\sin x=0$$

的通解, 并求满足初始条件 $y|_{x=\frac{\pi}{2}}=0$ 的特解.

分析: 要验证一个函数是否是方程的通解, 只要将函数代入方程, 验证是否恒等, 再看函数式中所含的独立的任意常数的个数是否与方程的阶数相同.

解　对 $y=(x^2+C)\sin x$ 求一阶导数,得

$$\frac{\mathrm{d}y}{\mathrm{d}x}=2x\sin x+(x^2+C)\cos x,$$

把 y 和 $\dfrac{\mathrm{d}y}{\mathrm{d}x}$ 代入方程左边,得

$$\frac{\mathrm{d}y}{\mathrm{d}x}-y\cot x-2x\sin x=2x\sin x+(x^2+C)\cos x-(x^2+C)\sin x\cot x-2x\sin x\equiv 0,$$

即方程两边恒等,又 y 中含有一个任意常数,故 $y=(x^2+C)\sin x$ 是题设方程的通解.

将初始条件 $y\big|_{x=\frac{\pi}{2}}=0$ 代入通解 $y=(x^2+C)\sin x$ 中,得

$$0=\frac{\pi^2}{4}+C,\quad 即\quad C=-\frac{\pi^2}{4},$$

从而所求的特解为

$$y=\left(x^2-\frac{\pi^2}{4}\right)\sin x.$$

三、一阶微分方程的解

一阶微分方程的一般形式是

$$F(x,y,y')=0\quad 或\quad y'=f(x,y),\tag{4}$$

有时一阶微分方程也可以写成如下的对称形式

$$P(x,y)\mathrm{d}x+Q(x,y)\mathrm{d}y=0,\tag{5}$$

在方程(5)中,变量 x 与 y 是对称的,它既可以看作以 x 为自变量、y 为未知函数的方程

$$\frac{\mathrm{d}y}{\mathrm{d}x}=-\frac{P(x,y)}{Q(x,y)}\quad (此时,Q(x,y)\neq 0),$$

也可以看作以 y 为自变量、x 为未知函数的方程

$$\frac{\mathrm{d}x}{\mathrm{d}y}=-\frac{Q(x,y)}{P(x,y)}\quad (此时,P(x,y)\neq 0).$$

1. 可分离变量的微分方程

设有一阶微分方程

$$\frac{\mathrm{d}y}{\mathrm{d}x}=F(x,y),$$

如果其右端函数能分解成 $F(x,y)=f(x)g(y)$,即有

$$\frac{\mathrm{d}y}{\mathrm{d}x}=f(x)g(y),\tag{6}$$

则称方程(6)为**可分离变量的微分方程**,其中 $f(x),g(y)$ 都是连续函数. 这种方程的特点是经过适当的运算,可以将两个不同变量的函数与微分分离到方程的两边,然后通过两边分别积分来求解. 其具体解法如下:

（1）分离变量.

将方程(6)整理为

$$\frac{1}{g(y)}\mathrm{d}y=f(x)\mathrm{d}x$$

(此时 $g(y)\neq 0$,若 $g(y_0)=0$,易知 $y=y_0$ 也是方程(6)的解)的形式,使方程各边都只含有一个变量.

（2）两边积分.

上式两边积分,得

$$\int \frac{1}{g(y)}\mathrm{d}y = \int f(x)\mathrm{d}x + C,$$

这就是方程(6)的通解.

上述求解可分离变量的微分方程的方法称为**分离变量法**.

注:在本章中,我们约定通解公式中的不定积分式只表示被积函数的一个原函数,而把积分常数明确写上.

例 2 求方程 $y' = -\dfrac{y}{x}$ 的通解.

解 分离变量,得

$$\frac{\mathrm{d}y}{y} = -\frac{1}{x}\mathrm{d}x,$$

上式两边积分,得

$$\ln|y| = \ln\left|\frac{1}{x}\right| + C_1, \quad \text{即} \quad y = \pm e^{C_1} \cdot \frac{1}{x}.$$

令 $C_2 = \pm e^{C_1}$,则 $y = \dfrac{C_2}{x}$,其中 $C_2 \neq 0$.

另外,$y = 0$ 也是方程的解,所以 $y = \dfrac{C_2}{x}$ 中的 C_2 可以为零,因此 C_2 为任意常数.这样,方程的通解是

$$y = \frac{C}{x}.$$

注:凡遇积分后是对数的情形,理应都须作类似于上述的讨论,但这样的过程没有必要重复,为方便起见,今后凡遇此情形都作如下的简化处理(以例 2 为例):

解 分离变量得

$$\frac{\mathrm{d}y}{y} = -\frac{\mathrm{d}x}{x},$$

两边积分,得

$$\ln y = -\ln x + \ln C,$$

即

$$y = \frac{C}{x} \quad \text{(其中 } C \text{ 为任意常数)},$$

这就是所求方程的通解.

例 3 设跳伞员开始跳伞后所受的空气阻力与其下落的速度成正比(比例系数为常数 $k > 0$),起跳时($t = 0$)的速度为 0.求下落的速度与时间之间的函数关系.

解 设跳伞员下落速度为 $v(t)$,则加速度为 $a = v'(t)$.跳伞员在空中下落时,同时受到重力与阻力的作用,重力大小为 mg,方向与 v 一致;阻力大小为 kv(k 为比例系数),方向与 v 相反,从而跳伞员所受外力为

$$F = mg - kv.$$

根据牛顿第二运动定律 $F = ma$,得函数 $v(t)$ 应满足的方程为

$$m\frac{\mathrm{d}v}{\mathrm{d}t} = mg - kv. \tag{7}$$

按题意,初始条件为 $v|_{t=0}=0$.

方程(7)是一个可分离变量的微分方程. 分离变量,得

$$\frac{\mathrm{d}v}{mg-kv}=\frac{\mathrm{d}t}{m},$$

两边积分,得

$$-\frac{1}{k}\ln(mg-kv)=\frac{t}{m}+C_1 \quad (\text{由题意 } mg-kv>0),$$

即

$$mg-kv=\mathrm{e}^{-\frac{k}{m}t-kC_1},$$

亦即

$$v=\frac{mg}{k}+C\mathrm{e}^{-\frac{k}{m}t} \quad \left(C=-\frac{\mathrm{e}^{-kC_1}}{k}\right).$$

这就是方程(7)的通解.

将初始条件 $v|_{t=0}=0$ 代入通解,得 $C=-\dfrac{mg}{k}$,于是所求的特解为

$$v=\frac{mg}{k}(1-\mathrm{e}^{-\frac{k}{m}t}).$$

由上式可以看出,随着时间 t 的增大,速度 v 逐渐接近于常数 $\dfrac{mg}{k}$,且不会超过 $\dfrac{mg}{k}$. 也就是说,跳伞之初是加速运动,但逐渐趋近于等速运动. 正因为如此,跳伞员才得以安全降落.

2. 齐次方程

如果一阶微分方程

$$\frac{\mathrm{d}y}{\mathrm{d}x}=f(x,y)$$

中的函数 $f(x,y)$ 可化为 $\varphi\left(\dfrac{y}{x}\right)$ 的形式,即有

$$\frac{\mathrm{d}y}{\mathrm{d}x}=\varphi\left(\frac{y}{x}\right), \tag{8}$$

则称这方程为**齐次方程**. 例如,方程

$$y^2\mathrm{d}x+(x^2-xy)\mathrm{d}y=0$$

为齐次方程,因为

$$f(x,y)=\frac{y^2}{xy-x^2}=\frac{\left(\dfrac{y}{x}\right)^2}{\dfrac{y}{x}-1}.$$

齐次方程的一般解法如下:

(1) 化为 $\dfrac{\mathrm{d}y}{\mathrm{d}x}=\varphi\left(\dfrac{y}{x}\right)$ 的形式;

(2) 令 $\dfrac{y}{x}=u$,则 $y=xu$,$\mathrm{d}y=u\mathrm{d}x+x\mathrm{d}u$,$\dfrac{\mathrm{d}y}{\mathrm{d}x}=u+x\dfrac{\mathrm{d}u}{\mathrm{d}x}$,代入方程(8)便得

$$u+x\frac{\mathrm{d}u}{\mathrm{d}x}=\varphi(u),$$

即

$$x\frac{\mathrm{d}u}{\mathrm{d}x}=\varphi(u)-u.$$

此为可分离变量的微分方程,按前述方法求得的通解是关于函数 u 的表达式;

(3)在(5)的通解中以 $\dfrac{y}{x}$ 代替 u,便得齐次方程的通解.

例 4　解方程 $y^2\mathrm{d}x+(x^2-xy)\mathrm{d}y=0$.

解　原方程可化为

$$\frac{\mathrm{d}y}{\mathrm{d}x}=\frac{y^2}{xy-x^2}=\frac{\left(\dfrac{y}{x}\right)^2}{\dfrac{y}{x}-1},$$

因此是齐次方程. 令 $\dfrac{y}{x}=u$,则

$$y=ux,\quad \frac{\mathrm{d}y}{\mathrm{d}x}=u+x\frac{\mathrm{d}u}{\mathrm{d}x},$$

于是原方程又化为

$$u+x\frac{\mathrm{d}u}{\mathrm{d}x}=\frac{u^2}{u-1},$$

即

$$x\frac{\mathrm{d}u}{\mathrm{d}x}=\frac{u}{u-1},$$

分离变量,得

$$\left(1-\frac{1}{u}\right)\mathrm{d}u=\frac{\mathrm{d}x}{x},$$

两边积分,得

$$u-\ln|u|+C_1=\ln|x|,$$

或写成

$$xu=C\mathrm{e}^u\quad(\text{其中 }C=\pm\mathrm{e}^{C_1}),$$

以 $\dfrac{y}{x}$ 代上式中的 u,便得原方程的通解为

$$y=C\mathrm{e}^{\frac{y}{x}},$$

其中 C 为任意常数(因为 $y=0$ 显然是方程的解).

3. 一阶线性微分方程

方程

$$\frac{\mathrm{d}y}{\mathrm{d}x}+P(x)y=Q(x) \tag{9}$$

称为**一阶线性微分方程**(因为它对于未知函数 y 及其导数是一次方程). 若 $Q(x)\equiv0$,则方程(9)称为齐次的;若 $Q(x)$ 不恒等于零,则方程(9)称为非齐次的.

设(9)为非齐次线性方程,为求出其解,我们先把 $Q(x)$ 换成零而写成

$$\frac{\mathrm{d}y}{\mathrm{d}x}+P(x)y=0. \tag{10}$$

方程(10)称为对应于非齐次线性方程(9)的齐次线性方程.

(1) 一阶线性齐次方程的解法.

一阶线性齐次方程(10)是可分离变量的. 分离变量,得

$$\frac{\mathrm{d}y}{y}=-P(x)\mathrm{d}x,$$

两边积分,得

$$\ln|y| = -\int P(x)\mathrm{d}x + C_1,$$

即

$$y = C\mathrm{e}^{-\int P(x)\mathrm{d}x} \quad (C = \pm \mathrm{e}^{C_1}). \tag{11}$$

这就是一阶线性齐次方程(10)的通解公式.

注：公式(11)中的常数 C 可以为零，因为 $y=0$ 显然是方程(10)的解.

例 5　求方程 $(y-2xy)\mathrm{d}x + x^2\mathrm{d}y = 0$ 满足初始条件 $y|_{x=1} = \mathrm{e}$ 的特解.

解　将所给方程化为如下形式：

$$\frac{\mathrm{d}y}{\mathrm{d}x} + \frac{1-2x}{x^2}y = 0,$$

这是一个一阶线性齐次方程，且 $P(x) = \dfrac{1-2x}{x^2}$，计算

$$-\int P(x)\mathrm{d}x = \int\left(\frac{2}{x} - \frac{1}{x^2}\right)\mathrm{d}x = \ln x^2 + \frac{1}{x},$$

由通解公式得该方程的通解

$$y = Cx^2 \mathrm{e}^{\frac{1}{x}}$$

将初始条件 $y|_{x=1} = \mathrm{e}$ 代入通解，得 $C=1$，故所求特解为

$$y = x^2 \mathrm{e}^{\frac{1}{x}}.$$

（2）一阶线性非齐次方程的解法.

一阶线性非齐次方程(9)与其对应的线性齐次方程(10)区别仅在于自由项 $Q(x)$ 不恒等于零. 因此，可以设想它们的通解之间会有一定的联系. 我们仿照求线性齐次方程的通解的方法来寻找两个方程通解之间的联系.

将方程(9)变形为

$$\frac{\mathrm{d}y}{y} = \left[\frac{Q(x)}{y} - P(x)\right]\mathrm{d}x,$$

两边积分，得

$$\ln|y| = \int \frac{Q(x)}{y}\mathrm{d}x - \int P(x)\mathrm{d}x,$$

若记 $\displaystyle\int \frac{Q(x)}{y}\mathrm{d}x = v(x)$（注意到 y 是 x 的函数），则

$$\ln|y| = v(x) - \int P(x)\mathrm{d}x,$$

即

$$y = \pm \mathrm{e}^{v(x)}\mathrm{e}^{-\int P(x)\mathrm{d}x} = u(x)\mathrm{e}^{-\int P(x)\mathrm{d}x}.$$

将此解与线性齐次方程的通解(11)比较，易见其表达形式一致，只需将(11)式中的常数 C 换为函数 $u(x)$. 由此，我们引入求解一阶线性非齐次方程的**常数变易法**：在求出对应的线性齐次方程的通解(9)后，将通解中的常数 C 变易为待定函数 $u(x)$，即设一阶线性非齐次方程的通解为

$$y = u(x)\mathrm{e}^{-\int P(x)\mathrm{d}x},$$

上式求导，得

$$y' = u'(x)\mathrm{e}^{-\int P(x)\mathrm{d}x} + u(x)[-P(x)]\mathrm{e}^{-\int P(x)\mathrm{d}x},$$

将 y 及 y' 代入方程(9)，得

$$u'(x)\mathrm{e}^{-\int P(x)\mathrm{d}x} = Q(x), \quad 即 \quad u'(x) = Q(x)\mathrm{e}^{\int P(x)\mathrm{d}x},$$

上式两边积分,得

$$u(x) = \int Q(x) e^{\int P(x)dx} dx + C,$$

从而一阶线性非齐次方程的通解公式为

$$y = \left(\int Q(x) e^{\int P(x)dx} dx + C \right) e^{-\int P(x)dx}. \tag{12}$$

注:公式(12)可以写成

$$y = C e^{-\int P(x)dx} + e^{-\int P(x)dx} \int Q(x) e^{\int P(x)dx} dx.$$

从上式可以看出,一阶线性非齐次方程的通解等于其对应的线性齐次方程的通解与其本身的一个特解之和.这个结论对高阶线性非齐次方程亦成立.

例 6 求方程 $\dfrac{dy}{dx} - \dfrac{2y}{x+1} = (x+1)^{\frac{5}{2}}$ 的通解.

解 所给方程是一个一阶线性非齐次方程,其中

$$P(x) = -\frac{2}{x+1}, \quad Q(x) = (x+1)^{\frac{5}{2}},$$

代入一阶线性非齐次方程的通解公式(12),有

$$\begin{aligned}
y &= e^{-\int \frac{-2}{x+1}dx} \left(\int (x+1)^{\frac{5}{2}} e^{\int \frac{-2}{x+1}dx} dx + C \right) \\
&= e^{\ln(x+1)^2} \left(\int (x+1)^{\frac{5}{2}} e^{\ln \frac{1}{(x+1)^2}} dx + C \right) \\
&= (x+1)^2 \left(\int (x+1)^{\frac{1}{2}} dx + C \right) \\
&= (x+1)^2 \left(\frac{2}{3}(x+1)^{\frac{3}{2}} + C \right),
\end{aligned}$$

即所求通解为

$$y = (x+1)^2 \left(\frac{2}{3}(x+1)^{\frac{3}{2}} + C \right).$$

*四、可降阶的高阶微分方程

高阶微分方程就是二阶及二阶以上的微分方程.对于这些高阶微分方程,可以通过代换将它化为较低阶的微分方程来求解.比如二阶微分方程,如果能设法作代换把它从二阶降至一阶,那么就可能用前两节所讲的方法来求解了.我们将介绍三种容易降阶的高阶微分方程的求解方法.

1. $y^{(n)} = f(x)$ 型的微分方程

微分方程

$$y^{(n)} = f(x) \tag{13}$$

的右端仅含有自变量 x,左端是未知函数 y 的 n 阶导数.容易看出,只要把 $y^{(n-1)}$ 作为新的未知函数,那么(13)式就是新的未知函数的一阶微分方程.两边积分,就得到了一个 $n-1$ 阶的微分方程

$$y^{(n-1)} = \int f(x)dx + C_1,$$

同理可得

$$y^{(n-2)} = \int \left[\int f(x)dx + C_1 \right] dx + C_2.$$

依此类推,接连积分 n 次,便可得方程(13)的含有 n 个任意常数的通解.

例 7　求微分方程 $y''' = \mathrm{e}^{2x} - \cos x$ 的通解.

解　对所给方程接连积分三次,得

$$y'' = \frac{1}{2}\mathrm{e}^{2x} - \sin x + C_1,$$

$$y' = \frac{1}{4}\mathrm{e}^{2x} + \cos x + C_1 x + C_2,$$

$$y = \frac{1}{8}\mathrm{e}^{2x} + \sin x + C_1 x^2 + C_2 x + C_3 \quad \left(C_1 = \frac{C}{2}\right).$$

这就是所求的通解.

例 8　求解初值问题 $\begin{cases} y'' = \dfrac{1}{x^2}\ln x \\ y(1) = 0, y'(1) = 1 \end{cases}$.

解　方程两边积分一次,得

$$y' = -\frac{1}{x}\ln x - \frac{1}{x} + C_1,$$

将初始条件 $y'(1) = 1$ 代入,得 $C_1 = 2$,故

$$y' = -\frac{1}{x}\ln x - \frac{1}{x} + 2,$$

再积分,得

$$y = -\frac{1}{2}\ln^2 x - \ln x + 2x + C_2,$$

将初始条件 $y(1) = 0$ 代入,得 $C_2 = -2$,故所求特解为

$$y = -\frac{1}{2}\ln^2 x - \ln x + 2x - 2.$$

注:求可降阶的高阶微分方程是采用逐次积分、逐次降阶的方法,因此,求特解时,每次积分后,应利用初始条件确定出一个任意常数,以简化运算.

2. $y'' = f(x, y')$ 型的微分方程

方程

$$y'' = f(x, y') \tag{14}$$

中不显含未知函数 y. 若令 $y' = p(x)$,则 $y'' = p'(x)$,方程(14)变为一个以 $p(x)$ 为未知函数的一阶微分方程

$$p'(x) = f(x, p),$$

设其通解为

$$p = \varphi(x, C_1),$$

由关系式 $y' = p(x)$,又得到一个一阶微分方程

$$y' = \varphi(x, C_1),$$

对它进行积分,便得到方程(14)的通解

$$y = \int \varphi(x, C_1)\,\mathrm{d}x + C_2.$$

例 9　求方程 $(1 - x^2)y'' - xy' = 2$ 的通解.

解 方程中不显含 y，令 $y'=p(x)$，则 $y''=p'(x)$，原方程变为

$$p'-\frac{x}{1-x^2}p=\frac{2}{1-x^2}.$$

这是一个关于未知函数 $p(x)$ 的一阶线性非齐次方程，其中 $P(x)=-\frac{x}{1-x^2}$，$Q(x)=\frac{2}{1-x^2}$，代入一阶线性非齐次方程的通解公式，得

$$p=\mathrm{e}^{-\int\frac{-x}{1-x^2}\mathrm{d}x}\left(C_1+\int\frac{2}{1-x^2}\mathrm{e}^{\int\frac{-x}{1-x^2}\mathrm{d}x}\mathrm{d}x\right)=\frac{1}{\sqrt{1-x^2}}(2\arcsin x+C_1),$$

即

$$y'=\frac{1}{\sqrt{1-x^2}}(2\arcsin x+C_1),$$

两边积分，得原方程的通解为

$$y=\arcsin^2 x+C_1\arcsin x+C_2.$$

3. $y''=f(y,y')$ 型的微分方程

微分方程

$$y''=f(y,y') \tag{15}$$

的特点是不显含自变量 x，此时，把 y 暂看作自变量，并作变换 $y'=p(y)$，则

$$y''=\frac{\mathrm{d}y'}{\mathrm{d}x}=\frac{p'(y)\mathrm{d}y}{\mathrm{d}x}=p'(y)\cdot p(y),$$

于是，方程(15)化为

$$pp'=f(y,p).$$

这是一个以 $p(y)$ 为未知函数的一阶微分方程，设其通解为

$$y'=p(y)=\varphi(y,C_1),$$

这是一个可分离变量的微分方程. 分离变量并积分，便得到方程(15)的通解

$$\int\frac{1}{\varphi(y,C_1)}\mathrm{d}y=x+C_2.$$

例 10 求解初值问题 $\begin{cases}y''-\mathrm{e}^{2y}y'=0\\ y(0)=0,y'(0)=\dfrac{1}{2}\end{cases}.$

解 方程中不显含 x，令 $y'=p(y)$，则 $y''=pp'$，原方程化为

$$p\frac{\mathrm{d}p}{\mathrm{d}y}-\mathrm{e}^{2y}p=0,$$

因为 $p=y'$ 不恒为零$\left(\right.$由初始条件 $y'(0)=\dfrac{1}{2}$ 可以看出$\left.\right)$，故

$$\frac{\mathrm{d}p}{\mathrm{d}y}=\mathrm{e}^{2y},$$

则

$$p(y)=\int\mathrm{e}^{2y}\mathrm{d}y=\frac{1}{2}\mathrm{e}^{2y}+C_1.$$

将初始条件 $y(0)=0,y'(0)=\dfrac{1}{2}$，即 $p(y)|_{y=0}=\dfrac{1}{2}$ 代入，得 $C_1=0$，于是

$$y'=p(y)=\frac{1}{2}\mathrm{e}^{2y},\quad \frac{2\mathrm{d}y}{\mathrm{e}^{2y}}=\mathrm{d}x,$$

积分，得

$$-\mathrm{e}^{-2y}=x+C_2,$$

将初始条件 $y(0)=0$ 代入,得 $C_2=-1$,故所求的初值问题的解为
$$e^{-2y}=1-x.$$

注:本题若不先定出 $C_1=0$,后面的积分将很困难,因此求特解时常数应及早确定.

【文化视角】

常微分方程的发展史

常微分方程是由用微积分处理新问题而产生的,它主要经历了创立及解析理论阶段、定性理论阶段和深入发展阶段.17 世纪,牛顿和莱布尼茨发明了微积分,同时开创了微分方程的研究最初.牛顿在他的著作《自然哲学》的数学原理机(1687 年)中,主要研究了微分方程在天文学中的应用,随后微积分在解决物理问题上逐步显示出了巨大的威力.但是,随着物理学提出日益复杂的问题,就需要更专门的技术,需要建立物理问题的数学模型,即建立反映该问题的微分方程.1690 年,雅可比·伯努利(Jakob Bernouli,瑞士,1654—1705)提出了等时间题和悬链线问题.这是探求微分方程解的早期工作.雅可比·伯努利自己解决了前者.翌年,约翰·伯努利(Johann Bernouli,瑞士,1667—1748)、莱布尼茨和惠更斯(C. Huygens,荷兰,1629—1695)独立地解决了后者.

有了微分方程,紧接着就是解微分方程,并对所得的结果进行物理解释,从而预测物理过程的特定性质.所以求解就成为微分方程的核心,但求解的困难很大,一个看似很简单的微分方程也没有普遍适用的方法能使我们在所有的情况下得出它的解.因此,最初人们的注意力放在某些类型的微分方程的一般解法上.

1691 年,莱布尼茨给出了变量分离法.他还把一阶齐次方程使其变量分离.1694 年,他使用了常数变易法把一阶常微分方程化成积分.

1695 年,雅可比·伯努利给出著名的伯努利方程.莱布尼茨用变换,将其化为线性方程.约翰和雅可比给出了各自的解法,其本质上都是变量分离法.

1734 年,欧拉(L. Euler,瑞士,1707—1783)给出了恰当方程的定义.他与克莱罗(A. C. Clairaut,法国,1713—1765)各自找到了方程是恰当方程的条件,并发现:若方程是恰当的,则它是可积的.那么对非恰当方程如何求解呢? 1739 年克莱罗提出了积分因子的概念,欧拉确定了可采用积分因子的方程类属.这样,到 18 世纪 40 年代,一阶常微分方程的初等方法都已清楚了,与此相联系,通解与特解的问题也弄清楚了.

1734 年,克莱罗在他的著作中处理了现在以他的名字命名的方程,他给出了一个新的解,从而提出了奇解的问题.奇解是不能通过给积分常数以一个确定的值由通解来求得.欧拉、拉普拉斯(P. S. Laplace,法国,1749—1827)、达朗贝尔(J. Alembert,法国,1717—1783)都涉及奇解这个问题,然而只有拉格朗日(J. Lagrange,意大利,1736—1813)对奇解与通解的联系作了系统的研究,他给出了从通解消去常数项从而得到奇解的一般方法.但在奇解理论中,有些特殊的困难他并没有认识到.奇解的完整理论是 19 世纪发展起来的.其中黎曼(G. Riemann,德国,1826—1866)做出了突出的贡献.

1728 年,欧拉由于力学问题的推动,把一类二阶微分方程用变量替换成一阶微分方程组,这标志着二阶方程的系统研究的开始.此后,欧拉完整地解决了常系数线性齐次方程的求解问题和非齐次的 n 阶线性常微分方程的求解问题.拉格朗日在 1762—1765 年间又对变系数齐次

线性微分方程进行了研究.

18 世纪前半叶,常微分方程的研究重点是对初等函数施行有限次代数运算、变量代换和不定积分把解表示出来;至 18 世纪下半叶,数学家们又讨论了求线性常微分方程解的常数变易法和无穷级数解法等方法;至 18 世纪末,常微分方程已经发展成一个独立的数学分支.

19 世纪,柯西(A. L. Cauchy,法国,1789—185)、刘维尔(J. Liouville,法国,1809—1882)、维尔斯特拉斯(K. Weierstrass,德国,1815—1879)和皮卡(E. Picard,法国,1865—1941)对初值问题的存在唯一性理论作了一系列研究,建立了解的存在性的优势函数、逐次逼近等证明方法.这些方法又可应用于高阶常微分方程和复数域中的微分方程组.法国数学家庞加莱(H. Poincare,1854—1912)和俄国的李雅普诺夫(Liapunov,1857—1918)共同奠定了稳定性的理论基础.自群论引入常微分方程后,使常微分方程的研究重点转向解析理论和定性理论.19 世纪末,法国数学家庞加莱连续发表了 4 篇文章,依赖几何拓扑直观对定性理论进行了研究,李雅普诺夫应用十分严密的分析法进行了研究,从而奠定了微分方程定性理论的基础.由于行星或卫星轨道的稳定性问题,周期解的重要性提上日程.西格尔(L. Siegel,德国,1896—1981)创立了周期系统的线性齐次微分方程的数学理论.在 1877 年的论文中,他求出了对月球运动的诸微分方程确定一个近似于实际观察到的运动的周期解,并证明了二阶微分方程有周期解.

20 世纪,微分方程进入广泛深入发展阶段.随着大量的边缘学科的产生和发展,出现了不少新型的微分方程(组),微分方程在无线电、飞机飞行、导弹飞行、化学反应等方面得到了广泛的应用,从而进一步促进了这一学科的发展,使之不断完善,对它的研究也从定性上升到定量阶段.动力系统、泛函微分方程、奇异摄动方程以及复域上的定性理论等都是在传统微分方程的基础上发展起来的新分支.

习 题 3-9

1. 指出下列微分方程的阶数:

(1) $\dfrac{\mathrm{d}y}{\mathrm{d}x}=x^2+y$;
(2) $(7x-6y)\mathrm{d}x+(x+y)\mathrm{d}y=0$;

(3) $xy''-5y'+3xy=\cos^2 x$;
(4) $y'y''-x^2y=1$.

2. 指出下列各题中的函数是否是所给方程的解.若是,是通解还是特解?

(1) $(x-2y)y'=2x-y$, $x^2-xy+y^2=0$;

(2) $y=xy'+f(y')$, $y=Cx+f(C)$;

(3) $y''+y=\mathrm{e}^x$, $y=C_1\sin x+C_2\cos x+\dfrac{1}{2}\mathrm{e}^x$.

3. 求下列微分方程的通解:

(1) $\dfrac{\mathrm{d}y}{\mathrm{d}x}=2xy$;
(2) $xy'-y\ln y=0$;

(3) $3x^2+5x-5y'=0$;
(4) $\sqrt{1-x^2}\,y'=\sqrt{1-y^2}$;

(5) $x\dfrac{\mathrm{d}y}{\mathrm{d}x}=y\ln\dfrac{y}{x}$;
(6) $(x^2+y^2)\mathrm{d}x-xy\mathrm{d}y=0$.

4．求下列微分方程满足所给初始条件的特解：

(1) $y' = e^{2x-y}$，　$y|_{x=0} = 0$；

(2) $\cos x \sin y \, dy = \cos y \sin x \, dx$，　$y|_{x=0} = \dfrac{\pi}{4}$；

(3) $y' = \dfrac{x}{y} + \dfrac{y}{x}$，　$y|_{x=1} = 2$；

(4) $xy' - x\sin\dfrac{y}{x} - y = 0$，　$y|_{x=1} = \dfrac{\pi}{2}$．

5．求下列微分方程的通解：

(1) $\dfrac{dy}{dx} + 2xy = 4x$；　　　　　　　(2) $\dfrac{dy}{dx} + y = e^{-x}$；

(3) $y' + y\cos x = e^{-\sin x}$；　　　　　　(4) $xy' + y = x^2 + 3x + 2$．

6．求下列微分方程满足初始条件的特解：

(1) $\dfrac{dy}{dx} + 5y = -4e^{-3x}, y|_{x=0} = -4$；　　(2) $y' - y = e^x, y|_{x=0} = 1$．

7．求下列方程的通解：

(1) $y'' = x + \sin x$；　　　　　　　　(2) $y''' = xe^x$；

(3) $y'' = \dfrac{1}{1+x^2}$；　　　　　　　(4) $y'' = \ln x$．

8．求下列方程满足初始条件的特解：

(1) $y'' - a(y')^2 = 0, y|_{x=0} = 0, y'|_{x=0} = -1$；

(2) $y'' = 3\sqrt{y}, y|_{x=0} = 1, y'|_{x=0} = 2$；

(3) $(1-x^2)y'' - xy' = 0, y|_{x=0} = 0, y'|_{x=0} = 1$．

专 业 模 块

第四章　线性代数初步

第五章　概率统计初步

第四章　线性代数初步

线性代数主要研究线性关系,线性方程组是它的一个重要组成部分,是线性代数研究对象的具体模型;行列式是研究线性方程组的工具之一;矩阵则克服了行列式在解线性方程组中的局限性,成为线性代数最重要的部分. 线性代数这门学科在 19 世纪就已经取得了光辉的成就,在科学技术的许多领域都有着越来越广泛的应用,占有重要的地位.

§4.1　行列式的概念与运算

历史上,行列式的概念是在研究线性方程组的解的过程中产生的. 如今,它在数学许多分支中都有着非常广泛的应用,是常用的一种计算工具. 特别是在本门课程中,它是研究后面矩阵、线性方程组的一种重要工具.

一、行列式的概念

1. 二阶行列式

定义 1　由 4 个数 $a_{ij}(i,j=1,2)$ 排成的 2 行 2 列的式子 $\begin{vmatrix} a_{11} & a_{12} \\ a_{21} & a_{22} \end{vmatrix}$ 称为**二阶行列式**,它代表的是代数和 $a_{11}a_{22}-a_{12}a_{21}$,即

$$\begin{vmatrix} a_{11} & a_{12} \\ a_{21} & a_{22} \end{vmatrix}=a_{11}a_{22}-a_{12}a_{21}.$$

其中,数 $a_{ij}(i,j=1,2)$ 称为行列式的**元素**,横排称为**行**,竖排称为**列**.
元素 a_{ij} 的第一个下标 i 称为**行标**,表明该元素位于第 i 行;第二个下标 j 称为**列标**,表明该元素位于第 j 列. 由上述定义可知,二阶行列式是由 4 个数按一定的规律运算所得的代数和. 这个规律性表现在行列式的记号中就是"对角线法则". 如图 4-1-1 所示,把 a_{11} 到 a_{22} 的实连线称为**主对角线**,a_{12} 到 a_{21} 的虚连线称为**副对角线**,于是,二阶行列式便是主对角线上两元素之积减去副对角线上两元素之积的差.

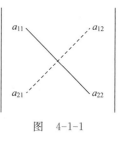

图　4-1-1

当所有的 a_{ij} 都是常数时,行列式的值是一个具体的数值;如果其中有字母出现,则行列式的值是一个代数式. 通常行列式用大写字母 D 来表示.

例 1　计算下列各行列式:

(1) $\begin{vmatrix} 1 & 2 \\ 3 & 4 \end{vmatrix}$;　　　　(2) $\begin{vmatrix} 3 & 5 \\ -8 & -2 \end{vmatrix}$.

解　(1) $\begin{vmatrix} 1 & 2 \\ 3 & 4 \end{vmatrix}=1\times4-2\times3=-2.$

(2) $\begin{vmatrix} 3 & 5 \\ -8 & -2 \end{vmatrix} = 3 \times (-2) - 5 \times (-8) = 34.$

2. 三阶行列式

定义 2　由 9 个数 $a_{ij}(i,j=1,2,3)$ 排成的 3 行 3 列的式子 $\begin{vmatrix} a_{11} & a_{12} & a_{13} \\ a_{21} & a_{22} & a_{23} \\ a_{31} & a_{32} & a_{33} \end{vmatrix}$ 称为**三阶行列**

式,它代表的是算式

$$a_{11}a_{22}a_{33} + a_{12}a_{23}a_{31} + a_{13}a_{21}a_{32} - a_{11}a_{23}a_{32} - a_{12}a_{21}a_{33} - a_{13}a_{22}a_{31},$$

即 $\begin{vmatrix} a_{11} & a_{12} & a_{13} \\ a_{21} & a_{22} & a_{23} \\ a_{31} & a_{32} & a_{33} \end{vmatrix} = a_{11}a_{22}a_{33} + a_{12}a_{23}a_{31} + a_{13}a_{21}a_{32} - a_{11}a_{23}a_{32} - a_{12}a_{21}a_{33} - a_{13}a_{22}a_{31}.$

其规律遵循图 4-1-2 所示的对角线法则:图中三条实线是平行于主对角线的连线,三条虚线是平行于副对角线的连线,主对角线方向上三元素的乘积为正号,副对角线方向上三元素的乘积为负号.

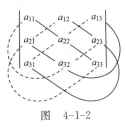

图　4-1-2

例 2　计算三阶行列式 $\begin{vmatrix} 2 & -4 & 3 \\ 1 & 2 & -4 \\ -3 & 1 & 2 \end{vmatrix}.$

解 $\begin{vmatrix} 2 & -4 & 3 \\ 1 & 2 & -4 \\ -3 & 1 & 2 \end{vmatrix} = 2 \times 2 \times 2 + 1 \times 1 \times 3 + (-3) \times (-4) \times (-4) -$

$$(-3) \times 2 \times 3 - 1 \times (-4) \times 2 - 2 \times 1 \times (-4) = -3.$$

3. n 阶行列式

定义 3　由 n^2 个元素 $a_{ij}(i,j=1,2,\cdots,n)$ 排成的 n 行 n 列的式子

$$\begin{vmatrix} a_{11} & a_{12} & \cdots & a_{1n} \\ a_{21} & a_{22} & \cdots & a_{2n} \\ \vdots & \vdots & & \vdots \\ a_{n1} & a_{n2} & \cdots & a_{nn} \end{vmatrix}$$

称为 n 阶行列式.

下面介绍几个特殊的行列式.

(1) **上三角形行列式**:主对角线的左下方元素全为 0 的行列式 $\begin{vmatrix} a_{11} & a_{12} & \cdots & a_{1n} \\ 0 & a_{22} & \cdots & a_{2n} \\ \vdots & \vdots & & \vdots \\ 0 & 0 & \cdots & a_{nn} \end{vmatrix}$ 称为**上**

三角形行列式,其值等于主对角线上元素的乘积,即

$$\begin{vmatrix} a_{11} & a_{12} & \cdots & a_{1n} \\ 0 & a_{22} & \cdots & a_{2n} \\ \vdots & \vdots & & \vdots \\ 0 & 0 & \cdots & a_{nn} \end{vmatrix} = a_{11}a_{22}\cdots a_{nn}.$$

（2）**下三角形行列式**：主对角线的右上方元素全为 0 的行列式 $\begin{vmatrix} a_{11} & 0 & \cdots & 0 \\ a_{21} & a_{22} & \cdots & 0 \\ \vdots & \vdots & & \vdots \\ a_{n1} & a_{n2} & \cdots & a_{nn} \end{vmatrix}$ 称为下

三角形行列式，其值等于主对角线上元素的乘积，即

$$\begin{vmatrix} a_{11} & 0 & \cdots & 0 \\ a_{21} & a_{22} & \cdots & 0 \\ \vdots & \vdots & & \vdots \\ a_{n1} & a_{n2} & \cdots & a_{nn} \end{vmatrix} = a_{11}a_{22}\cdots a_{nn}.$$

上三角形行列式和下三角形行列式统称**三角形行列式**.

（3）**对角形行列式**：除主对角线上的元素外，其余元素都是 0 的行列式 $\begin{vmatrix} a_{11} & 0 & \cdots & 0 \\ 0 & a_{22} & \cdots & 0 \\ \vdots & \vdots & & \vdots \\ 0 & 0 & \cdots & a_{nn} \end{vmatrix}$ 称

为**对角形行列式**，其值等于主对角线上的元素的乘积，即

$$\begin{vmatrix} a_{11} & 0 & \cdots & 0 \\ 0 & a_{22} & \cdots & 0 \\ \vdots & \vdots & & \vdots \\ 0 & 0 & \cdots & a_{nn} \end{vmatrix} = a_{11}a_{22}\cdots a_{nn}.$$

4.转置行列式：将行列式 D 的行与列互换后得到的行列式，称为 D 的**转置行列式**，记为

D^{T} 或 D'，即若 $D = \begin{vmatrix} a_{11} & a_{12} & \cdots & a_{1n} \\ a_{21} & a_{22} & \cdots & a_{2n} \\ \vdots & \vdots & & \vdots \\ a_{n1} & a_{n2} & \cdots & a_{nn} \end{vmatrix}$ ，则 $D^{\mathrm{T}} = \begin{vmatrix} a_{11} & a_{21} & \cdots & a_{n1} \\ a_{12} & a_{22} & \cdots & a_{n2} \\ \vdots & \vdots & & \vdots \\ a_{1n} & a_{2n} & \cdots & a_{nn} \end{vmatrix}$.

例如，行列式 $A = \begin{vmatrix} 3 & 5 & 7 \\ 1 & 2 & 3 \\ -2 & -1 & 0 \end{vmatrix}$ 的转置行列式是 $A^{\mathrm{T}} = \begin{vmatrix} 3 & 1 & -2 \\ 5 & 2 & -1 \\ 7 & 3 & 0 \end{vmatrix}$.

二、行列式的性质

性质 1 行列式与它的转置行列式相等，即 $D = D^{\mathrm{T}}$.

由性质 1 可知，行列式中的行与列具有相同的地位，即行列式的行具有的性质，它的列也同样具有.

性质 2 交换行列式的两行（列），行列式变号，即

$$\begin{vmatrix} a_{11} & a_{12} & \cdots & a_{1n} \\ \vdots & \vdots & & \vdots \\ a_{i1} & a_{i2} & \cdots & a_{in} \\ \vdots & \vdots & & \vdots \\ a_{j1} & a_{j2} & \cdots & a_{jn} \\ \vdots & \vdots & & \vdots \\ a_{n1} & a_{n2} & \cdots & a_{nn} \end{vmatrix} = - \begin{vmatrix} a_{11} & a_{12} & \cdots & a_{1n} \\ \vdots & \vdots & & \vdots \\ a_{j1} & a_{j2} & \cdots & a_{jn} \\ \vdots & \vdots & & \vdots \\ a_{i1} & a_{i2} & \cdots & a_{in} \\ \vdots & \vdots & & \vdots \\ a_{n1} & a_{n2} & \cdots & a_{nn} \end{vmatrix}.$$

注：互换 i 行(列)和 j 行(列)，记作 $r_i \leftrightarrow r_j$(或 $c_i \leftrightarrow c_j$).

性质 3 若行列式中有两行(列)的对应元素相同，则此行列式为零.

性质 4 用数 k 乘行列式的某一行(列)，等于用数 k 乘此行列式，即

$$D_1 = \begin{vmatrix} a_{11} & a_{12} & \cdots & a_{1n} \\ \vdots & \vdots & & \vdots \\ ka_{i1} & ka_{i2} & \cdots & ka_{in} \\ \vdots & \vdots & & \vdots \\ a_{n1} & a_{n2} & \cdots & a_{nn} \end{vmatrix} = k \begin{vmatrix} a_{11} & a_{12} & \cdots & a_{1n} \\ \vdots & \vdots & & \vdots \\ a_{i1} & a_{i2} & \cdots & a_{in} \\ \vdots & \vdots & & \vdots \\ a_{n1} & a_{n2} & \cdots & a_{nn} \end{vmatrix} = kD.$$

推论 1 行列式的某一行(列)中所有元素的公因子可以提到行列式符号的外面.

推论 2 行列式中若有两行(列)元素成比例，则此行列式为零.

例如，设 $\begin{vmatrix} 2 & -4 & 1 \\ 3 & -6 & 3 \\ -5 & 10 & 4 \end{vmatrix}$，因为第一列和第二列对应元素成比例，所以 $\begin{vmatrix} 2 & -4 & 1 \\ 3 & -6 & 3 \\ -5 & 10 & 4 \end{vmatrix} = 0$.

性质 5 若行列式的某一行(列)的元素都是两数之和，则此行列式等于两个相应的行列式的和. 例如，

$$D = \begin{vmatrix} a_{11} & a_{12} & \cdots & a_{1n} \\ \vdots & \vdots & & \vdots \\ b_{i1}+c_{i1} & b_{i2}+c_{i2} & \cdots & b_{in}+c_{in} \\ \vdots & \vdots & & \vdots \\ a_{n1} & a_{n2} & \cdots & a_{nn} \end{vmatrix},$$

则

$$D = \begin{vmatrix} a_{11} & a_{12} & \cdots & a_{1n} \\ \vdots & \vdots & & \vdots \\ b_{i1} & b_{i2} & \cdots & b_{in} \\ \vdots & \vdots & & \vdots \\ a_{n1} & a_{n2} & \cdots & a_{nn} \end{vmatrix} + \begin{vmatrix} a_{11} & a_{12} & \cdots & a_{1n} \\ \vdots & \vdots & & \vdots \\ c_{i1} & c_{i2} & \cdots & c_{in} \\ \vdots & \vdots & & \vdots \\ a_{n1} & a_{n2} & \cdots & a_{nn} \end{vmatrix} = D_1 + D_2.$$

上述结果可以推广到有限个数和的情形.

例 3 计算行列式 $\begin{vmatrix} 13 & 1 & 2 \\ 19 & 2 & 1 \\ 31 & 3 & -1 \end{vmatrix}$.

解
$$\begin{vmatrix} 13 & 1 & 2 \\ 19 & 2 & 1 \\ 31 & 3 & -1 \end{vmatrix} = \begin{vmatrix} 10+3 & 1 & 2 \\ 20-1 & 2 & 1 \\ 30+1 & 3 & -1 \end{vmatrix} = \begin{vmatrix} 10 & 1 & 2 \\ 20 & 2 & 1 \\ 30 & 3 & -1 \end{vmatrix} + \begin{vmatrix} 3 & 1 & 2 \\ -1 & 2 & 1 \\ 1 & 3 & -1 \end{vmatrix}$$

$$= 10\begin{vmatrix} 1 & 1 & 2 \\ 2 & 2 & 1 \\ 3 & 3 & -1 \end{vmatrix} + \begin{vmatrix} 3 & 1 & 2 \\ -1 & 2 & 1 \\ 1 & 3 & -1 \end{vmatrix} = -25.$$

例 4 计算行列式：$\begin{vmatrix} a_1+b_1 & 2a_1 & b_1 \\ a_2+b_2 & 2a_2 & b_2 \\ a_3+b_3 & 2a_3 & b_3 \end{vmatrix}$.

解 $\begin{vmatrix} a_1+b_1 & 2a_1 & b_1 \\ a_2+b_2 & 2a_2 & b_2 \\ a_3+b_3 & 2a_3 & b_3 \end{vmatrix} = \begin{vmatrix} a_1 & 2a_1 & b_1 \\ a_2 & 2a_2 & b_2 \\ a_3 & 2a_3 & b_3 \end{vmatrix} + \begin{vmatrix} b_1 & 2a_1 & b_1 \\ b_2 & 2a_2 & b_2 \\ b_3 & 2a_3 & b_3 \end{vmatrix} = 0+0 = 0.$

性质 6 将行列式的某一行(列)的所有元素都乘以数 k 后加到另一行(列)对应位置的元素上,行列式值不变. 即

$$\begin{vmatrix} a_{11} & a_{12} & \cdots & a_{1n} \\ \vdots & \vdots & & \vdots \\ a_{i1} & a_{i2} & \cdots & a_{in} \\ \vdots & \vdots & & \vdots \\ ka_{i1}+a_{j1} & ka_{i2}+a_{j2} & \cdots & ka_{in}+a_{jn} \\ \vdots & \vdots & & \vdots \\ a_{n1} & a_{n2} & \cdots & a_{nn} \end{vmatrix} = \begin{vmatrix} a_{11} & a_{12} & \cdots & a_{1n} \\ \vdots & \vdots & & \vdots \\ a_{i1} & a_{i2} & \cdots & a_{in} \\ \vdots & \vdots & & \vdots \\ a_{j1} & a_{j2} & \cdots & a_{jn} \\ \vdots & \vdots & & \vdots \\ a_{n1} & a_{n2} & \cdots & a_{nn} \end{vmatrix}.$$

注:以数 k 乘第 j 行加到第 i 行上,记作 r_i+kr_j;以数 k 乘第 j 列加到第 i 列上,记作 c_i+kc_j.

三、行列式的计算

一般说来,低阶行列式的计算比高阶行列式的计算简便,因而自然会考虑用低阶行列式表示高阶行列式的问题,为此引进余子式和代数余子式的概念.

定义 4 在 n 阶行列式中,划去元素 a_{ij} 所在的第 i 行和第 j 列后,剩下的元素按原来的顺序构成的 $n-1$ 阶行列式,称为元素 a_{ij} 的**余子式**,记为 M_{ij};a_{ij} 的余子式乘以 $(-1)^{i+j}$ 称为 a_{ij} 的**代数余子式**,记作 A_{ij},即 $A_{ij}=(-1)^{i+j}M_{ij}$.

例如,设有 4 阶行列式 $\begin{vmatrix} 1 & -1 & 3 & 1 \\ 2 & -5 & 4 & 1 \\ 3 & -1 & 1 & 0 \\ 5 & 2 & 1 & 3 \end{vmatrix}$,其中元素 $a_{11}=1$, 其余子式 $M_{11}=$

$\begin{vmatrix} -5 & 4 & 1 \\ -1 & 1 & 0 \\ 2 & 1 & 3 \end{vmatrix}$,其代数余子式

$$A_{11}=(-1)^{1+1}M_{11}=(-1)^2M_{11}=M_{11}.$$

再如元素 $a_{33}=1$，其余子式 $M_{33}=\begin{vmatrix} 1 & -1 & 1 \\ 2 & -5 & 1 \\ 5 & 2 & 3 \end{vmatrix}$，其代数余子式

$$A_{33}=(-1)^{3+3}M_{33}=(-1)^6M_{33}=M_{33}.$$

定理 1 行列式等于它的任一行(列)的各元素与其对应的代数余子式乘积之和，即

$$D=a_{i1}A_{i1}+a_{i2}A_{i2}+\cdots+a_{in}A_{in} \qquad (i=1,2,\cdots,n);$$

或 $$D=a_{1j}A_{1j}+a_{2j}A_{2j}+\cdots+a_{nj}A_{nj} \qquad (j=1,2,\cdots,n).$$

该定理称为**行列式按行(列)展开法则**，用行列式展开法则计算行列式的方法称为**降阶法**.

推论 行列式某一行(列)的元素与另一行(列)的对应元素的代数余子式乘积之和等于零，即

$$a_{i1}A_{j1}+a_{i2}A_{j2}+\cdots+a_{in}A_{jn}=0, \qquad i\neq j;$$

或 $$a_{1i}A_{1j}+a_{2i}A_{2j}+\cdots+a_{ni}A_{nj}=0, \qquad i\neq j.$$

例 5 将行列式 $\begin{vmatrix} 1 & 2 & 3 \\ -1 & 0 & 0 \\ 1 & -1 & 1 \end{vmatrix}$ 分别按(1)第 1 行展开；(2)第 3 列展开；(3)第 2 行展开，

并求其值.

解 (1) $D=\begin{vmatrix} 1 & 2 & 3 \\ -1 & 0 & 0 \\ 1 & -1 & 1 \end{vmatrix}=1\times(-1)^{1+1}\begin{vmatrix} 0 & 0 \\ -1 & 1 \end{vmatrix}+2\times(-1)^{1+2}\begin{vmatrix} -1 & 0 \\ 1 & 1 \end{vmatrix}+3\times$

$(-1)^{1+3}\begin{vmatrix} -1 & 0 \\ 1 & -1 \end{vmatrix}=0+2+3=5.$

(2) $D=\begin{vmatrix} 1 & 2 & 3 \\ -1 & 0 & 0 \\ 1 & -1 & 1 \end{vmatrix}=3\times(-1)^{1+3}\begin{vmatrix} -1 & 0 \\ 1 & -1 \end{vmatrix}+1\times(-1)^{3+3}\begin{vmatrix} 1 & 2 \\ -1 & 0 \end{vmatrix}=3+2=5.$

(3) $D=\begin{vmatrix} 1 & 2 & 3 \\ -1 & 0 & 0 \\ 1 & -1 & 1 \end{vmatrix}=(-1)\times(-1)^{2+1}\begin{vmatrix} 2 & 3 \\ -1 & 1 \end{vmatrix}=5.$

计算表明，按照不同的行(列)展开行列式其结果是相等的，但是复杂程度不同. 因为第 2 行有较多的零，所以按第 2 行展开比较简便.

定理 2 任一 n 阶行列式 $D=\begin{vmatrix} a_{11} & a_{12} & \cdots & a_{1n} \\ a_{21} & a_{22} & \cdots & a_{2n} \\ \vdots & \vdots & & \vdots \\ a_{n1} & a_{n2} & \cdots & a_{nn} \end{vmatrix}$ 都可以化为一个与其等值的上(下)三

角形行列式，即 $D=\begin{vmatrix} b_{11} & b_{12} & \cdots & a_{1n} \\ 0 & b_{22} & \cdots & b_{2n} \\ \vdots & \vdots & & \vdots \\ 0 & 0 & \cdots & b_{nn} \end{vmatrix}$ 或 $D=\begin{vmatrix} c_{11} & 0 & \cdots & 0 \\ c_{21} & c_{22} & \cdots & 0 \\ \vdots & \vdots & & \vdots \\ c_{n1} & c_{n2} & \cdots & c_{nn} \end{vmatrix}.$

此定理表明：利用行列式的性质，把行列式化为上(下)三角形行列式，再利用上(下)三角形行列式的值等于主对角线上的元素之积的结论，可以得到相应行列式的值，此种计算行列式

的值的方法称为"化三角形行列式法".

例 6 计算行列式 $D=\begin{vmatrix} 3 & 1 & 1 & 1 \\ 1 & 3 & 1 & 1 \\ 1 & 1 & 3 & 1 \\ 1 & 1 & 1 & 3 \end{vmatrix}$.

解 $D=\begin{vmatrix} 3 & 1 & 1 & 1 \\ 1 & 3 & 1 & 1 \\ 1 & 1 & 3 & 1 \\ 1 & 1 & 1 & 3 \end{vmatrix}\xrightarrow{r_1+r_2+r_3+r_4}\begin{vmatrix} 6 & 6 & 6 & 6 \\ 1 & 3 & 1 & 1 \\ 1 & 1 & 3 & 1 \\ 1 & 1 & 1 & 3 \end{vmatrix}=6\begin{vmatrix} 1 & 1 & 1 & 1 \\ 1 & 3 & 1 & 1 \\ 1 & 1 & 3 & 1 \\ 1 & 1 & 1 & 3 \end{vmatrix}$

$\xrightarrow[\substack{r_3-r_1 \\ r_4-r_1}]{r_2-r_1}6\begin{vmatrix} 1 & 1 & 1 & 1 \\ 0 & 2 & 0 & 0 \\ 0 & 0 & 2 & 0 \\ 0 & 0 & 0 & 2 \end{vmatrix}=48.$

例 7 计算行列式 $D=\begin{vmatrix} 3 & 1 & -1 & 2 \\ -5 & 1 & 3 & -4 \\ 2 & 0 & 1 & -1 \\ 1 & -5 & 3 & -3 \end{vmatrix}$.

解 $D=\begin{vmatrix} 3 & 1 & -1 & 2 \\ -5 & 1 & 3 & -4 \\ 2 & 0 & 1 & -1 \\ 1 & -5 & 3 & -3 \end{vmatrix}\xrightarrow{c_1\leftrightarrow c_2}-\begin{vmatrix} 1 & 3 & -1 & 2 \\ 1 & -5 & 3 & -4 \\ 0 & 2 & 1 & -1 \\ -5 & 1 & 3 & -3 \end{vmatrix}$

$\xrightarrow[\substack{r_4+5r_1}]{r_2-r_1}-\begin{vmatrix} 1 & 3 & -1 & 2 \\ 0 & -8 & 4 & -6 \\ 0 & 2 & 1 & -1 \\ 0 & 16 & -2 & 7 \end{vmatrix}\xrightarrow{r_2\leftrightarrow r_3}\begin{vmatrix} 1 & 3 & -1 & 2 \\ 0 & 2 & 1 & -1 \\ 0 & -8 & 4 & -6 \\ 0 & 16 & -2 & 7 \end{vmatrix}$

$\xrightarrow[\substack{r_4-8r_2}]{r_3+4r_2}\begin{vmatrix} 1 & 3 & -1 & 2 \\ 0 & 2 & 1 & -1 \\ 0 & 0 & 8 & -10 \\ 0 & 0 & -10 & 15 \end{vmatrix}\xrightarrow{r_4+\frac{5}{4}r_3}\begin{vmatrix} 1 & 3 & -1 & 2 \\ 0 & 2 & 1 & -1 \\ 0 & 0 & 8 & -10 \\ 0 & 0 & 0 & \frac{5}{2} \end{vmatrix}=40.$

例 8 计算行列式 $D=\begin{vmatrix} 1 & 2 & 3 & 4 \\ 1 & 0 & 1 & 2 \\ 3 & -1 & -1 & 0 \\ 1 & 2 & 0 & -5 \end{vmatrix}$.

解

$D\xrightarrow[\substack{r_4+2r_3}]{r_1+2r_3}\begin{vmatrix} 7 & 0 & 1 & 4 \\ 1 & 0 & 1 & 2 \\ 3 & -1 & -1 & 0 \\ 7 & 0 & -2 & -5 \end{vmatrix}=(-1)\times(-1)^{3+2}\begin{vmatrix} 7 & 1 & 4 \\ 1 & 1 & 2 \\ 7 & -2 & -5 \end{vmatrix}$

$$\xrightarrow[r_3+2r_2]{r_1-r_2} \begin{vmatrix} 6 & 0 & 2 \\ 1 & 1 & 2 \\ 9 & 0 & -1 \end{vmatrix} = 1 \times (-1)^{2+2} \begin{vmatrix} 6 & 2 \\ 9 & -1 \end{vmatrix} = -6-18 = -24.$$

例 9 计算行列式 $D = \begin{vmatrix} a & b & c & d \\ a & a+b & a+b+c & a+b+c+d \\ a & 2a+b & 3a+2b+c & 4a+3b+2c+d \\ a & 3a+b & 6a+3b+c & 10a+6b+3c+d \end{vmatrix}.$

解 从第 4 行开始,后一行减前一行.

$$D \xrightarrow[\substack{r_4-r_3 \\ r_3-r_2 \\ r_2-r_1}]{} \begin{vmatrix} a & b & c & d \\ 0 & a & a+b & a+b+c \\ 0 & a & 2a+b & 3a+2b+c \\ 0 & a & 3a+b & 6a+3b+c \end{vmatrix} \xrightarrow[r_3-r_2]{r_4-r_3} \begin{vmatrix} a & b & c & d \\ 0 & a & a+b & a+b+c \\ 0 & 0 & a & 2a+b \\ 0 & 0 & a & 3a+b \end{vmatrix}$$

$$\xrightarrow{r_4-r_3} \begin{vmatrix} a & b & c & d \\ 0 & a & a+b & a+b+c \\ 0 & 0 & a & 2a+b \\ 0 & 0 & 0 & a \end{vmatrix} = a^4.$$

【文化视角】

行列式的发展史

行列式出现于线性方程组的求解,它最早是一种速记的表达式,现在已经是数学中一种非常有用的工具.行列式是由莱布尼茨和日本数学家关孝和发明的.1693 年 4 月,莱布尼茨在写给洛比达的一封信中使用并给出了行列式,并给出方程组的系数行列式为零的条件.同时代的日本数学家关孝和在其著作《解伏题元法》中也提出了行列式的概念与算法.

1750 年,瑞士数学家克莱姆在其著作《线性代数分析导引》中,对行列式的定义和展开法则给出了比较完整、明确的阐述,并给出了现在我们所称的解线性方程组的克莱姆法则.稍后,数学家贝祖将确定行列式每一项符号的方法进行了系统化,利用系数行列式概念指出了如何判断一个齐次线性方程组有非零解.

总之,在很长一段时间内,行列式只是作为解线性方程组的一种工具使用,并没有人意识到它可以独立于线性方程组之外,单独形成一门理论加以研究.

在行列式发展史上,第一个对行列式理论做出连贯逻辑阐述的人是法国数学家范德蒙.范德蒙自幼在父亲的指导下学习音乐,但对数学有浓厚的兴趣,后来成为法兰西科学院院士.他把行列式理论与线性方程组求解相分离,给出了用二阶子式和它们的余子式来展开行列式的法则,就对行列式本身这一点来说,他是这门理论的奠基人.1772 年,拉普拉斯在一篇论文中证明了范德蒙提出的一些规则,并推广了他的展开行列式的方法.

继范德蒙之后,在行列式的理论方面,又一位有突出贡献的是法国大数学家柯西.1815 年,柯西在一篇论文中给出了行列式第一个系统的、几乎是近代的处理,其中主要结果之一是行列式的乘法定理.另外,他第一个把行列式的元素排成方阵,采用双足标记法引进了行列式特征方程的术语,给出了相似行列式概念,改进了拉普拉斯的行列式展开定理并给出了一个证明等.

19 世纪的半个多世纪中,对行列式理论研究始终不渝的作者之一是詹姆士·西尔维斯特.他是一个活泼、敏感、兴奋、热情,甚至容易激动的人,然而由于是犹太人的缘故,他受到剑桥大学的不平等对待.西尔维斯特用火一般的热情介绍他的学术思想,他的重要成就之一是配析法,但没有给出证明.

继柯西之后,在行列式理论方面最多产的就是德国数学家雅可比,他引进了函数行列式,即"雅可比行列式",指出了函数行列式在多重积分变量替换中的作用,给出了函数行列式的导数公式.雅可比的著名论文《论行列式的形成和性质》标志着行列式系统理论的建成.由于行列式在数学分析、几何学、线性方程组理论、二次型理论等多方面的应用,促使行列式理论自身在 19 世纪也得到了很大发展,整个 19 世纪都有行列式的新结果,除了一般行列式的大量定理之外,还有许多有关特殊行列式的其他定理都相继得到发表.

习 题 4-1

1. 计算下列行列式:

(1) $\begin{vmatrix} b & a \\ b^2 & a^2 \end{vmatrix}$;

(2) $\begin{vmatrix} 1 & 2 & 3 \\ 2 & 4 & 6 \\ 3 & 5 & 7 \end{vmatrix}$;

(3) $\begin{vmatrix} 1 & 2 & 1 \\ 4 & -1 & 1 \\ 2 & 1 & -1 \end{vmatrix}$.

2. 设 $D = \begin{vmatrix} 1 & 1 & 1 \\ a & b & c \\ a^2 & b^2 & c^2 \end{vmatrix}$,则元素 a, b, c 的代数余子式分别是多少?

3. 把下列行列式化为上三角形行列式,并计算其值:

(1) $\begin{vmatrix} -2 & 2 & -4 & 0 \\ 4 & -1 & 3 & 5 \\ 3 & 1 & -2 & -3 \\ 2 & 0 & 5 & 1 \end{vmatrix}$;

(2) $\begin{vmatrix} 1 & 2 & 3 & 4 \\ 2 & 3 & 4 & 1 \\ 3 & 4 & 1 & 2 \\ 4 & 1 & 2 & 3 \end{vmatrix}$.

4. 计算下列行列式:

(1) $\begin{vmatrix} 2 & 1 & 4 & 1 \\ 3 & 1 & 2 & 1 \\ 1 & 2 & 3 & 2 \\ 5 & 0 & 6 & 0 \end{vmatrix}$;

(2) $\begin{vmatrix} 5 & 0 & 4 & 2 \\ 1 & -1 & 2 & 1 \\ 4 & 1 & 2 & 0 \\ 1 & 1 & 1 & 1 \end{vmatrix}$.

§4.2 克莱姆法则

一、n 元线性方程组的概念

定义 设含有 n 个未知数 $x_1, x_2, \cdots, x_n$ 的线性方程组

$$\begin{cases} a_{11}x_1 + a_{12}x_2 + \cdots + a_{1n}x_n = b_1 \\ a_{21}x_1 + a_{22}x_2 + \cdots + a_{2n}x_n = b_2 \\ \cdots\cdots \\ a_{n1}x_1 + a_{n2}x_2 + \cdots + a_{nn}x_n = b_n \end{cases} \tag{1}$$

称为 n 元线性方程组. 其中 $a_{ij}(i,j=1,2,3,\cdots,n)$ 是未知数系数;$b_j(j=1,2,\cdots,n)$ 是常数项;$x_j(j=1,2,\cdots,n)$ 是未知数. 其系数构成的行列式称为该方程组的**系数行列式** D,即

$$D = \begin{vmatrix} a_{11} & a_{12} & \cdots & a_{1n} \\ a_{21} & a_{22} & \cdots & a_{2n} \\ \vdots & \vdots & & \vdots \\ a_{n1} & a_{n2} & \cdots & a_{nn} \end{vmatrix}.$$

当其右端的常数项 $b_1,b_2,\cdots,b_n$ 不全为零时,线性方程组(1)称为**非齐次线性方程组**;
当 $b_1,b_2,\cdots,b_n$ 全为零时,线性方程组(1)称为**齐次线性方程组**,即

$$\begin{cases} a_{11}x_1 + a_{12}x_2 + \cdots + a_{1n}x_n = 0 \\ a_{21}x_1 + a_{22}x_2 + \cdots + a_{2n}x_n = 0 \\ \cdots\cdots \\ a_{n1}x_1 + a_{n2}x_2 + \cdots + a_{nn}x_n = 0 \end{cases}. \tag{2}$$

二、克莱姆法则

定理 1(克莱姆法则)　若线性方程组(1)的系数行列式 $D\neq0$,则线性方程组(1)有唯一解,其解为 $x_1=\dfrac{D_1}{D}$,$x_2=\dfrac{D_2}{D}$,$\cdots$,$x_n=\dfrac{D_n}{D}$. 即

$$x_j = \frac{D_j}{D} \quad (j=1,2,\cdots,n) \tag{3}$$

其中 $D_j(j=1,2,\cdots,n)$ 是把 D 中第 j 列元素 $a_{1j},a_{2j},\cdots,a_{nj}$ 对应地换成常数项 $b_1,b_2,\cdots,b_n$,而其余各列保持不变所得到的行列式. 即

$$D_j = \begin{vmatrix} a_{11} & a_{12} & \cdots & a_{1,j-1} & b_1 & a_{1,j+1} & \cdots & a_{1n} \\ a_{21} & a_{22} & \cdots & a_{2,j-1} & b_2 & a_{2,j+1} & \cdots & a_{2n} \\ \vdots & \vdots & & \vdots & \vdots & \vdots & & \vdots \\ a_{n1} & a_{n2} & \cdots & a_{n,j-1} & b_n & a_{n,j+1} & \cdots & a_{nn} \end{vmatrix} \quad (j=1,2,3,\cdots,n).$$

例 1　解线性方程组

$$\begin{cases} x_1 & -x_2 & +x_3 & -2x_4 & =2 \\ 2x_1 & & -x_3 & +4x_4 & =4 \\ 3x_1 & +2x_2 & +x_3 & & =-1 \\ -x_1 & +2x_2 & -x_3 & +2x_4 & =-4 \end{cases}.$$

解　因为系数行列式

$$D=\begin{vmatrix} 1 & -1 & 1 & -2 \\ 2 & 0 & -1 & 4 \\ 3 & 2 & 1 & 0 \\ -1 & 2 & -1 & 2 \end{vmatrix}=-2\neq 0,$$

$$D_1=\begin{vmatrix} 2 & -1 & 1 & -2 \\ 4 & 0 & -1 & 4 \\ -1 & 2 & 1 & 0 \\ -4 & 2 & -1 & 2 \end{vmatrix}=-2,\quad D_2=\begin{vmatrix} 1 & 2 & 1 & -2 \\ 2 & 4 & -1 & 4 \\ 3 & -1 & 1 & 0 \\ -1 & -4 & -1 & 2 \end{vmatrix}=4,$$

$$D_3=\begin{vmatrix} 1 & -1 & 2 & -2 \\ 2 & 0 & 4 & 4 \\ 3 & 2 & -1 & 0 \\ -1 & 2 & -4 & 2 \end{vmatrix}=0,\quad D_4=\begin{vmatrix} 1 & -1 & 1 & 2 \\ 2 & 0 & -1 & 4 \\ 3 & 2 & 1 & -1 \\ -1 & 2 & -1 & -4 \end{vmatrix}=-1.$$

于是得

$$x_1=\frac{D_1}{D}=1,\quad x_2=\frac{D_2}{D}-2,\quad x_3=\frac{D_3}{D}=0,\quad x_4=\frac{D_4}{D}=\frac{1}{2}.$$

注：用克莱姆法则解线性方程组时，必须满足两个条件．一是方程的个数与未知数的个数相等；二是系数行列式 $D\neq 0$.

撇开克莱姆法则中的求解公式(3)，克莱姆法则可以叙述为下面的定理．

定理 2 如果线性方程组(1)的系数行列式 $D\neq 0$，则(1)一定有解，且解是唯一的．

定理 2 的逆否定理如下：

推论 如果线性方程组(1)无解或解不是唯一的，则它的系数行列式必为零．

注：此推论在解题或证明中经常用到．

三、运用克莱姆法则讨论齐次线性方程组的解

对于齐次线性方程组(2)，显然 $x_1=x_2=\cdots=x_n=0$ 一定是该方程组的解，称此解为齐次线性方程组(2)的**零解**．如果存在一组不全为零的数是方程组的解，则称此解为齐次线性方程组(2)的**非零解**．

根据克莱姆法则，可得到结论．

定理 3 如果齐次线性方程组(2)的系数行列式 $D\neq 0$，则其只有零解；反之，如果齐次方程组(2)有非零解，则它的系数行列式 $D=0$.

例 2 若方程组 $\begin{cases} ax_1+x_2+x_3=0 \\ x_1+bx_2+x_3=0 \\ x_1+2bx_2+x_3=0 \end{cases}$ 只有零解，则 a,b 取何值？

解 当系数行列式 $D\neq 0$ 时，方程组只有零解．且

$$D=\begin{vmatrix} a & 1 & 1 \\ 1 & b & 1 \\ 1 & 2b & 1 \end{vmatrix}=b(1-a),$$

所以，当 $a\neq 1$ 且 $b\neq 0$ 时，方程组只有零解．

例 3　问 k 为何值时,齐次线性方程组 $\begin{cases} x+y+kz=0 \\ -x+ky+z=0 \\ x-y+2z=0 \end{cases}$ 有非零解?

解　$D=\begin{vmatrix} 1 & 1 & k \\ -1 & k & 1 \\ 1 & -1 & 2 \end{vmatrix}=\begin{vmatrix} 1 & 1 & k \\ 0 & k+1 & k+1 \\ 0 & -2 & 2-k \end{vmatrix}=\begin{vmatrix} k+1 & k+1 \\ -2 & 2-k \end{vmatrix}=(k+1)(4-k).$

由题意知,$D=(k+1)(4-k)=0$,所以 $k=-1$ 或 $k=4$.

应用克莱姆法则解线性方程组具有很大的局限性. 如果未知数的个数与方程的个数不等,或是系数行列式 $D=0$,克莱姆法则就无法使用. 但克莱姆法则在一定条件下给出了线性方程组解的存在性、唯一性,与其在计算方面的作用相比,克莱姆法则具有更重大的理论价值.

【文化视角】

克莱姆与克莱姆法则

克莱姆(Cramer Gabriel,1704—1752),瑞士数学家,1704 年 7 月 31 日生于日内瓦,早年在日内瓦读书,1724 年起在日内瓦加尔文学院任教,1734 年成为几何学教授,1750 年任哲学教授. 他自 1727 年进行为期两年的旅行访学. 在巴塞尔与约翰·伯努利、欧拉等人学习交流并结为挚友,后又到英国、荷兰、法国等地拜见许多数学名家. 回国后在与他们的长期通信中,加强了数学家之间的联系,为数学宝库也留下大量有价值的文献. 他一生未婚,专心治学,平易近人且德高望重,先后当选为伦敦皇家学会、柏林研究院和法国、意大利等学会的成员. 他的主要著作是《代数曲线的分析引论》(1750),首先定义了正则、非正则、超越曲线和无理曲线等概念,第一次正式引入坐标系的纵轴(y 轴),然后讨论曲线变换,并依据曲线方程的阶数将曲线进行分类. 为了确定经过 5 个点的一般二次曲线的系数,应用了著名的"克莱姆法则",即由线性方程组的系数确定方程组解的表达式. 该法则于 1729 年由英国数学家马克劳林得到,于 1748 年发表.

克莱姆法则是线性代数中一个关于求解线性方程组的定理. 它适用于变量和方程数目相等的线性方程组,是瑞士数学家克莱姆(1704—1752)于 1750 年在他的《线性代数分析导言》中发表的. 其实莱布尼茨(1693)、马克劳林(1748)也知道这个法则,但他们的记法不如克莱姆. 对于多于两个或三个方程的系统,克莱姆的规则在计算上非常低效. 与具有多项式时间复杂度的消除方法相比,其渐近的复杂度为 $O(n \cdot n!)$,即使对于 $2×2$ 系统,克莱姆法则在数值上也是不稳定的.

一般来说,用克莱姆法则求线性方程组的解时,计算量是比较大的. 使用克莱姆法则求线性方程组解的算法时间复杂度,依赖于矩阵行列式的算法复杂度 $O(f(n))$,其复杂度为 $O(nf(n))$,一般没有计算价值,复杂度太高. 对具体的数字线性方程组,当未知数较多时往往可用计算机来求解,用计算机求解线性方程组目前已经有了一整套成熟的方法.

习　题　4-2

1. 用克莱姆法则解下列线性方程组:

$$(1)\begin{cases}3x_1+2x_2+2x_3=1\\x_1+x_2+2x_3=2\\x_1+x_2+x_3=3\end{cases};\qquad(2)\begin{cases}x_1+2x_2+3x_3+4x_4=2\\4x_1+x_2+2x_3+3x_4=2\\3x_1+4x_2+x_3+2x_4=2\\2x_1+3x_2+4x_3+x_4=2\end{cases}.$$

2. 齐次线性方程组 $\begin{cases}x_1+x_2+x_3+ax_4=0\\x_1+2x_2+x_3+x_4=0\\x_1+x_2-3x_3+x_4=0\\x_1+x_2+ax_3+bx_4=0\end{cases}$ 有非零解时,a,b 必须满足什么条件?

3. λ 为何值时,齐次方程组 $\begin{cases}(1-\lambda)x_1-2x_2+4x_3=0\\2x_1+(3-\lambda)x_2+x_3=0\\x_1+x_2+(1-\lambda)x_3=0\end{cases}$ 有非零解?

4. k 取何值时,齐次线性方程组 $\begin{cases}kx_1+x_2+x_3=0\\x_1+kx_2+x_3=0\\x_1+x_2+x_3=0\end{cases}$ (1)只有零解?(2)有非零解?

§4.3 矩阵的概念与运算

矩阵是代数研究的主要对象和工具,它在数学的其他分支以及自然科学、现代经济学、管理学和工程技术领域等方面具有广泛的应用. 在实际问题中,常常会处理很多数据,矩阵就是从处理数据中抽象出来的数学概念. 矩阵是研究线性变换、向量的线性相关性及线性方程组求解等的有力且不可替代的工具,在线性代数中具有重要地位.

一、矩阵的概念

1. 矩阵的定义

定义 1 由 $m\times n$ 个数 $a_{ij}(i=1,2,\cdots,m;j=1,2,\cdots,n)$ 排成的 m 行 n 列的数表

$$\begin{pmatrix}a_{11}&a_{12}&\cdots&a_{1n}\\a_{21}&a_{22}&\cdots&a_{2n}\\\vdots&\vdots&&\vdots\\a_{m1}&a_{m2}&\cdots&a_{mn}\end{pmatrix}$$

称为 m **行** n **列矩阵**,简称 $m\times n$ **矩阵**. 为表示它是一个整体,总是加一个括弧,并用大写黑体字母表示它,记为

$$A=\begin{pmatrix}a_{11}&a_{12}&\cdots&a_{1n}\\a_{21}&a_{22}&\cdots&a_{2n}\\\vdots&\vdots&&\vdots\\a_{m1}&a_{m2}&\cdots&a_{mn}\end{pmatrix}.$$

这 $m\times n$ 个数称为矩阵 A 的**元素**,a_{ij} 称为矩阵 A 的第 i 行第 j 列**元素**. 一个 $m\times n$ 矩阵 A 也可简记为

$$A = A_{m \times n} = (a_{ij})_{m \times n} \text{ 或 } A = (a_{ij}).$$

2. 几种特殊类型的矩阵

（1）**实矩阵、复矩阵**：元素是实数的矩阵称为**实矩阵**，元素是复数的矩阵称为**复矩阵**. 本书中的矩阵都指实矩阵（除非有特殊说明）.

（2）**零矩阵**：所有元素均为零的矩阵称为**零矩阵**，记为 O.

（3）**n 阶方阵**：当 $m = n$ 时，矩阵 $A = (a_{ij})_{n \times n} = \begin{pmatrix} a_{11} & a_{12} & \cdots & a_{1n} \\ a_{21} & a_{22} & \cdots & a_{2n} \\ \vdots & \vdots & & \vdots \\ a_{n1} & a_{n2} & \cdots & a_{nn} \end{pmatrix}$ 则称为 n **阶方阵**，记为 A_n.

（4）**行矩阵**：只有一行的矩阵 $A = (a_1 \ a_2 \ \cdots \ a_n)$ 称为**行矩阵**.

（5）**列矩阵**：只有一列的矩阵 $B = \begin{pmatrix} b_1 \\ b_2 \\ \vdots \\ b_m \end{pmatrix}$ 称为**列矩阵**.

（6）**同型矩阵**：如果两个矩阵具有相同的行数与相同的列数，则称这两个矩阵为**同型矩阵**.

（7）**单位矩阵**：当 n 阶方阵的主对角线上的元素都是 1，而其他元素都是零时，则称此 n 阶方阵为**单位矩阵**，记为 E 或 I，即

$$E = \begin{pmatrix} 1 & 0 & \cdots & 0 \\ 0 & 1 & \cdots & 0 \\ \vdots & \vdots & & \vdots \\ 0 & 0 & \cdots & 1 \end{pmatrix}.$$

（8）**上（下）三角矩阵**：形如 $A = \begin{pmatrix} a_{11} & a_{12} & \cdots & a_{1n} \\ 0 & a_{22} & \cdots & a_{2n} \\ \vdots & \vdots & & \vdots \\ 0 & 0 & \cdots & a_{nn} \end{pmatrix}$ 的矩阵称为**上三角矩阵**；

形如 $B = \begin{pmatrix} b_{11} & 0 & \cdots & 0 \\ b_{21} & b_{22} & \cdots & 0 \\ \vdots & \vdots & & \vdots \\ b_{n1} & b_{n2} & \cdots & b_{nn} \end{pmatrix}$ 的矩阵称**下三角矩阵**.

上三角矩阵和下三角矩阵统称**三角矩阵**.

注：矩阵和行列式虽然在形式上有些类似，但它们是两个完全不同的概念，一方面行列式的值是一个数，而矩阵只是一个数表；另一个方面行列式的行数与列数必须相等，而矩阵的行数与列数可以不等.

3. 矩阵相等

定义 2 如果矩阵 A, B 是同型矩阵，且对应元素均相等，则称**矩阵 A 与矩阵 B 相等**，记为 $A = B$.

例如，$\begin{bmatrix} 4 & x & 3 \\ -1 & 0 & y \end{bmatrix} = \begin{bmatrix} 4 & 5 & 3 \\ z & 0 & 6 \end{bmatrix}$，则 $x=5, y=6, z=-1$.

例 1 试确定 a, b, c 的值，使得 $\begin{bmatrix} 2 & -1 & 0 \\ a+b & 3 & 5 \\ 1 & 0 & a+c \end{bmatrix} = \begin{bmatrix} b+c & -1 & 0 \\ -2 & 3 & 5 \\ 1 & 0 & 6 \end{bmatrix}$.

解 由题意有 $a+c=6, a+b=-2, b+c=2$，得 $a=1, b=-3, c=5$.

二、矩阵的运算

矩阵的运算可以认为是矩阵之间最基本的关系．下面介绍矩阵的加法、乘法、矩阵的数乘和矩阵的转置等．

1. 矩阵的加法与减法

定义 3 设有两个 $m \times n$ 矩阵 $\boldsymbol{A} = (a_{ij})$ 和 $\boldsymbol{B} = (b_{ij})$，**矩阵 $\boldsymbol{A}$ 与 $\boldsymbol{B}$ 的和**记作 $\boldsymbol{A}+\boldsymbol{B}$，规定为

$$\boldsymbol{A}+\boldsymbol{B} = (a_{ij}+b_{ij})_{m \times n} = \begin{bmatrix} a_{11}+b_{11} & a_{12}+b_{12} & \cdots & a_{1n}+b_{1n} \\ a_{21}+b_{21} & a_{22}+b_{22} & \cdots & a_{2n}+b_{2n} \\ \vdots & \vdots & & \vdots \\ a_{m1}+b_{m1} & a_{m2}+b_{m2} & \cdots & a_{mn}+b_{mn} \end{bmatrix}.$$

注：相加的两个矩阵必须是具有相同的行数和列数，即两个同型矩阵的和为两个矩阵对应位置元素相加得到的矩阵．

例 2 某种物资（单位：千吨）从两个产地运往三个销地，两次调运方案分别用矩阵 $\boldsymbol{A}$ 和矩阵 $\boldsymbol{B}$ 表示

$$\boldsymbol{A} = \begin{bmatrix} 2 & 1 & 4 \\ 0 & 3 & 3 \end{bmatrix}, \qquad \boldsymbol{B} = \begin{bmatrix} 3 & 3 & 1 \\ 4 & 0 & 3 \end{bmatrix},$$

则从各产地运往各销地的两次物资调运总量为多少？

解 两次物资调运总量为

$$\boldsymbol{A}+\boldsymbol{B} = \begin{bmatrix} 2 & 1 & 4 \\ 0 & 3 & 3 \end{bmatrix} + \begin{bmatrix} 3 & 3 & 1 \\ 4 & 0 & 3 \end{bmatrix} = \begin{bmatrix} 2+3 & 1+3 & 4+1 \\ 0+4 & 3+0 & 3+3 \end{bmatrix} = \begin{bmatrix} 5 & 4 & 5 \\ 4 & 3 & 6 \end{bmatrix}.$$

设矩阵 $\boldsymbol{A} = (a_{ij})$，记 $-\boldsymbol{A} = (-a_{ij})$，此时称 $-\boldsymbol{A}$ 为矩阵 $\boldsymbol{A}$ 的**负矩阵**，显然有

$$\boldsymbol{A}+(-\boldsymbol{A}) = \boldsymbol{O}.$$

由此规定**矩阵的减法**为

$$\boldsymbol{A}-\boldsymbol{B} = \boldsymbol{A}+(-\boldsymbol{B}).$$

容易验证，矩阵的加法和减法满足以下运算律：

设 $\boldsymbol{A}, \boldsymbol{B}, \boldsymbol{C}, \boldsymbol{O}$ 都是同型矩阵，则

(1) 交换律：$\boldsymbol{A}+\boldsymbol{B} = \boldsymbol{B}+\boldsymbol{A}$；　　(2) 结合律：$(\boldsymbol{A}+\boldsymbol{B})+\boldsymbol{C} = \boldsymbol{A}+(\boldsymbol{B}+\boldsymbol{C})$；

(3) $\boldsymbol{A}+\boldsymbol{O} = \boldsymbol{A}$；　　　　　　　　(4) $\boldsymbol{A}+(-\boldsymbol{A}) = \boldsymbol{O}$.

2. 矩阵的数乘运算

定义 4 数 k 与 $m \times n$ 矩阵 $\boldsymbol{A}$ 的乘积记作 $k\boldsymbol{A}$ 或 $\boldsymbol{A}k$，规定为

$$kA = Ak = (ka_{ij}) = \begin{pmatrix} ka_{11} & ka_{12} & \cdots & ka_{1n} \\ ka_{21} & ka_{22} & \cdots & ka_{2n} \\ \vdots & \vdots & & \vdots \\ ka_{m1} & ka_{m2} & \cdots & ka_{mn} \end{pmatrix}.$$

数与矩阵的乘积运算称为**数乘运算**.

矩阵的数乘满足下列运算规律：

设 A, B 都是同型矩阵，k, l 是常数，则

（1）交换律：$kA = Ak$；

（2）结合律：$(kl)A = k(lA)$；

（3）分配率：$(k+l)A = kA + lA$；　$k(A+B) = kA + kB$.

矩阵的加法与矩阵的数乘两种运算统称**矩阵的线性运算**.

例 3　已知 $A = \begin{pmatrix} -1 & 2 & 3 & 1 \\ 0 & 3 & -2 & 1 \\ 4 & 0 & 3 & 2 \end{pmatrix}, B = \begin{pmatrix} 4 & 3 & 2 & -1 \\ 5 & -3 & 0 & 1 \\ 1 & 2 & -5 & 0 \end{pmatrix}$，求 $3A - 2B$.

解　$3A - 2B = 3\begin{pmatrix} -1 & 2 & 3 & 1 \\ 0 & 3 & -2 & 1 \\ 4 & 0 & 3 & 2 \end{pmatrix} - 2\begin{pmatrix} 4 & 3 & 2 & -1 \\ 5 & -3 & 0 & 1 \\ 1 & 2 & -5 & 0 \end{pmatrix}$

$$= \begin{pmatrix} -3-8 & 6-6 & 9-4 & 3+2 \\ 0-10 & 9+6 & -6-0 & 3-2 \\ 12-2 & 0-4 & 9+10 & 6-0 \end{pmatrix} = \begin{pmatrix} -11 & 0 & 5 & 5 \\ -10 & 15 & -6 & 1 \\ 10 & -4 & 19 & 6 \end{pmatrix}.$$

例 4　求矩阵 X 使 $2A + 3X = 2B$，其中 $A = \begin{pmatrix} 2 & 0 & 5 \\ -6 & 1 & 0 \end{pmatrix}, B = \begin{pmatrix} 1 & 3 & -1 \\ 0 & -2 & 1 \end{pmatrix}$.

解　由 $2A + 3X = 2B$ 得 $3X = 2B - 2A = 2(B-A)$，于是

$$X = \frac{2}{3}(B-A).$$

即

$$X = \frac{2}{3}\left(\begin{pmatrix} 1 & 3 & -1 \\ 0 & -2 & 1 \end{pmatrix} - \begin{pmatrix} 2 & 0 & 5 \\ -6 & 1 & 0 \end{pmatrix} \right) = \begin{pmatrix} -\dfrac{2}{3} & 2 & -4 \\ 4 & -2 & \dfrac{2}{3} \end{pmatrix}.$$

3. 矩阵的乘法

定义 5　设 $A = (a_{ij})_{m \times s} = \begin{pmatrix} a_{11} & a_{12} & \cdots & a_{1s} \\ a_{21} & a_{22} & \cdots & a_{2s} \\ \vdots & \vdots & & \vdots \\ a_{m1} & a_{m2} & \cdots & a_{ms} \end{pmatrix}, \quad B = (b_{ij})_{s \times n} = \begin{pmatrix} b_{11} & b_{12} & \cdots & b_{1n} \\ b_{21} & b_{22} & \cdots & b_{2n} \\ \vdots & \vdots & & \vdots \\ b_{s1} & b_{s2} & \cdots & b_{sn} \end{pmatrix},$

矩阵 A 与矩阵 B 的乘积记作 AB，规定为

$$AB = (c_{ij})_{m \times n} = \begin{pmatrix} c_{11} & c_{12} & \cdots & c_{1n} \\ c_{21} & c_{22} & \cdots & c_{2n} \\ \vdots & \vdots & & \vdots \\ c_{m1} & c_{m2} & \cdots & c_{mn} \end{pmatrix}.$$

其中 $c_{ij}=a_{i1}b_{1j}+a_{i2}b_{2j}+\cdots+a_{is}b_{sj}=\sum\limits_{k=1}^{s}a_{ik}b_{kj}$ $(i=1,2,\cdots,m;j=1,2,\cdots,n)$.

记号 AB 常读作 A 左乘 B 或 B 右乘 A.

注:(1) 只有当左边矩阵的列数等于右边矩阵的行数时,两个矩阵才能进行乘法运算.

(2) 若矩阵 $C=AB$,则矩阵 C 的元素 c_{ij} 即为矩阵 A 的第 i 行元素与矩阵 B 的第 j 列对应元素乘积的和. 即

$$C_{ij}=(a_{i1}\ a_{i2}\cdots\ a_{is})\begin{pmatrix}b_{1j}\\b_{2j}\\\vdots\\b_{sj}\end{pmatrix}=a_{i1}b_{1j}+a_{i2}b_{2j}+\cdots+a_{is}b_{sj}.$$

(3) 矩阵 $C=AB$ 的行数是 A 的行数,列数是 B 的列数.

例 5 若 $A=\begin{bmatrix}2&3\\1&-2\\3&1\end{bmatrix}$,$B=\begin{pmatrix}1&-2&-3\\2&-1&0\end{pmatrix}$,求 AB.

解 $AB=\begin{bmatrix}2&3\\1&-2\\3&1\end{bmatrix}\begin{pmatrix}1&-2&-3\\2&-1&0\end{pmatrix}=\begin{bmatrix}2\times1+3\times2&2\times(-2)+3\times(-1)&2\times(-3)+3\times0\\1\times1+(-2)\times2&1\times(-2)+(-2)\times(-1)&1\times(-3)+(-2)\times0\\3\times1+1\times2&3\times(-2)+1\times(-1)&3\times(-3)+1\times0\end{bmatrix}$

$=\begin{bmatrix}8&-7&-6\\-3&0&-3\\5&-7&-9\end{bmatrix}$.

例 6 设 $A=\begin{pmatrix}-2&4\\1&-2\end{pmatrix}$,$B=\begin{pmatrix}2&4\\-3&-6\end{pmatrix}$,求 AB 和 BA.

解 $AB=\begin{pmatrix}-2&4\\1&-2\end{pmatrix}\begin{pmatrix}2&4\\-3&-6\end{pmatrix}=\begin{pmatrix}-16&-32\\8&16\end{pmatrix}$,

$BA=\begin{pmatrix}2&4\\-3&-6\end{pmatrix}\begin{pmatrix}-2&4\\1&-2\end{pmatrix}=\begin{pmatrix}0&0\\0&0\end{pmatrix}$.

观察得出:$AB\neq BA$; 并且 $BA=O$.

例 7 $A=\begin{pmatrix}1&2\\0&3\end{pmatrix}$,$B=\begin{pmatrix}1&0\\0&4\end{pmatrix}$,$C=\begin{pmatrix}1&1\\0&0\end{pmatrix}$,求 AC 和 BC.

解 $AC=\begin{pmatrix}1&2\\0&3\end{pmatrix}\begin{pmatrix}1&1\\0&0\end{pmatrix}=\begin{pmatrix}1&1\\0&0\end{pmatrix}$, $BC=\begin{pmatrix}1&0\\0&4\end{pmatrix}\begin{pmatrix}1&1\\0&0\end{pmatrix}=\begin{pmatrix}1&1\\0&0\end{pmatrix}$.

观察得出:$AC=BC$,$C\neq O$ 但 $A\neq B$.

以上例子说明了数的乘法运算律不一定都适合矩阵的乘法. 对于矩阵的乘法请注意以下问题:

(1) 矩阵的乘法一般不满足交换律,即 $AB\neq BA$;

(2) 两个非零矩阵相乘,可能是零矩阵,即 $A\neq O$ 且 $B\neq O$,有可能 $AB=O$.

(3) 矩阵乘法一般也不满足消去律,即当 $AC=BC$ 且 $C\neq O$,不一定有 $A=B$.

根据矩阵的乘法的定义,可以直接验证满足下列运算规律(假定运算都是可行的):

(1) 结合律:$(AB)C=A(BC)$;

（2）分配律：$(A+B)C=AC+BC$；$C(A+B)=CA+CB$；

（3）对任意数 k，有 $k(AB)=(kA)B=A(kB)$.

（4）对于单位矩阵 E，有

$$E_m A_{m\times n}=A_{m\times n}, \quad A_{m\times n}E_n=A_{m\times n}.$$

或简写成

$$EA=AE=A.$$

4. 矩阵的转置

定义 6　把矩阵 A 的行换成同序数的列得到的新矩阵，称为 A 的**转置矩阵**，记作 A^{T}（或 A'）. 即若

$$A=\begin{pmatrix} a_{11} & a_{12} & \cdots & a_{1n} \\ a_{21} & a_{22} & \cdots & a_{2n} \\ \vdots & \vdots & & \vdots \\ a_{m1} & a_{m2} & \cdots & a_{mn} \end{pmatrix},$$

则

$$A^{\mathrm{T}}=\begin{pmatrix} a_{11} & a_{21} & \cdots & a_{m1} \\ a_{12} & a_{22} & \cdots & a_{m2} \\ \vdots & \vdots & & \vdots \\ a_{1n} & a_{2n} & \cdots & a_{mn} \end{pmatrix}.$$

例如，设 $A=\begin{pmatrix} 1 & 2 & 4 & 0 \\ -3 & 5 & 1 & -2 \end{pmatrix}$，则 $A^{\mathrm{T}}=\begin{pmatrix} 1 & -3 \\ 2 & 5 \\ 4 & 1 \\ 0 & -2 \end{pmatrix}$.

矩阵的转置满足以下运算规律（假设运算都是可行的）：

（1）$(A^{\mathrm{T}})^{\mathrm{T}}=A$；

（2）$(A+B)^{\mathrm{T}}=A^{\mathrm{T}}+B^{\mathrm{T}}$；

（3）$(kA)^{\mathrm{T}}=kA^{\mathrm{T}}$　（k 为常数）；

（4）$(AB)^{\mathrm{T}}=B^{\mathrm{T}}A^{\mathrm{T}}$.

例 8　已知 $A=\begin{pmatrix} -1 & 1 & 2 \\ 0 & 1 & 1 \end{pmatrix}$，$B=\begin{pmatrix} -1 & 0 \\ 1 & 3 \\ 2 & 1 \end{pmatrix}$，求 $(AB)^{\mathrm{T}}$ 和 $A^{\mathrm{T}}B^{\mathrm{T}}$.

解　因为 $A^{\mathrm{T}}=\begin{pmatrix} -1 & 0 \\ 1 & 1 \\ 2 & 1 \end{pmatrix}$，$B^{\mathrm{T}}=\begin{pmatrix} -1 & 1 & 2 \\ 0 & 3 & 1 \end{pmatrix}$，所以

$$(AB)^{\mathrm{T}}=B^{\mathrm{T}}A^{\mathrm{T}}=\begin{pmatrix} -1 & 1 & 2 \\ 0 & 3 & 1 \end{pmatrix}\begin{pmatrix} -1 & 0 \\ 1 & 1 \\ 2 & 1 \end{pmatrix}=\begin{pmatrix} 6 & 3 \\ 5 & 4 \end{pmatrix},$$

$$A^{\mathrm{T}}B^{\mathrm{T}}=\begin{pmatrix} -1 & 0 \\ 1 & 1 \\ 2 & 1 \end{pmatrix}\begin{pmatrix} -1 & 1 & 2 \\ 0 & 3 & 1 \end{pmatrix}=\begin{pmatrix} 1 & -1 & -2 \\ -1 & 4 & 3 \\ -2 & 5 & 5 \end{pmatrix}.$$

注：一般情况下$(AB)^T \neq A^T B^T$.

5. 方阵的幂

定义 7　设方阵 $A = (a_{ij})_{n \times n}$，$k$ 为正整数，则 k 个 A 连乘，称为**方阵 A 的 k 次幂**. 即

$$A^k = \overbrace{A \cdot A \cdot \cdots \cdot A}^{k \uparrow}, \quad k \text{ 为自然数}.$$

例如，$A^1 = A, A^2 = A \cdot A, \cdots, A^{k+1} = A^k \cdot A$.

规定：$A^0 = E$.

方阵的幂满足以下运算规律（假设运算都是可行的）：

(1) $A^m A^n = A^{m+n}$　（m, n 为非负整数）；

(2) $(A^m)^n = A^{mn}$.

注：一般地，$(AB)^m \neq A^m B^m$，m 为正整数.

例 9　设 $A = \begin{pmatrix} \lambda & 1 & 0 \\ 0 & \lambda & 1 \\ 0 & 0 & \lambda \end{pmatrix}$，求 A^3.

解　$A^2 = \begin{pmatrix} \lambda & 1 & 0 \\ 0 & \lambda & 1 \\ 0 & 0 & \lambda \end{pmatrix} \begin{pmatrix} \lambda & 1 & 0 \\ 0 & \lambda & 1 \\ 0 & 0 & \lambda \end{pmatrix} = \begin{pmatrix} \lambda^2 & 2\lambda & 1 \\ 0 & \lambda^2 & 2\lambda \\ 0 & 0 & \lambda^2 \end{pmatrix}$,

$A^3 = A^2 A = \begin{pmatrix} \lambda^2 & 2\lambda & 1 \\ 0 & \lambda^2 & 2\lambda \\ 0 & 0 & \lambda^2 \end{pmatrix} \begin{pmatrix} \lambda & 1 & 0 \\ 0 & \lambda & 1 \\ 0 & 0 & \lambda \end{pmatrix} = \begin{pmatrix} \lambda^3 & 3\lambda^3 & 3\lambda \\ 0 & \lambda^3 & 3\lambda^2 \\ 0 & 0 & \lambda^3 \end{pmatrix}$.

6. n 阶方阵的行列式

定义 8　由 n 阶方阵 A 的元素所构成的行列式（各元素的位置不变），称为**方阵 A 的行列式**，记作 $|A|$ 或 $\det A$. 即 $|A| = \begin{vmatrix} a_{11} & a_{12} & \cdots & a_{1n} \\ a_{21} & a_{22} & \cdots & a_{2n} \\ \vdots & \vdots & & \vdots \\ a_{n1} & a_{n2} & \cdots & a_{nn} \end{vmatrix}$.

　　注：方阵与行列式是两个不同的概念，n 阶方阵是 n^2 个数按一定方式排成的数表，而 n 阶行列式则是这些数按一定的运算法则所确定的一个数值（实数或复数）.

　　方阵 A 的行列式 $|A|$ 满足以下运算规律（设 A, B 为 n 阶方阵，k 为常数）：

(1) $|A^T| = |A|$；

(2) $|kA| = k^n |A|$；

(3) $|AB| = |A| |B|$.

例 10　设 $A = \begin{pmatrix} 1 & 0 \\ -1 & 2 \end{pmatrix}$，$B = \begin{pmatrix} 3 & 1 \\ 1 & 0 \end{pmatrix}$. 验证 $|A| |B| = |AB| = |BA|$.

证明　显然有 $|A| |B| = -2$，因为

$$AB = \begin{pmatrix} 1 & 0 \\ -1 & 2 \end{pmatrix} \begin{pmatrix} 3 & 1 \\ 1 & 0 \end{pmatrix} = \begin{pmatrix} 3 & 1 \\ -1 & -1 \end{pmatrix}, \quad |AB| = \begin{vmatrix} 3 & 1 \\ -1 & -1 \end{vmatrix} = -2,$$

而 $\quad BA = \begin{pmatrix} 3 & 1 \\ 1 & 0 \end{pmatrix} \begin{pmatrix} 1 & 0 \\ -1 & 2 \end{pmatrix} = \begin{pmatrix} 2 & 2 \\ 1 & 0 \end{pmatrix}, \quad |BA| = \begin{vmatrix} 2 & 2 \\ 1 & 0 \end{vmatrix} = -2,$

因此 $\qquad |A||B|=|AB|=|BA|.$

【文化视角】

线性代数是什么

在高等代数中,一次方程组(即线性方程组)发展成为线性代数理论,二次以上方程发展成为多项式理论.前者是研究向量空间、线性变换、型论、不变量论等内容的一门近世代数分支学科,而后者是研究只含有一个未知量的任意次方程的一门近世代数分支学科.高次方程组(即非线性方程组)发展成为一门比较现代的数学理论——代数几何.

线性代数是高等代数的一大分支,主要是处理线性关系问题.我们知道一次方程称为线性方程,讨论线性方程及线性运算的代数就称为线性代数.它作为一个独立的分支在20世纪才形成,然而它的历史却非常久远,最古老的线性问题是线性方程组的解法,在中国古代的数学著作《九章算术·方程》中,已经作了比较完整的叙述,其中所述方法实质上相当于现代的对方程组的增广矩阵的行施行初等变换,消去未知量的方法.

现代意义的线性代数基本上出现于17世纪,直到18世纪末,线性代数的领域还只限于平面与空间,19世纪上半叶才完成了到n维线性空间的过渡.19世纪时,线性代数获得了光辉的成就.随着研究线性方程组和变量的线性变换问题的深入,行列式和矩阵在18—19世纪期间先后产生,为处理线性问题提供了有力工具,从而推动了线性代数的发展.

向量的概念,从数学的观点来看不过是有序三元数组的一个集合,然而它以力或速度作为直接的物理意义,并且数学上用它能立刻写出物理上所说的事情,如向量用于梯度、散度、旋度就很有说服力.同样,行列式和矩阵如导数一样,虽然dy/dx在数学上不过是一个符号,表示包括$\Delta y/\Delta x$的极限的长式子,但导数本身是一个强有力的概念,能使我们直接而创造性地想象物理上发生的事情.因此,虽然表面上看,行列式和矩阵不过是一种语言或速记,但它的大多数生动的概念能对新的思想领域提供钥匙,并且已经证明这两个概念是数学物理上高度有用的工具.

线性代数有三个基本计算单元:行列式、矩阵、向量(组).我们主要研究它们的性质和相关定理,能够求解线性方程组,实现行列式与矩阵计算和线性变换,构建向量空间和欧式空间.线性代数的两个基本方法是构造(分解)和代数法,基本思想是化简(降解)和同构变换.

习　题　4-3

1. 计算:

(1) $\begin{pmatrix} 1 & 6 & 4 \\ -4 & 2 & 8 \end{pmatrix} + \begin{pmatrix} -2 & 0 & 1 \\ 2 & -3 & 4 \end{pmatrix}$;　　(2) $\begin{pmatrix} 1 & 2 \\ 0 & 1 \end{pmatrix} - \begin{pmatrix} 2 & -2 \\ 0 & 3 \end{pmatrix}$.

2. 设 $A = \begin{bmatrix} 1 & 2 & 1 & 2 \\ 2 & 1 & 2 & 1 \\ 1 & 2 & 3 & 4 \end{bmatrix}, B = \begin{bmatrix} 4 & 3 & 2 & 1 \\ -2 & 1 & -2 & 1 \\ 0 & -1 & 0 & -1 \end{bmatrix}$,计算:

(1) $3A-B$;　(2) $2A+3B$;　(3) 若 X 满足 $A+X=B$,求 X.

3. 计算:

(1) $\begin{pmatrix} 1 & 2 \\ 3 & 4 \end{pmatrix} \begin{pmatrix} -3 & 1 \\ 2 & 4 \end{pmatrix}$;　　　(2) $\begin{pmatrix} 3 \\ 1 \\ 2 \\ -1 \end{pmatrix} (-3 \quad 1 \quad -1 \quad 2)$.

4. 已知 $A = \begin{pmatrix} 1 & 3 \\ 2 & -1 \\ 2 & 1 \end{pmatrix}$, $B = \begin{pmatrix} 2 & 1 & 3 \\ 5 & 2 & 1 \end{pmatrix}$, 求 $A^{\mathrm{T}} - 2B$, $2A - B^{\mathrm{T}}$.

5. 计算：(1) $\begin{pmatrix} 1 & 0 \\ \lambda & 1 \end{pmatrix}^3$;　　(2) $\begin{pmatrix} a & 0 & 0 \\ 0 & b & 0 \\ 0 & 0 & c \end{pmatrix}^2$.

§4.4 逆 矩 阵

一、逆矩阵的概念

前一节介绍了矩阵的加减、数乘和乘法运算，那么在矩阵运算中能否进行除法运算呢？

在数的运算中，对于数 $a \neq 0$，总存在唯一一个数 a^{-1}，使得

$$a \cdot a^{-1} = a^{-1} \cdot a = 1.$$

数的逆在解方程中起着重要作用．那么对于一个矩阵 A，是否也存在类似的运算？在回答这个问题之前，我们先引入逆矩阵的概念．

定义 1　对于 n 阶矩阵 A，如果存在一个 n 阶矩阵 B，使得

$$AB = BA = E,$$

则称矩阵 A 为**可逆矩阵**，而矩阵 B 称为 A 的**逆矩阵**．A 的逆矩阵记作 A^{-1}，即 $B = A^{-1}$.

例如，已知矩阵 $A = \begin{pmatrix} 2 & 0 \\ 3 & 1 \end{pmatrix}$, $B = \begin{pmatrix} \dfrac{1}{2} & 0 \\ -\dfrac{3}{2} & 1 \end{pmatrix}$. 因为

$$AB = \begin{pmatrix} 2 & 0 \\ 3 & 1 \end{pmatrix} \begin{pmatrix} \dfrac{1}{2} & 0 \\ -\dfrac{3}{2} & 1 \end{pmatrix} = \begin{pmatrix} 1 & 0 \\ 0 & 1 \end{pmatrix}, \quad BA = \begin{pmatrix} \dfrac{1}{2} & 0 \\ -\dfrac{3}{2} & 1 \end{pmatrix} \begin{pmatrix} 2 & 0 \\ 3 & 1 \end{pmatrix} = \begin{pmatrix} 1 & 0 \\ 0 & 1 \end{pmatrix},$$

所以 A 为可逆矩阵，B 为 A 的逆矩阵．

由矩阵的定义，可知可逆矩阵具有下列性质：

性质 1　若矩阵 A 是可逆的，则 A 的逆矩阵是唯一的．

证明　设 B_1，B_2 都是 A 的逆矩阵，则有

$$AB_1 = B_1 A = E,$$
$$AB_2 = B_2 A = E,$$

于是　$B_1 = B_1 E = B_1 (AB_2) = (B_1 A)B_2 = EB_2 = B_2,$

所以 A 的逆矩阵是唯一的．

既然可逆矩阵的逆矩阵是唯一的，这样在定义 1 中，如果 $AB = BA = E$，则有 $A^{-1} = B$ 或

$B^{-1}=A$ 且 $AA^{-1}=A^{-1}A=E$,由此可得

性质 2　如果矩阵 A 可逆,则 A 的逆矩阵 A^{-1} 也可逆,且 $(A^{-1})^{-1}=A$.

性质 3　如果 A,B 是两个同阶可逆矩阵,则 AB 也可逆,且 $(AB)^{-1}=B^{-1}A^{-1}$.

性质 4　若矩阵 A 可逆,数 $k\neq 0$,则 kA 也可逆,且 $(kA)^{-1}=\dfrac{1}{k}A^{-1}$.

性质 5　若矩阵 A 可逆,则 A 的转置矩阵 A^{T} 也可逆,且 $(A^{T})^{-1}=(A^{-1})^{T}$.

性质 6　若矩阵 A 可逆,则 $|A^{-1}|=|A|^{-1}$.

二、可逆矩阵的判定

定义 2　由矩阵 $A=(a_{ij})_{m\times n}$ 的行列式 $|A|$ 的各个元素的代数余子式 $A_{ij}(i,j=1,2,\cdots,n)$

所构成的 n 阶方阵 $\begin{bmatrix} A_{11} & A_{21} & \cdots & A_{n1} \\ A_{12} & A_{22} & \cdots & A_{n2} \\ \vdots & \vdots & & \vdots \\ A_{1n} & A_{2n} & \cdots & A_{nn} \end{bmatrix}$,称为矩阵 A 的**伴随矩阵**,记作 A^{*},即

$$A^{*}=\begin{bmatrix} A_{11} & A_{21} & \cdots & A_{n1} \\ A_{12} & A_{22} & \cdots & A_{n2} \\ \vdots & \vdots & & \vdots \\ A_{1n} & A_{2n} & \cdots & A_{nn} \end{bmatrix}.$$

例 1　设矩阵 $A=\begin{bmatrix} 1 & 0 & 1 \\ 2 & 1 & 0 \\ -3 & 2 & -5 \end{bmatrix}$,求矩阵 A 的伴随矩阵 A^{*}.

解　$A_{11}=-5,A_{12}=10,A_{13}=7,A_{21}=2,A_{22}=-2,A_{23}=-2,A_{31}=-1,A_{32}=2,A_{33}=1$,
所以

$$A^{*}=\begin{bmatrix} -5 & 2 & -1 \\ 10 & -2 & 2 \\ 7 & -2 & 1 \end{bmatrix}.$$

利用伴随矩阵与行列式的性质,可以证明:

定理　n 阶矩阵 A 可逆的充分必要条件是其行列式 $|A|\neq 0$. 且当 A 可逆时,有

$$A^{-1}=\frac{1}{|A|}A^{*},$$

其中 A^{*} 为 A 的伴随矩阵.

推论　若 $AB=E$(或 $BA=E$),则 $B=A^{-1}$.

此推论表明,要验证矩阵 B 是否为 A 的逆矩阵,只要验证 $AB=E$ 或 $BA=E$ 中的一个式子成立即可,这比直接用定义去判断要节省一半的运算量.

例 2　设 $A=\begin{pmatrix} 1 & 2 \\ 3 & 5 \end{pmatrix}$,问 A 是否可逆? 若可逆,求 A^{-1}.

解　因为 $|A|=\begin{vmatrix} 1 & 2 \\ 3 & 5 \end{vmatrix}=-1\neq 0$,所以 A 可逆. 又

$$A_{11}=(-1)^{1+1}|5|=5, \quad A_{12}=(-1)^{1+2}|3|=-3,$$

$$A_{21}=(-1)^{2+1}|2|=-2, \quad A_{22}=(-1)^{2+2}|1|=1,$$

所以 $A^{-1}=\dfrac{1}{|A|}A^{*}=\dfrac{1}{5-6}\begin{pmatrix}5 & -2\\ -3 & 1\end{pmatrix}=-\begin{pmatrix}5 & -2\\ -3 & 1\end{pmatrix}=\begin{pmatrix}-5 & 2\\ 3 & -1\end{pmatrix}.$

此种求逆矩阵的方法称为**伴随矩阵法**.但对于较高阶的矩阵,用伴随矩阵法求逆矩阵计算量太大,下面介绍一种较为简便的方法.

三、用初等变换求逆矩阵

定义 3 矩阵的下列三种变换称为矩阵的**初等行变换**:

(1) 位置变换:交换矩阵的某两行(交换 i,j 两行,记作 $r_i \leftrightarrow r_j$);

(2) 倍乘变换:以一个非零的数 k 乘矩阵的某一行(第 i 行乘数 k,记作 kr_i);

(3) 倍加变换:用一个非零常数 k 乘以矩阵的某一行后加到另一行(第 j 行乘 k 加到 i 行,记为 r_i+kr_j).

把定义中的"行"换成"列",即得到矩阵的初等列变换的定义(相应记号中把 r 换成 c).初等行变换与初等列变换统称**初等变换**.

定义 4 若矩阵 A 经过有限次初等变换变成矩阵 B,则称矩阵 A 与 B **等价**,记为 $A \rightarrow B$ 或 $A \sim B$.

矩阵之间的等价关系具有下列基本性质:

(1) 自反性:$A \rightarrow A$;

(2) 对称性:若 $A \rightarrow B$,则 $B \rightarrow A$;

(3) 传递性:若 $A \rightarrow B, B \rightarrow C$,则 $A \rightarrow C$.

用初等变换法也可以求一个可逆矩阵 A 的逆矩阵 A^{-1},其具体方法为:将矩阵 A 和同阶的单位矩阵 E 拼接在一起,形成一个 $n \times 2n$ 矩阵 $(A \vdots E)$,然后对其进行初等行变换,将矩阵 A 化为单位矩阵 E 的同时,单位矩阵 E 就化为 A^{-1},即

$$(A \vdots E)\xrightarrow{\text{初等行变换}}(E \vdots A^{-1}).$$

例 3 设 $A=\begin{pmatrix}2 & 2 & 3\\ 1 & -1 & 0\\ -1 & 2 & 1\end{pmatrix}$,用初等变换法求 A^{-1}.

解 $(A \vdots E)=\begin{pmatrix}2 & 2 & 3 & 1 & 0 & 0\\ 1 & -1 & 0 & 0 & 1 & 0\\ -1 & 2 & 1 & 0 & 0 & 1\end{pmatrix}\xrightarrow[r_3+r_2]{r_1-2r_2}\begin{pmatrix}0 & 4 & 3 & 1 & -2 & 0\\ 1 & -1 & 0 & 0 & 1 & 0\\ 0 & 1 & 1 & 0 & 1 & 1\end{pmatrix}$

$\xrightarrow{r_1 \leftrightarrow r_2}\begin{pmatrix}1 & -1 & 0 & 0 & 1 & 0\\ 0 & 4 & 3 & 1 & -2 & 0\\ 0 & 1 & 1 & 0 & 1 & 1\end{pmatrix}\xrightarrow[r_2-4r_3]{r_1+r_3}\begin{pmatrix}1 & 0 & 1 & 0 & 2 & 1\\ 0 & 0 & -1 & 1 & -6 & -4\\ 0 & 1 & 1 & 0 & 1 & 1\end{pmatrix}$

$\xrightarrow{r_2 \leftrightarrow r_3}\begin{pmatrix}1 & 0 & 1 & 0 & 2 & 1\\ 0 & 1 & 1 & 0 & 1 & 1\\ 0 & 0 & -1 & 1 & -6 & -4\end{pmatrix}\xrightarrow[r_2+r_3]{r_1+r_3}\begin{pmatrix}1 & 0 & 0 & 1 & -4 & -3\\ 0 & 1 & 0 & 1 & -5 & -3\\ 0 & 0 & -1 & 1 & -6 & -4\end{pmatrix}$

$\xrightarrow{r_3 \times (-1)}\begin{pmatrix}1 & 0 & 0 & 1 & -4 & -3\\ 0 & 1 & 0 & 1 & -5 & -3\\ 0 & 0 & 1 & -1 & 6 & 4\end{pmatrix},$

所以 $\quad \boldsymbol{A}^{-1} = \begin{pmatrix} 1 & -4 & -3 \\ 1 & -5 & -3 \\ -1 & 6 & 4 \end{pmatrix}.$

四、用求逆矩阵的方法求解矩阵方程

设有 n 元线性方程组

$$\begin{cases} a_{11}x_1 + a_{12}x_2 + \cdots + a_{1n}x_n = b_1 \\ a_{21}x_1 + a_{22}x_2 + \cdots + a_{2n}x_n = b_2 \\ \cdots\cdots \\ a_{n1}x_1 + a_{n2}x_2 + \cdots + a_{nn}x_n = b_n \end{cases}. \tag{1}$$

若记

$$\boldsymbol{A} = \begin{pmatrix} a_{11} & a_{12} & \cdots & a_{1n} \\ a_{21} & a_{22} & \cdots & a_{2n} \\ \vdots & \vdots & & \vdots \\ a_{n1} & a_{n2} & \cdots & a_{nn} \end{pmatrix}, \quad \boldsymbol{x} = \begin{pmatrix} x_1 \\ x_2 \\ \vdots \\ x_n \end{pmatrix}, \quad \boldsymbol{b} = \begin{pmatrix} b_1 \\ b_2 \\ \vdots \\ b_n \end{pmatrix},$$

其中矩阵 $\boldsymbol{A}$ 称为线性方程组(1)的系数矩阵,$\boldsymbol{x}$ 为未知数矩阵,$\boldsymbol{b}$ 为常数矩阵. 则利用矩阵的乘法,线性方程组(1)可表示为矩阵形式:

$$\boldsymbol{Ax} = \boldsymbol{b} \tag{2}$$

方程(2)又称**矩阵方程**.

将线性方程组写成矩阵方程的形式,不仅书写方便,而且可以把线性方程组的理论与矩阵理论联系起来,这给线性方程组的讨论带来很大的便利.

下面我们来讨论矩阵方程 $\boldsymbol{AX} = \boldsymbol{B}$ 的求解问题. 事实上,如果 $\boldsymbol{A}$ 可逆,则 $\boldsymbol{A}^{-1}$ 存在,用 $\boldsymbol{A}^{-1}$ 左乘上式两端,得

$$\boldsymbol{X} = \boldsymbol{A}^{-1}\boldsymbol{B},$$

这就是 n 元线性方程组的解.

例 4 求解矩阵方程 $\boldsymbol{X} \begin{pmatrix} 1 & 3 \\ 5 & 2 \end{pmatrix} = \begin{pmatrix} 0 & 1 \\ 1 & 0 \end{pmatrix}.$

解 记 $\boldsymbol{A} = \begin{pmatrix} 1 & 3 \\ 5 & 2 \end{pmatrix}, \boldsymbol{B} = \begin{pmatrix} 0 & 1 \\ 1 & 0 \end{pmatrix}$,则题设方程可改为

$$\boldsymbol{XA} = \boldsymbol{B},$$

若 $\boldsymbol{A}$ 可逆,用 $\boldsymbol{A}^{-1}$ 右乘上式,得 $\boldsymbol{X} = \boldsymbol{B}\boldsymbol{A}^{-1}$,

易算出 $|\boldsymbol{A}| = \begin{vmatrix} 1 & 3 \\ 5 & 2 \end{vmatrix} = -13$,$\boldsymbol{A}^* = \begin{pmatrix} 2 & -3 \\ -5 & 1 \end{pmatrix}$,故

$$\boldsymbol{A}^{-1} = \frac{1}{|\boldsymbol{A}|}\boldsymbol{A}^* = -\frac{1}{13}\begin{pmatrix} 2 & -3 \\ -5 & 1 \end{pmatrix} = \begin{pmatrix} -\dfrac{2}{13} & \dfrac{3}{13} \\ \dfrac{5}{13} & -\dfrac{1}{13} \end{pmatrix}.$$

于是

$$\boldsymbol{X} = \boldsymbol{B}\boldsymbol{A}^{-1} = -\frac{1}{13}\begin{pmatrix} 0 & 1 \\ 1 & 0 \end{pmatrix} \begin{pmatrix} 2 & -3 \\ -5 & 1 \end{pmatrix} = \begin{pmatrix} \dfrac{5}{13} & -\dfrac{1}{13} \\ -\dfrac{2}{13} & \dfrac{3}{13} \end{pmatrix}.$$

【文化视角】

矩阵的由来

矩阵是数学中的一个重要基本概念,是代数学的一个主要研究对象,也是数学研究和应用的一个重要工具."矩阵"这个词是由西尔维斯特首先使用的,他为了将数字的矩形阵列区别于行列式而发明了这个术语.(而实际上,矩阵这个课题在诞生之前就已经发展得很好了.)在行列式的大量工作中,不管行列式的值是否与问题有关,方阵本身都可以研究和使用,而且矩阵的许多基本性质也是在行列式的发展中建立起来的.在逻辑上,矩阵的概念应先于行列式的概念,然而在历史上次序正好相反.

英国数学家凯莱一般被公认为是矩阵论的创立者.凯莱出生于一个古老而有才能的英国家庭,剑桥大学三一学院毕业后留校讲授数学,三年后转从律师职业,工作卓有成效,并利用业余时间研究数学,发表了大量的数学论文.他首先把矩阵作为一个独立的数学概念提出来,并首先发表了关于这个题目的一系列文章,与研究线性变换下的不变量相结合,首先引进矩阵以简化记号.在1858年,他发表了关于这一课题的第一篇论文《矩阵论的研究报告》,系统地阐述了关于矩阵的理论.文中他定义了矩阵的相等、矩阵的运算法则、矩阵的转置以及矩阵的逆等一系列基本概念,指出了矩阵加法的可交换性与可结合性.另外,凯莱还给出了方阵的特征方程和特征根(特征值)以及有关矩阵的一些基本结果.1855年,埃米特证明了别的数学家发现的一些矩阵类的特征根的特殊性质,如现在称为埃米特矩阵的特征根性质等,后来克莱伯施、布克海姆等证明了对称矩阵的特征根性质.泰伯引入矩阵的迹的概念并给出了一些有关的结论.

在矩阵论的发展史上,弗罗伯纽斯的贡献是不可磨灭的.他讨论了最小多项式问题,引进了矩阵的秩、不变因子和初等因子、正交矩阵、矩阵的相似变换、合同矩阵等概念,以合乎逻辑的形式整理了不变因子和初等因子的理论,并讨论了正交矩阵与合同矩阵的一些重要性质.1854年,约当研究了矩阵化为标准型的问题.1892年,梅茨勒引进了矩阵的超越函数概念并将其写成矩阵的幂级数的形式.傅里叶、西尔和庞加莱的著作中还讨论了无限阶矩阵问题,这主要是适用方程发展的需要而开始的.

矩阵本身所具有的性质依赖于元素的性质.经过两个多世纪的发展,矩阵由最初作为一种工具现在已成为独立的一门数学分支——矩阵论.矩阵论又可分为矩阵方程论、矩阵分解论和广义逆矩阵论等矩阵的现代理论.矩阵及其理论现已广泛地应用于现代科技的各个领域.

习 题 4-4

1. 求下列矩阵的逆矩阵:

(1) $\begin{pmatrix} 1 & 2 \\ 2 & 5 \end{pmatrix}$;

(2) $\begin{pmatrix} 1 & 2 & -1 \\ 3 & 4 & -2 \\ 5 & -4 & 1 \end{pmatrix}$;

(3) $\begin{pmatrix} 1 & 2 & 3 & 4 \\ 0 & 1 & 2 & 3 \\ 0 & 0 & 1 & 2 \\ 0 & 0 & 0 & 1 \end{pmatrix}$.

2. 用逆矩阵解下列矩阵方程:

(1) $\begin{pmatrix} 1 & 2 \\ 3 & 5 \end{pmatrix} \boldsymbol{X} = \begin{pmatrix} 3 & -2 \\ 1 & 4 \end{pmatrix}$;　　(2) $\boldsymbol{X} \begin{pmatrix} 3 & 4 \\ -3 & -2 \end{pmatrix} = \begin{pmatrix} 6 & 9 \\ 3 & 6 \end{pmatrix}$.

3. 设 $\boldsymbol{A} = \begin{pmatrix} 1 & 0 & 0 \\ 0 & \dfrac{1}{2} & \dfrac{3}{2} \\ 0 & 1 & \dfrac{5}{2} \end{pmatrix}$, $\boldsymbol{A}^*$ 是 $\boldsymbol{A}$ 的伴随矩阵, 求 $\left[(\boldsymbol{A}^*)^{\mathrm{T}} \right]^{-1}$.

§4.5　矩　阵　的　秩

矩阵的秩是线性代数中的一个非常重要的概念, 它不仅与可逆矩阵的问题有关, 而且在讨论线性方程组解的情况中也起着非常重要的作用.

一、行阶梯形矩阵与行简化阶梯形矩阵

定义 1　一般地, 称满足下列条件的矩阵为**行阶梯形矩阵**.

(1) 若矩阵有零行(元素全为零的行), 零行位于矩阵的最下方;

(2) 首非零元(各非零行的第一个非零元素)的列标随着行标的递增而严格增大(或说其列标一定不小于行标).

例如, 矩阵 $\begin{pmatrix} 1 & 1 & 2 & 3 \\ 0 & -1 & 3 & 2 \\ 0 & 0 & -1 & 1 \\ 0 & 0 & 0 & 0 \\ 0 & 0 & 0 & 0 \end{pmatrix}$, $\begin{pmatrix} 1 & 3 & 5 & 0 \\ 0 & 0 & 3 & 1 \\ 0 & 0 & 0 & 2 \\ 0 & 0 & 0 & 0 \end{pmatrix}$ 都是行阶梯形矩阵.

可以证明, 任何一个矩阵经过若干次初等行变换都可以化为行阶梯形矩阵.

例 1　将矩阵 $\boldsymbol{A} = \begin{pmatrix} 3 & 2 & 9 & 6 \\ -1 & -3 & 4 & -17 \\ 1 & 4 & -7 & 3 \\ -1 & -4 & 7 & -3 \end{pmatrix}$ 化为行阶梯形矩阵.

解　$\boldsymbol{A} = \begin{pmatrix} 3 & 2 & 9 & 6 \\ -1 & -3 & 4 & -17 \\ 1 & 4 & -7 & 3 \\ -1 & -4 & 7 & -3 \end{pmatrix} \xrightarrow{r_1 \leftrightarrow r_3} \begin{pmatrix} 1 & 4 & -7 & 3 \\ -1 & -3 & 4 & -17 \\ 3 & 2 & 9 & 6 \\ -1 & -4 & 7 & -3 \end{pmatrix}$

$$\xrightarrow[\substack{r_3-3r_1 \\ r_4+r_1}]{r_2+r_1} \begin{pmatrix} 1 & 4 & -7 & 3 \\ 0 & 1 & -3 & -14 \\ 0 & -10 & 30 & -3 \\ 0 & 0 & 0 & 0 \end{pmatrix}$$

$$\xrightarrow{r_3+10r_2} \begin{pmatrix} 1 & 4 & -7 & 3 \\ 0 & 1 & -3 & -14 \\ 0 & 0 & 0 & -143 \\ 0 & 0 & 0 & 0 \end{pmatrix} = \boldsymbol{B}.$$

定义 2 一般地，称满足下列条件的行阶梯形矩阵为**行简化阶梯形矩阵**：

(1) 各非零行的首非零元都是 1；

(2) 所有首非零元所在列的其余元素都是 0.

同样，任何一个矩阵都可以经过一系列初等行变换化为行简化阶梯形矩阵.

例 2 对例 1 的矩阵 $\boldsymbol{B}=\begin{pmatrix} 1 & 4 & -7 & 3 \\ 0 & 1 & -3 & -14 \\ 0 & 0 & 0 & -143 \\ 0 & 0 & 0 & 0 \end{pmatrix}$ 化为行简化阶梯形矩阵.

解 $\boldsymbol{B}=\begin{pmatrix} 1 & 4 & -7 & 3 \\ 0 & 1 & -3 & -14 \\ 0 & 0 & 0 & -143 \\ 0 & 0 & 0 & 0 \end{pmatrix} \xrightarrow{r_3\times\left(-\frac{1}{143}\right)} \begin{pmatrix} 1 & 4 & -7 & 3 \\ 0 & 1 & -3 & -14 \\ 0 & 0 & 0 & 1 \\ 0 & 0 & 0 & 0 \end{pmatrix}$

$$\xrightarrow[\substack{r_1-3r_3}]{r_2+14r_3} \begin{pmatrix} 1 & 4 & -7 & 0 \\ 0 & 1 & -3 & 0 \\ 0 & 0 & 0 & 1 \\ 0 & 0 & 0 & 0 \end{pmatrix} \xrightarrow{r_1-4r_2} \begin{pmatrix} 1 & 0 & 5 & 0 \\ 0 & 1 & -3 & 0 \\ 0 & 0 & 0 & 1 \\ 0 & 0 & 0 & 0 \end{pmatrix}.$$

二、矩阵的秩

定义 3 在 $m\times n$ 矩阵 $\boldsymbol{A}$ 中，任取 k 行 k 列 $(1\leqslant k\leqslant m,1\leqslant k\leqslant n)$，位于这些行列交叉处的 k^2 个元素，不改变它们在 $\boldsymbol{A}$ 中所处的位置次序而得到的 k 阶行列式，称为**矩阵 $\boldsymbol{A}$ 的 k 阶子式**.

例如，设矩阵 $\boldsymbol{A}=\begin{pmatrix} 1 & 3 & 4 & 5 \\ -1 & 0 & 2 & 3 \\ 0 & 1 & -1 & 0 \end{pmatrix}$，则由 1、3 两行，2、4 两列构成的二阶子式为 $\begin{vmatrix} 3 & 5 \\ 1 & 0 \end{vmatrix}$.

注：一个 $m\times n$ 矩阵 $\boldsymbol{A}$ 的 k 阶子式共有 $C_m^k \cdot C_n^k$ 个.

定义 4 设 $\boldsymbol{A}$ 为 $m\times n$ 矩阵，如果存在 $\boldsymbol{A}$ 的 r 阶子式不为零，而任何 $r+1$ 阶子式（如果存在）皆为零，则称数 r 为**矩阵 $\boldsymbol{A}$ 的秩**，记为 $r(\boldsymbol{A})$（或 $R(\boldsymbol{A})$）. 并规定零矩阵的秩等于零.

例 3 求下列矩阵的秩：

$(1)\ \boldsymbol{A}=\begin{bmatrix} 1 & 2 & 3 \\ 2 & 3 & -5 \\ 4 & 7 & 1 \end{bmatrix};$ $\qquad (2)\ \boldsymbol{B}=\begin{bmatrix} 2 & -1 & 0 & 3 & -2 \\ 0 & 3 & 1 & -2 & 5 \\ 0 & 0 & 0 & 4 & -3 \\ 0 & 0 & 0 & 0 & 0 \end{bmatrix}.$

解 (1) 在 $\boldsymbol{A}$ 中,$\begin{vmatrix} 1 & 3 \\ 2 & -5 \end{vmatrix}\neq 0$,又 $\boldsymbol{A}$ 的三阶子式只有一个 $|\boldsymbol{A}|$,且

$$|\boldsymbol{A}|=\begin{vmatrix} 1 & 2 & 3 \\ 2 & 3 & -5 \\ 4 & 7 & 1 \end{vmatrix}=\begin{vmatrix} 1 & 2 & 3 \\ 0 & -1 & -11 \\ 0 & -1 & -11 \end{vmatrix}=0,$$

故 $r(\boldsymbol{A})=2$.

(2) 因为 $\boldsymbol{B}$ 是一个行阶梯形矩阵,其非零行只有 3 行,所以 $\boldsymbol{B}$ 的所有 4 阶子式全为 0. 此外,又存在 $\boldsymbol{B}$ 的一个三阶子式

$$\begin{vmatrix} 2 & -1 & 3 \\ 0 & 3 & -2 \\ 0 & 0 & 4 \end{vmatrix}=24\neq 0,$$

故 $r(\boldsymbol{B})=3$.

显然,矩阵的秩具有下列性质:

(1) 若矩阵 $\boldsymbol{A}$ 中有某个 s 阶子式不为 0,则 $r(\boldsymbol{A})\geqslant s$;

(2) 若 $\boldsymbol{A}$ 中所有 t 阶子式全为 0,则 $r(\boldsymbol{A})<t$;

(3) 若 $\boldsymbol{A}$ 为 $m\times n$ 矩阵,则 $0\leqslant r(\boldsymbol{A})\leqslant \min\{m,n\}$;

(4) $r(\boldsymbol{A})=r(\boldsymbol{A}^{\mathrm{T}})$.

当 $r(\boldsymbol{A})=\min\{m,n\}$,称矩阵 $\boldsymbol{A}$ 为**满秩矩阵**. 否则称为**降秩矩阵**.

对于 n 阶方阵 $\boldsymbol{A}$,若满秩,即 $r(\boldsymbol{A})=n$,则 $|\boldsymbol{A}|\neq 0$;若降秩,即 $r(\boldsymbol{A})<n$,则 $|\boldsymbol{A}|=0$. 反之亦然.

例如,对矩阵 $\boldsymbol{A}=\begin{bmatrix} 1 & 3 & 4 & 5 \\ 0 & 1 & 0 & 3 \\ 0 & 0 & 1 & 0 \end{bmatrix}$,$0\leqslant r(\boldsymbol{A})\leqslant 3$,又存在三阶子式 $\begin{vmatrix} 1 & 3 & 4 \\ 0 & 1 & 1 \\ 0 & 0 & 1 \end{vmatrix}=1\neq 0$,所以 $r(\boldsymbol{A})\geqslant 3$,从而 $r(\boldsymbol{A})=3$,故 $\boldsymbol{A}$ 为满秩矩阵.

由上面的例子可知,利用定义计算矩阵的秩,需要由低阶到高阶考虑矩阵的子式,当矩阵的行数与列数较高时,按定义求秩是非常麻烦的.

由于行阶梯形矩阵的秩很容易判断,而任意矩阵都可以经过有限次初等行变换化为阶梯形矩阵,因而可考虑借助初等变换法来求矩阵的秩.

三、用初等变换求矩阵的秩

定理 初等变换不改变矩阵的秩.

根据上述定理,我们得到利用初等变换求矩阵的秩的方法:把矩阵用初等行变换变成行阶梯形矩阵,行阶梯形矩阵中非零行的行数就是该矩阵的秩.

例 4 求矩阵 $\boldsymbol{A} = \begin{pmatrix} 1 & 0 & 0 & 1 \\ 1 & 2 & 0 & -1 \\ 3 & -1 & 0 & 4 \\ 1 & 4 & 5 & 1 \end{pmatrix}$ 的秩.

解 $\boldsymbol{A} = \begin{pmatrix} 1 & 0 & 0 & 1 \\ 1 & 2 & 0 & -1 \\ 3 & -1 & 0 & 4 \\ 1 & 4 & 5 & 1 \end{pmatrix} \xrightarrow[\substack{r_2 - r_1 \\ r_3 - 3r_1 \\ r_4 - r_1}]{} \begin{pmatrix} 1 & 0 & 0 & 1 \\ 0 & 2 & 0 & -2 \\ 0 & -1 & 0 & 1 \\ 0 & 4 & 5 & 0 \end{pmatrix} \xrightarrow{r_2 \times \frac{1}{2}} \begin{pmatrix} 1 & 0 & 0 & 1 \\ 0 & 1 & 0 & -1 \\ 0 & -1 & 0 & 1 \\ 0 & 4 & 5 & 0 \end{pmatrix}$

$\xrightarrow[\substack{r_3 + r_2 \\ r_4 - 4r_2}]{} \begin{pmatrix} 1 & 0 & 0 & 1 \\ 0 & 1 & 0 & -1 \\ 0 & 0 & 0 & 0 \\ 0 & 0 & 5 & 4 \end{pmatrix} \xrightarrow{r_3 \leftrightarrow r_4} \begin{pmatrix} 1 & 0 & 0 & 1 \\ 0 & 1 & 0 & -1 \\ 0 & 0 & 5 & 4 \\ 0 & 0 & 0 & 0 \end{pmatrix},$

所以 $r(\boldsymbol{A}) = 3$.

例 5 设 $\boldsymbol{A} = \begin{pmatrix} 3 & 2 & 0 & 5 & 0 \\ 3 & -2 & 3 & 6 & -1 \\ 2 & 0 & 1 & 5 & -3 \\ 1 & 6 & -4 & -1 & 4 \end{pmatrix}$,求矩阵 $\boldsymbol{A}$ 的秩.

解 对 $\boldsymbol{A}$ 作初等变换,变成行阶梯形矩阵.

$\boldsymbol{A} = \begin{pmatrix} 3 & 2 & 0 & 5 & 0 \\ 3 & -2 & 3 & 6 & -1 \\ 2 & 0 & 1 & 5 & -3 \\ 1 & 6 & -4 & -1 & 4 \end{pmatrix} \xrightarrow{r_1 \leftrightarrow r_4} \begin{pmatrix} 1 & 6 & -4 & -1 & 4 \\ 3 & -2 & 3 & 6 & -1 \\ 2 & 0 & 1 & 5 & -3 \\ 3 & 2 & 0 & 5 & 0 \end{pmatrix} \xrightarrow{r_2 - r_4} \begin{pmatrix} 1 & 6 & -4 & -1 & 4 \\ 0 & -4 & 3 & 1 & -1 \\ 2 & 0 & 1 & 5 & -3 \\ 3 & 2 & 0 & 5 & 0 \end{pmatrix}$

$\xrightarrow[\substack{r_3 - 2r_1 \\ r_4 - 3r_1}]{} \begin{pmatrix} 1 & 6 & -4 & -1 & 4 \\ 0 & -4 & 3 & 1 & -1 \\ 0 & -12 & 9 & 7 & -11 \\ 0 & -16 & 12 & 8 & -12 \end{pmatrix} \xrightarrow[\substack{r_3 - 3r_2 \\ r_4 - 4r_2}]{} \begin{pmatrix} 1 & 6 & -4 & -1 & 4 \\ 0 & -4 & 3 & 1 & -1 \\ 0 & 0 & 0 & 4 & -8 \\ 0 & 0 & 0 & 4 & -8 \end{pmatrix}$

$\xrightarrow{r_4 - r_3} \begin{pmatrix} 1 & 6 & -4 & -1 & 4 \\ 0 & -4 & 3 & 1 & -1 \\ 0 & 0 & 0 & 4 & -8 \\ 0 & 0 & 0 & 0 & 0 \end{pmatrix}.$

所以 $r(\boldsymbol{A}) = 3$.

【文化视角】

线性代数中"秩"的命名

矩阵的秩的概念是由 Frobenius 在 1879 年提出的,在他的论文中将其翻译过来为:"如果一个行列式的所有 $r+1$ 阶子式为 0,但至少有一个 r 阶子式不为 0,那么就称 r 为行列式的秩

（rang）."这就是现在数学中秩的等价定义了.

特别强调,rang 不是打错了,Frobenius 是德国人,所以这是德语,意思是:等级、分类、阶层、(剧院)楼座.

中文"秩"的意思:本义,根据功过确定的官员俸禄;引申义,根据功过评定的官员品级;再引申,次序.而英文 rank 的意思:阶层,等级,军衔,次序,顺序,行列.所以我们大体可以推断出,翻译成"秩"的人,主要是想表达等级的意思.而不同矩阵的秩有大小,就相当等级的高低了.

秩的大小的比较经常被用到,比如判断线性方程组是否有解、解是否唯一、函数的正则值、临界值、映射是否浸入等.所以,秩所隐含的用于区分和比较大小这一意义,是翻译得比较恰当的.

习　题　4-5

1. 判断下列矩阵是否为阶梯形矩阵:

(1) $\begin{bmatrix} 2 & 5 & 1 & 8 \\ 0 & 1 & 8 & 1 \\ 0 & 0 & 1 & 0 \end{bmatrix}$;　　(2) $\begin{bmatrix} 2 & 0 & 6 & 4 & 8 \\ 0 & 0 & 2 & 1 & 3 \\ 0 & 1 & 0 & 6 & 0 \end{bmatrix}$.

2. 将下列矩阵化为行阶梯形矩阵:

(1) $\begin{bmatrix} 1 & 1 & 1 & -1 \\ -1 & -1 & 2 & 3 \\ 2 & 2 & 5 & 0 \end{bmatrix}$;　(2) $\begin{bmatrix} 1 & 2 & -1 & 2 & 1 \\ 2 & 4 & 1 & 1 & 5 \\ -1 & -2 & -2 & 1 & -4 \end{bmatrix}$.

3. 求下列矩阵的秩:

(1) $\boldsymbol{A} = \begin{bmatrix} 1 & 2 & 3 \\ 2 & 3 & -5 \\ 4 & 7 & 1 \end{bmatrix}$;　　(2) $\boldsymbol{A} = \begin{bmatrix} 1 & 1 & 3 & 2 \\ -2 & 1 & 0 & -1 \\ -1 & 2 & 3 & 1 \end{bmatrix}$;

(3) $\boldsymbol{A} = \begin{bmatrix} 1 & -2 & 1 & -4 & 2 \\ 0 & 1 & -1 & 3 & 1 \\ 4 & -7 & 4 & -4 & 5 \\ 2 & -4 & 4 & 10 & -4 \end{bmatrix}$.

4. 设 $\boldsymbol{A} = \begin{bmatrix} 1 & -1 & 1 & 2 \\ 3 & \lambda & -1 & 2 \\ 5 & 3 & \mu & 6 \end{bmatrix}$,已知 $r(\boldsymbol{A}) = 2$,求 λ 与 μ 的值.

§4.6　线性方程组的解

在前面我们介绍了克莱姆法则和用逆矩阵的方法解 n 元线性方程组.使用这两种方法,当未知数的个数较多时,其计算量较大,并且能用这两种方法求解的线性方程组均需要满足两个条件:(1)方程组的方程个数与未知量个数相同;(2)方程组的系数行列式不等于零.但是在实际应用中常遇到的是方程个数与未知量个数不同或系数行列式为零的情况,那么前面的两种方法就失效了．为此,需要研究一般线性方程组的解法．

本节我们将运用矩阵的相关知识,解决线性方程组的解的问题:线性方程组的解、解的结构以及求解方法．先介绍高斯消元法．

一、高斯消元法

消元法是解线性方程组的常用方法,它的基本思想是将方程组中的一部分方程变成未知量较少的方程,从而容易判断方程组解的情况或求出方程组的解．下面我们通过例子来说明如何运用消元法来解线性方程组．

前面学过,线性方程组的一般形式是

$$\begin{cases} a_{11}x_1 + a_{12}x_2 + \cdots + a_{1n}x_n = b_1 \\ a_{21}x_1 + a_{22}x_2 + \cdots + a_{2n}x_n = b_2 \\ \cdots\cdots \\ a_{m1}x_1 + a_{m2}x_2 + \cdots + a_{mn}x_n = b_n \end{cases}. \tag{1}$$

记

$$\boldsymbol{A} = \begin{bmatrix} a_{11} & a_{12} & \cdots & a_{1n} \\ a_{21} & a_{22} & \cdots & a_{2n} \\ \vdots & \vdots & & \vdots \\ a_{m1} & a_{m2} & \cdots & a_{mn} \end{bmatrix}, \quad \boldsymbol{x} = \begin{bmatrix} x_1 \\ x_2 \\ \vdots \\ x_n \end{bmatrix}, \quad \boldsymbol{b} = \begin{bmatrix} b_1 \\ b_2 \\ \vdots \\ b_n \end{bmatrix},$$

其中矩阵 $\boldsymbol{A}$ 称为线性方程组(1)的系数矩阵,$\boldsymbol{x}$ 为未知数矩阵,$\boldsymbol{b}$ 为常数矩阵．则线性方程组(1)表示为矩阵形式是:

$$\boldsymbol{A}\boldsymbol{x} = \boldsymbol{b}, \tag{2}$$

方程(2)又称矩阵方程．

当方程右端常数项全为零,即 $\boldsymbol{b} = \boldsymbol{0}$,称 $\boldsymbol{A}\boldsymbol{x} = 0$ 为齐次线性方程组,若 $\boldsymbol{b} \neq 0$,称 $\boldsymbol{A}\boldsymbol{x} = \boldsymbol{b}$ 为非齐次线性方程组．于是,解线性方程组等价于从矩阵方程 $\boldsymbol{A}\boldsymbol{x} = \boldsymbol{b}$ 中解出未知数矩阵 $\boldsymbol{x}$．

定义　线性方程组由系数矩阵 $\boldsymbol{A}$ 和常数矩阵 $\boldsymbol{b}$ 唯一确定,把系数矩阵 $\boldsymbol{A}$ 和常数矩阵 $\boldsymbol{b}$ 拼接成矩阵$(\boldsymbol{A} \vdots \boldsymbol{b})$,称为**线性方程组的增广矩阵**,记为 $\tilde{\boldsymbol{A}}$,即

$$\tilde{\boldsymbol{A}} = (\boldsymbol{A} \vdots \boldsymbol{b}) = \begin{bmatrix} a_{11} & a_{12} & \cdots & a_{1n} & b_1 \\ a_{21} & a_{22} & \cdots & a_{2n} & b_2 \\ \vdots & \vdots & & \vdots & \vdots \\ a_{m1} & a_{m2} & \cdots & a_{mn} & b_m \end{bmatrix}.$$

例如,线性方程组 $\begin{cases} 3x_1 + x_2 + x_3 = 1 \\ x_1 + 2x_2 + 4x_3 = 0 \\ x_1 + x_2 + x_3 = 0 \end{cases}$ 的增广矩阵为 $\tilde{\boldsymbol{A}} = \begin{bmatrix} 3 & 1 & 1 & 1 \\ 1 & 2 & 4 & 0 \\ 1 & 1 & 1 & 0 \end{bmatrix}.$

在中学阶段我们使用消元法解线性方程组时常用到以下变化:

(1) 互换两个方程的位置;

(2) 用一个非零数乘某一个方程;

(3) 把一个方程的 k 倍加到另一个方程．

引入了增广矩阵的概念后,对方程组进行的三种变换恰好对应着对增广矩阵进行初等行

变换,分别为(1)对换变换;(2)倍乘变换;(3)倍加变换,于是有

定理 1(同解定理)　用初等行变换将线性方程组的增广矩阵$(A \vdots b)$化为$(C \vdots d)$,则$Ax = b$和$Cx = d$是同解方程组.

此定理表明,用初等行变换将增广矩阵$\widetilde{A}$化成行简化阶梯形矩阵,再写出该阶梯形矩阵所对应的方程组,并求出方程组的解. 由于两者同解,所以也就得到了原方程组的解. 这种方法称为**高斯消元法**.

下面举例说明用高斯消元法求一般线性方程组解的方法和步骤.

例 1　解线性方程组$\begin{cases} x_1 + 2x_2 + 3x_3 = -7 \\ 2x_1 - x_2 + 2x_3 = -8. \\ x_1 + 3x_2 = 7 \end{cases}$

解　将方程组的增广矩阵化为行简化阶梯形矩阵:

$$\widetilde{A} = \begin{pmatrix} 1 & 2 & 3 & -7 \\ 2 & -1 & 2 & -8 \\ 1 & 3 & 0 & 7 \end{pmatrix} \xrightarrow[r_3 - r_1]{r_2 - 2r_1} \begin{pmatrix} 1 & 2 & 3 & -7 \\ 0 & -5 & -4 & 6 \\ 0 & 1 & -3 & 14 \end{pmatrix}$$

$$\xrightarrow{r_2 \leftrightarrow r_3} \begin{pmatrix} 1 & -2 & 3 & -7 \\ 0 & 1 & -3 & 14 \\ 0 & -5 & -4 & 6 \end{pmatrix} \xrightarrow{r_3 + 5r_2} \begin{pmatrix} 1 & 2 & 3 & -7 \\ 0 & 1 & -3 & 14 \\ 0 & 0 & -19 & 76 \end{pmatrix} \xrightarrow{-\frac{1}{19}r_3} \begin{pmatrix} 1 & 2 & 3 & -7 \\ 0 & 1 & -3 & 14 \\ 0 & 0 & 1 & -4 \end{pmatrix}$$

$$\xrightarrow[r_2 + 3r_3]{r_1 - 3r_3} \begin{pmatrix} 1 & 2 & 0 & 5 \\ 0 & 1 & 0 & 2 \\ 0 & 0 & 1 & -4 \end{pmatrix} \xrightarrow{r_1 - 2r_2} \begin{pmatrix} 1 & 0 & 0 & 1 \\ 0 & 1 & 0 & 2 \\ 0 & 0 & 1 & -4 \end{pmatrix},$$

由此得到方程组的解为

$$x_1 = 1, \quad x_2 = 2, \quad x_3 = -4.$$

从例 1 的解题过程不难发现,对方程组实施初等变换就是对其增广矩阵实施初等行变换,这样就可以通过对线性方程组的增广矩阵实施初等行变换来求解线性方程组.

例 2　用高斯消元法解下列线性方程组:

(1) $\begin{cases} 2x_1 + 2x_2 - x_3 = 6 \\ x_1 - 2x_2 + 4x_3 = 3; \\ x_1 + 2x_2 + x_3 = 9 \end{cases}$　　(2) $\begin{cases} x_1 + x_2 - 2x_3 - x_4 = -1 \\ x_1 + 5x_2 - 3x_3 - 2x_4 = 0 \\ 3x_1 - x_2 + x_3 + 4x_4 = 2 \\ -2x_1 + 2x_2 + x_3 - x_4 = 1 \end{cases}$;

(3) $\begin{cases} x_1 - 2x_2 + 3x_3 - x_4 = 1 \\ 3x_1 - x_2 + 5x_3 - 3x_4 = 6 \\ 2x_1 + x_2 + 2x_3 - 2x_4 = 8 \\ 4x_1 - 3x_2 + 8x_3 - 4x_4 = 10 \end{cases}$.

解　(1)对方程组的增广矩阵进行初等行变换:

$$\widetilde{A} = \begin{pmatrix} 2 & 2 & -1 & 6 \\ 1 & -2 & 4 & 3 \\ 1 & 2 & 1 & 9 \end{pmatrix}$$

$$\xrightarrow{r_2\leftrightarrow r_1}\begin{pmatrix}1 & -2 & 4 & 3\\ 2 & 2 & -1 & 6\\ 1 & 2 & 1 & 9\end{pmatrix}\xrightarrow[r_3-r_1]{r_2-2r_1}\begin{pmatrix}1 & -2 & 4 & 3\\ 0 & 6 & -9 & 0\\ 0 & 4 & -3 & 6\end{pmatrix}$$

$$\xrightarrow{\frac{1}{6}r_2}\begin{pmatrix}1 & -2 & 4 & 3\\ 0 & 1 & -\frac{3}{2} & 0\\ 0 & 4 & -3 & 6\end{pmatrix}\xrightarrow[r_3-4r_2]{r_1+2r_2}\begin{pmatrix}1 & 0 & 1 & 3\\ 0 & 1 & -\frac{3}{2} & 0\\ 0 & 0 & 3 & 6\end{pmatrix}$$

$$\xrightarrow{\frac{1}{3}r_3}\begin{pmatrix}1 & 0 & 1 & 3\\ 0 & 1 & -\frac{3}{2} & 0\\ 0 & 0 & 1 & 2\end{pmatrix}\xrightarrow[r_2+\frac{3}{2}r_3]{r_1-r_3}\begin{pmatrix}1 & 0 & 0 & 1\\ 0 & 1 & 0 & 3\\ 0 & 0 & 1 & 2\end{pmatrix},$$

因此,方程组的解为

$$x_1=1,\quad x_2=3,\quad x_3=2.$$

(2) 将方程组的增广矩阵化为行简化阶梯形矩阵:

$$\widetilde{\boldsymbol{A}}=\begin{pmatrix}1 & 1 & -2 & -1 & -1\\ 1 & 5 & -3 & -2 & 0\\ 3 & -1 & 1 & 4 & 2\\ -2 & 2 & 1 & -1 & 1\end{pmatrix}\xrightarrow[\substack{r_3-3r_1\\ r_4+2r_1}]{r_2-r_1}\begin{pmatrix}1 & 1 & -2 & -1 & -1\\ 0 & 4 & -1 & -1 & 1\\ 0 & -4 & 7 & 7 & 5\\ 0 & 4 & -3 & -3 & -1\end{pmatrix}$$

$$\xrightarrow[r_4-r_2]{r_3+r_2}\begin{pmatrix}1 & 1 & -2 & -1 & -1\\ 0 & 4 & -1 & -1 & 1\\ 0 & 0 & 6 & 6 & 6\\ 0 & 0 & -2 & -2 & -2\end{pmatrix}\xrightarrow{r_4+\frac{1}{3}r_3}\begin{pmatrix}1 & 1 & -2 & -1 & -1\\ 0 & 4 & -1 & -1 & 1\\ 0 & 0 & 6 & 6 & 6\\ 0 & 0 & 0 & 0 & 0\end{pmatrix}$$

$$\xrightarrow[\substack{r_1+2r_3\\ r_2+r_3}]{\frac{1}{6}r_3}\begin{pmatrix}1 & 1 & 0 & 1 & 1\\ 0 & 4 & 0 & 0 & 2\\ 0 & 0 & 1 & 1 & 1\\ 0 & 0 & 0 & 0 & 0\end{pmatrix}\xrightarrow{\frac{1}{4}r_2}\begin{pmatrix}1 & 1 & 0 & 1 & 1\\ 0 & 1 & 0 & 0 & \frac{1}{2}\\ 0 & 0 & 1 & 1 & 1\\ 0 & 0 & 0 & 0 & 0\end{pmatrix}\xrightarrow{r_1-r_2}\begin{pmatrix}1 & 0 & 0 & 1 & \frac{1}{2}\\ 0 & 1 & 0 & 0 & \frac{1}{2}\\ 0 & 0 & 1 & 1 & 1\\ 0 & 0 & 0 & 0 & 0\end{pmatrix}.$$

上述变换中产生零行,称为**多余方程**,原方程组等价于

$$\begin{cases}x_1=-x_4+\dfrac{1}{2}\\[2mm] x_2=\dfrac{1}{2}\\[2mm] x_3=-x_4+1\end{cases}\qquad(其中\ x_4可以任意取值).$$

由于未知量 x_4 的取值是任意实数,所以方程组的解有无穷多个. 未知量 x_4 称为**自由未知量**,用自由未知量表示其他未知量的表达式称为线性方程组的**一般解**. 当表达式中的未知量 x_4 取定一个值时,得到方程组的一个解称为线性方程组的**特解**. 如当 $x_4=0$ 时,得到方程组的一个特解为

$$x_1=\frac{1}{2},\quad x_2=\frac{1}{2},\quad x_3=1,\quad x_4=0.$$

如果将自由未知量 x_4 取一任意常数 C,即令 $x_4=C$,则方程组的一般解为

$$x_1=-C+\frac{1}{2},\quad x_2=\frac{1}{2},\quad x_3=-C+1,\quad x_4=C\quad（C 为任意常数）.$$

当然,自由未知量的选取不是唯一的,如本例中 x_1 也可以作为自由未知量,其结果虽然形式上不同,但本质上是一样的.另外,有些题目中的自由未知量的个数也不止一个,需要根据具体题目而定.

（3）对方程组的增广矩阵进行初等行变换:

$$\widetilde{A}=\begin{pmatrix}1 & -2 & 3 & -1 & 1\\ 3 & -1 & 5 & -3 & 6\\ 2 & 1 & 2 & -2 & 8\\ 4 & -3 & 8 & -4 & 10\end{pmatrix}\xrightarrow[\substack{r_3-2r_1\\r_4-4r_1}]{r_2-3r_1}\begin{pmatrix}1 & -2 & 3 & -1 & 1\\ 0 & 5 & -4 & 0 & 3\\ 0 & 5 & -4 & 0 & 6\\ 0 & 5 & -4 & 0 & 6\end{pmatrix}$$

$$\xrightarrow[\substack{r_4-r_2}]{r_3-r_2}\begin{pmatrix}1 & -2 & 3 & -1 & 1\\ 0 & 5 & -4 & 0 & 3\\ 0 & 0 & 0 & 0 & 3\\ 0 & 0 & 0 & 0 & 3\end{pmatrix}\xrightarrow{r_4-r_3}\begin{pmatrix}1 & -2 & 3 & -1 & 1\\ 0 & 5 & -4 & 0 & 3\\ 0 & 0 & 0 & 0 & 3\\ 0 & 0 & 0 & 0 & 0\end{pmatrix},$$

由于 $0\neq3$,所以方程组无解.

用初等行变换求解线性方程组,一般步骤如下:

（1）写出方程组的增广矩阵;

（2）用初等行变换将增广矩阵化为行简化阶梯形矩阵;

（3）由行简化阶梯形矩阵得出方程组的解.

二、线性方程组解的讨论

1. 非齐次线性方程组的解

按照高斯消元法求解线性方程组,由上面的例子可以看出,线性方程组解的情况有唯一解、无穷解、无解三种.由例1、例2得出,当系数矩阵与增广矩阵的秩相等时,方程组有解;由例3得出,当系数矩阵与增广矩阵的秩不相等时,方程组无解.因此,线性方程组是否有解,就可以用系数矩阵和增广矩阵的秩来刻画.

定理2 n 元线性方程组 $AX=B$ 有解的充分必要条件是其系数矩阵的秩等于增广矩阵的秩,即 $r(A)=r(\widetilde{A})$.

同时,定理2还表明:当 $r(A)\neq r(\widetilde{A})$ 时,方程组无解.

定理3 n 元线性方程组 $AX=B$ 满足 $r(A)=r(\widetilde{A})=r$,则当 $r=n$ 时,线性方程组有唯一解;当 $r(A)=r(\widetilde{A})<n$,则线性方程组有无穷多个解.

例3 判定下列方程组解的个数:

(1) $\begin{cases}x_1-2x_2+x_3=0\\ 2x_1-3x_2+x_3=-4\\ 4x_1-3x_2-2x_3=-2\\ 3x_1-2x_3=5\end{cases}$;　　(2) $\begin{cases}x_1-2x_2+x_3=0\\ 2x_1-3x_2+x_3=-4\\ 4x_1-3x_2-2x_3=-2\\ 3x_1-2x_3=-42\end{cases}$;

$$(3) \begin{cases} x_1 - 2x_2 + x_3 = 0 \\ 2x_1 - 3x_2 + x_3 = -4 \\ 4x_1 - 3x_2 - x_3 = -20 \\ 3x_1 - 3x_3 = -24 \end{cases}.$$

解 (1) $\tilde{A} = \begin{pmatrix} 1 & -2 & 1 & 0 \\ 2 & -3 & 1 & -4 \\ 4 & -3 & -2 & -2 \\ 3 & 0 & -2 & 5 \end{pmatrix} \xrightarrow[\substack{r_2-2r_1 \\ r_3-4r_1 \\ r_4-3r_1}]{} \begin{pmatrix} 1 & -2 & 1 & 0 \\ 0 & 1 & -1 & -4 \\ 0 & 5 & -6 & -2 \\ 0 & 6 & -5 & 5 \end{pmatrix}.$

$\xrightarrow[\substack{r_3-5r_2 \\ r_4-6r_2}]{} \begin{pmatrix} 1 & -2 & 1 & 0 \\ 0 & 1 & -1 & -4 \\ 0 & 0 & -1 & 18 \\ 0 & 0 & 1 & 29 \end{pmatrix} \xrightarrow{r_4+r_3} \begin{pmatrix} 1 & -2 & 1 & 0 \\ 0 & 1 & -1 & -4 \\ 0 & 0 & -1 & 18 \\ 0 & 0 & 0 & 47 \end{pmatrix}.$

因为 $r(A)=3, r(\tilde{A})=4, r(A) \neq r(\tilde{A})$，所以该方程组无解．

(2) $\tilde{A} = \begin{pmatrix} 1 & -2 & 1 & 0 \\ 2 & -3 & 1 & -4 \\ 4 & -3 & -2 & -2 \\ 3 & 0 & -2 & -42 \end{pmatrix} \xrightarrow[\substack{r_2-2r_1 \\ r_3-4r_1 \\ r_4-3r_1}]{} \begin{pmatrix} 1 & -2 & 1 & 0 \\ 0 & 1 & -1 & -4 \\ 0 & 5 & -6 & -2 \\ 0 & 6 & -5 & -42 \end{pmatrix}$

$\xrightarrow[\substack{r_3-5r_2 \\ r_4-6r_2}]{} \begin{pmatrix} 1 & -2 & 1 & 0 \\ 0 & 1 & -1 & -4 \\ 0 & 0 & -1 & 18 \\ 0 & 0 & 1 & -18 \end{pmatrix} \xrightarrow{r_4+r_3} \begin{pmatrix} 1 & -2 & 1 & 0 \\ 0 & 1 & -1 & -4 \\ 0 & 0 & -1 & 18 \\ 0 & 0 & 0 & 0 \end{pmatrix}.$

因为 $r(A)=r(\tilde{A})=3$，所以该方程组有唯一解．

(3) $\tilde{A} = \begin{pmatrix} 1 & -2 & 1 & 0 \\ 2 & -3 & 1 & -4 \\ 4 & -3 & -1 & -20 \\ 3 & 0 & -3 & -24 \end{pmatrix} \xrightarrow[\substack{r_2-2r_1 \\ r_3-4r_1 \\ r_4-3r_1}]{} \begin{pmatrix} 1 & -2 & 1 & 0 \\ 0 & 1 & -1 & -4 \\ 0 & 5 & -5 & -20 \\ 0 & 6 & -6 & -24 \end{pmatrix}$

$\xrightarrow[\substack{\frac{1}{5}r_3 \\ \frac{1}{6}r_4}]{} \begin{pmatrix} 1 & -2 & 1 & 0 \\ 0 & 1 & -1 & -4 \\ 0 & 1 & -1 & -4 \\ 0 & 1 & -1 & -4 \end{pmatrix} \xrightarrow[\substack{r_3-r_2 \\ r_4-r_2}]{} \begin{pmatrix} 1 & -2 & 1 & 0 \\ 0 & 1 & -1 & -4 \\ 0 & 0 & 0 & 0 \\ 0 & 0 & 0 & 0 \end{pmatrix}.$

因为 $r(A)=r(\tilde{A})=2<3$，所以该方程组有无穷多个解．

例 4 当 a 为何值时，方程组 $\begin{cases} x_1+x_2+x_3+x_4=1 \\ 3x_1+2x_2+x_3-3x_4=a \\ x_2+2x_3+6x_4=3 \end{cases}$ 有解？求出它的解．

解 对方程组的增广矩阵进行初等行变换．

$\tilde{A} = \begin{pmatrix} 1 & 1 & 1 & 1 & 1 \\ 3 & 2 & 1 & -3 & a \\ 0 & 1 & 2 & 6 & 3 \end{pmatrix} \xrightarrow{r_2-3r_1} \begin{pmatrix} 1 & 1 & 1 & 1 & 1 \\ 0 & -1 & -2 & -6 & a-3 \\ 0 & 1 & 2 & 6 & 3 \end{pmatrix}$

$$\xrightarrow[r_3+r_2]{r_1+r_2} \begin{bmatrix} 1 & 0 & -1 & -5 & a-2 \\ 0 & -1 & -2 & -6 & a-3 \\ 0 & 0 & 0 & 0 & a \end{bmatrix} \xrightarrow{r_2\times(-1)} \begin{bmatrix} 1 & 0 & -1 & -5 & a-2 \\ 0 & 1 & 2 & 6 & -a+3 \\ 0 & 0 & 0 & 0 & a \end{bmatrix}.$$

（1）当 $a\neq 0$ 时，$r(\boldsymbol{A})=2<r(\widetilde{\boldsymbol{A}})=3$，方程组无解；

（2）当 $a=0$ 时，$r(\boldsymbol{A})=r(\widetilde{\boldsymbol{A}})=2$，方程组有解，此时，方程组为

$$\begin{cases} x_1=-2+x_3+5x_4 \\ x_2=3-2x_3-6x_4 \end{cases},$$

其中 x_3,x_4 为自由未知量，可以任意取值．

令 $x_3=C_1,x_4=C_2$，则方程组的解为 $x_1=-2+C_1+5C_2$，$x_2=3-2C_1-6C_2$，$x_3=C_1$，$x_4=C_2$，其中 C_1,C_2 为任意常数．

2．齐次线性方程组的解

由于齐次线性方程组的系数矩阵与其增广矩阵的秩总是相等的，因此齐次线性方程组总有零解，即齐次线性方程组至少有一组零解．

定理 4　设齐次线性方程组 $\boldsymbol{Ax}=\boldsymbol{0}$ 的系数矩阵 $\boldsymbol{A}$ 的秩为 $r(\boldsymbol{A})=r$．

（1）当 $r=n$ 时，则方程组只有零解；

（2）当 $r<n$ 时，则方程组有无穷多组非零解．

即齐次线性方程组有非零解的充分必要条件是系数矩阵 $\boldsymbol{A}$ 的秩小于未知量的个数，即 $r(\boldsymbol{A})<n$．

综上，若记 $\widetilde{\boldsymbol{A}}=(\boldsymbol{A}\vdots\boldsymbol{b})$，上述定理可以简要总结如下：

（1）$r(\boldsymbol{A})=r(\widetilde{\boldsymbol{A}})=n\Leftrightarrow\boldsymbol{Ax}=\boldsymbol{b}$ 有唯一解；

（2）$r(\boldsymbol{A})=r(\widetilde{\boldsymbol{A}})<n\Leftrightarrow\boldsymbol{Ax}=\boldsymbol{b}$ 有无穷多解；

（3）$r(\boldsymbol{A})\neq r(\widetilde{\boldsymbol{A}})\Leftrightarrow\boldsymbol{Ax}=\boldsymbol{b}$ 无解；

（4）$r(\boldsymbol{A})=n\Leftrightarrow\boldsymbol{Ax}=\boldsymbol{0}$ 只有零解．

（5）$r(\boldsymbol{A})<n\Leftrightarrow\boldsymbol{Ax}=\boldsymbol{0}$ 有非零解．

例 5　当 k 为何值时，齐次线性方程组 $\begin{cases} x_1+x_2+2x_3=0 \\ x_1+kx_2+x_3=0 \\ x_1+x_2+kx_3=0 \end{cases}$ 有非零解？

解　系数矩阵 $\boldsymbol{A}=\begin{bmatrix} 1 & 1 & 2 \\ 1 & k & 1 \\ 1 & 1 & k \end{bmatrix} \xrightarrow[r_3-r_1]{r_2-r_1} \begin{bmatrix} 1 & 1 & 2 \\ 0 & k-1 & -1 \\ 0 & 1 & k-2 \end{bmatrix}.$

当 $k-1=0$ 或 $k-2=0$，即 $k=1$ 或 $k=2$ 时，易得 $r(\boldsymbol{A})<3=n$，则方程组有非零解．

例 6　解齐次线性方程组：$\begin{cases} x_1+x_2-3x_3-x_4=0 \\ 3x_1-x_2-3x_3+4x_4=0. \\ x_2+5x_3-9x_3-8x_4=0 \end{cases}$

解　对系数矩阵作初等行变换．

$$\boldsymbol{A}=\begin{bmatrix} 1 & 1 & -3 & -1 \\ 3 & -1 & -3 & 4 \\ 1 & 5 & -9 & -8 \end{bmatrix} \xrightarrow[r_3-r_1]{r_2-3r_1} \begin{bmatrix} 1 & 1 & -3 & -1 \\ 0 & -4 & 6 & 7 \\ 0 & 4 & -6 & -7 \end{bmatrix} \xrightarrow[r_1+\frac{1}{4}r_2]{r_3+r_2} \begin{bmatrix} 1 & 0 & -\dfrac{3}{2} & \dfrac{3}{4} \\ 0 & -4 & 6 & 7 \\ 0 & 0 & 0 & 0 \end{bmatrix}=\boldsymbol{B}.$$

$r(\boldsymbol{A})=2<4=n$,所以方程组有无穷多个解.

与矩阵 $\boldsymbol{B}$ 对应的方程组为

$$\begin{cases} x_1 = \dfrac{3}{2}x_3 - \dfrac{3}{4}x_4 \\ x_2 = \dfrac{3}{2}x_3 + \dfrac{7}{4}x_4 \end{cases}.$$

若令 $x_3 = C_1$,$x_4 = C_2$,则方程组的一般解为

$$x_1 = \frac{3}{2}C_1 - \frac{3}{4}C_2, \quad x_2 = \frac{3}{2}C_1 + \frac{7}{4}C_2, \quad x_3 = C_1, \quad x_4 = C_2,$$

其中 C_1, C_2 为任意常数.

例 7 某药厂现生产 4 种型号成分不同的药品(a 型、b 型、c 型、d 型),各种药品生物成分的含量见表 4-6-1,现由于 d 型药品缺货,请设计一个方案,判断是否能选用其他几种药品配置 d 型药品.

表 4-6-1

型号	a 型	b 型	c 型	d 型
成分 A	1	2	1	4
成分 B	2	2	1	5
成分 C	3	4	1	7
成分 D	2	4	2	8

解 设 d 型药品可以通过取 a 型 x_1 份,b 型 x_2 份,c 型 x_3 份配置,由题意可以得到线性方程组

$$\begin{cases} x_1 + 2x_2 + x_3 = 4 \\ 2x_1 + 2x_2 + x_3 = 5 \\ 3x_1 + 4x_2 + x_3 = 7 \\ 2x_1 + 4x_2 + 2x_3 = 8 \end{cases}.$$

将增广矩阵化成行最简化阶梯形矩阵,即

$$\widetilde{\boldsymbol{A}} = \begin{pmatrix} 1 & 2 & 1 & 4 \\ 2 & 2 & 1 & 5 \\ 3 & 4 & 1 & 7 \\ 2 & 4 & 2 & 8 \end{pmatrix} \xrightarrow[\substack{r_3-3r_1 \\ r_4-2r_1}]{r_2-2r_1} \begin{pmatrix} 1 & 2 & 1 & 4 \\ 0 & -2 & -1 & -3 \\ 0 & -2 & -2 & -5 \\ 0 & 0 & 0 & 0 \end{pmatrix} \xrightarrow[r_2-r_3]{r_1+r_3} \begin{pmatrix} 1 & 0 & -1 & -1 \\ 0 & 0 & 1 & 2 \\ 0 & -2 & -2 & -5 \\ 0 & 0 & 0 & 0 \end{pmatrix}$$

$$\xrightarrow[r_3 \times \left(-\frac{1}{2}\right)]{r_1-r_2} \begin{pmatrix} 1 & 0 & -2 & -3 \\ 0 & 0 & 1 & 2 \\ 0 & 1 & 1 & \frac{5}{2} \\ 0 & 0 & 0 & 0 \end{pmatrix} \xrightarrow{r_2 \leftrightarrow r_3} \begin{pmatrix} 1 & 0 & -2 & -3 \\ 0 & 1 & 1 & \frac{5}{2} \\ 0 & 0 & 1 & 2 \\ 0 & 0 & 0 & 0 \end{pmatrix} \xrightarrow{r_2-r_3} \begin{pmatrix} 1 & 0 & -2 & -3 \\ 0 & 1 & 0 & \frac{1}{2} \\ 0 & 0 & 1 & 2 \\ 0 & 0 & 0 & 0 \end{pmatrix}$$

$$\xrightarrow{r_1+2r_3} \begin{pmatrix} 1 & 0 & 0 & 1 \\ 0 & 1 & 0 & \frac{1}{2} \\ 0 & 0 & 1 & 2 \\ 0 & 0 & 0 & 0 \end{pmatrix}.$$

方程组的解为 $x_1 = 1, x_2 = \dfrac{1}{2}, x_3 = 2$,即需要用 a 型 1 份,b 型 $\dfrac{1}{2}$ 份,c 型 2 份即可配置 d 型药品.

【文化视角】

高斯消元法

数学上,高斯消元法是线性代数规划中的一个算法,可用来对线性方程组求解,但其算法十分复杂,不常用于求解矩阵的秩,以及求解可逆方阵的逆矩阵. 不过,如果有过百万条等式时,这个算法会十分省时,一些极大的方程组通常会用迭代法以及花式消元来解决. 当用于一个矩阵时,高斯消元法会产生出一个"行梯阵式";当解决数千条等式及未知数可以在计算机中用高斯消元法来求解,亦有一些方法特地用来解决一些有特别排列的系数的方程组.

该方法以数学家高斯命名,由拉布扎比・伊丁特改进,发表于法国,但最早出现于中国古籍《九章算术》,成书于约公元前 150 年. 大约在 1 800 年,高斯提出了高斯消元法,并用它解决了天体计算和后来的地球表面测量计算中的最小二乘法问题. 虽然高斯是因为这个技术成功地消去了线性方程组的变量而出名,但早在几世纪前,中国人的手稿中就出现了如何运用"高斯"消元的方法求解带有三个未知量的方程系统. 在当时的几年里,高斯消元法一直被认为是测地学发展的一部分,而不是数学. 而高斯–约当消元法则最初是出现在由 Wilhelm Jordan 撰写的测地学手册中,许多人把著名的数学家 Camille Jordan 误认为是"高斯–约当"消元法中的约当.

习　题　4-6

1. 解下列齐次线性方程组:

(1) $\begin{cases} x_1 + 2x_2 - 3x_3 = 0 \\ 2x_1 + 5x_2 + 2x_3 = 0 \\ 3x_1 - x_2 - 4x_3 = 0 \end{cases}$;

(2) $\begin{cases} x_1 - x_2 + 5x_3 - x_4 = 0 \\ x_1 + x_2 - 2x_3 + 3x_4 = 0 \\ 3x_1 - x_2 + 8x_3 + x_4 = 0 \\ x_1 + 3x_2 - 9x_3 + 7x_4 = 0 \end{cases}$.

2. 解下列非齐次线性方程组:

(1) $\begin{cases} 4x_1 + 2x_2 - x_3 = 2 \\ 3x_1 - x_2 + 2x_3 = 10 \\ 11x_1 + 3x_2 = 8 \end{cases}$;

(2) $\begin{cases} x_1 + 3x_2 + x_3 = 5 \\ 2x_1 + 3x_2 - 3x_3 = 14 \\ x_1 + x_2 + 5x_3 = -7 \end{cases}$.

3. 某工厂下设三个车间,分别组装三种产品,其消耗的配件见表 4-6-2.

表　4-6-2

配件 产品	a	b	c
A	1	2	2
B	2	1	3
C	2	1	2

现有 A 配件 10 万件,B 配件 14 万件,C 配件 11 万件,问怎样安排车间的生产才能够使配件正好用完?

第五章 概率统计初步

概率与数理统计是研究随机现象的统计规律性的一门科学,它广泛渗透和应用于社会的各个领域. 本章通过从日常生活、自然科学、技术科学、人文社会科学及经济管理等各方面的应用例子来让学生理解概率的有关概念与性质,掌握随机变量的分布规律及数字特征,理解统计学中的基本概念.

§5.1 随机试验与随机事件

自然界中通常有两类现象,一类是在一定的条件下必然发生的现象,我们称为**确定现象**. 例如同性电荷排斥;在一个大气压下,水加热到 100 ℃ 一定沸腾等. 多数科学都是研究这类确定现象的规律性. 而对于另一类现象,事前虽然知道所有的可能结果,但却并不确定其中哪个结果将发生. 然而在相同的条件下,进行大量的重复试验,又现出一定的规律性. 我们把这类现象称为**随机现象**.

例如,某地区未来的一天是否有雨;买一注福利彩票是否中奖;家里灯泡的使用寿命等都是随机现象. 又如掷一枚硬币,其结果可能出现正面,也可能出现反面,但到底出现正面还是反面,其结果在掷之前我们是无法预料的,而随着投掷的次数逐渐增加,我们将看到出现正面的次数大致占一半;再如掷一颗骰子观察其点数,结果可能是 $1,2,\cdots,6$ 点,但究竟是几点,在掷之前我们是无法预料的,但随着投掷的次数逐渐增加,我们将看到出现其中一个确定点数的次数约占总投掷次数的 $\frac{1}{6}$.

概率论就是研究随机现象的统计规律的一门科学.

一、随机试验

为了观察随机现象的规律性,人们在相同的条件下,往往进行大量的随机试验,来认识随机现象.

在概率论中,随机试验是一个含义广泛的术语,各种各样的实验、试验、检验以及对某事物其中某一特征的观察,都是随机试验. 随机试验的结果称为随机现象. 随机现象具有两重性:

(1) 表面上的偶然性;

(2) 内在所蕴含的规律性.

通常,我们要求试验具有以下三个性质.

(1) 试验可以在相同的条件下大量重复进行;

(2) 每次试验的可能结果不止一个,且在试验之前已知试验的所有可能结果;

(3) 在每次试验之前无法断言哪个结果会出现,但对大量重复的试验进行观察,其结果的出现又呈现出一定的统计规律.

我们把具有以上三个性质的试验称为**随机试验**,简称**试验**. 用 E 表示试验.

例如,掷一颗骰子.

试验 E_1:观察出现的点数. 其所有可能结果构成集合

$$\{1,2,3,4,5,6\};$$

试验 E_2:观察出现的点数是奇数还是偶数. 其所有可能结果构成集合

$$\{奇数,偶数\};$$

试验 E_3:观察出现的点数是否大于 4. 其所有可能结果构成集合

$$\{大于\,4,小于或等于\,4\}.$$

可以看出,对于随机试验,观察的目的不同,所到的试验结果也就随之改变.

定义 1 试验 E 的所有可能结果构成的集合称为 E 的**样本空间**,记作 $S.E$ 的每一个结果称为一个**样本点**,样本点是样本空间中的元素.

例如,E_1 的样本空间 $S_1=\{1,2,3,4,5,6\}$. 所有的样本点 $x_1=1,x_2=2,\cdots,x_6=6.$

二、随机事件

在随机现象的研究中,人们所关心的是随机试验的结果,也即样本点出现的情况. 因此我们关注:由某些样本点所构成的集合,我们把由某样本点构成的集合称为随机事件.

定义 2 A 是试验 E 的样本空间的一个子集,即 $A \subset S$. 称 A 是 E 的**随机事件**,简称**事件**.

在一次试验中,当且仅当事件 A 中的一个样本点出现时,称事件 A **发生**.

随机试验中最简单的事件称为**基本事件**,基本事件是由单个样本点构成的单点集. 对于全部基本事件,在一次试验中,有且仅有一个发生.

例如,在 E_1 中,事件 A_1"点数大于 3",即

$$A_1=\{4,5,6\}.$$

事件 A_1 由 $\{4\}$、$\{5\}$、$\{6\}$ 三个基本事件组成.

每次试验都发生的事件,称为**必然事件**. 样本空间 S 为必然事件.

每次试验都不发生的事件,称为**不可能事件**,记为不包含任何样本点.

三、随机事件的关系与运算

随机事件是由样本点构成的集合. 因此,随机事件的关系与运算,事实上就是集合的关系与运算. 其目的在于将复杂事件分解为简单事件.

1. 子事件

事件 A 的发生必然导致事件 B 的发生,称事件 A 是事件 B 的**子事件**,记作 $A \subset B.$

其关系如图 5-1-1 所示.

例如,$\{1,3,4\} \subset \{1,2,3,4,5,6\}.$

2. 相等事件

若 $A \subset B$ 且 $B \subset A$,称事件 A,B **相等**,记作 $A=B.$

3. 和事件

事件 A,B 至少有一个发生时,事件 C 发生,称 C 为事件 A,B 的**和事件**,记作 $C=A \cup B.$

其关系如图 5-1-2 所示.

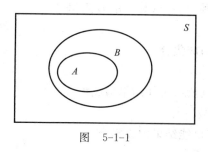

图 5-1-1

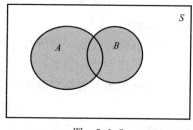

图 5-1-2

例如，$\{1,3,4\}\bigcup\{1,2,5\}=\{1,2,3,4,5\}$.

类似地，$A_1,A_2,\cdots,A_n$ 的和事件记作 $\bigcup\limits_{k=1}^{n}A_k$.

4. 积事件

事件 A,B 同时发生时，事件 C 发生，称事件 C 为事件 A,B 的**积事件**，记作 $C=A\bigcap B$（或 AB）.

其关系如图 5-1-3 所示.

例如，$\{1,3,4\}\bigcap\{1,2,3,5\}=\{1,3\}$.

类似地，$A_1,A_2,\cdots,A_n$ 的积事件记作 $\bigcap\limits_{k=1}^{n}A_k$.

5. 差事件

事件 A 发生且 B 不发生时，事件 C 发生，称事件 C 为事件 A,B 的**差事件**，记作 $A-B$.

其关系如图 5-1-4 所示.

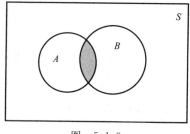

图 5-1-3

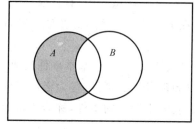

图 5-1-4

例如，$\{1,2,3,5\}-\{1,3\}=\{2,5\}$.

6. 互斥事件（互不相容）

事件 A,B 不能同时发生，则称事件 A,B 是**互斥**的，或互不相容的，即 $A\bigcap B=\varnothing$.

例如，基本事件是两两不相容的. 又如，$\{1,3,4\}\bigcap\{2,5,6\}=\varnothing$，所以 $\{1,3,4\}$ 与 $\{2,5,6\}$ 是互不相容的.

7. 逆事件（对立事件）

若 $A\bigcup B=S$ 且 $AB=\varnothing$，则称事件 A,B 是互为对立事件，或者称 A,B 为互逆事件 A 的逆事件，也常记作 $\overline{A}=S-A$.

对于一次试验而言，A 与 $\overline{A}$ 有且仅有一个发生. 例如，$S=\{1,2,3,4,5,6\}$，$A=\{1,3,5\}$. 则 $\overline{A}=\{2,4,6\}$.

事件的运算满足以下运算规律. 设 A,B,C 为事件，则有

交换律：　　　　　　　　$A\cup B=B\cup A,\quad A\cap B=B\cap A.$

结合律：　　　　　　　　$A\cup(B\cup C)=(A\cup B)\cup C,$
　　　　　　　　　　　　$A\cap(B\cap C)=(A\cap B)\cap C.$

分配律：　　　　　　　　$A\cup(B\cap C)=(A\cup B)\cap(A\cup C),$
　　　　　　　　　　　　$A(B\cup C)=(AB)\cup(AC).$

德·摩根定律：　　　　　$\overline{A\cup B}=\overline{A}\cap\overline{B},\quad \overline{A\cap B}=\overline{A}\cup\overline{B}.$

例　设 A,B,C 是三个事件,用运算关系表示下列各事件:

(1) A,B,C 都不发生;

(2) A,B,C 至少有一个发生;

(3) A,B,C 恰有一个发生;

(4) A,B,C 不多于两个发生;

(5) A,B,C 至少有两个发生.

解　记 $G_i(i=1,2,3,4,5)$ 表示所要求的事件.

(1) A,B,C 都不发生,意味着 $\overline{A},\overline{B},\overline{C}$ 同时发生,即
$$G_1=\overline{A}\,\overline{B}\,\overline{C}.$$

(2) 由和事件的意义,事件 $A\cup B\cup C$ 即表示 A,B,C 中至少有一个发生,即
$$G_2=A\cup B\cup C.$$

(3) A,B,C 恰有一个发生,若恰有 A 发生,意味着其他两个都不发生.因此,恰有 A 发生可表示为 $A\overline{B}\,\overline{C}$.同理可写出恰有 B、恰有 C 发生的情况.因此
$$G_3=(A\overline{B}\,\overline{C})\cup(\overline{A}B\overline{C})\cup(\overline{A}\,\overline{B}C).$$

(4) A,B,C 不多于两个发生,可以看成是三个都发生的逆事件,即
$$G_4=\overline{ABC}.$$

(5) $G_5=AB\cup BC\cup AC.$

【文化视角】

概率论与数理统计的发展(一)

17 世纪,正当研究必然性事件的数理关系获得较大发展的时候,一个研究偶然事件数量关系的数学分支开始出现,这就是概率论.

早在 16 世纪,赌博中的偶然现象就开始引起人们的注意.数学家卡丹诺(Cardano)首先觉察到,赌博输赢虽然是偶然的,但较大的赌博次数会呈现一定的规律性,卡丹诺为此还写了本名为《论赌博》的小册子,书中计算了掷两颗骰子或三颗骰子时,在一切可能的方法中有多少方法得到某一点数.据说,曾与卡丹诺在三次方程发明权上发生争论的塔尔塔里亚,也曾做过类似的实验.

促使概率论产生的强大动力来自社会实践.首先是保险事业.文艺复兴后,随着航海事业的发展,意大利开始出现海上保险业务.16 世纪末,在欧洲不少国家已把保险业务扩大到其他工商业上,保险的对象都是偶然性事件.为了保证保险公司赢利,又使参加保险的人愿意参加保险,就需要根据对大量偶然现象规律性的分析,去创立保险的一般理论.于是,一种专门适用于分析偶然现象的数学工具也就十分必要了.

不过,作为数学科学之一的概率论,其基础并不是在上述实际问题的材料上形成的.因为这些问题的大量随机现象,常被许多错综复杂的因素所干扰,它使之难以呈"自然的随机状态",因此必须从简单的材料来研究随机现象的规律性,这种材料就是所谓的"随机博弈".在近代概率论创立之前,人们正是通过对这种随机博弈现象的分析,注意到了它的一些特性,比如"多次实验中的频率稳定性"等,然后经加工提炼而形成了概率论.

荷兰数学家、物理学家惠更斯于 1657 年发表了关于概率论的早期著作《论赌博中的计算》.在此期间,法国的费马与帕斯卡也在相互通信中探讨了随机博弈现象中所出现的概率论的基本定理和法则.惠更斯等人的工作建立了概率和数学期望等主要概念,找出了它们的基本性质和演算方法,从而塑造了概率论的雏形.

习　题　5-1

1. 写出下列随机试验的样本空间:

(1) 将一枚硬币连续抛掷两次,观察出现正反两面的情况;

(2) 同时抛掷两枚骰子,观察两个骰子的点数之和;

(3) 袋中装有编号为 1,2 和 3 的三个球,随机地取两个,观察这两个球的编号;

(4) 袋中装有编号为 1,2 和 3 的三个球,依次随机地取两次,每次取一个球(不放回),观察这两个球的编号.

2. 设 A,B,C 为三个事件,用 A,B,C 的运算表示下列事件:

(1) A,B,C 都不发生;

(2) A,B 都发生,而 C 不发生;

(3) A,B,C 中最多有两个发生;

(4) A,B,C 中不多于一个不发生;

(5) A,B,C 全都发生;

(6) A,B,C 不全发生.

§5.2　概率的定义及性质

一次试验中,事件可能发生,也可能不发生,有些事件发生的可能性大,有些事件发生的可能性小.研究随机现象,我们不仅关心哪些事件可能发生,更关心事件发生可能性的大小.我们希望通过定量的方式,找到一个数量化指标,来刻画事件 A 发生的可能性大小,将此数量指标称为事件 A 发生的**概率**,记为 $P(A)$.

在不同的时期,人们根据不同假设给出概率的各种定义.概率的定义经历了古典概型、几何概型和概率的公理化定义演变过程.下面我们将分别介绍.

一、古典概型

1654 年帕斯卡、费马给出古典概率的雏形.1812 年,拉普拉斯给出了古典概率的定义,并给出了古典概率的计算方法.

如果随机试验具有以下两个特点:

（1）试验的样本空间只有有限个样本点（有限性）；

（2）由于问题的对称性，在每次试验中，各个基本事件发生的可能性相同（等可能性）.

那么，把具有以上两个特点的试验称为**古典概率模型**或**等可能概率模型**，简称**古典概型**.在概率论发展的初期，古典概型是主要的研究对象.

古典概型的计算：设样本空间 S 中有 n 个样本点，事件 A 中有 $m(m\leqslant n)$ 个样本点，$P(A)$ 为事件 A 发生的概率，则

$$P(A)=\frac{m}{n}=\frac{A\text{ 中包含基本事件的个数}}{S\text{ 中包含基本事件的个数}}.$$

注：古典概型研究的是一类最简单的随机试验，**有限性**和**等可能性**这两个条件至关重要.

例 1 同时掷两枚硬币，观察出现正面（H）和反面（T）的情形：

（1）写出试验的样本空间 S；

（2）求两枚硬币都出现正面的概率；

（3）求出现一个正面一个反面的概率.

解 （1）$S=\{(H,H),(H,T),(T,H),(T,T)\}$.

（2）事件 $A=\{$两枚硬币都是正面$\}=\{(H,H)\}$，有一个样本点，样本空间 S 有 4 个样本点，$P=\frac{1}{4}$.

（3）事件 $B=\{$一正一反$\}=\{(H,T),(T,H)\}$，有两个样本点，$P(B)=\frac{2}{4}=\frac{1}{2}$.

注：这里两枚硬币具备对称性，因此 (H,T)，(T,H) 应当认为是两个不一样的基本事件，在样本空间中表现为两个等可能的样本点.其原因是为了保证样本空间中样本点的等可能性.

例 2 某元件厂家生产一批元件，元件的合格率为 90%，在这批产品中随机选出 20 个逐个进行检验.

（1）A_1 表示检验的第一个产品是不合格的，求 $P(A_1)$；

（2）A_2 表示随机抽出两个产品检验都是不合格的，求 $P(A_2)$.

解 在随机选出的 20 个产品中，认为有 $20\times90\%=18$ 个是合格品，其余 2 个是不合格的.

（1）由古典概率 $P(A_1)=\frac{C_2^1}{C_{20}^1}=\frac{2}{20}=\frac{1}{10}$.

（2）20 个中抽出两个，共有 C_{20}^2 种取法.因此 $P(A_2)=\frac{C_2^2}{C_{20}^2}=\frac{1}{190}$.

例 3 田忌赛马：齐威王与齐将田忌各有上等、中等和下等马各一匹.已知同等级别马之间比赛齐王的胜；不同等马之间的比赛，等级高的胜出；各种马匹必须上场且只比一次，比赛共有三个场次，总分多者胜利.设随机安排马匹比赛顺序，计算田忌的马胜出的概率 P.

解 设 A,B,C 分别为齐王的上、中、下等级马匹.a,b,c 分别为田忌的上、中、下等级的马匹，比赛场次顺序的安排和结果见表 5-2-1.

表 **5-2-1**

场次顺序 1	场次顺序 2	场次顺序 3	比分
(A,a)	(B,b)	(C,c)	$3:0$
(A,a)	(B,c)	(C,b)	$2:1$

场次顺序 1	场次顺序 2	场次顺序 3	比分
(A,b)	(B,a)	(C,c)	2∶1
(A,b)	(B,c)	(C,a)	2∶1
(A,c)	(B,a)	(C,b)	1∶2
(A,c)	(B,b)	(C,a)	2∶1

从表中可看出,6 种情形当中,只有一种情形田忌的马能胜出,从而田忌的马能胜出的概率为 $P=\dfrac{1}{6}$.

二、几何概型

随着随机现象研究的深入,人们发现很多问题是古典概型无法解决的,比如试验的样本空间有无限个样本点的情形等;再如随机等可能地落在线段上的点,随机等可能地落在某个正方形区域上的点,等等.

1777 年蒲丰给出了几何概型的定义及计算方法.

如果随机试验具有如下特点:

(1) 随机试验的样本空间 S 有无限个样本点,且 S 是可度量区域;

(2) 由于问题的对称性,样本点等可能地分布在 S 上;

(3) 事件 A 发生的子区域也是可度量区域.

则称这类随机试验为**几何概型**.

几何概型的计算:设样本空间 S 是某一可度量区域,事件 $A \subset S$,$\mu(\ast)$ 表示 $\ast$ 的度量(这里 $\ast$ 可以是任何可度量的对象),$P(A)$ 表示事件 A 发生的概率,则 $P(A)=\dfrac{\mu(A)}{\mu(S)}$.

注:所谓度量,读者可以理解为线段的长度、平面上图形的面积等.

例 4　假设某班车每 30 min 发出一班,一旅客随机到达车站,求他等车时间超过 20 min 的概率.

解　该旅客随机到达车站,那么他等车的时间等可能地在区间 $(0,30)$ 上,而等车时间超过 20 min,那么等车时间就在区间 $(20,30)$ 上.

设 $S=(0,30)$ 为"等车时间",则 $A=(20,30)$ 表示事件"等车时间超过 20 min".由几何概型的计算

$$P(A)=\frac{\mu(A)}{\mu(S)}=\frac{10}{30}=\frac{1}{3}.$$

例 5　甲、乙两人约好 8:00—9:00 在某处见面,双方约定:如果其中一方等待对方的时间超过 20 min,那么约会取消(假定他们到达的时间是随机的、等可能的).试求他们能够碰面的概率.

解　设 x,y 分别表示甲、乙 8 点零几分到达的,有 $0 \leqslant x \leqslant 60, 0 \leqslant y \leqslant 60$.在平面直角坐标系 xOy 中,样本空间

$$S = \{(x,y) \mid 0 \leqslant x \leqslant 60; 0 \leqslant y \leqslant 60\}.$$

A 表示事件"两人碰面"

$$A = \{(x,y) \mid |x - y| \leqslant 20\}.$$

如图 5-2-1 所示，由几何概型的计算

$$P(A) = \frac{\mu(A)}{\mu(S)} = \frac{60^2 - 40^2}{60^2} = \frac{5}{9}.$$

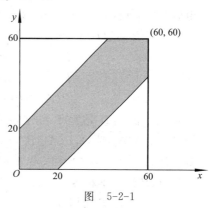

图　5-2-1

三、概率的公理化定义

我们可以看到，以上概率的定义或多或少都存在一定的缺陷，无法作为概率的数学刻画. 因此，为了理论研究的需要，有必要给出理论更加严格的概率数学定义. 1933 年，科尔莫戈罗夫给出了概率的公理化定义. 从此，概率论才真正发展成为一门数学学科.

设 E 是随机试验，S 是样本空间. 对于 E 的每一个事件 A 赋予一个实数，记为 $P(A)$，$P(A)$ 称为事件 A 的**概率**，如果其满足下列假设：

（ⅰ）对于任何事件 A，$0 \leqslant P(A) \leqslant 1$；

（ⅱ）对于必然事件 S，$P(S) = 1$；

（ⅲ）若事件 $A_1, A_2, \cdots, A_n$ 两两互不相容，则有

$$P(A_1 \cup A_2 \cup \cdots \cup A_n) = P(A_1) + P(A_2) + \cdots + P(A_n).$$

由概率的定义可以得到概率的一些性质.

性质 1（对立事件的概率）$\overline{A}$ 是 A 的对立事件，则有 $P(\overline{A}) = 1 - P(A)$.

证明　如图 5-2-2 所示，由 $1 = P(S) = P(A \cup \overline{A}) = P(A) + P(\overline{A}) \Rightarrow P(\overline{A}) = 1 - P(A)$.

性质 2（不可能事件的概率）　$P(\varnothing) = 0$.

证明　由 $1 = P(S) = P(S \cup \varnothing) = P(S) + P(\varnothing) \Rightarrow P(\varnothing) = 0$.

性质 3（差事件的概率）　设 $A \subset B$，则有 $P(B - A) = P(B) - P(A)$.

推论　若 $A \subset B$，则有 $P(A) \leqslant P(B)$.

证明　如图 5-2-3 所示，

$$P(B) = P((B - A) \cup A) = P(B - A) + P(A) \Rightarrow P(B - A) = P(B) - P(A).$$

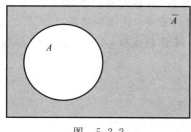

图　5-2-2

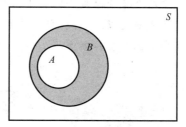

图　5-2-3

性质 4　对于任意事件 A, B，有

$$P(A \cup B) = P(A) + P(B) - P(AB).$$

证明　如图 5-2-4 所示，

$$A \cup B = A \cup (B-A) = A \cup (B-AB).$$

由概率的假设(ⅲ)以及 $AB \subset B$, 得

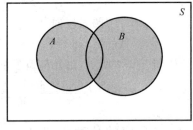

图 5-2-4

$$P(A \cup B) = P(A \cup (B-A))$$
$$= P(A) + P(B-A)$$
$$= P(A) + P(B-AB)$$
$$= P(A) + P(B) - P(AB).$$

例 6 已知 A, B 是互不相容的两个事件 $P(A) = 0.4, P(B) = 0.5$. 求 $P(\overline{A}), P(A \cup B), P(A\overline{B}), P(\overline{A} \cap \overline{B})$.

解 $P(\overline{A}) = 1 - P(A) = 1 - 0.4 = 0.6$.

因为 A, B 是互不相容的, 所以 $AB = \varnothing$, 从而

$$P(A \cup B) = P(A) + P(B) - P(AB) = 0.4 + 0.5 - 0 = 0.9,$$
$$P(A\overline{B}) = P(A-AB) = P(A) - P(AB) = 0.4 - 0 = 0.4,$$
$$P(\overline{A} \cap \overline{B}) = P(\overline{A \cup B}) = 1 - P(A \cup B) = 1 - 0.9 = 0.1.$$

例 7 设 A, B 是两事件, 已知 $P(A) = 0.2, P(B) = 0.3, P(A \cup B) = 0.4$. 求 $P(AB)$, $P(\overline{A} \cup \overline{B})$.

解 由性质 4

$$P(A \cup B) = P(A) + P(B) - P(AB)$$
$$= 0.2 + 0.3 - P(AB) = 0.4,$$

所以 $P(AB) = 0.1$, 从而

$$P(\overline{A} \cup \overline{B}) = P(\overline{AB}) = 0.9.$$

【文化视角】

拉 普 拉 斯

拉普拉斯(Laplace, 1749—1827), 法国著名的天文学家和数学家, 天体力学的集大成者. 1749 年生于法国西北部卡尔瓦多斯的博蒙昂诺日, 1827 年 3 月 5 日卒于巴黎. 1816 年被选为法兰西学院院士, 1817 年任该院院长. 1812 年出版了重要的《概率分析理论》一书, 在该书中总结了当时整个概率论的研究, 论述了概率在选举审判调查、气象等方面的应用, 导入"拉普拉斯变换"等. 在拿破仑皇帝时期和路易十八时期两度获颁爵位. 拉普拉斯曾任拿破仑的老师, 所以和拿破仑结下不解之缘. 拉普拉斯在研究天体问题的过程中, 创造和发展了许多数学的方法, 以他的名字命名的拉普拉斯变换、拉普拉斯定理和拉普拉斯方程, 在科学技术的各个领域有着广泛的应用.

习 题 5-2

1. 设事件 A 与 B 为互不相容的两个事件, 且知 $P(A) = 0.4, P(B) = 0.3$. 求 $P(\overline{A})$, $P(\overline{B}), P(AB), P(A \cup B)$.

2. 设 A 与 B 为两事件, 其中 $P(A) = 0.6, P(AB) = 0.1, P(\overline{A}\overline{B}) = 0.15$. 求 $P(A \cup B)$, $P(B), P(A-B)$.

3. 某号码锁有三个拨盘，每个拨盘有从 0～9 共 10 个数字，只有当三个拨盘上的数组成某一个确定的三位数时，方能打开锁. 求一次就能打开锁的概率.

4. 在 20 件产品中，有 3 件是次品，其余为正品. 现从中任取两件，求下列事件的概率.

(1) 2 件都是正品；

(2) 2 件都是次品；

(3) 1 件是正品 1 件是次品.

5. 袋中有 10 个球，其中 3 个是红球，7 个是白球.

(1) 从中任取 2 个，则两个都是红球的概率；

(2) 从中任取 2 个，则至少有一个是红球的概率.

6. 随机向边长为 2 的正方形中等可能投点，求点落在该正方形内切圆中的概率.

§5.3　条件概率

一、条件概率与乘法公式

事件概率的计算，到目前为止都是基于样本空间，并没有考虑任何附加条件. 本节要考虑除样本空间以外还有其他附加条件时事件概率的计算，即在事件 A 已经发生的情况下事件 B 发生的概率，用 $P(B|A)$ 表示.

例如，掷一颗骰子，观察出现的点数. 用事件 B 表示点数小于 4. 则样本空间 $S = \{1,2,3, 4,5,6\}$，$B = \{1,2,3\}$，由古典概型可以得到

$$P(B) = \frac{N(B)}{N(S)} = \frac{3}{6} = \frac{1}{2}.$$

现在我们提出了一个新的问题：已知事件 $A = \{$出现的点数是偶数$\}$ 发生了. 那么在这个情况下事件 B 发生的概率 $P(B|A)$ 为多少？

分析：如果已经知道事件 A 发生了，在这个条件下，样本点"1""3""5"是不会出现的. 此时，所有的结果就仅局限在 $A = \{2,4,6\}$，即原样本空间缩减成新的样本空间：$S' = \{2,4,6\}$. 此时，B 仅包含"2"一个样本点，于是

$$P(B|A) = \frac{N(B)}{N(A)} = \frac{N(B)}{N(S')} = \frac{1}{3}.$$

在这里可以看出 $P(B) = \frac{1}{2} \neq P(B|A)$，原因是因为 A 发生的情况下，改变了 B 的样本空间.

为此我们给出条件概率的定义.

定义 1　设 A,B 是两个事件，且 $P(A) > 0$，则称

$$P(B|A) = \frac{P(AB)}{P(A)}$$

为已知事件 A 发生的条件下事件 B 发生的**条件概率**.

关于条件概率的几点说明如下：

(1) 定义中虽然给出了计算条件概率的方法

$$P(B|A) = \frac{P(AB)}{P(A)} \quad (P(A) > 0),$$

但实际中利用缩减样本空间直接进行计算,更为常用.

(2)条件概率同样满足概率定义中的三条假设以及性质.

例 1 掷一颗骰子,观察它的点数,事件 B 表点数小于 4,事件 $A=\{$出现的点数是偶数$\}$,求 $P(B|A)$.

解 $A=\{2,4,6\},B=\{1,2,3,4\}$,由条件概率的计算得

$$P(B|A)=\frac{P(AB)}{P(A)}=\frac{1/6}{1/2}=\frac{1}{3}.$$

例 2 掷两颗骰子,已知点数之和为 7,求其中一颗为 1 的条件概率.

解 设 A 表示"点数之和为 7",B 表示"其中一颗为 1",$P(B|A)$ 为所求的概率样本空间 S 共有 $6\times6=36$ 个样本点,A 中有 6 个样本点,AB 含有两个样本点 $\{(1,6),(6,1)\}$,则

$$P(A)=\frac{6}{36}, \quad P(AB)=\frac{2}{36},$$

$$P(B|A)=\frac{P(AB)}{P(A)}=\frac{2/36}{6/36}=\frac{1}{3}.$$

把条件概率的定义变形,就可以得到乘法公式,它可以用来计算积事件的概率.

定理 1 乘法公式:A,B 是随机事件,且 $P(A)>0$,则有

$$P(AB)=P(B|A)P(A).$$

例 3 掷一颗骰子观察点数,A 表示"出现点数为偶数",B 表示"出现的点数小于 4".试计算 $P(A),P(B),P(A|B),P(AB)$.

解 $S=\{1,2,3,4,5,6\},A=\{2,4,6\},B=\{1,2,3\}$,由古典概率以及条件概率的计算得

$$P(A)=\frac{3}{6}=\frac{1}{2}, \quad P(B)=\frac{3}{6}=\frac{1}{2},$$

$$P(A|B)=\frac{1}{3}, \quad P(B|A)=\frac{1}{3},$$

$$P(AB)=P(B|A)P(A)=\frac{1}{2}\cdot\frac{1}{3}=\frac{1}{6}.$$

例 4 某人有 5 把形状相同的钥匙,其中只有一把能够将门打开,钥匙试过之后,下次不再选取该钥匙.用 $A_i(i=1,2,\cdots,5)$ 表示第 i 次将门打开.求 $P(A_1),P(A_2|\overline{A_1}),P(\overline{A_1}A_2)$,$P(A_2)$,并说明各个概率的意义.

解 A_1 表示第 1 次将门打开,即 5 把仅有一把可以打开门.因此

$$P(A_1)=\frac{1}{5}.$$

$A_2|\overline{A_1}$ 表示在第 1 次没有打开门的条件下,2 次将门打开,即 4 把钥匙中只有一把可以打开门,所以

$$P(A_2|\overline{A_1})=\frac{1}{4}.$$

$\overline{A_1}A_2$ 表示第 1 次没有打开门,并且第 2 次将门打开,所以

$$P(\overline{A_1}A_2)=P(\overline{A_1})P(A_2|\overline{A_1})=\left(1-\frac{1}{5}\right)\cdot\frac{1}{4}=\frac{1}{5}.$$

A_2 表示第 2 次将门打开,即第 1 次没有打开,而第 2 次将门打开了.因此

$$P(A_2)=P(\overline{A_1}A_2)=\frac{1}{5}.$$

注：A_3 表示第 3 次打开门,亦即 $\overline{A}_1$,$\overline{A}_2$ 和 A_3 都发生,由条件概率计算第 3 次打开门的情况.

$$P(A_3)=P(\overline{A}_1\overline{A}_2A_3)=P(A_3\,|\,(\overline{A}_1\overline{A}_2))P(\overline{A}_1\overline{A}_2)$$
$$=P(A_3\,|\,(\overline{A}_1\overline{A}_2))P(\overline{A}_2\,|\,\overline{A}_1)P(\overline{A}_1)$$
$$=\frac{1}{3}\times\frac{3}{4}\times\frac{4}{5}=\frac{1}{5}.$$

同理可以计算 $P(A_4)=P(A_5)=\dfrac{1}{5}$.

概率模型的推广:把 5 支钥匙看成 5 份奖券,其中只有一份是有奖项的,分别由 5 人抽取,那么他们取到有奖项的奖券的机会是一样的,都是 0.2.他们是否中奖与他们抽取的先后顺序无关.

二、事件的独立性

掷两颗骰子,观察各自点数奇偶情况

样本空间 $S=\{(奇,奇)(奇,偶),(偶,奇),(偶,偶)\}$;

出现一奇一偶的事件:$A=\{(奇,偶),(偶,奇)\}$;

第一颗是偶数的事件:$B=\{(偶,奇),(偶,偶)\}$.

由古典概率的计算得到

$$P(A)=\frac{1}{2},\quad P(B)=\frac{1}{2},$$
$$P(A\,|\,B)=\frac{P(AB)}{P(B)}=\frac{1/4}{1/2}=\frac{1}{2},$$
$$P(AB)=\frac{1}{4}=P(A)P(B).$$

该例中给出了新的条件 B,$P(B)>0$,但 $P(A\,|\,B)=P(A)$,即条件 B 的发生与否,对 $P(A)$ 没有影响,此时也称事件 A,B 相互独立.由乘法公式有:

$$P(AB)=P(A\,|\,B)P(B)=P(A)P(B),\quad 其中 P(B)>0.$$

定义 2　设 A,B 是两事件,且 $P(A)P(B)>0$.如果

$$P(AB)=P(A)P(B),$$

则称事件 A 与事件 B **相互独立**,简称 A,B **独立**.

注:公式 $P(AB)=P(A)P(B)$ 可以用来计算两独立事件的积事件概率;同时也可以作为判断两事件是否独立的依据.

由事件之间的独立性可知:若事件 A,B 是独立的,那么事件 A 与 $\overline{B}$,$\overline{A}$ 与 B,$\overline{A}$ 与 $\overline{B}$ 是独立的.

事实上,

$$P(\overline{A}B)=P((S-A)B)=P(B-AB)$$
$$=P(B)-P(AB)=P(B)-P(A)P(B)$$
$$=(1-P(A))P(B)=P(\overline{A})P(B).$$

所以 $\overline{A}$ 与 B 是独立的.同理 A 与 $\overline{B}$ 是独立的,因为

$$P(\overline{A}\,\overline{B})=P(\overline{A\bigcup B})=1-P(A\bigcup B)$$
$$=1-[P(A)+P(B)-P(AB)]$$

$$=1-[P(A)+P(B)-P(A)P(B)]$$
$$=(1-P(A))(1-P(B))=P(\overline{A})P(\overline{B}).$$

所以 $\overline{A}$ 与 $\overline{B}$ 是独立的.

两个事件的独立性还可以推广到三个事件的情形:

定义 3 称事件 A,B,C 是相互独立的,如果同时满足:
$$P(AB)=P(A)P(B),$$
$$P(AC)=P(A)P(C),$$
$$P(BC)=P(B)P(C),$$
$$P(ABC)=P(A)P(B)P(C).$$

在实际中,很多事件都可以看作独立的,比如两个同学的身高、同班同学的学习成绩等. 实际上事件的独立性给概率的计算提供方便.

例 5 甲乙两射手独立进行对某一目标进行射击,设他们打中目标的概率分别为 0.8, 0.75,求:

(1) 两人都打中目标的概率;

(2) 两人都没有打中目标的概率;

(3) 其中仅有一人打中目标的概率;

(4) 至少有一人打中目标的概率.

解 设事件 $A=\{$甲打中目标$\}$,$B=\{$乙打中目标$\}$,A,B 是独立的.

(1) 两人都打中目标,即事件 A,B 同时发生,所以
$$P(AB)=P(A)P(B)=0.8\times0.75=0.6.$$

(2) 两人都没有打中目标,即事件 $\overline{A},\overline{B}$ 同时发生,所以
$$P(\overline{A}\,\overline{B})=P(\overline{A})P(\overline{B})=0.2\times0.25=0.05.$$

(3) 其中仅有一人打中目标,即事件 $\overline{A}B\cup A\overline{B}$,又 $\overline{A}B$ 与 $A\overline{B}$ 互斥,所以
$$P(\overline{A}B\cup A\overline{B})=P(\overline{A}B)+P(A\overline{B})$$
$$=P(\overline{A})P(B)+P(A)P(\overline{B})$$
$$=0.2\times0.75+0.8\times0.25=0.35.$$

(4) 至少有一人打中目标,即事件 $A\cup B$ 或 $1-P(\overline{A}\,\overline{B})$ 发生,所以
$$P(A\cup B)=P(A)+P(B)-P(AB)=0.95.$$

例 6 在《三国演义》中,诸葛亮机智多谋,是个难得的人才,而民间也有谚语:三个臭皮匠赛过诸葛亮. 试对这则谚语进行概率解释(假定对某一个问题,诸葛亮解决的概率为 0.8,而那三个臭皮匠都能以概率为 0.5 独立解决).

解 设 $A=\{$第 i 个皮匠解决这一问题$\}$,$i=1,2,3$,则至少有一臭皮匠能解决该问题的概率.
$$P(A_1\cup A_2\cup A_3)=P(\overline{\overline{A_1}\,\overline{A_2}\,\overline{A_3}})=1-P(\overline{A_1}\,\overline{A_2}\,\overline{A_3})=1-P(\overline{A_1})P(\overline{A_2})P(\overline{A_3})$$
$$=1-\left(\frac{1}{2}\right)^3=0.875>0.8,$$

因此认为"三个臭皮匠赛过诸葛亮"是有一定道理的.

三、全概率公式与贝叶斯公式

下面继续从条件概率以及乘法公式入手,导出全概率公式和贝叶斯公式,其目的是用来计

算复杂事件的概率.

例如,设某高校在 2018 年 1 月英语四级考试中,报名人数及其考试成绩统计见表 5-3-1.

表 5-3-1

年级	报名人数比例/%	成绩合格比例/%
大一	10	90
大二	70	80
大三	20	85

问该校本次四级通过率为多少(或随机抽查一个考生,其成绩合格的概率是多少)?

分析:设共有 n 人报考,则报名人数及其考试成绩统计见表 5-3-2.

表 5-3-2

年级	报名人数	成绩合格人数
大一	$0.1n$	$0.9 \times 0.1n$
大二	$0.7n$	$0.8 \times 0.7n$
大三	$0.2n$	$0.85 \times 0.2n$

通过率

$$P = \frac{0.9 \times 0.1n + 0.8 \times 0.7n + 0.85 \times 0.2n}{n} = 0.82.$$

所以该校本次四级通过率为 82%(或随机抽查一个考生,其成绩合格的概率是 0.82).

从概率的角度随机抽取一个考生,设事件

$$A = \{该考生是大一考生\},$$
$$B = \{该考生是大二考生\},$$
$$C = \{该考生是大三考生\}.$$

又设 $H = \{成绩合格\}$(见图 5-3-1),则 $P(H)$ 为所求.
由统计表有:

$$P(A) = 0.1, \quad P(B) = 0.7, \quad P(C) = 0.2,$$
$$P(H|A) = 0.9, P(H|B) = 0.8, P(H|C) = 0.85.$$

又 $H = HA \cup HB \cup HC$,所以

$$P(H) = P(H|A)P(A) + P(H|B)P(B) + P(H|C)P(C)$$
$$= 0.9 \times 0.1 + 0.8 \times 0.7 + 0.85 \times 0.2 = 0.82.$$

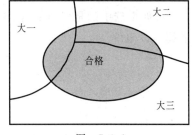

图 5-3-1

设 S 是样本空间,A, B, C 是样本空间中两两互不相容的子事件,满足

$$A \cup B \cup C = S,$$

则称 A, B, C 为样本空间 S 的一个**划分**.

这样只要知道事件 H 在划分 A, B, C 下的条件概率,那么 $P(H)$ 就可以根据全概率公式计算出来.

注:在实际中划分是很必要的,这样能够把复杂的问题分割成简单的问题.

定理 2(全概率公式) 对于样本空间 S 中事件 H 的概率(见图 5-3-2)

$$P(H)=P(HS)=P(H(A\cup B\cup C))$$
$$=P(HA\cup HB\cup HC)=P(HA)+P(HB)+P(HC)$$
$$=P(H|A)P(A)+P(H|B)P(B)+P(H|C)P(C),$$

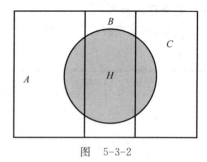

图 5-3-2

其中 A,B,C 是样本空间 S 的一个划分. 该公式也称**全概率公式**.

全概率公式给出在实际中计算某些复杂事件概率的方法. 从公式两端分析:左端是事件 H 的无条件概率,而右端给出的是在各个划分条件下的概率,亦即通过各个划分下的条件概率可以计算出该事件的无条件概率.

定理3(贝叶斯公式) 如果 $P(A)>0,P(H)>0,A,B,C$ 是样本空间 S 的一个划分,则

$$P(A|H)=\frac{P(AH)}{P(H)}=\frac{P(A)P(H|A)}{P(H)}=\frac{P(A)P(H|A)}{P(H|A)P(A)+P(H|B)P(B)+P(H|C)P(C)},$$

该公式称为**贝叶斯公式**.

贝叶斯公式说明:如果知道各划分下的条件概率,那么一次试验中事件已经发生了,该事件各个划分下发生的概率可以通过贝叶斯公式解出.

注:(1) 全概率公式应用时,前提条件是对于划分 A,B,C 的概率 $P(A),P(B),P(C)$ 以及 $P(H|A),P(H|B),P(H|C)$ 都是已知的.

(2) 全概率公式可以进行推广:$A_i(i=1,2,\cdots n)$ 两两不相容,且 $S=A_1\cup A_2\cdots\cup A_n$,则
$$P(S)=P(S|A_1)P(A_1)+P(S|A_2)P(A_2)+\cdots+P(S|A_n)P(A_n).$$

例7 商场有某批次产品,其中 40% 来自甲工厂,60% 来自乙工厂,甲乙工厂产品的优质品率分别为 $85\%,90\%$.

(1) 一顾客从中随机挑选一件,问选中的是优质品的概率;

(2) 如果选中的是优质品,问该优质品来自甲厂家的概率.

解 设事件
$$A=\{产品来自甲厂\},$$
$$B=\{产品来自乙厂\},$$
$$H=\{选中的是优质品\}.$$

由题意得
$$P(A)=0.4,\quad P(B)=0.6,$$
$$P(H|A)=0.85,\quad P(H|B)=0.9.$$

(1) $H=(HA)\cup(HB)$,由全概率公式得
$$P(H)=P(H|A)P(A)+P(H|B)P(B)$$
$$=0.85\times0.4+0.9\times0.6=0.88.$$

(2) 由贝叶斯公式
$$P(A|H)=\frac{P(AH)}{P(H)}=\frac{P(A)P(H|A)}{P(H|A)P(A)+P(H|B)P(B)}$$
$$=\frac{0.85\times0.4}{0.85\times0.4+0.9\times0.6}=\frac{17}{44}.$$

【文化视角】

贝 叶 斯

贝叶斯,英国数学家,约 1701 年出生于伦敦,做过神甫.1742 年成为英国皇家学会会员.1761 年 4 月 7 日逝世.贝叶斯在数学方面主要研究概率论.他首先将归纳推理法用于概率论基础理论,并创立了贝叶斯统计理论,对于统计决策函数、统计推断、统计的估算等做出了贡献.他死后,理查德·普莱斯(Richard Price)于 1763 年将他的著作《机会问题的解法》(*An essay towards solving a problem in the doctrine of chances*)寄给了英国皇家学会,对于现代概率论和数理统计产生了重要的影响.贝叶斯的另一著作《机会的学说概论》发表于 1758 年.贝叶斯所采用的许多术语被沿用至今.

所谓贝叶斯公式,是指当分析样本大到接近总体数时,样本中事件发生的概率将接近于总体中事件发生的概率.但行为经济学家发现,人们在决策过程中往往并不遵循贝叶斯规律,而是给予最近发生的事件和最新的经验以更多的权值,在决策和做出判断时过分看重近期的事件.面对复杂而笼统的问题,人们往往走捷径,依据可能性而非根据概率来决策.这种对经典模型的系统性偏离称为"偏差".由于心理偏差的存在,投资者在决策判断时并非绝对理性,会行为偏差,进而影响资本市场上价格的变动.但长期以来,由于缺乏有力的替代工具,经济学家不得不在分析中坚持贝叶斯法则.

习 题 5-3

1. 某商场销售甲、乙、丙三个厂家生产的同种家用电器,三厂产品的比例为 $1:2:1$,且次品率分别为 $0.1,0.15,0.2$.某顾客从该商场任意选购了一件产品,试求下列事件的概率:

(1) 顾客购得正品概率;

(2) 已知顾客购得正品,则购得的正品是甲厂生产的概率.

2. 抛掷两枚骰子,观察出现的点数,以 A 表事件"两骰子点数之和等于 4",以 B 表示事件"两骰子点数相等"求在 B 已发生的条件下 A 发生的条件概率,即求 $P(A|B)$.

3. 某人忘了银行卡密码的最后一位数字,他想随机试一下密码,但如果连续三次输入错误密码,那银行卡将被 ATM 取款机吞卡.

(1) 求被取款机吞卡的概率;

(2) 若已知密码的最后一位数字是奇数,那被吞卡的概率是多少?

4. 某一治疗方法对随机一个病人有效的概率是 0.9,今随机对 3 个病人进行了治疗,假设对各个病人的治疗效果相互独立的,求该治疗方法至少对一人是有效的概率.

5. 甲、乙、丙三台自动机床独立工作,在同一段时间内不需要工人照管的概率分别为 0.7,0.8 和 0.9.求:

(1) 在这段时间内三台自动机床同时需要人照管的概率 P_1;

(2) 最多只有一台自动机床需要人照管的概率 P_2.

6. 已知 $P(A)=0.3,P(B)=0.4,P(A|B)=0.5$.求 $P(AB),P(B|A),P(A\cup B)$.

7. 某篮球运动员罚球两次,第一次罚中概率为 0.75,若第一次罚中则第二次罚中的概率为 0.8.求两罚两中的概率.

§5.4　随机变量及其分布

概率论是从数量的侧面来研究随机现象的统计规律性,并建立起一系列公式和定理的学科.为了更好地使用数学方法来研究概率论,人们引入了随机变量的概念.

在 19 世纪中叶,俄国数学家切比雪夫(1821—1894)在一系列研究中首先引入并提倡使用随机变量的概念,这一概念也成为概率论和数理统计中最重要的概念.

一、随机变量

在研究随机试验结果时,人们发现很多试验结果本身就是可数量化的,例如:

(1) 掷一颗骰子,观察出现的点数 $X:x_1=1,x_2=2,x_3=3,x_4=4,x_5=5,x_6=6$;

(2) 连续掷一颗骰子,观察直到出现 5 点为止所掷的次数 $X=k:k=1,2,3,\cdots$;

(3) 已知某路车每班间隔 15 min 准时发车,一人随机到达车站,则他的等车时间 $X=x$,$x\in(0,15)$;

(4) 有些结果虽然直接不是数量化的,但可以重新定义使之成可数量化结果.例如,非数量化的例子:在一次试验中,观察试验是"成功"定义为 $X=1$,"失败"定义为 $X=0$.

出于这种考虑,人们希望随机试验的样本点 e 都可以与实数 $X=X(e)$ 对应起来.

定义 1　设 S 是随机试验的样本空间,定义在 S 上的实值单值函数

$$X=X(e),\quad e\in S.$$

称 X 为**随机变量**.

我们一般用大写字母 X,Y,Z 表示随机变量,而用小写字母 x,y,z 表示随机变量的取值.

注:随机变量是以一定概率在样本空间上取值的变量.

引入随机变量的意义:

(1) 随机事件升华为随机变量后描述随机现象更加方便;

(2) 可以利用数学分析的方法对随机试验的结果进行更加全面、深入的研究.

本书中随机变量分为离散型随机变量和连续型随机变量.

二、离散型随机变量及其分布

对于离散型的随机变量 X 而言,如果知道了 X 所有可能取的值及相应的概率,那么随机变量 X 也就完全描述清楚了.我们希望有一个直观的方式,将取值以及对应的概率情况描述清楚.下面引入分布律的概念,它可以刻画离散型随机变量的取值规律.

定义 2　设离散型的随机变量 X,其所有可能取的不同值为 $x_1,x_2,\cdots,x_n$,其相应的概率为 $p_1,p_2,\cdots,p_n$,即

$$P\{X=x_k\}=p_k\quad(k=1,2,\cdots,n),$$

且满足条件:

(1) $p_k\geqslant0\ (k=1,2,\cdots,n)$;

(2) $\displaystyle\sum_{k=1}^{\infty}p_k=1$,

则称 $P\{X=x_k\}=p_k$ 为随机变量 X 的 **概率分布律**,简称 **分布律**.

随机变量 X 的分布律也可用更为直观的表格法来表示,见表 5-4-1.

表　5-4-1

X	x_1	x_2	$\cdots$	x_n
P	p_1	p_2	$\cdots$	p_n

注:(1) 要求每个事件 A 的概率 $0\leqslant P(A)\leqslant 1$,因此随机变量的分布律中要求每个 $p_k\geqslant 0$;

(2) 对于必然事件 S 的概率 $P(S)=1$;

(3) 对于互斥事件 $\{X=x_i\},\{X=x_j\},i\neq j$ 有

$$\sum_{k=1}^{\infty}p_k=1,$$

其中 $P\{X=x_k\}=p_k(k=1,2,\cdots,n)$.

例 1　掷一颗骰子,观察出现的点数 X,$x_i=i(i=1,2,\cdots,6)$表示对应的点数.求 X 的分布律.

解　$P\{X=x_i\}=p_i=\dfrac{1}{6},i=1,2,\cdots,6.$

也可以用概率线条图表示分布律,如例 1 概率线条图如图 5-4-1 所示.

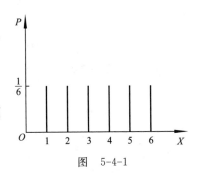

图　5-4-1

下面介绍常见离散型随机变量分布以及背景.

1. 二项分布和几何分布

独立试验概率模型在概率论和应用方面起着十分重要的作用,二项分布和几何分布都是一类特定独立试验概率模型导出的概率分布.首先我们介绍伯努利试验:只有两个对立结果 $A,\overline{A}$ 的试验称为 **伯努利试验**.

(1) 二项分布.

假设随机事件 A 在一次试验中发生的概率为 p.在 n 重独立伯努利试验中,事件 A 恰好发生 $X=k$ 的概率记为 $P\{X=k\}$,则

$$P\{X=k\}=C_n^k p^k(1-p)^{n-k}\quad(k=0,1,2,\cdots,n).$$

设随机变量 X 具有分布律

$$P\{X=k\}=C_n^k p^k(1-p)^{n-k}\quad(k=0,1,2,\cdots,n),$$

则称 X 服从参数为 n,p 的二项分布,记为 $X\sim B(n,p)$.

特别地,当 $n=1$ 时,X 的可能取值为 $k=0,1$,其取值的概率见表 5-4-2.

表　5-4-2

X	0	1
P	$1-p$	p

称 X 服从 0-1 **分布** 或称为 **伯努利分布**(见图 5-4-2).

对于第 k 次伯努利试验,用随机变量 $X_k=0,1$ 分别表示 A 失败或成功,则 $X_k\sim B(1,p)$,那么在 n 次试验中,总成功的次数

$$X = \sum_{k=1}^{n} X_k \sim B(n,p),$$

即二项分布可以通过 n 个独立且服从同一个 $B(1,p)$ 分布的和来描述. 这样可将一个复杂的随机变量通过一些简单、独立的随机变量 X 进行分解.

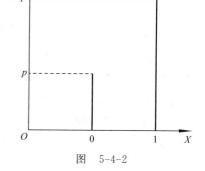

图 5-4-2

例 2 《论语》子曰:三人行必有我师焉,择其善者而从之,其不善者而改之. 假设这三人之间是相互独立的,每人为"善者"的概率为 $p=0.6$,用 $X=k$ 表示三人中"善者"人数,求随机变量 X 的分布律.

解 由题意 $X \sim B(3,0.6)$

$$P\{X=0\} = C_3^0 (0.6)^0 (0.4)^3 = 0.064;$$
$$P\{X=1\} = C_3^1 (0.6)^1 (0.4)^2 = 0.288;$$
$$P\{X=2\} = C_3^2 (0.6)^2 (0.4)^1 = 0.432;$$
$$P\{X=3\} = C_3^3 (0.6)^3 (0.4)^0 = 0.216.$$

进一步,三人中都无"善者"的概率 $P\{X=0\}=0.064$,由小概率事件原理,亦有"三人行,必有我师"的含义.

例 3 经验表明,患某种疾病时,有 30% 的人不用治疗就会自行痊愈,某医药公司推出一种治疗该疾病的特效药,随机选 10 个患该病病人服了特效药,结果显示有 9 人很快痊愈. 假设各病人自行痊愈与否是相互独立的,试推断该特效药是否起作用.

解 反证法:假设该特效药毫无作用,则每个病人痊愈的概率为 $p=0.3$,记 X 为 10 个病人痊愈的病人数,则

$$X \sim B(10,0.3),$$
$$P\{X=9\} = C_{10}^9 (0.3)^9 (0.7)^1 \approx 0.000\ 138.$$

这一概率很小,在一次试验中几乎不发生,于是"该特效药毫无作用"假设的正确性值得怀疑,所以推断该特效药起了作用.

另外,对二项分布要注意条件:**每次的试验都独立的**. 但在实际操作中,往往会遇到以下情况:每次试验具有一定的破坏性,而使得下次试验与前次试验不独立. 比如考察某电子元件的寿命(一旦产品被检验,就变成废品,所以是作不放回处理). 然而由于总数很大,因此可以近似地认为每次试验是独立的.

(2) 几何分布.

假设事件 A 一次试验中发生的概率为 p,独立重复试验,考虑事件 A 首次发生时,试验刚好进行了 $X=k$ 次的概率记为 $P\{X=k\}$,则

$$P\{X=k\} = (1-p)^{k-1} p, \quad k=1,2,3,\cdots.$$

随机变量具有分布律

$$P\{X=k\} = (1-p)^{k-1} p, \quad k=1,2,3,\cdots.$$

称 X 服从参数为 p 的**几何分布**,记作 $X \sim G(p)$.

例 4 在"常在河边走,哪有不湿鞋"中,假设每次湿鞋的概率为 0.1,第一次湿鞋时,恰好走了 $X=k$ 次的概率.

解 每次"河边走"都看成独立的. 由题意 $X \sim G(0.1)$,

$$P\{X=k\}=P\{前\ k-1\ 次都没有湿鞋,而第\ k\ 次湿鞋\}$$
$$=(0.9)^{k-1}0.1.$$

2. 泊松分布

还有一类常见的离散型随机变量——泊松分布. 1837 年泊松提出泊松分布,该分布主要用来描述大量试验中稀有事件发生的概率,还可以描述与时间流有关的事件的概率. 比如:

(1)(科学领域)在给定的一段时间间隔内,由某块放射性物质放出的一质点到达某计数器的质点数;

(2)(公共设施领域)来到某公共设施,要求给予服务的顾客数;

(3)(安全领域)事故、错误、故障以及其他灾害性事件数等.

设随机变量 X 具有分布律

$$P\{X=k\}=\frac{\lambda^k}{k!}e^{-\lambda},\quad k=1,2,\cdots,$$

其中 $\lambda>0$ 是常数,则称随机变量 X 服从以 λ 为参数的**泊松分布**,记作 $X\sim P(\lambda)$.

三、连续型随机变量及其概率密度

类似等车时间、灯泡的寿命等问题,这些随机变量都是非离散型的,它们的取值充满某个区间,不能一一列举出来,因此无法用分布律来描述.

首先,我们通过一个引例,引出连续型随机变量的概率密度函数的概念.

引例　射击运动员进行射击. 设靶盘半径为 R cm,且射击不会脱靶. X 记为靶心到着弹点的距离,其所有可能的取值是充满一个区间,显然 X 不是离散型随机变量. 那么如何有效考核运动员的成绩.

以靶心为圆心,作等距为 2 cm 的圆环(从圆心往外,分别记 $10,9,8,\cdots,1$). 统计着弹点所在的圆环环数的概率,这样 X 就离散化了,运动会射击比赛就使用类似方法处理.

然而,对两名射手成绩环数同样是 9 环而言,那么是靠近 10 环的成绩好,还是靠近 8 环的好? 继续细分靶环,例如作等距为 1 cm 的圆环,重新计算.

依次还可以再继续细分为等距为 0.5 cm,0.25 m 等的圆环,通过这样一系列的细分得到的概率图,趋于平滑的曲线 $y=f(x)$. 从曲线形成过程看,位于 OX 上方以及 $y=f(x)$ 下方的整个面积为 1,而 $y=f(x)$ 在区间 $[a,b]$ 上的面积恰为 X 在 $[a,b]$ 的概率,如图 5-4-3 所示.

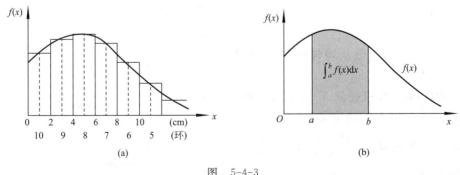

图　5-4-3

下面给出连续型随机变量的定义.

定义 3　设 X 是随机变量,如果存在定义在整个实轴上的函数 $f(x)$,满足:

(1) $f(x) \geqslant 0$；

(2) $\int_{-\infty}^{+\infty} f(x)\mathrm{d}x = 1$；

(3) 且对于任意两个实数 $a,b(a \leqslant b)$ 有

$$P\{a \leqslant X \leqslant b\} = \int_{b}^{a} f(x)\mathrm{d}x.$$

则称 X 是**连续型随机变量**，$f(x)$ 称为 X 的**概率密度函数**，简称**概率密度**.

注：分布密度 $f(x)$ 并不表示任何事件的概率，考察极限

$$\lim_{\Delta x \to 0^+} \frac{P\{x < X \leqslant x+\Delta x\}}{\Delta x} = \lim_{\Delta x \to o^+} \frac{\int_{x}^{x+\Delta x} f(x)\mathrm{d}x}{\Delta x} = f(x) \quad (\text{积分中值定理})$$

即 $P\{x < X \leqslant x+\Delta x\} \approx f(x)\Delta x$，此式反映了在 x 点处的"概率分布密集程度"，即 $f(x_0)$ 大时，X 在 x_0 临近取值的概率也大.

例5 设随机变量 X 具有密度函数 $f(x)$.

$$f(x) = \begin{cases} Ax^3 & \text{当 } 0 \leqslant x \leqslant 1 \\ 0 & \text{其他} \end{cases}.$$

求常数 A 的值；求 $P\left\{-1 \leqslant X \leqslant \dfrac{1}{2}\right\}$.

解 由连续型随机变量的定义

$$1 = \int_{-\infty}^{+\infty} f(x)\mathrm{d}x = \int_{0}^{1} Ax^3 \mathrm{d}x = \frac{A}{4},$$

所以 $A = 4$. 从而

$$P\left\{-1 \leqslant X \leqslant \frac{1}{2}\right\} = \int_{-1}^{\frac{1}{2}} f(x)\mathrm{d}x = \int_{0}^{\frac{1}{2}} 4x^3 \mathrm{d}x = \frac{1}{16}.$$

人们在工作实践中总结了多种连续型随机变量及其相应的密度函数，下面给出常见随机变量的分布及相应的概率背景.

1. 均匀分布

均匀分布用来描述区间内的无限等可能这一概率模型.

设随机变量 X 具有概率密度

$$f(x) = \begin{cases} \dfrac{1}{b-a} & \text{当 } a \leqslant x \leqslant b \\ 0 & \text{其他} \end{cases},$$

则称 X 在区间 (a,b) 上服从**均匀分布**，记作 $X \sim U(a, b)$，如图 5-4-4 所示.

概率背景：如果随机变量 $X \sim U(a,b)$，那么对于任意的 $c,d(a \leqslant c < d \leqslant b)$ 按照定义有

$$P\{c \leqslant X \leqslant d\} = \int_{c}^{d} \frac{1}{b-a}\mathrm{d}x = \frac{d-c}{b-a},$$

上式表明 X 在 (a,b) 中任一个小区间上取值的概率与该区间的长度有关，而与该区间所在的位置无关（等可能性）这与此前提到的几何概率模型是一致的.

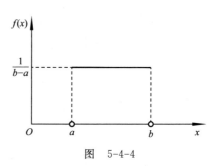

图 5-4-4

例 6 已知某班车每班间隔 15 min 准时发车,一乘客随机到达车站,他等车时间为 X (min),则随机变量 X 在区间 $(0,15)$ 上服从均匀分布,求该乘客等车时间不超过 5 min 的概率 $P\{X\leqslant5\}$.

解 随机变量 X 在区间 $(0,15)$ 上服从均匀分布

$$f(x)=\begin{cases}\dfrac{1}{15}&\text{当 }0\leqslant x\leqslant15,\\0&\text{其他}\end{cases},$$

$$P\{X\leqslant5\}=\int_{-\infty}^{5}f(x)\mathrm{d}x=\int_{0}^{5}\frac{1}{15}\mathrm{d}x=\frac{1}{3}.$$

2. 指数分布

设随机变量 X 具有概率密度

$$f(x)=\begin{cases}\dfrac{1}{\lambda}\mathrm{e}^{-\frac{x}{\lambda}}&\text{当 }x\geqslant0,\\0&\text{当 }x<0\end{cases},$$

则称 X 是服从参数为 $\lambda>0$ 的**指数分布**,记作 $X\sim EP(\lambda)$,如图 5-4-5 所示.

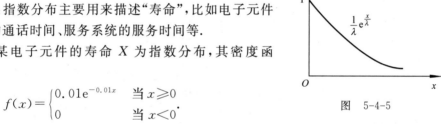

图 5-4-5

概率背景:指数分布主要用来描述"寿命",比如电子元件的寿命、电话的通话时间、服务系统的服务时间等.

例 7 设某电子元件的寿命 X 为指数分布,其密度函数为

$$f(x)=\begin{cases}0.01\mathrm{e}^{-0.01x}&\text{当 }x\geqslant0,\\0&\text{当 }x<0\end{cases}.$$

求:(1) 寿命小于 100 h 的概率;

(2) 寿命超过 200 h 的概率;

(3) 已知该元件用到 100 h 时还没有损坏,求再过 200 h 元件仍未坏的概率.

解 (1) $P\{X\leqslant100\}=\displaystyle\int_{-\infty}^{100}f(x)\mathrm{d}x$

$$=\int_{0}^{100}0.01\mathrm{e}^{-0.01x}\mathrm{d}x=1-\mathrm{e}^{-1}.$$

(2) $P\{X\geqslant200\}=\displaystyle\int_{200}^{+\infty}f(x)\mathrm{d}x=\int_{200}^{+\infty}0.01\mathrm{e}^{-0.01x}\mathrm{d}x=\mathrm{e}^{-2}.$

(3) 相当于条件概率

$$P\{X>200+100\mid X>100\}$$

$$P\{X>200+100\mid X>100\}=\frac{P\{X>300\bigcap X>100\}}{P\{X>100\}}$$

$$=\frac{P\{X>300\}}{P\{X>100\}}=\frac{\mathrm{e}^{-3}}{\mathrm{e}^{-1}}=\mathrm{e}^{-2}$$

$$=P\{X\geqslant200\}.$$

问题(3)证明了指数分布的一个很有趣的性质:**无记忆性**.

例如,假设某玻璃容器的寿命是服从指数分布的,那么对于同样的玻璃容器无论使用多久,只要没有坏掉,在对其进行研究的时候,我们总可以认为那是新的.

3. 正态分布

正态分布是概率论和数理统计中最为重要的分布之一. 德国数学家高斯 1809 年从误差函数角度发现了正态分布,为近现代的概率数理统计发展做出了突出的贡献.

在实际中,很多随机变量都服从或近似服从正态分布. 例如,班里同学的身高就近似服从正态分布,按中间高两头低排成一排,观察头顶所在的曲线,就可以看成正态分布曲线.

设随机变量 X 具有概率密度

$$f(x)=\frac{1}{\sqrt{2\pi}\,\sigma}\mathrm{e}^{-\frac{(x-\mu)^2}{2\sigma^2}} \quad (-\infty<x<+\infty),$$

其中 $\mu,\sigma>0$ 为常数,则称 X 服从参数为 μ,σ 的 **正态分布** (**高斯分布**),记作 $X\sim N(\mu,\sigma^2)$. 特别地,当 $\mu=0,\sigma=1$ 时,$X\sim N(0,1)$,称为 **标准正态分布**,如图 5-4-6 所示,其概率密度使用专用符号

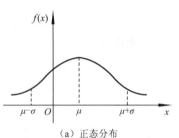

$$\varphi(x)=\frac{1}{\sqrt{2\pi}}\mathrm{e}^{-\frac{x^2}{2}} \quad (-\infty<x<+\infty),$$

（a）正态分布

其分布函数使用专用符号

$$\Phi(x)=P\{X\leqslant x\}=\int_{-\infty}^{x}\varphi(t)\mathrm{d}t.$$

相关的概率计算有专用的表可以查看.

查表时需注意 $x\geqslant0$.

(1) 适合标准正态分布

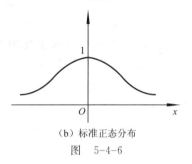

$$\Phi(x)=P\{X\leqslant x\}=\int_{-\infty}^{x}\frac{1}{\sqrt{2\pi}}\mathrm{e}^{-\frac{t^2}{2}}\mathrm{d}t;$$

（b）标准正态分布

图 5-4-6

(2) $P\{X\leqslant-x\}=1-\Phi(x)$;

(3) $P\{a<x<b\}=\Phi(b)-\Phi(a)$;

(4) 对于一般的正态分布 $X\sim N(\mu,\sigma^2)$,可按以下方式转化为标准正态分布计算:

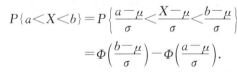

$$P\{a<X<b\}=P\left\{\frac{a-\mu}{\sigma}<\frac{X-\mu}{\sigma}<\frac{b-\mu}{\sigma}\right\}$$

$$=\Phi\left(\frac{b-\mu}{\sigma}\right)-\Phi\left(\frac{a-\mu}{\sigma}\right).$$

正态分布是所有分布中最重要的分布之一,它在理论研究上占据着重要的地位,有许多优良的性质. 在实际中,人的身高、体重、车间生产的零件长度、考生的考试成绩等绝大多数的指标都是服从正态分布的. 即使有些随机变量不是正态分布的,在一定条件下也可以使用正态分布来进行近似.

下面给出几个例子来简要说明正态分布的应用.

例 8 公共汽车车门的高度设计要求:成年男子与车门碰头的概率低于 0.01. 设成年男子的身高 $X(\mathrm{cm})$服从正态分布 $X\sim N(168,49)$. 问车门高度应如何确定?（$\Phi(2.33)=0.990\,1$）

解 设车门设计的高度为 $h(\mathrm{cm})$,那么依设计要求有:

$$P\{X\geqslant h\}\leqslant0.01 \quad 或 \quad P\{X<h\}\geqslant0.99.$$

由于 $X\sim N(168,49)$,因此

$$P\{X<h\}=P\left\{\frac{X-168}{7}<\frac{h-168}{7}\right\}=\Phi\left(\frac{h-168}{7}\right)\geqslant0.99,$$

由 $\varPhi(2.33)=0.9901>0.99$,那么选取 $\dfrac{h-168}{7}=2.23$,

得 $h=168+7\times2.33=184.31(\text{cm})$.即车门高度为 184.31 cm 就可满足设计要求.

【文化视角】

高　斯

　　"如果我们把 18 世纪的数学家们想象为一系列的高山峻岭,那么最后一座使人肃然起敬的峰巅便是高斯."高斯是 18,19 世纪之交最伟大的德国数学家,他的贡献遍及纯数学和应用数学的各个领域,成为世界数学界的光辉旗帜.他的形象已经成为数学告别过去、走向现代数学时代的象征.

　　历史上间或出现神童,高斯就是其中之一.据说他三岁时就发现父亲作账时的一个错误.他七岁入学,十岁已表现出超群的数学思维能力.高斯学习十分刻苦,常点自制小油灯演算到深夜.在当地公爵的资助下,不满 15 岁的高斯进入卡罗琳学院.他很快掌握了微积分理论,并在最小二乘法和数论中的二次互反律的研究上取得重要成果,这是高斯一生数学创作的开始.

　　1795 年高斯到哥廷根大学学习,19 岁时,他解决了一个数学难题——仅用尺规作出正 17 边形,当时轰动了整个数学界.22 岁的高斯证明了当时许多数学家想证明而不会证明的代数基本定理.为此他获得博士学位.1807 年高斯开始在哥廷根大学任数学和天文学教授,并任该校天文台台长.

　　高斯在许多领域都有卓越的建树.如果说微分几何是他将数学应用于实际的产物,那么非欧几何则是他的纯粹数学思维的结晶.他在数论、超几何级数、复变函数论、椭圆函数论、统计数学、向量分析等方面也都取得了辉煌的成就.高斯关于数论的研究贡献殊多.他认为"数学是科学之王,数论是数学之王".他的工作对后世影响深远.19 世纪德国代数数论有着突飞猛进的发展,是与高斯分不开的.

　　有人说"在数学世界里,高斯处处留芳".除了纯数学研究之外,高斯亦十分重视数学的应用,其大量著作都与天文学、大地测量学、物理学有关.特别值得一提的是谷神星的发现.19 世纪的第一个凌晨,天文学家皮亚齐似乎发现了一颗"没有尾巴的彗星",他一连追踪观察 41 天,终因疲劳过度而累倒了.当他把测量结果告诉其他天文学家时,这颗星却已稍纵即逝了.24 岁的高斯得知后,经过几个星期苦心钻研,创立了行星椭圆法.根据这种方法计算,终于重新找到了这颗小行星.这一事实,充分显示了数学科学的威力.高斯在电磁学和光学方面亦有杰出的贡献.磁通量密度单位就是以"高斯"来命名的.高斯还与韦伯共享电磁电波发明者的殊荣.

　　高斯是一位严肃的科学家,工作刻苦踏实,精益求精,对待科学的态度始终是谨慎的.他生前只公开发表过 155 篇论文,还有大量著作没有发表.直到后来,人们发现许多数学成果早在半个世纪以前高斯就已经知道了.也许正是由于高斯过分谨慎和许多成果没有公开发表之故,他对当时一些青年数学家的影响并不是很大.他称赞阿贝尔、狄利克雷等人的工作,却对他们的信件和文章表现冷淡.和青年数学家缺少接触,缺乏思想交流,因此在高斯周围没能形成一个人才济济、思想活跃的学派.德国数学到了维尔斯特拉斯和希尔伯特时代才形成了柏林学派和哥廷根学派.成为世界数学的中心,但德国传统数学的奠基人还不能不说是高斯.

高斯一生勤奋好学,多才多艺,喜爱音乐和诗歌.擅长欧洲语言,懂多国文字.62 岁开始学习俄语,并达到能用俄文写作的程度,晚年还一度学习梵文.

高斯的一生是不平凡的一生,几乎在数学的每个领域都有他的足迹.无怪后人常用他的事迹和格言鞭策自己.一百多年来,不少有才华的青年在高斯的影响下成长为杰出的数学家,并为人类的文化做出了巨大的贡献.高斯于 1855 年 2 月 23 日逝世,终年 78 岁.他的墓碑朴实无华.为纪念高斯,其故乡布伦瑞克改名为高斯堡,哥廷根大学为他建立了一个以正十七棱柱为底座的纪念像,在慕尼黑博物馆的高斯画像上有这样一首题诗:

他的思想深入数学、空间、大自然的奥秘,他测量了星星的路径、地球的形状和自然力,他推动了数学的进展直到下个世纪.

习 题 5-4

1. 袋中有 2 个红球、3 个白球,随机从袋中取出一球,设 $X=0$ 表示取出的是红球,$X=1$ 表示取出的是白球.写出 X 的概率分布律.

2. 袋中有 2 个红球,4 个白球.每次随机从袋中取出一球(不放回)直到取到白球为止,记 X 表示取到红球的数目.求 X 的概率分布律.

3. 一个射手连续射击四次,假设该射手射击命中率为 0.75,且每次射击相互独立,以 X 记击中目标的次数.

(1) 求 X 的概率分布律;

(2) 求恰好命中 3 次的概率;

(3) 求至少击中 1 次的概率.

4. 设在某一人群中有 40% 的人血型为 A 型.现在人群中随机地选人来检验血型,直到发现血型是 A 型的人为止,以 X 记进行验血的次数,求 X 的分布律.

5. 某人手里有 5 把外形相似的钥匙,其中只有一把才可以打开家门.某天他喝醉酒回家,不能分辨哪把是家门钥匙,故要从 5 把钥匙中随机抽取一把去开门(假设试完之后,又把这把钥匙放回到 5 把钥匙中间,即采取放回抽取的模式),以 X 记他打开门需要试的次数,求 X 的分布律.

6. 设随机变量 X 的概率密度为 $f(x)=\begin{cases} 0.2 & \text{当} -1<x\leqslant0 \\ 0.2+Cx & \text{当} 0<x\leqslant1 \\ 0 & \text{其他} \end{cases}$,试确定常数 C,计算概率 $P\{0\leqslant X\leqslant0.5\}$.

7. 设随机变量 X 的概率密度为 $f(x)=\begin{cases} ax+b & \text{当} 1<x<3 \\ 0 & \text{其他} \end{cases}$,且 $P\{2<X<3\}=2P\{-1<X<2\}$.试确定常数 a,b.

§5.5 随机变量的数字特征

在上一节中,我们看到随机变量的分布(离散型的分布律、连续型的密度函数)能够完整地描述随机变量的取值规律.但在实际中,求随机变量的分布并不容易,有时也没有必要求出完整的分布情况.由于考察问题的不同,有时我们仅对随机变量的某些数字特征感兴趣,比如灯泡的平均寿命、考生的平均分、测量误差的偏离程度等.本书中所提到的数字特征主要是数学期望和方差.

一、数学期望及其性质

在给出数学期望的定义之前,我们先看一个引例.

引例 1 甲乙两名射击运动员,在某次射击比赛中发挥稳定(与他们大量的训练成绩相比),两人按每人射击 10 发子弹为一轮轮流进行射击并记录成绩.甲先射击,从数据分析看,甲的成绩见表 5-5-1,乙的成绩见表 5-5-2.

<table>
<tr><td colspan="4" align="center">表 5-5-1</td></tr>
<tr><td>射中的环数 X</td><td>8</td><td>9</td><td>10</td></tr>
<tr><td>射中的次数 N</td><td>8</td><td>6</td><td>6</td></tr>
</table>

<table>
<tr><td colspan="4" align="center">表 5-5-2</td></tr>
<tr><td>射中的环数 Y</td><td>8</td><td>9</td><td>10</td></tr>
<tr><td>射中的次数 N</td><td>2</td><td>4</td><td>4</td></tr>
</table>

试估计甲乙的胜负.

分析: 由于后续的比赛还没有进行,那么在运动员发挥稳定的情况下,后续的成绩可以认为与已得到数据的分布是相同的.然而,从总成绩来看两者的水平明显不同,我们希望能从平均环数来估计他们的水平.

甲的平均环数

$$\frac{8\times8+9\times6+10\times6}{20}=8\times0.4+9\times0.3+10\times0.3=8.9,$$

乙的平均环数

$$\frac{8\times2+9\times4+10\times4}{10}=8\times0.2+9\times0.4+10\times0.4=9.2,$$

因此可以估计出:乙胜出:

注: 这里的平均是依赖于频率的平均,以频率为权的加权平均.对甲:0.4,0.3,0.3 分别表示 8 环、9 环、10 环出现的频率.

从上例中的平均环数看,乙胜出.同时这也反映出:随机变量取值"平均"意义特性的数值,恰好是这个随机变量一切可能值与对应随机变量的概率乘积的总和.另一方面,均值也体现了随机变量的集中情况.

1.离散型随机变量的数学期望

定义 1 设离散型随机变量 X 具有表 5-5-3 所示分布律.

<table>
<tr><td colspan="6" align="center">表 5-5-3</td></tr>
<tr><td>X</td><td>x_1</td><td>x_2</td><td>$\cdots$</td><td>x_i</td><td>$\cdots$</td></tr>
<tr><td>P</td><td>p_1</td><td>p_2</td><td>$\cdots$</td><td>p_i</td><td>$\cdots$</td></tr>
</table>

若 $\sum\limits_{i} x_i p_i$ 有意义,则

$$E(X)=\sum_{i} x_i p_i$$

称为 X 的**数学期望**,简称**期望**或**均值**.

注: 数学期望是以概率为权的加权平均推广,反映随机变量的取值平均水平;数学期望是对

随机变量进行长期的观测或大量观察所得的理论平均数;是客观存在的不以人的意志而改变的.

例 1 0-1 分布:设 X 具有表 5-5-4 所示分布律.

表 5-5-4

X	0	1
P	$1-p$	p

则 X 的数学期望:$E(X)=0 \cdot (1-p)+1 \cdot p$,即在一次试验中平均有 p 次是成功的,由本例,将同一试验独立进行 n 次,则平均有 np 次是成功的.在这 n 次独立试验中,成功的次数记为 $X=k,k=0,1,2,\cdots,n$,则 $X \sim B(n,p)$,即对于二项分布 $X \sim B(n,p)$,则
$$E(X)=np.$$

例 2 某公司投资投标,有两项合同 A,B 可供选择,经过测算如表 5-5-5 所示.

表 5-5-5

合同	获利/元	花费/元	中标可能性
A	140 000	5 000	0.25
B	100 000	2 000	0.35

试给该公司建议,选择合同 A 还是合同 B 进行投标.

解 设 X 是合同 A 获利的随机变量,则如表 5-5-6 所示.

表 5-5-6

X	$-5\,000$	14 000
P	0.75	0.25

其中 $-5\,000$ 表示花费,则
$$E(X)=-5\,000 \times 0.75+140\,000 \times 0.25=31\,250$$
表示投合同 A 的平均获利.

同理,设 Y 是合同 B 获利的随机变量,则投合同 B 的平均获利
$$E(Y)=-2\,000 \times 0.65+100\,000 \times 0.35=33\,700,$$
显然,$E(X)<E(Y)$.因此建议该公司选择合同 B 进行投标.

2. 连续型随机变量的数学期望

设 X 的密度函数 $f(x)$ 除在区间 $[a,b]$ 上不为 0 外,其余处为 0,将 $f(x)$ 所在的区间 $[a,b]$ 细分(离散化),当每个 Δx_i 趋于 0 时,可以认为 $X=x$ 的概率近似于概率 $P\{x<X<x+\Delta x_i\} \approx f(x)\Delta x_i$,如图 5-5-1 所示,依离散型随机变量的数学期望计算有
$$E(X)=\lim_{\max\{\Delta x_i\} \to 0} \sum_i xf(x)\Delta x_i,$$
由定积分的定义,有

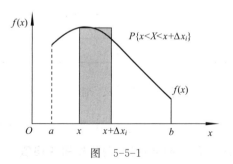

图 5-5-1

$$E(X) = \lim_{\max\{\Delta x_i\} \to 0} \sum_i x f(x) \Delta x_i = \int_b^a x f(x) \mathrm{d}x.$$

下面给出一般的连续型随机变量的数学期望. 有以下定义.

定义 2 设连续型随机变量 X 具有密度函数 $f(x)$. 若

$$\int_{-\infty}^{+\infty} x f(x) \mathrm{d}x$$

有意义, 则

$$E(X) = \int_{-\infty}^{+\infty} x f(x) \mathrm{d}x$$

称为 X 的**数学期望**, 简称**期望**或**均值**.

例 3 设随机变量 $X \sim U(a,b)$, 求 $E(X)$.

解 随机变量 $X \sim U(a,b)$ 上的均匀分布, 则 X 的密度函数

$$f(x) = \begin{cases} \dfrac{1}{b-a} & \text{当 } a \leqslant x \leqslant b \\ 0 & \text{其他} \end{cases},$$

所以 X 的数学期望

$$E(X) = \int_{-\infty}^{+\infty} x f(x) \mathrm{d}x = \int_a^b x \cdot \frac{1}{b-a} \mathrm{d}x = \frac{a-b}{2}.$$

即对于均匀分布, 其数学期望是在使 $f(x) \neq 0$ 的区间中点处取得.

例 4 设随机变量 X 服从 $\lambda(\lambda > 0)$ 的指数分布, 求 $E(X)$.

解 随机变量 X 的密度函数

$$f(x) = \begin{cases} \dfrac{1}{\lambda} \mathrm{e}^{-\frac{x}{\lambda}} & \text{当 } x \geqslant 0 \\ 0 & \text{当 } x < 0 \end{cases},$$

所以 X 的数学期望

$$E(X) = \int_{-\infty}^{+\infty} x f(x) \mathrm{d}x = \int_0^{+\infty} x \cdot \frac{1}{\lambda} \mathrm{e}^{-\frac{x}{\lambda}} \mathrm{d}x$$

$$= -\int_0^{+\infty} x \mathrm{d}(\mathrm{e}^{-\frac{x}{\lambda}}) = -x \cdot \mathrm{e}^{-\frac{x}{\lambda}} \Big|_0^{+\infty} + \int_0^{+\infty} \mathrm{e}^{-\frac{x}{\lambda}} \mathrm{d}x$$

$$= \lambda \cdot \int_0^{+\infty} \mathrm{e}^{-\frac{x}{\lambda}} \mathrm{d}\left(\frac{x}{\lambda}\right) = \lambda.$$

即对于指数分布的参数 λ, 正是它的数学期望. 在统计理论中, 如果解出某个指数分布的精确表达式, 就可以通过已知的数据算出平均值.

$$\overline{x} = \frac{x_1 + x_2 + \cdots + x_n}{n},$$

而 $\lambda = \overline{x}$ 就是该指数分布的参数 λ.

数学期望有下列常用的性质, 都可以从期望的定义出发来作出证明. 在此不再一一证明.

定理 1(数学期望的性质) 设 X, Y 是随机变量, a, b 是常数, 则有

(1) $E(b) = b$;

（2）$E(ax+b)=aE(X)+b$；

（3）$E(X+Y)=E(X)+E(Y)$.

性质（3）还可以推广到有限个随机变量情形上去，即，若 X 是随机变量，$E(X_i)(i=1,2,\cdots,n)$ 存在，则

$$E(X_1+X_2+\cdots+X_n)=E(X_1)+E(X_2)+\cdots+E(X_n).$$

二、方差及其性质

数学期望给出了随机变量的平均大小，是刻画随机变量的一个重要特征，但是在实际中我们还要关心随机变量取值的偏离程度. 为此我们先来看一个引例.

引例 2 考查 A,B 两组同学数学考试成绩（每组 10 人），A 组成绩 X 的分布律见表 5-5-7，B 组成绩 Y 的分布律见表 5-5-8.

表 5-5-7

X	70	80	90	100
P	0.2	0.3	0.4	0.1

表 5-5-8

Y	60	80	90	100
P	0.1	0.4	0.4	0.1

试评估 A,B 两组成绩的优劣.

分析：首先看两组同学的平均成绩

$$E(X)=70\times0.2+80\times0.3+90\times0.4+100\times0.1=84;$$
$$E(Y)=60\times0.1+80\times0.4+90\times0.4+100\times0.1=84.$$

在这里如果从数学期望的角度比较两组的成绩，他们是一样的，无法比较. 但是我们可以进一步考虑每组成绩与平均成绩的偏离程度.

A 组：$(70-84)^2\times0.2+(80-84)^2\times0.3+(90-84)^2\times0.4+(100-84)^2\times0.1=60$；

B 组：$(60-84)^2\times0.1+(80-84)^2\times0.4+(90-84)^2\times0.4+(100-84)^2\times0.1=104$.

因此可以认为 A 组学生的成绩更稳定，更优. B 组的学生成绩"水平差距较大".

定义 3 设 X 是随机变量，若 $D(X)=E\{[X-E(X)]^2\}$ 存在，则称它为 X 的**方差**，记作 $D(X)$. 即

$$D(X)=E\{[X-E(X)]^2\}.$$

把方差的算术平方根 $\sqrt{D(X)}$ 称为 X 的**均方差**或**标准差**.

注：（1）方差的定义中，首先要求 $E(X)$ 是存在的；

（2）方差刻画的是随机变量的分散程度：方差越小，随机变量越集中；方差越大，随机变量就越分散. 例如在引例之中，$D(X)<D(Y)$ 说明 A 组学生的综合成绩更好. 对于同批次的产品寿命而言，作为消费者总是希望寿命的期望大，而寿命的方差小. 方差越小也表明产品质量越稳定.

（3）方差是 $[X-E(X)]^2$ 的数学期望.

（4）方差的计算：$D(X)=\displaystyle\sum_{k=1}^{\infty}[x_k-E(X)]^2\cdot p_k$ （X 是离散型），

$$D(X)=\int_{-\infty}^{+\infty}[x-E(X)]^2f(x)\mathrm{d}x \quad （X \text{ 是连续型}）.$$

(5) 方差的简化计算：$D(X)=E\{[X-E(X)]^2\}$

$$= E\{X^2-2X\cdot E(X)+[E(X)]^2\}$$
$$= E(X^2)-2E(X)\cdot E(X)+[E(X)]^2$$
$$= E(X^2)-[E(X)]^2,$$

即

$$D(X)=E(X^2)-[E(X)]^2.$$

请读者通过以下几个例子掌握方差的计算.

例 5 设 X 是随机变量且服从 0-1 分布，$P(X=1)=p$，计算 X 的方差 $D(X)$.

解 X 服从 0-1 分布，X 分布律见表 5-5-9.

表 5-5-9

X	0	1
P	$1-p$	p

因为

$$E(X^2)=0^2\cdot(1-p)+1^2\cdot p=p,$$

所以

$$D(X)=E(X^2)-[E(X)]^2=p-p^2=p\cdot(1-p).$$

从函数最值（p 看作自变量）分析，对于 0-1 分布，当 $p=\dfrac{1}{2}$ 时方差最大.

例 6 设 X 是随机变量且服从 (a,b) 上的均匀分布，计算 X 的方差 $D(X)$.

解 X 是随机变量且服从 (a,b) 上的均匀分布，X 的密度函数

$$f(x)=\begin{cases}\dfrac{1}{b-a} & \text{当 } a\leqslant x\leqslant b \\ 0 & \text{其他}\end{cases},$$

由方差的计算

$$E(X)=\frac{a+b}{2},$$

$$E(X^2)=\int_{-\infty}^{+\infty}x^2f(x)\mathrm{d}x=\int_b^a\frac{x^2}{b-a}\mathrm{d}x=\frac{b^3-a^3}{3(b-a)}=\frac{a^2+b^2+ab}{3},$$

所以

$$D(X)=E(X^2)-[E(X)]^2=\frac{(b-a)^2}{12}.$$

定理 2（方差性质） 设 X 是随机变量，a,b 是常数，则

(1) $D(a)=0$；

(2) $D(aX)=a^2D(X)$；

(3) $D(aX+b)=a^2D(X)$.

利用方差的计算即可证明.

表 5-5-10 给出常见随机变量分布的数学期望和方差.

表 5-5-10

随机变量	期望 $E(X)$	方差 $D(X)$
$X \sim B(n,p)$	np	$np(1-p)$
$X \sim P(\lambda)$	λ	λ
$X \sim U(a,b)$	$\dfrac{a+b}{2}$	$\dfrac{(b-a)^2}{12}$
$X \sim \pi(\lambda)$	λ	λ^2
$X \sim N(\mu,\sigma^2)$	μ	σ^2

【文化视角】

概率论与数理统计的发展(二)

18 世纪是概率论的正式形成和发展时期.1713 年,伯努利(Bernoulli)的名著《推想的艺术》发表,在这部著作中,伯努利明确指出了概率论最重要的定律之一"大数定律",并且给出了证明,这使以往建立在经验之上的频率稳定性推测理论化了,从此概率论从对特殊问题的求解,发展到了一般的理论概括.

继伯努利之后,法国数学家棣莫弗(Abraham de Moiver)于 1781 年发表了《机遇原理》,书中提出了概率乘法法则,以及"正态分布"和"正态分布律"的概念,为概率论的"中心极限定理"的建立奠定了基础.

概率论问世不久,就在应用方面发挥了重要的作用.牛痘在欧洲大规模接种之后,曾因副作用引起争议,这时伯努利的侄子丹尼尔·伯努利(Danicl Bernoulli)根据大量的统计资料作出了种牛痘能延长人类平均寿命三年的结论,消除了一些人的恐惧和怀疑;欧拉(Euler)将概率论应用于人口统计和保险,写出了《关于死亡率和人口增长率问题的研究》《关于孤儿保险》等文章;泊松(Poisson)又将概率应用于射击的各种问题的研究,提出了《打靶概率研究报告》.总之,概率论在 18 世纪确立后,就充分地显示了其广泛的实践意义.

习 题 5-5

1. 设医院某医生一小时能诊治的病人的人数 X 是一随机变量,X 分布律见表 5-5-11.

表 5-5-11

X	1	2	3	4
P	$\dfrac{2}{15}$	$\dfrac{10}{15}$	$\dfrac{2}{15}$	$\dfrac{1}{15}$

求 X 的数学期望 $E(X)$ 及方差 $D(X)$.

2. 设随机变量 X 只取值 $-1,0,1$,相应的概率之比为 $1:2:3$.求 $E(X)$ 和 $D(X)$.

3. 设一个随机变量 X 的概率密度 $f(x)=\begin{cases}2x & \text{当 } 0<x<1 \\ 0 & \text{其他}\end{cases}$,求 X 的数学期望 $E(X)$ 和方

差 $D(X)$.

4. 某工程队完成某种工程的天数 X 是随机变量,分布律见表 5-5-12.

表 5-5-12

X	10	12	13	14	15
P	0.2	0.3	0.3	0.1	0.1

而所得利润 Y 与天数 X 之间的函数关系为 $Y=1\,000(12-X)$.求 Y 的数学期望 $E(Y)$.

5. 甲、乙两组同学在某次考试中,成绩分布见表 5-5-13 和表 5-5-14.

表 5-5-13

甲组成绩	70	80	90	100
所占比例	0.1	0.3	0.4	0.2

表 5-5-14

乙组成绩	60	70	80	90	100
所占比例	0.1	0.1	0.1	0.4	0.3

试从期望和方差的角度出发评价两组成绩.

6. 随机变量 $X,X\sim U(0,2)$.求 $E(X)$ 和 $D(X)$.

7. 设连续型随机变量 X 的数学期望 $E(X)=5$.求 $E(4X-10)$.

§5.6 统 计 初 步

一、统计量

1. 总体与样本

例 1 某工厂三月份生产了 3 万个灯泡,试结合这个案例,讨论总体、个体、样本、样本容量、样本值等概念.

分析:我们称全体灯泡的使用寿命所构成的集合为总体,每个灯泡的使用寿命为个体现从中随机抽取 500 个灯泡进行检测,那么这 500 个灯泡的使用寿命就是一个样本,样本容量为 500.对这 500 个灯泡进行检测之后得到一组关于这 500 个灯泡的使用寿命的具体数据,这些数据就是**样本观测值**.

在统计学中,把研究对象的全体称为**总体**,组成总体的每一个基本单位称为**个体**,从总体中随机抽取部分个体组成的集合称为**样本**,样本中包含个体的个数称为**样本容量**.

2. 统计量

例 2 已知每株橘树的产量 $X(\mathrm{kg})$ 服从正态分布 $N(\mu,\sigma^2)$,从一片橘园中随机抽取 6 棵橘树,测算其产量分别为 211,181,212,215,246,255.问这 6 棵橘树的平均产量估计是多少?

分析:计算得平均数为 $\bar{x}=\dfrac{1}{6}\times(211+181+212+215+246+255)=220$.如果我们用这 6 棵橘树的平均产量近似地推断该橘园的平均产量,那么可认为橘园每株树的平均产量为 220 kg.这就是统计中用样本数据推断总体指标的统计方法.我们先定义统计量.

定义 1 不含未知参数的样本函数 $f(X_1, X_2, \cdots, X_n)$ 称为**统计量**.

常用统计量有:样本均值 $\overline{x} = \dfrac{1}{n} \sum\limits_{i=1}^{n} X_i$ 与样本方差 $S^2 = \dfrac{1}{n-1} \sum\limits_{i=1}^{n} (X_i - X)^2$.

对于一组样本观测值 $x_1, x_2, \cdots, x_n$,样本均值 $X = \dfrac{1}{n} \sum\limits_{i=1}^{n} X_i$ 表示数据集中的位置,样本方差 $S^2 = \dfrac{1}{n-1} \sum\limits_{i=1}^{n} (x_i - \overline{x})^2$ 则反映了样本对样本均值的离散状态.

二、参数估计

根据总体的样本对总体分布中的未知参数作出估计,称为**参数估计**,参数估计包括参数的**点估计**和**区间估计**.下面逐一讨论:

1. 点估计

设 $X_1, X_2, \cdots, X_n$ 是来自总体 X 的一组样本.所谓点估计,即构造一个统计量 $\hat{\theta}(X_1, X_2, \cdots, X_n)$ 估计总体的未知参数 θ,称统计量为 $\hat{\theta}(X_1, X_2, \cdots, X_n)$ 为参数 θ 的点估计量.若 $x_1, x_2, \cdots, x_n$ 为一组样本值,则 $\hat{\theta}(x_1, x_2, \cdots, x_n)$ 就是参数 θ 的点估计值.

点估计的方法很多,最简便的是数字特征法.

我们知道,对总体 $X \sim N(\mu, \sigma^2)$ 的未知参数的估计,可以通过对总体 X 的期望 μ 和方差 σ^2 进行估计,由于来自于总体 X 的样本 $X_1, X_2, \cdots, X_n$ 能反映总体的特征,因此,我们常常选择样本均值 $\overline{X}$ 和样本方差 S^2 分别作为总体期望 μ 和方差 σ^2 的估计量,即

$$\hat{\mu} = \overline{x} = \frac{1}{n} \sum_{i=1}^{n} X_i; \quad \hat{\sigma}^2 = S^2 = \frac{1}{n-1} \sum_{i=1}^{n} (X_i - X)^2.$$

这种以样本数字特征作为总体数字特征的估计量的方法称为**数字特征法**.

例 3 某工厂生产一批零件,已知这批零件内径总体 $X \sim N(\mu, \sigma^2)$,但是参数 μ 和 σ^2 未知,现随机抽查 12 个零件进行内径检测,测得内径(单位:cm)分别为:

$$13.30 \quad 13.38 \quad 13.40 \quad 13.32 \quad 13.43 \quad 13.48$$
$$13.51 \quad 13.31 \quad 13.34 \quad 13.47 \quad 13.44 \quad 13.50$$

试估计这批零件的内径均值和方差.

解 已知这批零件内径总体 $X \sim N(\mu, \sigma^2)$,么这批零件内径的均值就是 μ,方差就是 σ^2.根据已知的样本值可得

$$\hat{\mu} = \overline{X} = \frac{1}{12}(13.30 + 13.38 + \cdots + 13.50) = 13.41;$$

$$\hat{\sigma}^2 = S^2 = \frac{1}{12-1}[(13.30 - 13.41)^2 + \cdots + (13.50 - 13.41)^2] = 0.008\,5.$$

即这批零件内径均值的估计值为 13.41 cm,方差的估计值为 0.008 5 cm.

2. 区间估计

点估计是用一个点(估计值)去估计未知参数 θ,区间估计就是用一个区间范围去估计未知参数.在实际问题中,仅提供了一个估计值,没法知道这种估计的近似程度以及估计值与真值的误差范围大小,而区间估计可以反映误差范围以及这个范围包含真值的可信程度.

定义 2 设 $X_1, X_2, \cdots, X_n$ 为总体 X 的一组样本,θ 为总体的一个未知参数,记

$$\hat{\theta}_1 = \hat{\theta}_1(X_1, X_2, \cdots, X_n), \quad \hat{\theta}_2 = \hat{\theta}_2(X_1, X_2, \cdots, X_n)$$

为两个统计量,给定 $\alpha(0 < \alpha < 1)$,如果 $P(\hat{\theta}_1 < \theta < \hat{\theta}_2) = 1 - \alpha$,则称区间 $[\hat{\theta}_1, \hat{\theta}_2]$ 为(θ 的**置信水平为** $1 - \alpha$)的**置信区间**,α 称为**显著性水平**.

特别需要强调的是,置信区间 $[\hat{\theta}_1, \hat{\theta}_2]$ 是一个随机区间,可能包含 θ,可能不包含 θ. 每次抽取一组容量为 n 的样本,相应的样本值确定一个区间 $[\hat{\theta}_1, \hat{\theta}_2]$. 当置信水平为 $1 - \alpha$ 时,反复抽样 m 次,得到 m 个区间中,包含 θ 真值的区间约有 $m(1 - \alpha)$ 个,不包含 θ 真值的区间约有 $m\alpha$ 个. 例如,$\alpha = 0.05$,在 100 次抽样下,大约有 95 个区间包含 θ 真值.

给定置信水平 $1 - \alpha$,根据条件选择适当统计量,由样本值确定未知参数 θ 的置信区间,称为参数 θ 的**区间估计**.

在实际生产生活中,服从正态分布的总体广泛存在. 为方便学习,我们把一个正态总体未知参数的区间估计见表 5-6-1.

表　5-6-1

待估参数	μ		σ^2
置信水平	$1 - \alpha$	$1 - \alpha$	$1 - \alpha$
统计量	σ^2 已知 $U = \dfrac{\overline{X} - \mu}{\sigma/\sqrt{n}}$	σ^2 未知 $T = \dfrac{\overline{X} - \mu}{S/\sqrt{n}}$	$\chi^2 = \dfrac{(n-1)S^2}{\sigma^2}$
满足条件	$P(|U| \leqslant \lambda) = 1 - \alpha$	$P(|T| \leqslant \lambda) = 1 - \alpha$	$P(\lambda < \chi^2 < \lambda_2) = 1 - \alpha$
临界值(查表)	$\lambda = u_{\frac{\alpha}{2}}$	$\lambda = t_{\frac{\alpha}{2}}(n-1)$	$\lambda_1 = \chi^2_{1-\frac{\alpha}{2}}(n-1), \lambda_2 = \chi^2_{\frac{\alpha}{2}}(n-1)$
置信区间	$\left(\overline{X} - \dfrac{\sigma}{\sqrt{n}}\lambda, \overline{X} + \dfrac{\sigma}{\sqrt{n}}\lambda\right)$	$\left(\overline{X} - \dfrac{S}{\sqrt{n}}\lambda, \overline{X} + \dfrac{S}{\sqrt{n}}\lambda\right)$	$\left(\dfrac{(n-1)S^2}{\lambda_2}, \dfrac{(n-1)S^2}{\lambda_1}\right)$

例 4　由长期生产实践可知,某厂生产的滚珠其直径 $X \sim N(\mu, 0.06)$. 现从产品中随机抽取 6 个滚珠,测得直径分别为(单位:mm)

$$14.6, \quad 15.1, \quad 14.9, \quad 14.8, \quad 15.2, \quad 15.1.$$

试求该厂生产的滚珠平均直径的置信区间($\alpha = 0.05$).

解　已知 $X \sim N(\mu, 0.06)$,$\sigma = \sqrt{0.06}$,

$$\overline{x} = \frac{1}{6}\sum_{i=1}^{6} x_i = \frac{1}{6}(14.6 + 15.1 + \cdots + 15.1) = 14.95.$$

查标准正态分布表 $u_{\frac{\alpha}{2}} = u_{0.025} = 1.96$,

$$\overline{x}-u_{\frac{a}{2}}\cdot\frac{\sigma}{\sqrt{n}}=14.95-1.96\times\frac{\sqrt{0.06}}{\sqrt{6}}\approx14.754;$$

$$\overline{x}+u_{\frac{a}{2}}\cdot\frac{\sigma}{\sqrt{n}}=14.95+1.96\times\frac{\sqrt{0.06}}{\sqrt{6}}\approx15.146.$$

即滚珠平均直径的置信水平为 0.95 的置信区间为(14.754,15.146).

【文化视角】

概率论与数理统计的发展(三)

相对于其他许多数学分支而言,数理统计是一个比较年轻的数学分支,多数人认为它的形成是在 20 世纪 40 年代克莱姆(H. Cramer)的著作《统计学的数学方法》问世之时. 它使得 1945 年以前的 25 年间英、美统计学家在统计学方面的工作与法、俄数学家在概率论方面的工作结合起来,从而形成了数理统计这门学科. 它是以对随机现象观测所取得的资料为出发点以概率论为基础来研究随机现象的一门学科. 它有很多分支,但其基本内容为采集样本和统计推断两大部分,发展到今天的现代数统计学,又经历了各种历史变迁.

统计的早期开端大约是在公元前 1 世纪初的人口普查计算中,这是统计性质的工作,但还不能算作现代意义下的统计学. 到了 18 世纪,统计才开始向一门独立的学科发展,用于描述表征一个状态的条件的一些特征,这是由于受到概率论的影响.

高斯从描述天文观测的误差而引进正态分布,并使用最小二乘法作为估计方法,是近代数理统计学发展初期的重大事件. 18 世纪到 19 世纪初期的这些贡献,对社会发展有很大的影响. 例如,用正态分布描述观测数据后来被广泛地用到生物学中,其应用是如此普遍,以至在 19 世纪相当长的时期内,包括高尔顿(Alto)在内的一些学者,认为这个分布可用于描述几乎一切常见的数据. 直到现在,有关正态分布的统计方法,仍占据着常用统计方法中很重要的一部分. 最小二乘法方面的工作,在 20 世纪初以来,又经过了一些学者的发展,如今成了数理统计学中的主要方法.

数理统计学发展史上极重要的一个时期是从 19 世纪到第二次世界大战结束,现在,多数人倾向于把现代数理统计学的起点和达到成熟定为这个时期的始末. 这确是数理统计学蓬勃发展的一个时期,许多重要的基本观点、方法,统计学中主要的分支学科,都是在这个时期建立和发展起来的. 以费歇尔(R. A. Fisher)和皮尔逊(K. Pearson)为首的英国统计学派,在这个时期起了主导作用. 继高尔顿后,皮尔逊进一步发展了回归与相关的理论,成功地创建了生物统计学,并得到了"总体"的概念. 1891 年之后,皮尔逊潜心研究区分物种时用的数据的分布理论,提出了"概率"和"相关"的概念,接着,又提出标准差、正态曲线、平均变差、均方根误差等一系列数理统计基本术语,皮尔逊致力于大样本理论的研究,他发现不少生物方面的数据有显著的偏态,不适合用正态分布去刻画,为此他提出了后来以他的名字命名的分布族. 为估计这个分布族中的参数,他提出了"矩法". 为考察实际数据与这族分布的拟合分布优劣问题,他引进了著名"χ^2 检验法",并在理论上研究了其性质. 这个检验法是假设检验最早最典型的方法,他在理论分布完全给定的情况下求出了检验统计量的极限分布. 1901 年,他创办了《生物统计学》,使数理统计有了自己的阵地,这是 20 世纪初数学的重大收获之一.

英国实验遗传学家兼统计学家费歇尔,是将数理统计作为一门数学学科的奠基者. 他开创的试验设计法,凭借随机化的手段成功地把概率模型带进了实验领域,并建立了方差分析法来分析这种模型.他造就了一个学派,在纯粹数学和应用数学方面都建树卓越.

从第二次世界大战后到现在,是统计学发展的第三个时期,这是一个在前一段发展的基础上,随着生产和科技的普遍进步,而使这个学科得到飞速发展的一个时期,同时,也出现了不少有待解决的大问题.这一时期的发展可总结如下:

一是在应用上越来越广泛.统计学的发展一开始就是应实际的要求,并与实际密切结合的.

二是统计学理论也取得重大进展.理论上的成就,综合起来大致有两个主要方面:一个方面是沃德提出的"统计决策理论",另一方面就是大样本理论.

三是电子计算机的应用对统计学的影响.一些需要大量计算的统计方法,过去因计算工具不行而无法使用,有了计算机,这一切都不成问题.在战后,统计学应用越来越广泛,这在相当程度上要归功于计算机,特别是高维数据的情况.

计算机的使用对统计学另一影响是:按传统数理统计学理论,一个统计方法效果如何,甚至一个统计方法如何付诸实施,都有赖于决定某些统计量的分布,而这常常是极困难的.有了计算机,就提供了一个新的途径:模拟.为把一个统计方法与其他方法比较,选择若干组在应用上有代表性的条件,在这些条件下,通过模拟去比较两个方法的性能如何,然后作出综合分析.这避开了理论上难以解决的难题,有极大的实用意义.

习 题 5-6

1. 已知某厂生产的洗衣粉每袋的质量 $X \sim N(\mu, \sigma^2)$,现随机抽取 20 袋,测得它们的质量(单位:g)经计算的样本均值 $\overline{x} = 501.25$ g,样本标准差 $s = 3.17$ g,试求总体均值 μ 的置信度为 0.99 的置信区间.

2. 某地区 1977—1982 年职工平均年收入(单位:千元)与该地区年储蓄余额(单位:亿元)的资料见表 5-6-2.

表 5-6-2

年份	1977	1978	1979	1980	1981	1982
平均年收入 x/千元	5.6	5.7	5.8	5.8	6.1	6.8
年储蓄余额 y/亿元	8.8	9.1	9.0	9.2	13.3	16.7

试求 y 与 x 之间的一元线性回归方程.

§5.7 应用与提高

应用本章知识要解决的题型主要分两大类:一类是应用随机变量的概念,特别是离散型随机变量分布律以及期望与方差的基础知识,讨论随机变量的取值范围,取相应值的概率及期望、方差的求解计算;另一类主要是如何抽取样本及如何用样本去估计总体.读者要挖掘知识之间的内在联系,从形式结构、数字特征、图形图表的位置特点等方面进行联想和试验,找到知识的"结点",再有就是将实际问题转化为纯数学问题进行训练,以培养利用所学知识解决实际问题的能力.

例 1　李炎是一位喜欢调查研究的学生,他对高三年级的 12 个班(每班 50 人)同学的生日作过一次调查,结果发现每班都有至少 2 位同学的生日相同,难道这是一种巧合吗?

解　本题即求 50 个同学中出现生日相同的机会有多大.我们知道任意两个人的生日相同的可能性为 $1/365 \times 1/365 \approx 0.000\,007\,5$,确实非常小,那么对于一个班而言,这种可能性是不是也不大呢?

正面计算这种可能性的大小并不简单,因为要考虑可能有 2 个人生日相同,3 个人生日相同…有 50 个人生日相同的这些情况,如果反过来考察,即计算找不到两个人生日相同的可能性,就可知道最少有两个人生日相同的可能性.

对于任意 2 个人,他们生日不同的可能性是

$$\frac{365}{365} \times \frac{364}{365} = \frac{365 \times 364}{365^2}.$$

对于任意 3 个人,他们中没有生日相同的可能性是

$$\frac{365}{365} \times \frac{364}{365} \times \frac{363}{365} = \frac{365 \times 364 \times 363}{365^3}.$$

类似可得,对于 50 个人,找不到两个生日相同的可能性是

$$\frac{365}{365} \times \frac{364}{365} \times \frac{363}{365} \times \cdots \times \frac{316}{365} = \frac{365 \times 364 \times 363 \times \cdots \times 316}{365^{50}} \approx 0.03.$$

因此,50 个人中至少有两个人生日相同的机会 97%,这么大的可能性有点出乎意料,然而事实就是如此,高三年级的 12 个班级(每班 50 人)都有两位同学生日相同的事件发生,并非巧合.

例 2　深夜,一辆出租车被牵涉进一起交通事故,该市有两家出租车公司,红色出租车公司和蓝色出租车公司,其中蓝色出租车公司和红色出租车公司分别占整个城市出租车的 85% 和 15%.据现场目击证人说,事故现场的出租车是红色,并对证人的辨别能力作了测试,测得他辨认的正确率为 80%,于是警察就认定红色出租车具有较大的肇事嫌疑.请问警察的认定对红色出租车公平吗?试说明理由.

解　设该城市有出租车 1 000 辆,那么依题意可得表 5-7-1 所示信息.

表 5-7-1　证人所说的颜色(80% 正确率)

真实颜色	蓝色	红色	合计
蓝色(85%)	680	170	850
红色(15%)	30	120	150
合计	710	290	1 000

从表中可以看出,当证人说出租车是红色时,且它确实是红色的概率为 $\frac{120}{290} \approx 0.41$,而它是蓝色的概率为 $\frac{170}{290} \approx 0.59$.在这种情况下,以证人的证词作为推断的依据对红色出租车显然是不公平的.

【文化视角】

概率论与数理统计生活中的应用

21世纪是信息时代,信息已成为社会发展的重要战略资源.在信息化社会中,概率统计是一门相当有趣的数学分支学科.随着科学技术的发展和计算机的普及,概率论同其他数学分支一样,是在一定的社会条件下,通过人类的社会实践和生产活动发展起来的一种智力积累.今日的概率论被广泛应用于各个领域,已成为一棵参天大树,枝多叶茂,硕果累累.正如钟开莱1974年所说:"在过去半个世纪中,概率论从一个较小的,孤立的课题发展为一个与数学许多其他分支相互影响,内容宽广而深入的学科.它最近几十年在最大期望收益值决策法、商品流通、环境污染、密码学、优化选择及选购方案中都得到了越来越广泛的应用."实践证明,概率统计是对经济学问题进行量的研究的有效工具,为经济预测和决策提供了新的手段.同时概率统计是解决实际生活问题,从而获得社会生活经验的主要途径.

习　题　5-7

1. 采购员要购买10个一包的电器元件.他的采购方法是:从一包中随机抽查3个,如这3个元件都是好的他才买下这一包.假定含有4个次品的包数占30%,而其余包中各含1个次品,求采购员拒绝购买的概率.

2. 假设某段时间里来百货公司的顾客数服从参数为λ的泊松分布,而在百货公司里每个顾客购买电视机的概率为P,且每个顾客是否购买电视机是独立的.问在这段时间内,百货公司内购买电视机的人数为k的概率有多大?

附录

附录 A 常用初等代数公式和基本三角公式

一、常用初等代数公式

1. 指数的运算性质

(1) $a^m \cdot a^n = a^{m+n}$；

(2) $\dfrac{a^m}{a^n} = a^{m-n}$

(3) $(a^m)^n = a^{mn}$；

(4) $(ab)^m = a^m \cdot b^m$；

(5) $\left(\dfrac{a}{b}\right)^m = \dfrac{a^m}{b^m}$.

2. 对数的运算性质

(1) $\log_a a = 1, \log_a 1 = 0$；

(2) $\log_a(xy) = \log_a x + \log_a y$；

(3) $\log_a \dfrac{x}{y} = \log_a x - \log_a y$；

(4) $\log_a x^b = b \log_a x$；

(5) 对数恒等式：$\log_a a^x = x (x \in \mathbf{R})$，$a^{\log_a x} = x (x > 0)$；

(6) 换底公式：$\log_a N = \dfrac{\log_b N}{\log_b a}$.

3. 二项展开及分解公式

(1) 二项展开公式

完全平方公式：$(a+b)^2 = a^2 + 2ab + b^2$， $(a-b)^2 = a^2 - 2ab + b^2$；

完全立方公式：$(a+b)^3 = a^3 + 3a^2b + 3ab^2 + b^3$， $(a-b)^3 = a^3 - 3a^2b + 3ab^2 - b^3$.

二项式定理：

$(a+b)^n = C_n^0 a^n b^0 + C_n^1 a^{n-1} b^1 + C_n^2 a^{n-2} b^2 + \cdots + C_n^{n-1} a^1 b^{n-1} + C_n^n a^0 b^n = \sum_{i=0}^{n} C_n^i a^{n-i} b^i$，其中

$C_n^i = \dfrac{n(n-1)(n-2)\cdots(n-i+1)}{i!}$，$C_n^0 = C_n^n = 1$.

(2) 分解公式

平方差公式：$a^2 - b^2 = (a-b)(a+b)$；

立方差公式：$a^3 - b^3 = (a-b)(a^2 + ab + b^2)$；

立方和公式：$a^3 + b^3 = (a+b)(a^2 - ab + b^2)$；

n 方差公式：$a^n - b^n = (a-b)(a^{n-1} + a^{n-2}b + a^{n-3}b^2 + \cdots + ab^{n-2} + b^{n-1})$.

二、常用基本三角公式

1. 同角三角函数间的关系

平方关系：$\sin^2 x + \cos^2 x = 1$； $\tan^2 x + 1 = \sec^2 x$； $\cot^2 x + 1 = \csc^2 x$；

倒数关系：$\sin x \cdot \csc x = 1$； $\cos x \cdot \sec x = 1$； $\tan x \cdot \cot x = 1$.

商的关系：$\tan x = \dfrac{\sin x}{\cos x}$； $\cot x = \dfrac{\cos x}{\sin x}$.

2. 二倍角公式

$\sin 2x = 2\sin x \cos x$；

$$\cos 2x = \cos^2 x - \sin^2 x = 2\cos^2 x - 1 = 1 - 2\sin^2 x; \quad \tan 2x = \frac{2\tan x}{1 - \tan^2 x}.$$

3. 半角公式

$$1 - \cos x = 2\sin^2 \frac{x}{2}; \qquad 1 + \cos x = 2\cos^2 \frac{x}{2};$$

$$\sin^2 \frac{x}{2} = \frac{1 - \cos x}{2}; \qquad \cos^2 \frac{x}{2} = \frac{1 + \cos x}{2};$$

$$\tan \frac{x}{2} = \frac{1 - \cos x}{\sin x}.$$

4. 和差化积公式

$$\sin x + \sin y = 2\sin \frac{x+y}{2} \cos \frac{x-y}{2};$$

$$\sin x - \sin y = 2\cos \frac{x+y}{2} \sin \frac{x-y}{2};$$

$$\cos x + \cos y = 2\cos \frac{x+y}{2} \cos \frac{x-y}{2};$$

$$\cos x - \cos y = -2\sin \frac{x+y}{2} \sin \frac{x-y}{2}.$$

5. 积化和差公式

$$\sin x \cos x = \frac{1}{2} [\sin(x+y) + \sin(x-y)];$$

$$\cos x \sin x = \frac{1}{2} [\sin(x+y) - \sin(x-y)];$$

$$\cos x \cos x = \frac{1}{2} [\cos(x+y) + \cos(x-y)];$$

$$\sin x \sin x = -\frac{1}{2} [\cos(x+y) - \cos(x-y)].$$

附录 B 积 分 表

(一) 含有 $ax+b$ 的积分

1. $\int \dfrac{\mathrm{d}x}{ax+b} = \dfrac{1}{a}\ln|ax+b| + C$;

2. $\int (ax+b)^a \mathrm{d}x = \dfrac{1}{a(\alpha+1)}(ax+b)^{\alpha+1} + C$;

3. $\int \dfrac{x}{ax+b}\mathrm{d}x = \dfrac{1}{a^2}(ax+b-b\ln|ax+b|) + C$;

4. $\int \dfrac{x^2}{ax+b}\mathrm{d}x = \dfrac{1}{a^3}\left[\dfrac{1}{2}(ax+b)^2 - 2b(ax+b) + b^2\ln|ax+b|\right] + C$;

5. $\int \dfrac{\mathrm{d}x}{x(ax+b)} = -\dfrac{1}{b}\ln\left|\dfrac{ax+b}{x}\right| + C$;

6. $\int \dfrac{\mathrm{d}x}{x^2(ax+b)} = -\dfrac{1}{bx} + \dfrac{a}{b^2}\ln\left|\dfrac{ax+b}{x}\right| + C$;

7. $\int \dfrac{x}{(ax+b)^2}\mathrm{d}x = \dfrac{1}{a^2}\left(\ln|ax+b| + \dfrac{b}{ax+b}\right) + C$;

8. $\int \dfrac{x^2}{(ax+b)^2}\mathrm{d}x = \dfrac{1}{a^3}\left(ax+b-2b\ln|ax+b| - \dfrac{b^2}{ax+b}\right) + C$;

9. $\int \dfrac{\mathrm{d}x}{x(ax+b)^2} = \dfrac{1}{b(ax+b)} - \dfrac{1}{b^2}\ln\left|\dfrac{ax+b}{x}\right| + C$.

(二) 含有 $\sqrt{ax+b}$ 的积分

10. $\int \sqrt{ax+b}\,\mathrm{d}x = \dfrac{2}{3a}\sqrt{(ax+b)^3} + C$;

11. $\int x\sqrt{ax+b}\,\mathrm{d}x = \dfrac{2}{15a^2}(3ax-2b)\sqrt{(ax+b)^3} + C$;

12. $\int x^3\sqrt{ax+b}\,\mathrm{d}x = \dfrac{2}{105a^3}(15a^2x^2 - 12abx + 8b^2)\sqrt{(ax+b)^3} + C$;

13. $\int \dfrac{x}{\sqrt{ax+b}}\mathrm{d}x = \dfrac{2}{3a^2}(ax-2b)\sqrt{ax+b} + C$;

14. $\int \dfrac{x^2}{\sqrt{ax+b}}\mathrm{d}x = \dfrac{2}{15a^3}(3a^2x^2 - 4abx + 8b^2)\sqrt{ax+b} + C$;

15. $\int \dfrac{\mathrm{d}x}{x\sqrt{ax+b}} = \begin{cases} \dfrac{1}{\sqrt{b}}\ln\left|\dfrac{\sqrt{ax+b}-\sqrt{b}}{\sqrt{ax+b}+\sqrt{b}}\right| + C & (b>0) \\[3mm] \dfrac{2}{\sqrt{-b}}\arctan\sqrt{\dfrac{ax+b}{-b}} + C & b<0 \end{cases}$;

16. $\int \dfrac{\mathrm{d}x}{x^2\sqrt{ax+b}} = \dfrac{-\sqrt{ax+b}}{bx} - \dfrac{a}{2b}\int \dfrac{\mathrm{d}x}{x\sqrt{ax+b}}$;

17. $\int \dfrac{\sqrt{ax+b}}{x}\mathrm{d}x = 2\sqrt{ax+b} + b\int \dfrac{\mathrm{d}x}{x\sqrt{ax+b}}$;

18. $\int \dfrac{\sqrt{ax+b}}{x^2}\mathrm{d}x = \dfrac{-\sqrt{ax+b}}{x} + \dfrac{a}{2}\int \dfrac{\mathrm{d}x}{x\sqrt{ax+b}}$.

(三) 含有 $x^2 \pm a^2$ 的积分

19. $\int \dfrac{\mathrm{d}x}{x^2+a^2} = \dfrac{1}{a}\arctan \dfrac{x}{a} + C$;

20. $\int \dfrac{\mathrm{d}x}{(x^2+a^2)^n} = \dfrac{x}{2(n-1)a^2(x^2+a^2)^{n-1}} + \dfrac{2n-3}{2(n-1)a^2}\int \dfrac{\mathrm{d}x}{(x^2+a^2)^{n-1}}$;

21. $\int \dfrac{\mathrm{d}x}{x^2-a^2} = \dfrac{1}{2a}\ln\left|\dfrac{x-a}{x+a}\right| + C$.

(四) 含有 $ax^2+b(a>0)$ 的积分

22. $\int \dfrac{\mathrm{d}x}{ax^2+b} = \begin{cases} \dfrac{1}{\sqrt{ab}}\arctan\sqrt{\dfrac{a}{b}}x + C & \text{当 } b>0 \\ \dfrac{1}{2\sqrt{-ab}}\ln\left|\dfrac{\sqrt{a}x-\sqrt{-b}}{\sqrt{a}x+\sqrt{-b}}\right| + C & \text{当 } b<0 \end{cases}$;

23. $\int \dfrac{x}{ax^2+b}\mathrm{d}x = \dfrac{1}{2a}\ln|ax^2+b| + C$;

24. $\int \dfrac{x^2}{ax^2+b}\mathrm{d}x = \dfrac{x}{a} - \dfrac{b}{a}\int \dfrac{\mathrm{d}x}{ax^2+b}$;

25. $\int \dfrac{\mathrm{d}x}{x(ax^2+b)} = \dfrac{1}{2b}\ln\dfrac{x^2}{|ax^2+b|} + C$;

26. $\int \dfrac{\mathrm{d}x}{x^2(ax^2+b)} = -\dfrac{1}{bx} - \dfrac{a}{b}\int \dfrac{\mathrm{d}x}{ax^2+b}$;

27. $\int \dfrac{\mathrm{d}x}{x^3(ax^2+b)} = \dfrac{a}{2b^2}\ln\dfrac{|ax^2+b|}{x^2} - \dfrac{1}{2bx^2} + C$;

28. $\int \dfrac{\mathrm{d}x}{(ax^2+b)^2} = -\dfrac{x}{2b(ax^2+b)} + \dfrac{1}{2b}\int \dfrac{\mathrm{d}x}{ax^2+b}$.

(五) 含有 $ax^2+bx+c(a>0)$ 的积分

29. $\int \dfrac{\mathrm{d}x}{ax^2+bx+c} = \begin{cases} \dfrac{2}{\sqrt{4ac-b^2}}\arctan\dfrac{2ax+b}{\sqrt{4ac-b^2}} + C & (b^2<4ac) \\ \dfrac{1}{\sqrt{b^2-4ac}}\ln\left|\dfrac{2ax+b-\sqrt{b^2-4ac}}{2ax+b+\sqrt{b^2-4ac}}\right| + C & (b^2>4ac) \end{cases}$;

30. $\int \dfrac{x}{ax^2+bx+c}\mathrm{d}x = \dfrac{1}{2a}\ln|ax^2+bx+c| - \dfrac{b}{2a}\int \dfrac{\mathrm{d}x}{ax^2+bx+c}$.

(六) 含有 $\sqrt{x^2+a^2}\,(a>0)$ 的积分

31. $\int \dfrac{\mathrm{d}x}{\sqrt{x^2+a^2}} = \operatorname{arsh}\dfrac{x}{a} + C_1 = \ln(x+\sqrt{x^2+a^2}) + C$;

32. $\int \dfrac{\mathrm{d}x}{\sqrt{(x^2+a^2)^3}} = \dfrac{x}{a^2\sqrt{x^2+a^2}} + C$;

33. $\int \dfrac{x}{\sqrt{x^2+a^2}}\mathrm{d}x = \sqrt{x^2+a^2}+C;$

34. $\int \dfrac{x}{\sqrt{(x^2+a^2)^3}}\mathrm{d}x =-\dfrac{1}{\sqrt{x^2+a^2}}+C;$

35. $\int \dfrac{x^2}{\sqrt{x^2+a^2}}\mathrm{d}x = \dfrac{x}{2}\sqrt{x^2+a^2}-\dfrac{a^2}{2}\ln(x+\sqrt{x^2+a^2})+C;$

36. $\int \dfrac{x^2}{\sqrt{(x^2+a^2)^3}}\mathrm{d}x =-\dfrac{x}{\sqrt{x^2+a^2}}+\ln(x+\sqrt{x^2+a^2})+C;$

37. $\int \dfrac{\mathrm{d}x}{x\sqrt{x^2+a^2}} = \dfrac{1}{a}\ln\dfrac{\sqrt{x^2+a^2}-a}{|x|}+C;$

38. $\int \dfrac{\mathrm{d}x}{x^2\sqrt{x^2+a^2}} =-\dfrac{\sqrt{x^2+a^2}}{a^2 x}+C;$

39. $\int \sqrt{x^2+a^2}\,\mathrm{d}x = \dfrac{x}{2}\sqrt{x^2+a^2}+\dfrac{a^2}{2}\ln(x+\sqrt{x^2+a^2})+C;$

40. $\int \sqrt{(x^2+a^2)^3}\,\mathrm{d}x = \dfrac{x}{8}(2x^2+5a^2)\sqrt{x^2+a^2}+\dfrac{3a^4}{8}\ln(x+\sqrt{x^2+a^2})+C;$

41. $\int x\sqrt{x^2+a^2}\,\mathrm{d}x = \dfrac{1}{3}\sqrt{(x^2+a^2)^3}+C;$

42. $\int x^2\sqrt{x^2+a^2}\,\mathrm{d}x = \dfrac{x}{8}(2x^2+a^2)\sqrt{x^2+a^2}-\dfrac{a^4}{8}\ln(x+\sqrt{x^2+a^2})+C;$

43. $\int \dfrac{\sqrt{x^2+a^2}}{x}\mathrm{d}x = \sqrt{x^2+a^2}+a\ln\dfrac{\sqrt{x^2+a^2}-a}{|x|}+C;$

44. $\int \dfrac{\sqrt{x^2+a^2}}{x^2}\mathrm{d}x =-\dfrac{\sqrt{x^2+a^2}}{x}+\ln(x+\sqrt{x^2+a^2})+C.$

（七）含有 $\sqrt{x^2-a^2}$（$a>0$）的积分

45. $\int \dfrac{\mathrm{d}x}{\sqrt{x^2-a^2}} = \dfrac{x}{|x|}\mathrm{arch}\dfrac{|x|}{a}+C_1=\ln(x+\sqrt{x^2-a^2})+C;$

46. $\int \dfrac{\mathrm{d}x}{\sqrt{(x^2-a^2)^3}} =-\dfrac{x}{a^2\sqrt{x^2-a^2}}+C;$

47. $\int \dfrac{x}{\sqrt{x^2-a^2}}\mathrm{d}x = \sqrt{x^2-a^2}+C;$

48. $\int \dfrac{x}{\sqrt{(x^2-a^2)^3}}\mathrm{d}x =-\dfrac{1}{\sqrt{x^2-a^2}}+C;$

49. $\int \dfrac{x^2}{\sqrt{x^2-a^2}}\mathrm{d}x = \dfrac{x}{2}\sqrt{x^2-a^2}+\dfrac{a^2}{2}\ln(x+\sqrt{x^2-a^2})+C;$

50. $\int \dfrac{x^2}{\sqrt{(x^2-a^2)^3}}\mathrm{d}x =-\dfrac{x}{\sqrt{x^2-a^2}}+\ln(x+\sqrt{x^2-a^2})+C;$

51. $\int \dfrac{\mathrm{d}x}{x\sqrt{x^2-a^2}} = \dfrac{1}{a}\arccos\dfrac{a}{|x|}+C;$

52. $\int \dfrac{\mathrm{d}x}{x^2\sqrt{x^2-a^2}} = \dfrac{\sqrt{x^2-a^2}}{a^2 x}+C;$

53. $\displaystyle\int \sqrt{x^2-a^2}\,\mathrm{d}x = \frac{x}{2}\sqrt{x^2-a^2} - \frac{a^2}{2}\ln(x+\sqrt{x^2-a^2})+C;$

54. $\displaystyle\int \sqrt{(x^2-a^2)^3}\,\mathrm{d}x = \frac{x}{8}(2x^2-5a^2)\sqrt{x^2-a^2} + \frac{3a^4}{8}\ln(x+\sqrt{x^2-a^2})+C;$

55. $\displaystyle\int x\sqrt{x^2-a^2}\,\mathrm{d}x = \frac{1}{3}\sqrt{(x^2-a^2)^3}+C;$

56. $\displaystyle\int x^2\sqrt{x^2-a^2}\,\mathrm{d}x = \frac{x}{8}(2x^2-a^2)\sqrt{x^2-a^2} - \frac{a^4}{8}\ln(x+\sqrt{x^2-a^2})+C;$

57. $\displaystyle\int \frac{\sqrt{x^2-a^2}}{x}\,\mathrm{d}x = \sqrt{x^2-a^2} + a\arccos\frac{a}{|x|}+C;$

58. $\displaystyle\int \frac{\sqrt{x^2-a^2}}{x^2}\,\mathrm{d}x = -\frac{\sqrt{x^2-a^2}}{x} + \ln(x+\sqrt{x^2-a^2})+C.$

(八) 含有 $\sqrt{a^2-x^2}\ (a>0)$ 的积分

59. $\displaystyle\int \frac{\mathrm{d}x}{\sqrt{a^2-x^2}} = \arcsin\frac{x}{a}+C;$

60. $\displaystyle\int \frac{\mathrm{d}x}{\sqrt{(a^2-x^2)^3}} = -\frac{x}{a^2\sqrt{a^2-x^2}}+C;$

61. $\displaystyle\int \frac{x}{\sqrt{a^2-x^2}}\,\mathrm{d}x = -\sqrt{a^2-x^2}+C;$

62. $\displaystyle\int \frac{x}{\sqrt{(a^2-x^2)^3}}\,\mathrm{d}x = \frac{1}{\sqrt{a^2-x^2}}+C;$

63. $\displaystyle\int \frac{x^2}{\sqrt{a^2-x^2}}\,\mathrm{d}x = -\frac{x}{2}\sqrt{a^2-x^2} + \frac{a^2}{2}\arcsin\frac{x}{a}+C;$

64. $\displaystyle\int \frac{x^2}{\sqrt{(a^2-x^2)^3}}\,\mathrm{d}x = \frac{x}{\sqrt{a^2-x^2}} - \arcsin\frac{x}{a}+C;$

65. $\displaystyle\int \frac{\mathrm{d}x}{x\sqrt{a^2-x^2}} = \frac{1}{a}\ln\frac{a-\sqrt{a^2-x^2}}{|x|}+C;$

66. $\displaystyle\int \frac{\mathrm{d}x}{x^2\sqrt{a^2-x^2}} = -\frac{\sqrt{a^2-x^2}}{a^2 x}+C;$

67. $\displaystyle\int \sqrt{a^2-x^2}\,\mathrm{d}x = \frac{x}{2}\sqrt{a^2-x^2} - \frac{a^2}{2}\arcsin\frac{x}{a}+C;$

68. $\displaystyle\int \sqrt{(a^2-x^2)^3}\,\mathrm{d}x = \frac{x}{8}(5a^2-2x^2)\sqrt{a^2-x^2} + \frac{3a^4}{8}\arcsin\frac{x}{a}+C;$

69. $\displaystyle\int x\sqrt{a^2-x^2}\,\mathrm{d}x = \frac{1}{3}\sqrt{(a^2-x^2)^3}+C;$

70. $\displaystyle\int x^2\sqrt{a^2-x^2}\,\mathrm{d}x = \frac{x}{8}(2x^2-a^2)\sqrt{a^2-x^2} + \frac{a^4}{8}\arcsin\frac{x}{a}+C;$

71. $\displaystyle\int \frac{\sqrt{a^2-x^2}}{x}\,\mathrm{d}x = \sqrt{a^2-x^2} + a\ln\frac{a-\sqrt{a^2-x^2}}{|x|}+C;$

72. $\displaystyle\int \frac{\sqrt{a^2-x^2}}{x^2}\,\mathrm{d}x = -\frac{\sqrt{a^2-x^2}}{x} - \arcsin\frac{x}{a}+C.$

（九）含有 $\sqrt{\pm ax^2+bx+c}\,(a>0)$ 的积分

73. $\displaystyle\int \frac{\mathrm{d}x}{\sqrt{ax^2+bx+c}}=\frac{1}{\sqrt{a}}\ln|2ax+b+2\sqrt{a}\,\sqrt{ax^2+bx+c}|+C;$

74. $\displaystyle\int \sqrt{ax^2+bx+c}\,\mathrm{d}x=\frac{2ax+b}{4a}\sqrt{ax^2+bx+c}+$

$$\frac{4ac-b^2}{8\sqrt{a^3}}\ln|2ax+b+2\sqrt{a}\,\sqrt{ax^2+bx+c}|+C;$$

75. $\displaystyle\int \frac{x}{\sqrt{ax^2+bx+c}}\,\mathrm{d}x=\frac{1}{a}\sqrt{ax^2+bx+c}-$

$$\frac{b}{2\sqrt{a^3}}\ln|2ax+b+2\sqrt{a}\,\sqrt{ax^2+bx+c}|+C;$$

76. $\displaystyle\int \frac{\mathrm{d}x}{\sqrt{c+bx-ax^2}}=-\frac{1}{\sqrt{a}}\arcsin\frac{2ax-b}{\sqrt{b^2+4ac}}+C;$

77. $\displaystyle\int \sqrt{c+bx-ax^2}\,\mathrm{d}x=\frac{2ax-b}{4a}\sqrt{c+bx-ax^2}+\frac{b^2+4ac}{8\sqrt{a^3}}\arcsin\frac{2ax-b}{\sqrt{b^2+4ac}}+C;$

78. $\displaystyle\int \frac{x}{\sqrt{c+bx-ax^2}}\,\mathrm{d}x=-\frac{1}{a}\sqrt{c+bx-ax^2}+\frac{b}{2\sqrt{a^3}}\arcsin\frac{2ax-b}{\sqrt{b^2+4ac}}+C.$

（十）含有 $\sqrt{\pm\dfrac{x-a}{x-b}}$ 或 $\sqrt{(x-a)(b-x)}$ 的积分

79. $\displaystyle\int \sqrt{\frac{x-a}{x-b}}\,\mathrm{d}x=(x-b)\sqrt{\frac{x-a}{x-b}}+(b-a)\ln(\sqrt{|x-a|}+\sqrt{|x-b|})+C;$

80. $\displaystyle\int \sqrt{\frac{x-a}{b-x}}\,\mathrm{d}x=(x-b)\sqrt{\frac{x-a}{b-x}}+(b-a)\arcsin\sqrt{\frac{x-a}{b-x}}+C;$

81. $\displaystyle\int \frac{\mathrm{d}x}{\sqrt{(x-a)(b-x)}}=2\arcsin\sqrt{\frac{x-a}{b-x}}+C\quad(a<b);$

82. $\displaystyle\int \sqrt{(x-a)(b-x)}\,\mathrm{d}x=\frac{2x-a-b}{4}\sqrt{(x-a)(b-x)}+$

$$\frac{(b-a)^2}{4}\arcsin\sqrt{\frac{x-a}{b-x}}+C\quad(a<b).$$

（十一）含有三角函数的积分

83. $\displaystyle\int \sin x\,\mathrm{d}x=-\cos x+C;$

84. $\displaystyle\int \cos x\,\mathrm{d}x=\sin x+C;$

85. $\displaystyle\int \tan x\,\mathrm{d}x=-\ln|\cos x|+C;$

86. $\displaystyle\int \cot x\,\mathrm{d}x=\ln|\sin x|+C;$

87. $\displaystyle\int \sec x\,\mathrm{d}x=\ln\left|\tan\left(\frac{\pi}{4}+\frac{x}{2}\right)\right|+C=\ln|\sec x+\tan x|+C;$

88. $\displaystyle\int \csc x\,\mathrm{d}x=\ln\left|\tan\frac{x}{2}\right|+C=\ln|\csc x-\cot x|+C$

89. $\displaystyle\int \sec^2 x \mathrm{d}x = \tan x + C;$

90. $\displaystyle\int \csc^2 x \mathrm{d}x = -\cot x + C;$

91. $\displaystyle\int \sec x \tan x \mathrm{d}x = \sec x + C;$

92. $\displaystyle\int \csc x \cot x \mathrm{d}x = -\csc x + C;$

93. $\displaystyle\int \sin^2 x \mathrm{d}x = \frac{x}{2} - \frac{1}{4}\sin 2x + C;$

94. $\displaystyle\int \cos^2 x \mathrm{d}x = \frac{x}{2} + \frac{1}{4}\sin 2x + C;$

95. $\displaystyle\int \sin^n x \mathrm{d}x = -\frac{1}{n}\sin^{n-1} x \cos x + \frac{n-1}{n}\int \sin^{n-2} x \mathrm{d}x;$

96. $\displaystyle\int \cos^n x \mathrm{d}x = \frac{1}{n}\cos^{n-1} x \sin x + \frac{n-1}{n}\int \cos^{n-2} x \mathrm{d}x;$

97. $\displaystyle\int \frac{\mathrm{d}x}{\sin^n x} = -\frac{1}{n-1}\cdot\frac{\cos x}{\sin^{n-1} x} + \frac{n-2}{n-1}\int \frac{\mathrm{d}x}{\sin^{n-2} x};$

98. $\displaystyle\int \frac{\mathrm{d}x}{\cos^n x} = \frac{1}{n-1}\cdot\frac{\sin x}{\cos^{n-1} x} + \frac{n-2}{n-1}\int \frac{\mathrm{d}x}{\cos^{n-2} x};$

99. $\displaystyle\int \cos^m x \sin^n x \mathrm{d}x = \frac{1}{m+n}\cos^{m-1} x \sin^{n+1} x + \frac{m-1}{m+n}\int \cos^{m-2} x \sin^n x \mathrm{d}x$

$$= -\frac{1}{m+n}\cos^{m+1} x \sin^{n-1} x + \frac{n-1}{m+n}\int \cos^m x \sin^{n-2} x \mathrm{d}x;$$

100. $\displaystyle\int \sin ax \cos bx \mathrm{d}x = -\frac{1}{2(a+b)}\cos(a+b)x - \frac{1}{2(a-b)}\cos(a-b)x + C;$

101. $\displaystyle\int \sin ax \sin bx \mathrm{d}x = -\frac{1}{2(a+b)}\sin(a+b)x + \frac{1}{2(a-b)}\sin(a-b)x + C;$

102. $\displaystyle\int \cos ax \cos bx \mathrm{d}x = \frac{1}{2(a+b)}\sin(a+b)x + \frac{1}{2(a-b)}\sin(a-b)x + C;$

103. $\displaystyle\int \frac{\mathrm{d}x}{a+b\sin x} = \frac{2}{\sqrt{a^2-b^2}}\arctan \frac{a\tan\dfrac{x}{2}+b}{\sqrt{a^2-b^2}} + C \quad (a^2 > b^2);$

104. $\displaystyle\int \frac{\mathrm{d}x}{a+b\sin x} = \frac{1}{\sqrt{b^2-a^2}}\ln\left|\frac{a\tan\dfrac{x}{2}+b-\sqrt{b^2-a^2}}{a\tan\dfrac{x}{2}+b+\sqrt{b^2-a^2}}\right| + C \quad (a^2 < b^2);$

105. $\displaystyle\int \frac{\mathrm{d}x}{a+b\cos x} = \frac{2}{a+b}\sqrt{\frac{a+b}{a-b}}\arctan\left(\sqrt{\frac{a+b}{a-b}}\tan\frac{x}{2}\right) + C \quad (a^2 > b^2);$

106. $\displaystyle\int \frac{\mathrm{d}x}{a+b\cos x} = \frac{1}{a+b}\sqrt{\frac{a+b}{a-b}}\ln\left|\frac{\tan\dfrac{x}{2}+\sqrt{\dfrac{a+b}{a-b}}}{a\tan\dfrac{x}{2}-\sqrt{\dfrac{a+b}{a-b}}}\right| + C \quad (a^2 < b^2);$

107. $\displaystyle\int \frac{\mathrm{d}x}{a^2\cos^2 x + b^2\sin^2 x} = \frac{1}{ab}\arctan\left(\frac{b}{a}\tan x\right) + C;$

108. $\displaystyle\int \frac{\mathrm{d}x}{a^2\cos^2 x-b^2\sin^2 x}=\frac{1}{2ab}\ln\left|\frac{b\tan x+a}{b\tan x-a}\right|+C;$

109. $\displaystyle\int x\sin ax\,\mathrm{d}x=\frac{1}{a^2}\sin ax-\frac{1}{a}x\cos ax+C;$

110. $\displaystyle\int x^2\sin ax\,\mathrm{d}x=-\frac{1}{a}x^2\cos ax+\frac{2}{a^2}x\sin ax+\frac{2}{a^3}\cos ax+C;$

111. $\displaystyle\int x\cos ax\,\mathrm{d}x=\frac{1}{a^2}\cos ax+\frac{1}{a}x\sin ax+C;$

112. $\displaystyle\int x^2\cos ax\,\mathrm{d}x=\frac{1}{a}x^2\sin ax+\frac{2}{a^2}x\cos ax-\frac{2}{a^3}\sin ax+C.$

(十二) 含有反三角函数的积分（其中 $a>0$）

113. $\displaystyle\int \arcsin\frac{x}{a}\,\mathrm{d}x=x\arcsin\frac{x}{a}+\sqrt{a^2-x^2}+C;$

114. $\displaystyle\int x\arcsin\frac{x}{a}\,\mathrm{d}x=\left(\frac{x^2}{2}-\frac{a^2}{4}\right)\arcsin\frac{x}{a}+\frac{x}{4}\sqrt{a^2-x^2}+C;$

115. $\displaystyle\int x^2\arcsin\frac{x}{a}\,\mathrm{d}x=\frac{x^3}{3}\arcsin\frac{x}{a}+\frac{1}{9}(x^2+2a^2)\sqrt{a^2-x^2}+C;$

116. $\displaystyle\int \arccos\frac{x}{a}\,\mathrm{d}x=x\arccos\frac{x}{a}-\sqrt{a^2-x^2}+C;$

117. $\displaystyle\int x\arccos\frac{x}{a}\,\mathrm{d}x=\left(\frac{x^2}{2}-\frac{a^2}{4}\right)\arccos\frac{x}{a}-\frac{x}{4}\sqrt{a^2-x^2}+C;$

118. $\displaystyle\int x^2\arccos\frac{x}{a}\,\mathrm{d}x=\frac{x^3}{3}\arccos\frac{x}{a}-\frac{1}{9}(x^2+2a^2)\sqrt{a^2-x^2}+C;$

119. $\displaystyle\int \arctan\frac{x}{a}\,\mathrm{d}x=x\arctan\frac{x}{a}-\frac{a}{2}\ln(a^2+x^2)+C;$

120. $\displaystyle\int x\arctan\frac{x}{a}\,\mathrm{d}x=\frac{1}{2}(a^2+x^2)\arctan\frac{x}{a}-\frac{a}{2}x+C;$

121. $\displaystyle\int x^2\arctan\frac{x}{a}\,\mathrm{d}x=\frac{x^3}{3}\arctan\frac{x}{a}-\frac{a}{6}x^2+\frac{a^3}{6}\ln(a^2+x^2)+C.$

(十三) 含有指数函数的积分

122. $\displaystyle\int a^x\,\mathrm{d}x=\frac{1}{\ln a}a^x+C;$

123. $\displaystyle\int \mathrm{e}^{ax}\,\mathrm{d}x=\frac{1}{a}\mathrm{e}^{ax}+C;$

124. $\displaystyle\int x\mathrm{e}^{ax}\,\mathrm{d}x=\frac{1}{a^2}(ax-1)\mathrm{e}^{ax}+C;$

125. $\displaystyle\int x^n\mathrm{e}^{ax}\,\mathrm{d}x=\frac{1}{a}x^n\mathrm{e}^{ax}-\frac{n}{a}\int x^{n-1}\mathrm{e}^{ax}\,\mathrm{d}x;$

126. $\displaystyle\int xa^x\,\mathrm{d}x=\frac{x}{\ln a}a^x-\frac{1}{\ln^2 a}a^x+C;$

127. $\displaystyle\int x^n a^x\,\mathrm{d}x=\frac{1}{\ln a}x^n a^x-\frac{n}{\ln a}\int x^{n-1}a^x\,\mathrm{d}x;$

128. $\displaystyle\int \mathrm{e}^{ax}\sin bx\,\mathrm{d}x=\frac{1}{a^2+b^2}\mathrm{e}^{ax}(a\sin bx-b\cos bx)+C;$

129. $\int e^{ax} \cos bx dx = \dfrac{1}{a^2+b^2} e^{ax} (b\sin bx + a\cos bx) + C;$

130. $\int e^{ax} \sin^n bx \, dx = \dfrac{1}{a^2+b^2 n^2} e^{ax} \sin^{n-1} bx (a\sin bx - nb\cos bx) +$

$\qquad \dfrac{n(n-1)b^2}{a^2+b^2 n^2} \int e^{ax} \sin^{n-2} bx dx;$

131. $\int e^{ax} \cos^n bx \, dx = \dfrac{1}{a^2+b^2 n^2} e^{ax} \cos^{n-1} bx (a\cos bx + nb\sin bx) +$

$\qquad \dfrac{n(n-1)b^2}{a^2+b^2 n^2} \int e^{ax} \cos^{n-2} bx dx.$

（十四）含有对数函数的积分

132. $\int \ln x dx = x\ln x - x + C;$

133. $\int \dfrac{dx}{x\ln x} = \ln|\ln x| + C;$

134. $\int x^n \ln x dx = \dfrac{1}{n+1} x^{n+1} \left(\ln x - \dfrac{1}{n+1} \right) + C;$

135. $\int \ln^n x dx = x \ln^n x - n \int \ln^{n-1} x dx;$

136. $\int x^m \ln^n x dx = \dfrac{1}{m+1} x^{m+1} \ln^n x - \dfrac{n}{m+1} \int x^m \ln^{n-1} x dx.$

（十五）含有双曲函数的积分

137. $\int \operatorname{sh} x dx = \operatorname{ch} x + C;$

138. $\int \operatorname{ch} x dx = \operatorname{sh} x + C;$

139. $\int \operatorname{th} x dx = \ln \operatorname{ch} x + C;$

140. $\int \operatorname{sh}^2 x dx = -\dfrac{x}{2} + \dfrac{1}{4} \operatorname{sh} 2x + C;$

141. $\int \operatorname{ch}^2 x dx = \dfrac{x}{2} + \dfrac{1}{4} \operatorname{sh} 2x + C.$

（十六）定积分

142. $\displaystyle\int_{-\pi}^{\pi} \cos nx \, dx = \int_{-\pi}^{\pi} \sin nx \, dx = 0;$

143. $\displaystyle\int_{-\pi}^{\pi} \cos mx \sin nx dx = 0;$

144. $\displaystyle\int_{-\pi}^{\pi} \cos mx \cos nx dx = \begin{cases} 0 & m \neq n \\ \pi & m = n \end{cases};$

145. $\displaystyle\int_{-\pi}^{\pi} \sin mx \sin nx dx = \begin{cases} 0 & m \neq n \\ \pi & m = n \end{cases};$

146. $\displaystyle\int_{0}^{\pi} \sin mx \sin nx dx = \int_{0}^{\pi} \cos mx \cos nx dx = \begin{cases} 0 & m \neq n \\ \pi/2 & m = n \end{cases};$

147. $I_n = \int_0^{\pi/2} \sin^n x \, \mathrm{d}x = \int_0^{\pi/2} \cos^n x \, \mathrm{d}x$

$I_n = \dfrac{n-1}{n} I_{n-2}$

$I_n = \dfrac{n-1}{n} \cdot \dfrac{n-3}{n-2} \cdot \cdots \cdot \dfrac{3}{4} \cdot \dfrac{1}{2} \cdot I_0 = \dfrac{n-1}{n} \cdot \dfrac{n-3}{n-2} \cdot \cdots \cdot \dfrac{3}{4} \cdot \dfrac{1}{2} \cdot \dfrac{\pi}{2}$，$n$ 为正偶数

$I_n = \dfrac{n-1}{n} \cdot \dfrac{n-3}{n-2} \cdot \cdots \cdot \dfrac{4}{5} \cdot \dfrac{2}{3} \cdot I_1 = \dfrac{n-1}{n} \cdot \dfrac{n-3}{n-2} \cdot \cdots \cdot \dfrac{4}{5} \cdot \dfrac{2}{3} \cdot 1$，$n$ 为正奇数.

附录 C 常用曲线函数的图形

1. 圆

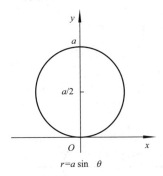

$r=a\sin\theta$

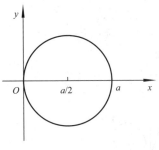

$r=a\cos\theta$

2. 心脏线

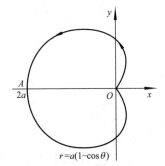

$r=a(1-\cos\theta)$

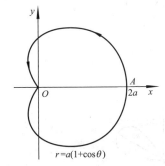

$r=a(1+\cos\theta)$

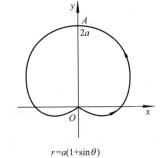

$r=a(1+\sin\theta)$

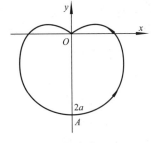

$r=a(1-\sin\theta)$

3. 星形线

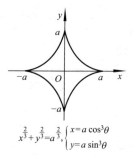

$$x^{\frac{2}{3}}+y^{\frac{2}{3}}=a^{\frac{2}{3}}, \begin{cases} x=a\cos^3\theta \\ y=a\sin^3\theta \end{cases}$$

4. 摆线

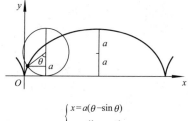

$$\begin{cases} x=a(\theta-\sin\theta) \\ y=a(1-\cos\theta) \end{cases}$$

5. 玫瑰线

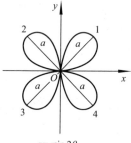

$r=a\sin 2\theta$

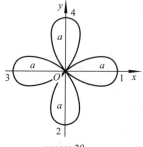

$r=a\cos 2\theta$

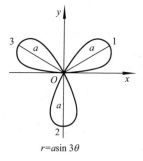

$r=a\sin 3\theta$

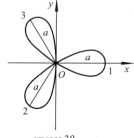

$r=a\cos 3\theta$

6. 双纽线

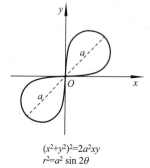

$(x^2+y^2)^2=2a^2xy$
$r^2=a^2\sin 2\theta$

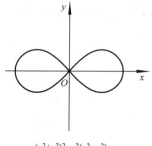

$(x^2+y^2)^2=a^2(x^2-y^2)$
$r^2=a^2\cos 2\theta$

7. 阿基米德螺线

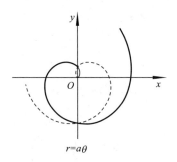

$r=a\theta$

8. 对数螺线

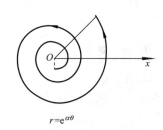

$r=\mathrm{e}^{\alpha\theta}$

9. 双曲螺线

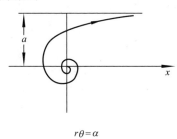

$r\theta=\alpha$

10. 悬链线

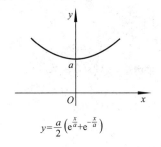

$y=\dfrac{a}{2}\left(\mathrm{e}^{\frac{x}{a}}+\mathrm{e}^{-\frac{x}{a}}\right)$

11. 笛卡儿叶形线

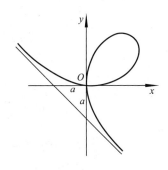

$x^3+y^3-3axy=0.$

$x=\dfrac{3at}{1+t^3},\ y=\dfrac{3at^2}{1+t^3}.$

12. 概率曲线

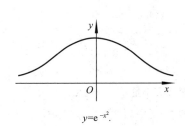

$y=\mathrm{e}^{-x^2}.$

习题参考答案

第 一 章

习题 1-1

1. (1) 是；　(2) 是；　(3) 否；　(4) 否．

2. (1) $\sqrt{}$；　(2) $\times$；　(3) $\sqrt{}$；　(4) $\times$；
　(5) $\times$；　(6) $\times$．

3. (1) $(-\infty,-3)\cup[-1,1]\cup(2,+\infty)$；
　(2) $1+\dfrac{\pi^2}{4}$；
　(3) x^2+2；　(4) $y=\log_8 x$．

4. (1) 奇函数；　(2) 奇函数．

5. (1) $[-2,-1)\cup(-1,1)\cup(1,+\infty)$；
　(2) $[-1,0)\cup(0,3)$．

习题 1-2

1. (1) 2^{x^2}，2^{2x}；
　(2) $y=\arcsin e^{-\sqrt{x}}$；
　(3) $y=u^2$，$u=\arcsin v$，$v=\sqrt{w}$，$w=1-x^2$；
　(4) $y=u^2$，$u=\sec v$，$v=1-\dfrac{1}{x}$；
　(5) $y=2^u$，$u=\sqrt[3]{v}$，$v=x^3+1$．

2. (1) B；　(2) A．

3. (1) $\{(x,y)\mid y^2>2x-1\}$；
　(2) $\{(x,y)\mid -x<y<x\}$．

习题 1-3

1. (1) $\times$；　(2) $\times$；　(3) $\times$；　(4) $\times$．

2. (1) 是无穷小量；　(2) 是无穷小量．

3. (1) $x\to1$；　(2) $x\to1$ 或 $x\to-1$；
　(3) $x\to+\infty$．

4. (1) $\dfrac{\pi}{2}$，0，1；　(2) 1，0；　(3) -1．

5. (1) A；　(2) D；　(3) A；　(4) D．

习题 1-4

1. (1) 9；　(2) 0；　(3) $\dfrac{1}{2}$；　(4) 0．

2. (1) 1；　(2) ∞；　(3) $\left(\dfrac{3}{2}\right)^{20}$；　(4) $\dfrac{1}{5}$．

3. (1) -1；　(2) 1．

4. (1) 0；　(2) 0；　(3) 0．

5. $k=1-3$．

6. $a=1$，$b=-1$．

7. (1) ω；　(2) $\dfrac{2}{3}$；　(3) 2；　(4) $\sqrt{2}$；
　(5) $\dfrac{1}{3}$；　(6) 1．

8. (1) e^2；　(2) e^{-10}；　(3) e^{-6}．

9. $c=\ln 3$．

10. (1) $\dfrac{3}{5}$；　(2) 3；　(3) $\dfrac{1}{2}$；　(4) $\dfrac{\sqrt{2}}{8}$；
　(5) $\dfrac{1}{2}$；　(6) 1．

习题 1-5

1. (1) $f(x_0)$；　(2) 2；　(3) 1．

2. (1) $a=1$，$b=e$；　(2) $x=0$ 是跳跃间断点．

3. 略．

第 二 章

习题 2-1

1. $f'(0)=1$．

2. 略．

3. $a=1$．

4. $f'(a)=2a\varphi(a)$．

5. (1) $2f'(2a)$；　(2) $f'(0)$．

6. 连续且可导．

7. (1) $a=-1$，b 任意；　(2) $a=-1$，$b=2$．

8. 斜率 $k=-4$，切线方程：$4x+y-4=0$，法线方程：$2x-8y+15=0$．

9. 切线方程：$y=1$．

10. 线密度：$m'(x)$．

习题 2-2

1. (1) $y'=-5x^{\frac{3}{2}}+2x^{-\frac{1}{3}}+\dfrac{1}{x^2}$；
　(2) $y'=2e^x\cos x$；
　(3) $y'=-2x\cdot\tan x\cdot\ln x+(1-x^2)\sec^2 x\cdot\ln x+\dfrac{1-x^2}{x}\tan x$；
　(4) $y'=\dfrac{x-2}{x^3}e^x$．

2. (1) $y'=\dfrac{e^x}{1+e^{2x}}$；

(2) $y' = \dfrac{-x}{\sqrt{a^2 - x^2}}$；

(3) $y' = \dfrac{2\arcsin \dfrac{x}{2}}{\sqrt{4 - x^2}}$；

(4) $y' = \dfrac{1}{x(\ln x)\ln\ln x}$.

3. (1) $y' = -\dfrac{1}{2}\mathrm{e}^{-\frac{x}{2}}(\cos 3x + 6\sin 3x)$；

(2) $y' = n\sin^{n-1}x \cdot \sin(n+1)x$；

(3) $y' = \arcsin \dfrac{x}{2}$；

(4) $y' = \dfrac{1}{(1+x)\sqrt{2x(1-x)}}$.

4. (1) $y'' = 4 - \dfrac{1}{x^2}$；

(2) $y'' = 2\sec^2 x\tan x$；

(3) $y'' = \mathrm{e}^{-x}(4\sin 2x - 3\cos 2x)$；

(4) $y'' = \dfrac{x}{\sqrt{(x^2 - 1)^3}}$；

5. (1) $\dfrac{\mathrm{d}y}{\mathrm{d}x} = \dfrac{y}{y - x}$；

(2) $\dfrac{\mathrm{d}y}{\mathrm{d}x} = \dfrac{\mathrm{e}^{x+y} - y}{x - \mathrm{e}^{x+y}}$；

(3) $\dfrac{\mathrm{d}y}{\mathrm{d}x} = -\dfrac{\mathrm{e}^y}{1 + x\mathrm{e}^y}$；

(4) $\dfrac{\mathrm{d}y}{\mathrm{d}x} = \dfrac{\sin(x-y) + y\cos x}{\sin(x-y) - \sin x}$.

6. (1) $y' = x^{\sin x}\left(\cos x \cdot \ln x + \dfrac{\sin x}{x}\right)$；

(2) $y' = \left(\dfrac{x}{1+x}\right)^x\left(\ln\dfrac{x}{1+x} + \dfrac{1}{1+x}\right)$；

(3) $y' = \dfrac{(x+1)\sqrt[3]{x-1}}{(x+4)^2\mathrm{e}^x}$

$\left(\dfrac{1}{x+1} + \dfrac{1}{3(x-1)} - \dfrac{2}{x+4} - 1\right)$；

(4) $y' = \dfrac{\sqrt{x+2}(3-x)^4}{(x+1)^5}$

$\left(\dfrac{1}{2(x+2)} - \dfrac{4}{3-x} - \dfrac{5}{x+1}\right)$.

7. (1) $y'\big|_{x=0} = \dfrac{3}{25}$；

(2) $y'\big|_{x=0} = 24$.

8. 切线方程：$2x + 3y - 3 = 0$；法线方程：$3x - 2y + 2 = 0$.

9. $f'(1) = \dfrac{1}{2}$.

10. $f''(a) = 2g(a)$.

11. $\dfrac{\mathrm{d}y}{\mathrm{d}x} = \dfrac{\mathrm{e}^x - y}{\mathrm{e}^y + x}$；$\dfrac{\mathrm{d}y}{\mathrm{d}x}\Big|_{x=0} = 1$.

习题 2-3

1. (1) $\dfrac{\partial z}{\partial x} = yx^{y-1} + y\mathrm{e}^x$，$\dfrac{\partial z}{\partial y} = x^y\ln x + \mathrm{e}^x$；

(2) $\dfrac{\partial z}{\partial x} = \dfrac{y}{x} + \ln y$，$\dfrac{\partial z}{\partial y} = \ln x + \dfrac{x}{y}$；

(3) $\dfrac{\partial z}{\partial x} = -\dfrac{y}{x^2\ln y}$，$\dfrac{\partial z}{\partial y} = \dfrac{\ln y - 1}{x\ln^2 y}$；

(4) $\dfrac{\partial z}{\partial x} = -\sin x\cos y + \cos x\sin y$，

$\dfrac{\partial z}{\partial y} = -\cos x\sin y + \sin x\cos y$.

2. $f_x(1,2) = \dfrac{1}{\ln xy}\cdot\dfrac{1}{xy}\cdot y\Big|_{\substack{x=1\\y=2}} = \dfrac{1}{\ln 2}$.

3. $f_x(0,0) = -1$，$f_y(0,0) = -1$.

4. 0.

习题 2-4

1. (1) $\mathrm{d}y = \left(-\dfrac{1}{x^2} + \dfrac{1}{3\sqrt[3]{x^2}}\right)\mathrm{d}x$；

(2) $\mathrm{d}y = (\sin 3x + 3x\cos 3x)\mathrm{d}x$；

(3) $\mathrm{d}y = (x^2 + 1)^{-\frac{3}{2}}\mathrm{d}x$；

(4) $\mathrm{d}y = \dfrac{-x}{|x|\sqrt{1-x^2}}\mathrm{d}x$；

(5) $\mathrm{d}y = \dfrac{2\sqrt{x} - 1}{4\sqrt{x}\sqrt{x - \sqrt{x}}}\mathrm{d}x$；

(6) $\mathrm{d}y = \dfrac{2(x-1)}{x^3}\mathrm{e}^{2x}\mathrm{d}x$.

2. (1) $2x + C$；

(2) $\dfrac{2}{3}x^{\frac{3}{2}} + C$；

(3) $-\dfrac{1}{x} + C$；

(4) $\ln|1 + x| + C$；

(5) $\arctan x + C$；

(6) $-\dfrac{1}{3}\mathrm{e}^{-3x} + C$；

(7) $\dfrac{1}{2}\tan 2x + C$.

习题 2-5

1. (1) $\dfrac{3}{2}$；　(2) 2；　(3) $\dfrac{1}{3}$；

(4) $-\dfrac{1}{8}$；　(5) 1；　(6) $\mathrm{e}^{-\frac{\pi}{2}}$.

2. (1) 单调增加区间是 $(-\infty, 1)$ 和 $(2, +\infty)$，单调减少区间是 $(1, 2)$；极大值是 $f(1) = 2$，极小值是 $f(2) = 1$.

(2) 单调增加区间是 $(-\infty,2)$，单调减少区间是 $(2,+\infty)$；极大值是 $f(2)=1$，无极小值.

(3) 单调增加区间是 $\left(-\infty,\dfrac{2}{3}a\right)$ 和 $(a,+\infty)$，单调减少区间是 $\left(\dfrac{2}{3}a,a\right)$；极大值是 $f\left(\dfrac{2}{3}a\right)=\dfrac{a}{3}$，极小值是 $f(a)=0$.

(4) 单调增加区间是 $\left(-\infty,\dfrac{3}{4}\right)$，单调减少区间是 $\left(\dfrac{3}{4},1\right)$；极大值是 $f\left(\dfrac{3}{4}\right)=\dfrac{5}{4}$，无极小值.

3. (1) 凹区间为 $(-\infty,0)$ 和 $\left(\dfrac{2}{3},+\infty\right)$，凸区间为 $\left(0,\dfrac{2}{3}\right)$；拐点为 $(0,1)$ 和 $\left(\dfrac{2}{3},\dfrac{11}{27}\right)$.

(2) 凹区间为 $(-1,1)$，凸区间为 $(-\infty,-1)$ 和 $(1,+\infty)$；拐点为 $(-1,\ln 2)$ 和 $(1,\ln 2)$.

4. (1) 最大值 $y|_{x=4}=142$，最小值 $y|_{x=1}=7$；

(2) 最大值 $y|_{x=4}=8$，最小值 $y|_{x=0}=0$；

5. $\left(\dfrac{16}{3},\dfrac{256}{9}\right)$.

6. 车站 D 应建于 B,C 之间且距 $B\,15$ km 处，运费最省.

第 三 章

习题 3-1

1. (1) $\dfrac{1}{2}x^2+x-3\ln|x|+\dfrac{3}{x}+C$；

(2) $\dfrac{2}{5}x^{\frac{5}{2}}-2x^{\frac{3}{2}}+C$；

(3) $x-\dfrac{3}{4}x^{\frac{4}{3}}+\dfrac{3}{5}x^{\frac{5}{3}}+C$；

(4) $x^3+\arctan x+C$；

(5) $x-\arctan x+C$；

(6) $\dfrac{4}{1-\ln 3}\left(\dfrac{e}{3}\right)^x+\dfrac{2}{\ln 3}\cdot 3^x+C$；

(7) $\dfrac{8}{15}x^{\frac{15}{8}}+C$；

(8) e^x-x+C；

(9) $-\cot x-x+C$；

(10) $\dfrac{x+\sin x}{2}+C$；

(11) $\tan x+\sec x+C$；

(12) $-(\cot x+\tan x)+C$.

2. $y=x^2+1$.

习题 3-2

1. (1) $\dfrac{1}{2}\ln|3+2x|+C$；

(2) $-\dfrac{1}{3}(1-x^2)^{\frac{3}{2}}+C$；

(3) $-\dfrac{1}{2}\cos 2x+C$；

(4) $\dfrac{1}{12}\left[(2x+3)^{\frac{3}{2}}-(2x-1)^{\frac{3}{2}}\right]+C$；

(5) $-2\cos\sqrt{x}+C$.

2. (1) $\dfrac{1}{8}\ln\left|\dfrac{2x-1}{2x+3}\right|+C$；

(2) $\dfrac{1}{\sqrt{2}}\arctan\dfrac{x+2}{\sqrt{2}}+C$；

(3) $\dfrac{1}{2}\ln(x^2+2x+10)+\dfrac{2}{3}\arctan\dfrac{x+1}{3}+C$.

3. (1) $\dfrac{1}{\sqrt{2}}\arcsin\left(\sqrt{\dfrac{2}{3}}\sin x\right)+C$；

(2) $\tan x+\dfrac{2}{3}\tan^3 x+\dfrac{1}{5}\tan^5 x+C$；

(3) $\dfrac{1}{7}\sec^7 x-\dfrac{2}{5}\sec^5 x+\dfrac{1}{3}\sec^3 x+C$；

(4) $\dfrac{1}{11}\tan^{11} x+C$.

4. (1) $2(\sqrt{x-1}-\arctan\sqrt{x-1})+C$；

(2) $\dfrac{3}{2}\sqrt[3]{(x+2)^2}-3\sqrt[3]{x+2}+3\ln|1+\sqrt[3]{x+2}|+C$；

(3) $6(\sqrt[6]{x}-\arctan\sqrt[6]{x})+C$.

5. (1) $\dfrac{x}{\sqrt{1+x^2}}+C$；

(2) $\dfrac{a^2}{2}\left(\arcsin\dfrac{x}{a}-\dfrac{x}{a^2}\sqrt{a^2-x^2}\right)+C$.

6. (1) $-e^{-x}(x+1)+C$；

(2) $\dfrac{1}{2}x^2\ln x-\dfrac{1}{4}x^2+C$；

(3) $x\arccos x-\sqrt{1-x^2}+C$；

(4) $\dfrac{x}{2}(\cos\ln x+\sin\ln x)+C$；

(5) $\dfrac{1}{2}e^x(\cos x+\sin x)+C$；

(6) $(x-1)\ln(1+\sqrt{x})-\dfrac{1}{2}x+\sqrt{x}+C$.

习题 3-3

1. 略.

2. (1) $\displaystyle\int_1^2\ln x\,\mathrm{d}x\geqslant\int_1^2\ln^2 x\,\mathrm{d}x$；

(2) $\displaystyle\int_0^1 e^x\,\mathrm{d}x\geqslant\int_0^1(1+x)\,\mathrm{d}x$.

3. (1) $6\leqslant\displaystyle\int_1^4(x^2+1)\,\mathrm{d}x\leqslant 51$；

(2) $\pi \leqslant \int_{\pi/4}^{5\pi/4}(1+\sin^2 x)\mathrm{d}x \leqslant 2\pi$;

(3) $0 \leqslant \int_0^{-2} x\mathrm{e}^x \mathrm{d}x \leqslant \dfrac{2}{\mathrm{e}}$;

(4) $\dfrac{2}{5} \leqslant \int_1^2 \dfrac{x}{1+x^2}\mathrm{d}x \leqslant \dfrac{1}{2}$.

习题 3-4

1. (1) $-\cos^2 x$；(2) $2x^3\mathrm{e}^{x^4}-x\mathrm{e}^{x^2}$.

2. (1) $1-\dfrac{\pi}{4}$；(2) $1-\dfrac{1}{\sqrt{3}}+\dfrac{\pi}{12}$；(3) -1；

(4) 1；(5) $\dfrac{3}{2}$；(6) $\dfrac{11}{2}$.

习题 3-5

1. (1) $\dfrac{22}{3}$；(2) $\dfrac{\pi}{6}$；(3) $2-\dfrac{3}{4\ln 2}$；

(4) $2\mathrm{e}-4$.

2. $\dfrac{5}{6}$.

3. 2.

习题 3-6

1. (1) 1；(2) 发散；(3) π；(4) 1；
(5) 发散.

2. (1) $\dfrac{\pi}{2}$；(2) 发散；(3) $\dfrac{\pi^2}{4}$；(4) 1.

习题 3-7

1. $\dfrac{9}{2}$.

2. 3.

3. $4-\ln 3$.

4. $\mathrm{e}+\dfrac{1}{\mathrm{e}}-2$.

5. $\dfrac{3}{10}\pi$.

6. $160\pi^2$.

7. $V_x=\dfrac{15}{2}\pi, V_y=24\dfrac{4}{5}\pi$.

8. $\dfrac{64}{5}\pi$.

9. $V_x=\dfrac{1}{4}\pi^2, V_y=2\pi$.

习题 3-8

(1) 3；(2) $\dfrac{1}{40}$；(3) $\mathrm{e}-2$.

习题 3-9

1. (1) 一阶；(2) 一阶；(3) 二阶；
(4) 二阶.

2. (1) 是特解；(2) 是通解；(3) 是通解.

3. (1) $y=C\mathrm{e}^{x^2}$；

(2) $y=\mathrm{e}^{Cx}$；

(3) $y=\dfrac{1}{2}x^2+\dfrac{1}{5}x^3+C$；

(4) $\arcsin y=\arcsin x+C$；

(5) $\ln \dfrac{y}{x_1}=Cx+1$；

(6) $y^2=x^2(2\ln|x|+C)$.

4. (1) $\mathrm{e}^y=\dfrac{1}{2}(\mathrm{e}^{2x}+1)$；

(2) $\cos x-\sqrt{2}\cos y=0$；

(3) $y^2=x^2(\ln x^2+4)$；

(4) $1-\cos \dfrac{y}{x}=x\cdot\sin \dfrac{y}{x}$.

5. (1) $y=2+C\mathrm{e}^{-x^2}$；

(2) $y=\mathrm{e}^{-x}(x+C)$；

(3) $y=(x+C)\mathrm{e}^{-\sin x}$；

(4) $y=\dfrac{1}{3}x^2+\dfrac{3}{2}x+2+\dfrac{C}{x}$.

6. (1) $y=-2(\mathrm{e}^{-3x}+\mathrm{e}^{-5x})$；

(2) $y=(x+1)\mathrm{e}^x$.

7. (1) $y=\dfrac{1}{6}x^3-\sin x+C_1 x+C_2$；

(2) $y=(x-3)\mathrm{e}^x+C_1 x^2+C_2 x+C_3$；

(3) $y=x\arctan x-\dfrac{1}{2}\ln(1+x^2)+C_1 x$

$\qquad +C_2$；

(4) $y=\dfrac{x^2}{2}\left(\ln x-\dfrac{3}{2}\right)+C_1 x+C_2$.

8. (1) $y=-\dfrac{1}{a}\ln|ax+1|$；

(2) $y=\left(\dfrac{1}{2}x+1\right)^4$；

(3) $y=\arcsin x$.

第 四 章

习题 4-1

1. (1) $ab(a-b)$；(2) 0；(3) 18.

2. $-\begin{vmatrix}1&1\\b^2&c^2\end{vmatrix}$，$\begin{vmatrix}1&1\\a^2&c^2\end{vmatrix}$，

$\quad -\begin{vmatrix}1&1\\a^2&b^2\end{vmatrix}$.

3. (1) -270；(2) 160.

4. (1) 0；(2) -7.

习题 4-2

1. (1) $x_1=-5$, $x_2=9$, $x_3=-1$；

(2) $x_1 = \dfrac{1}{5}$, $x_2 = \dfrac{1}{5}$, $x_3 = \dfrac{1}{5}$,

$x_4 = \dfrac{1}{5}$.

2. $(a+1)^2 = 4b$.

3. $\lambda = 0$ 或 $\lambda = 2$ 或 $\lambda = 3$.

4. (1) $k \neq 1$；(2) $k = 1$.

习题 4-3

1. (1) $\begin{pmatrix} -1 & 6 & 5 \\ -2 & -1 & 12 \end{pmatrix}$；

(2) $\begin{pmatrix} -1 & 4 \\ 0 & -2 \end{pmatrix}$

2. (1) $\begin{bmatrix} -1 & 3 & 1 & 5 \\ 8 & 2 & 8 & 2 \\ 3 & 7 & 9 & 13 \end{bmatrix}$；

(2) $\begin{bmatrix} 14 & 13 & 8 & 7 \\ -2 & 5 & -2 & 5 \\ 2 & 1 & 6 & 5 \end{bmatrix}$；

(3) $\begin{bmatrix} 3 & 1 & 1 & -1 \\ -4 & 0 & -4 & 0 \\ -1 & -3 & -3 & -5 \end{bmatrix}$.

3. (1) $\begin{pmatrix} 1 & 9 \\ -1 & 19 \end{pmatrix}$

(2) $\begin{bmatrix} -9 & 3 & -3 & 6 \\ -3 & 1 & -1 & 2 \\ -6 & 2 & -2 & 4 \\ 3 & -1 & 1 & -2 \end{bmatrix}$.

4. $\begin{pmatrix} -3 & 0 & -4 \\ -7 & -5 & -1 \end{pmatrix}$, $\begin{bmatrix} 0 & 1 \\ 3 & -4 \\ 1 & 1 \end{bmatrix}$.

5. (1) $\begin{pmatrix} 1 & 0 \\ 3\lambda & 1 \end{pmatrix}$；(2) $\begin{bmatrix} a^2 & 0 & 0 \\ 0 & b^2 & 0 \\ 0 & 0 & c^2 \end{bmatrix}$.

习题 4-4

1. (1) $\begin{pmatrix} 5 & -2 \\ -2 & 1 \end{pmatrix}$；

(2) $\begin{bmatrix} -2 & 1 & 0 \\ -\dfrac{13}{2} & 3 & -\dfrac{1}{2} \\ -16 & 7 & -1 \end{bmatrix}$；

(3) $\begin{bmatrix} 1 & -2 & 0 & 0 \\ -2 & 5 & 0 & 0 \\ 0 & 0 & 2 & -3 \\ 0 & 0 & -5 & 8 \end{bmatrix}$.

2. (1) $\begin{pmatrix} -13 & 18 \\ 8 & -10 \end{pmatrix}$；(2) $\begin{bmatrix} \dfrac{5}{2} & \dfrac{1}{2} \\ 2 & 1 \end{bmatrix}$.

3. $\begin{bmatrix} -4 & 0 & 0 \\ 0 & -2 & -4 \\ 0 & -6 & -10 \end{bmatrix}$.

习题 4-5

1. (1) 是；(2) 不是.

2. (1) $\begin{bmatrix} 1 & 1 & 0 & -\dfrac{5}{3} \\ 0 & 0 & 1 & \dfrac{2}{3} \\ 0 & 0 & 0 & 0 \end{bmatrix}$；

(2) $\begin{bmatrix} 1 & 2 & 0 & 1 & 2 \\ 0 & 0 & 1 & -1 & 1 \\ 0 & 0 & 0 & 0 & 0 \end{bmatrix}$.

3. (1) 2；(2) 2；(3) 3.

4. $\lambda = 5, \mu = 1$.

习题 4-6

1. (1) 零解；

(2) $x_1 = -\dfrac{3}{2} C_1 - C_2$, $x_2 = \dfrac{7}{2} C_1 - 2 C_2$,

$x_3 = C_1, x_4 = C_2, C_1, C_2$ 是任意常数.

2. (1) 无解；(2) $x_1 = 1, x_2 = 2, x_3 = -2$.

3. $x_1 = 2$, $x_2 = 1$, $x_3 = 3$.

第 五 章

习题 5-1

1. (1) $S = \{(\text{正},\text{正}), (\text{正},\text{反}), (\text{反},\text{正}), (\text{反},\text{反})\}$；

(2) $S = \{2, 3, 4, \cdots, 12\}$；

(3) $S = \{(1,2), (1,3), (2,3)\}$；

(4) $S = \{(1,2), (1,3), (2,1), (2,3), (3,1), (3,2)\}$.

2. (1) $\overline{A}\,\overline{B}\,\overline{C}$；(2) $AB\overline{C}$；(3) $\overline{ABC}$；

(4) $(ABC) \bigcup (\overline{A}BC) \bigcup (A\overline{B}C) \bigcup (AB\overline{C})$；

(5) ABC；(6) $\overline{ABC}$.

习题 5-2

1. $0.6, 0.7, 0, 0.7$.

2. $0.85, 0.35, 0.25$.

3. 0.001.

4. (1) $\dfrac{68}{95}$；(2) $\dfrac{3}{190}$；(3) $\dfrac{51}{190}$.

5. (1) $\dfrac{1}{15}$；(2) $\dfrac{8}{15}$.

6. $\dfrac{\pi}{4}$.

习题 5–3

1. (1) 0.85； (2) $\dfrac{9}{34}$.

2. $\dfrac{1}{6}$.

3. (1) 0.7； (2) 0.4.

4. 0.999.

5. (1) 0.006； (2) 0.902.

6. $0.2,\dfrac{2}{3},0.5$.

7. 0.6.

习题 5–4

1. $P\{X=0\}=0.4,P\{X=1\}=0.6$.

2. $P\{X=0\}=\dfrac{2}{3},P\{X=1\}=\dfrac{4}{15}$,

   $P\{X=2\}=\dfrac{1}{15}$.

3. (1) $P\{X=k\}=C_4^k 0.75^k 0.25^{4-k}$,

   $k=0,1,2,3,4$；

   (2) 0.422； (3) 0.996.

4. $P\{X=k\}=0.6^{k-1}0.4,k=1,2,3,\cdots$.

5. $P\{X=k\}=0.8^{k-1}0.2,k=1,2,3,\cdots$.

6. 1.2；0.25.

7. $a=\dfrac{1}{3};b=-\dfrac{1}{6}$.

习题 5–5

1. $\dfrac{32}{15},\dfrac{166}{225}$.

2. $\dfrac{1}{3},\dfrac{5}{9}$.

3. $\dfrac{2}{3},\dfrac{1}{18}$.

4. 400.

5. 甲组：$E(X)=87,D(X)=81$；乙组：$E(X)=87;D(X)=161$,故甲组成绩更加稳定.

6. $1,\dfrac{1}{3}$.

7. 10.

习题 5–6

1. $\hat{\theta}=\bar{x}-u_{\frac{\alpha}{2}}\cdot\dfrac{\sigma}{\sqrt{n}}=501.25-2.57\times\dfrac{\sqrt{3.17}}{\sqrt{20}}\approx$

   500.227,

   $\hat{\theta}=\bar{x}+u_{\frac{\alpha}{2}}\cdot\dfrac{\sigma}{\sqrt{n}}=501.25+2.57\times\dfrac{\sqrt{3.17}}{\sqrt{20}}\approx$

   502.273,

   置信区间为$(500.227,502.273)$.

2. $\hat{y}=-32.6+7.22x$.

习题 5–7

1. $P=\dfrac{23}{50}$.

2. $P(x=k)=\dfrac{(\lambda P)^k}{k!}e^{-\lambda P}$.